国内一线平面设计师和资深培训专家倾力打造
可以听着学的图书

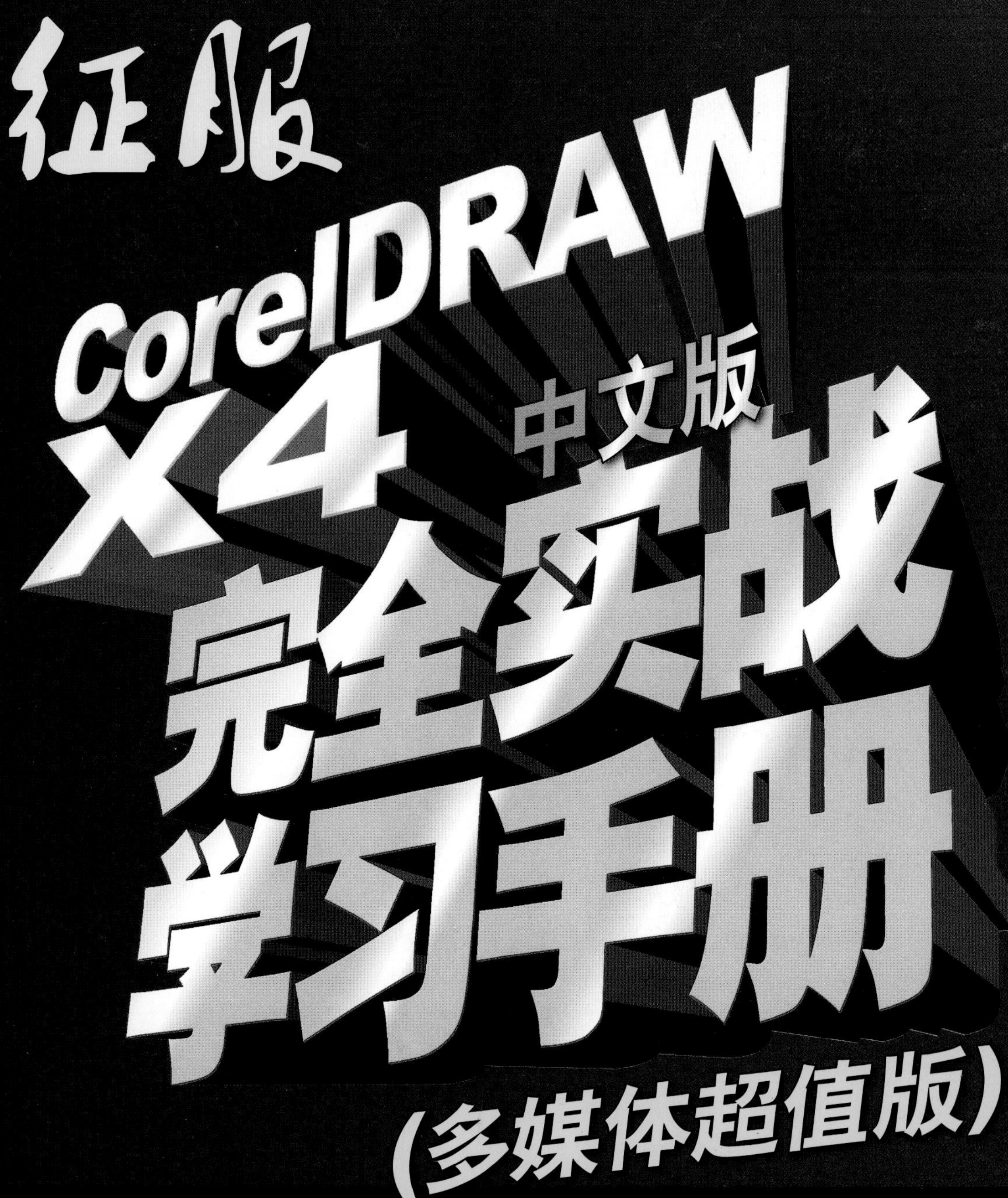

张慧娟　编著

北京科海电子出版社
www.khp.com.cn

内 容 提 要

本书是指导初中级读者快速掌握CorelDRAW X4进行图形设计的入门书籍。全书由教育专家和行业资深人士共同组织，合作编写。书中详细介绍了初学者必须掌握的基础知识、使用方法和操作步骤，并对初学者在图形设计时经常会遇到的问题进行了专家级的指导，使初学者能在起步过程中少走弯路。

全书全面、系统地介绍了CorelDRAW X4的安装和用户界面，基础操作和使用技巧，基本图形绘制，图形编辑，颜色与填充，图层及样式，对象管理，创建文字，图形特效和位图的处理等，还包括滤镜特效，作品输出，最后通过CIS企业形象标识设计、书籍装帧设计、插画设计、广告设计、工业产品设计和商品包装设计等实例来对CorelDRAW X4的应用技巧进行归纳和总结。

全书共18章，以“入门→提高→精通→行业案例”为线索具体展开，涵盖了CorelDRAW图形设计的方方面面。书中还涉及大量的实例，难度由低到高，循序渐进，并注重技巧的归纳和总结，以“高手指点”等形式穿插于基础知识的讲解中。

本书配套光盘系作者精心开发的专业级多媒体教学光盘，它包含了书中所有的实例源文件和素材文件，重要知识点和基本概念的MP3音频文件，实用的素材资源文件以及实例制作过程的视频教学录像，紧密结合书中的内容对各个知识点进行了深入讲解，大大扩充了本书的知识范围。

本书及配套的多媒体光盘主要面向CorelDRAW图形设计的初中级用户，适合于广大CorelDRAW爱好者以及从事平面设计、形象标识设计、广告设计、包装设计、工业产品设计、书籍装帧设计等行业人员使用，同时也可以作为各大院校和社会培训机构相关设计专业师生的教材和学习辅导书。

声 明

征服CorelDRAW X4中文版完全实战学习手册（多媒体超值版）
张慧娟 编著

责任编辑	徐晓娟	**封面设计**	林 陶
出版发行	北京科海电子出版社		
社 址	北京市海淀区上地七街国际创业园2号楼14层	**邮政编码**	100085
电 话	（010）82896594 62630320		
网 址	http: //www.khp.com.cn（科海出版服务网站）		
经 销	新华书店		
印 刷	北京市鑫山源印刷有限公司		
规 格	185 mm×260 mm 16开本	**版 次**	2009年6月第1版
印 张	24.75	**印 次**	2009年6月第1次印刷
字 数	602 000	**印 数**	1 - 3000
定 价	45.00元（含1多媒体教学DVD+1配套手册）		

多媒体教学光盘使用说明

启动多媒体光盘主界面

将随书附赠的光盘放入光驱之中，几秒钟之后光盘将自动运行。如果没有自动运行，可在桌面双击“我的电脑”图标，在打开的窗口中右击光盘所在的盘符，在弹出的快捷菜单中选择“自动播放”命令，即可启动并进入多媒体视频教学的主界面。

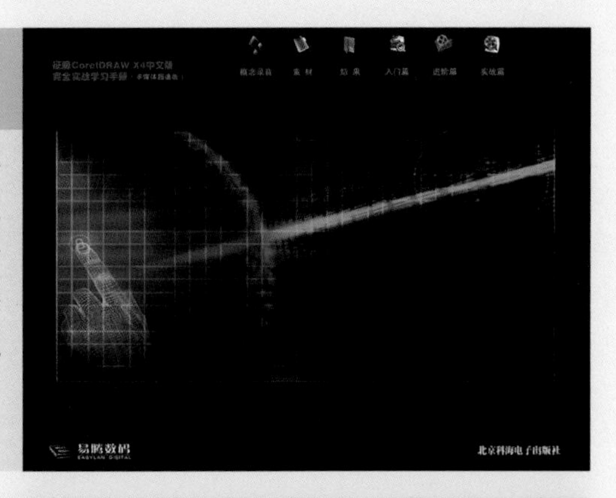

20个重要知识点和基本概念的MP3声音文件

单击“概念录音”按钮，可以看到书中重要概念和知识点的MP3声音文件，双击需要了解的概念录音文件即可进行播放，也可以将其复制到MP3、MP4播放器或手机中随身学习。

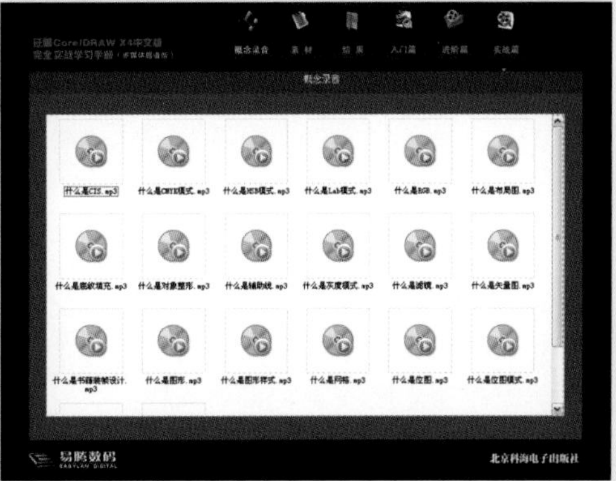

70个书中实例的原始图形文件和图片素材

单击“素材”按钮，可以浏览到书中相应章节实例所需的素材文件，另外还有随本书赠送的相关素材和资源。

超值附赠2090个矢量与位图图片素材

双击“附赠素材资源”文件夹，可以浏览到赠送的相关图片素材。

附赠图片素材浏览界面

双击其中任何一个文件夹，可以浏览到具体图片素材。

130个书中实例最终图形源文件

单击“结果”按钮，可以浏览到书中相应章节实例的最终结果文件。

26堂总计260分钟多媒体语音视频教学课程

单击“入门篇”、“进阶篇”或“实战篇”按钮，即可进入相应篇章的多媒体视频教学界面。将鼠标放置在界面左侧的实例名称栏上，在右侧预览区域会显示该实例的素材及结果图像，并在下方显示该实例的制作要点。单击该实例名即可播放相应的教学视频。

多媒体教学视频播放界面

多媒体教学视频播放界面中的各按钮功能如下。

❶ 拖动进度条滑块可控制播放进度
❷ 单击可播放视频
❸ 单击可暂停视频播放
❹ 单击可回到视频开始位置
❺ 单击可返回上一级界面
❻ 单击可退出光盘程序界面

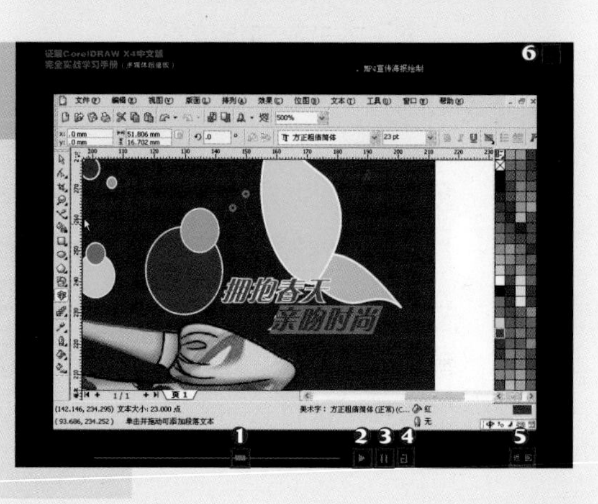

计算机是现代信息社会中的重要工具，而今各行各业中的设计工作都离不开计算机。因此，为满足广大读者学习相关设计软件的需要，我们组织了多位行业高手及计算机培训专家，精心编写了这套“完全实战学习手册”系列丛书，希望能为广大读者更好地学习设计软件的操作、提高工作实战能力和设计水平发挥积极作用。

■ 本书特色

- **任务驱动，实战教学**：书中的知识点采用任务驱动模式编写，按照初学者最易于学习的方式，针对各知识点先从实战操作入手，在激发读者兴趣的基础上，反向解析CorelDRAW关键参数和使用技巧。各知识点大致分为“任务导读”、“任务驱动”、“应用工具”、“参数解析”和“使用技巧”几个部分，在有限的篇幅中为读者奉送更多的知识和实战案例。
- **图文并茂，信息量高**：在介绍具体操作步骤的过程中，每一个操作步骤均配有对应的插图，图中用简洁的语言标注步骤信息，尽量增加图中的知识含量。这种图文并茂的方法，使读者在学习过程中能够直观、清晰地看到操作的过程以及效果，便于读者理解和掌握。
- **提示技巧，贴心周到**：本书对读者在学习过程中可能会遇到的疑难问题以“高手指点”形式进行了说明，使读者能在学习过程中少走弯路。
- **书盘结合，互动教学**：本书配套多媒体教学光盘内容与书中知识紧密结合并互相补充。多媒体教学录像模拟工作中的真实场景，让读者体验实际工作环境，并借此掌握工作中所需的知识和技能，掌握处理各种问题的方法，达到学以致用的目的，从而大大地扩充了本书的知识范围。

■ 光盘特色

- **内容丰富**：光盘中不仅提供了全部书中实例的图像源文件和素材文件，而且还附赠了大量的 CorelDRAW 资源素材，大量 CorelDRAW 图形设计技巧的语音教学录像，使读者能够轻松、快速地学会 CorelDRAW X4 图形设计的方法。
- **超大容量**：光盘涵盖了书中绝大多数的知识点，并做了一定的扩展和延伸，弥补了目前市场上现有光盘内容含量少、播放时间短的不足。

- **语音概念**：本书中重要的知识点和基本概念都以MP3音频格式录制，方便读者存储在MP3、MP4播放器或手机中，带在身边随时学习。
- **实用至上**：全面突破传统按部就班讲解知识的模式，以解决实际问题为出发点，全面涵盖了典型问题及解决方案。
- **解说详尽**：对每一个知识点都做了详细的解说，使读者能够身临其境，加快学习速度。

本书主要由张慧娟执笔，参与本书编写工作的还有王放、姜岭、肖红艳、杨珊、李科夫、肖杰、王公民、黄应武、许国强、闫争春、蔺杰、许丽娜、谭冬晶、韩慧、张核腾、马腾超、郭海鹏、李阳、丁保光、关清洲、刘一波等。由于笔者学识和水平所限，书中难免存在疏漏之处，敬请各位读者批评指正。

编著者

2009年3月

CONTENTS

目录

Chapter 01 感受 CorelDRAW X4 精彩

Chapter 02 CorelDRAW X4 的基本操作

Chapter 06

Chapter 07

Chapter 08

Chapter 09

Chapter 11

Chapter 12

Chapter 13

Chapter 14

Chapter 15

Chapter 16

Chapter 17

Chapter 18

Chapter

01 感受 CorelDRAW X4 精彩

本章知识点

- 初识 CorelDRAW X4
- CorelDRAW X4 的新功能
- CorelDRAW X4 的系统要求
- CorelDRAW X4 的安装与卸载
- 启动和退出 CorelDRAW X4
- CorelDRAW X4 的基本操作界面

CorelDRAW X4 是一个矢量图形绘制软件，功能强大且界面简洁，能够很好地满足初学者和专业人士的需要。利用 CorelDRAW X4 可以轻而易举地设计出专业级的美术作品，用户还可以利用 CorelDRAW X4 软件包创作出各具特色的标志、全彩色的插图、复杂的画面和图形、三维立体图形、接近照片效果的图像及动画胶片剪辑等。由于该软件功能强大、直观易学，因而赢得了众多专业设计人员和广大业余爱好者的青睐，被广泛地应用于平面设计、包装装潢、书籍装帧、广告设计、印刷出版、网页设计和多媒体设计等领域。

1.1 | 初识 CorelDRAW X4

CorelDRAW 是由加拿大 Corel 公司推出的专业绘图软件，也是最早运行于 PC 上的图形设计软件。2008 年 9 月，Corel 公司发布了 CorelDRAW X4 创意软件包，对矢量绘图软件做了进一步的完善。

CorelDRAW X4设计软件包包括CorelDRAW X4插图、页面排版和矢量绘图程序，CorelPHOTO-PAINT12数字图片处理程序和CorelR.A.V.E3动画创建程序等。

1. 广告设计

广告，简而言之是广而告之，是指通过语言、文字和图像等媒体向社会公众进行有目的、广泛的宣传告之活动。通过广告的手段可以使更多的受众知晓欲推荐的产品，最终达到销售的目的。广告的表现手段是多种多样的，但目的是一致的。经典的广告宣传如图 1-1 和图 1-2 所示。

图 1-1　咖啡的广告设计

图 1-2　商场形象广告

2. CIS 设计、Logo 设计

CIS（Corporate Identity System，企业识别系统）设计是将企业内部和外部有限的资源，经过科学、系统地分析整合，分别从理念、视觉和行为等方面进行规划和设计，使得各种资源发挥最大综合效能的一门实用科学。Logo 是一个企业或者产品的抽象化视觉符号，它是 CIS 设计中的基本元素，可以从内到外地树立企业的形象，突出企业的精神，使消费者产生深刻的认同感，最终目的则是为企业带来更好的经济效益。经典的 CIS 设计和 Logo 设计如图 1–3 和图 1–4 所示。

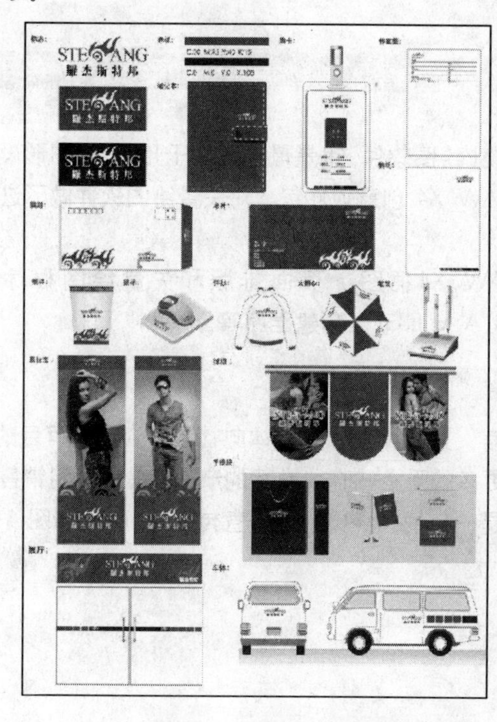

图 1-3　CIS 设计

图 1-4　Logo 设计

3. 招贴设计

招贴又名海报或者宣传画，属于户外广告，在国外也称之为瞬间的街头艺术。海报是一种用来传递信息的印刷广告，它具有实效性强的特点，如图 1–5 和图 1–6 所示。

图 1-5　艺术节招贴

图 1-6　美食街海报

4. 包装设计

包装设计是产品进行市场推广的重要组成部分，包装的好坏对产品的销售起着非常重要的作用。设计成功的包装能起到吸引消费者的购买、提高销量的作用。经典的包装设计如图 1–7 和图 1–8 所示。

图 1-7　饼干包装

图 1-8　化妆品包装

5. 书籍装帧及版式设计

精美的书籍装帧设计可以使书籍更好地吸引读者的注意，而其中的版式设计则可帮助读者更好地阅读文字内容，组织视觉的逻辑关系。不同的版式设计可以使书籍产生不同的风格。书籍装帧和版式设计如图 1–9 和图 1–10 所示。

图 1-9　书籍装帧

图 1-10　版式设计

6. 插图漫画的绘制

插图及漫画会经常在设计中使用，现在有越来越多的插图设计师及漫画家通过绘画软件来绘制插图漫画作品。软件的应用可使插图及漫画作品具有更多的表现形式和手段，如图 1–11 和图 1–12 所示。

图 1-11　为宣传绘制的插图

图 1-12　时装类插图

丰富的广告产品简直使人惊诧。想加入广告业，用手中的鼠标为产品做宣传，以达到使产品为更多受众知晓的目的吗？那就马上加入 CorelDRAW X4 的大军，通过这款强大的软件实现自己的理想吧！

1.2 | CorelDRAW X4 的新功能

新版本 CorelDRAW X4 不仅保留了原版本的各种功能，而且增加了许多新功能。用户学会使用这些新功能可以更好地绘制图形。

1. 独立的页面图层

在 CorelDRAW X4 中，用户可以独立控制文档每页的图层并对其进行编辑，从而减少了出现包含空图层页面的情况。用户还可以为单个页面添加独立辅助线，便可以为整篇文档添加主辅助线。因此，用户能够基于特定页面创建不同的图层，而不受单个文档结构的限制。

2. 交互式表格

使用 CorelDRAW Graphics Suite X4 中新增的"交互式表格工具"，用户可以创建和导入表格，以提供文本和图形的强大的结构布局。用户可以轻松地对表格和表格单元格进行对齐、调整大小或编辑操作，以满足其设计需求。此外，用户还可以在各个单元格中转换带分隔符的文本，以及轻松添加和调整图像，如图 1-13 所示。

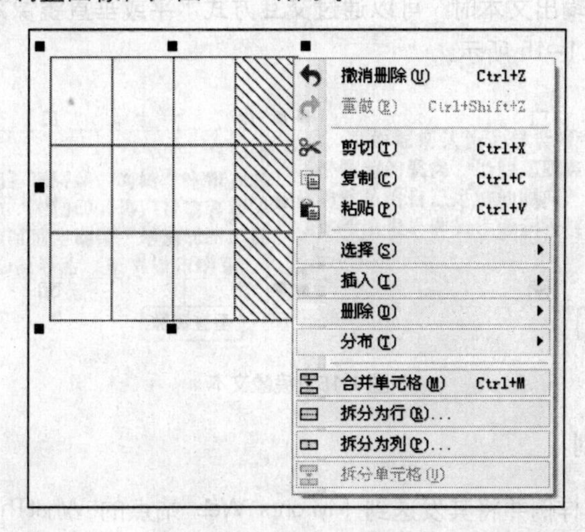

图 1-13 交互式表格工具

3. 活动文本预览

CorelDRAW Graphics Suite X4 引入了活动文本格式，从而使用户能够先预览文本格式选项，然后再将其应用于文档。通过这种省时的功能，用户现在可以预览许多不同的格式设置选项（包括字体、字体大小和对齐方式），从而免除了通常在设计过程进行的"反复试验"，如图 1-14 所示。

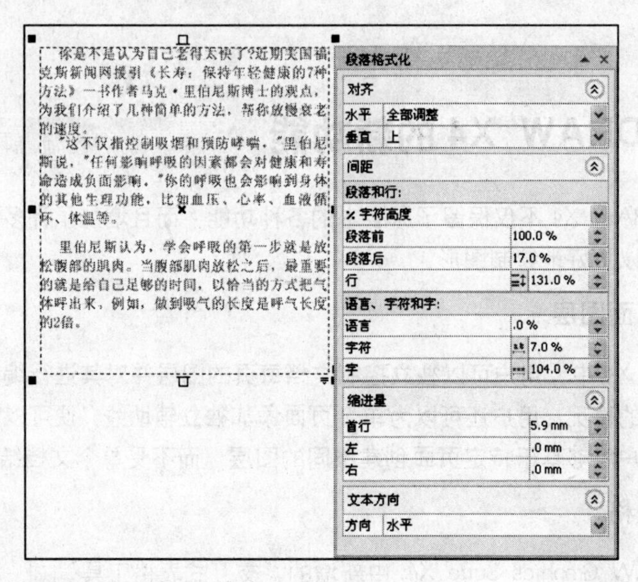

图 1-14 编辑文本

4. 镜像段落文本

现在，当用户准备输出文本时，可以通过交互方式水平或垂直镜像文本，也可以同时进行水平和垂直镜像，如图 1–15 所示。

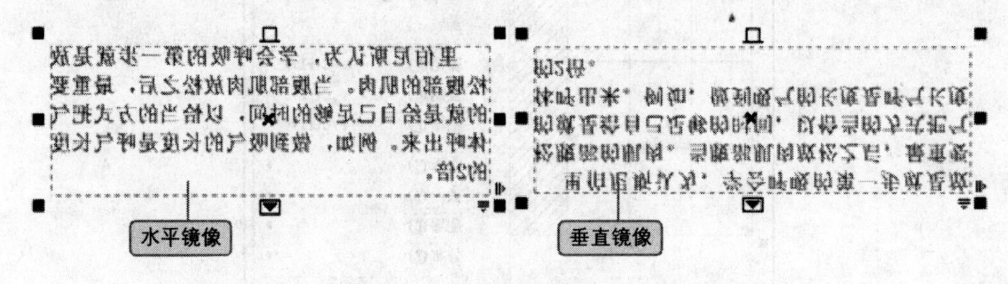

图 1-15 镜像文本

5. 简单字体识别

用户可以通过捕获样例并将其发送到 MyFonts Web 站点的 WhatTheFont 页面（仅有英文版）来快速识别客户作品中的字体（http://www.myfonts.com/WhatTheFont）。

6. 对引号提供更好的支持

可以针对特定语言自定义引号。用户可以编辑引号样式，并选择使用不同语言键入时将自动插入哪些样式。

7. 原始相机文件支持

直接从数码相机导入原始文件时，可以查看有关文件属性和相机设置的信息、调整图像颜色和色调以及改善图像质量。使用交互式控件，可以快速预览更改。

8．增强的兼容性

支持的文件格式现在包括 Adobe Illustrator CS3（AI）；Photoshop CS3（PSD）；Acrobat 8（PDF）；AutoCAD（DXF 和 DWG）；Microsoft Word 2007（DOC 或 RTF，仅导入）；Microsoft Publisher 2002、2003 和 2007（PUB，仅导入）；Adobe Portable Document Format（PDF 1.7 和 PDF/A，包括 PDF 注释）和 Corel Painter X。

9．模板和模板搜索功能

新模板可帮助用户开始着手设计项目。启动新项目时，可以轻松地在计算机上找到恰当的模板，可以按照名称、类别、关键字或注释浏览、预览或搜索模板，还可以查看有关模板的有用信息，例如类别和样式。

10．欢迎界面

通过 CorelDRAW Graphics Suite X4 的新欢迎界面，用户可以在一个集中位置访问最近使用过的文档、模板和学习工具（包括提示与技巧以及视频教程）。为激发用户灵感，欢迎界面还包括一个图库，其中展示了由世界各地 CorelDRAW Graphics Suite 用户创作的设计作品，如图 1–16 所示。

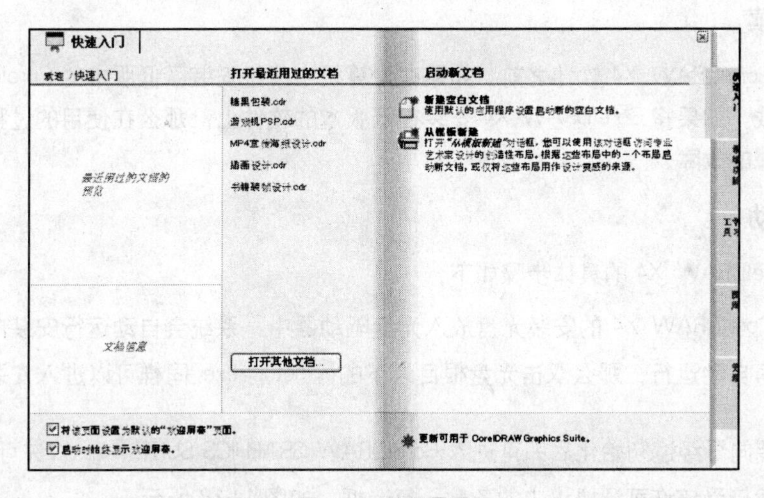

图 1-16 欢迎界面

除了以上新增的功能外，CorelDRAW X4 还新增加了“专业设计的模板”和“专用字体”等功能。“专业设计的模板”：CorelDRAW Graphics Suite X4 包括 80 个经专业设计且可自定义的模板，帮助用户轻松地开始设计过程。设计员注释中随附了这些灵活且易于自定义的模板，这些注释提供有关模板设计选择的信息、针对基于模板输出设计的提示，以及针对在自定义模板的同时遵守设计原则的说明。“专用字体”：CorelDRAW Graphics Suite X4 扩展了新字体的选择范围，可帮助用户确保已针对目标受众优化其输出。这种专用字体选择范围包括 OpenType 跨平台字体，这可为 WGL4 格式的拉丁语、希腊语和南斯拉夫语输出提供增强的语言支持。CorelDRAW X4 软件包在使用时没有语言方面的限制，它为用户提供了一个宽松的环境。有兴趣的用户可以参照帮助文件学习一些其他的新增功能，在此不再赘述。

1.3 | CorelDRAW X4 的系统要求

如果想在计算机中安装 CorelDRAW X4，必须最低满足如下的配置。

- 操作系统要求：Windows 2000、Windows XP（家庭版、专业版、Media Edition、64 位或 Tablet PC Edition）或含最新 Service Pack 的 Windows Server 2003。
- CPU 要求：Pentium Ⅲ，600MHz 或更高。
- 内存要求：256MB RAM。
- 硬盘要求：200MB 硬盘空间（仅用于 CorelDRAW X4；其他套件应用程序需要更多空间）。

1.4 | CorelDRAW X4 的安装与卸载

本节介绍安装与卸载 CorelDRAW X4 的具体方法。

1.4.1 安装 CorelDRAW X4

■ 任务导读

在安装 CorelDRAW X4 软件之前，如果在计算机中已经安装了低版本的 CorelDRAW 软件，应先将其卸载。如果将 CorelDRAW X4 安装在低版本的软件上，那么在使用的过程中就可能会发生一些意外的故障。

■ 任务驱动

安装 CorelDRAW X4 的具体步骤如下。

01 将 CorelDRAW X4 的安装光盘放入光盘驱动器中，系统会自动运行安装向导对话框。如果光盘没有自动运行，那么双击光盘根目录下的 setup.exe 同样可以进入安装程序，如图 1-17 所示。

02 安装向导经过初始化后即可进入 CorelDRAW GRAPHICS SUITE X4——许可协议对话框，然后选中“我接受该许可证协议中的条款”复选框，如图 1-18 所示。

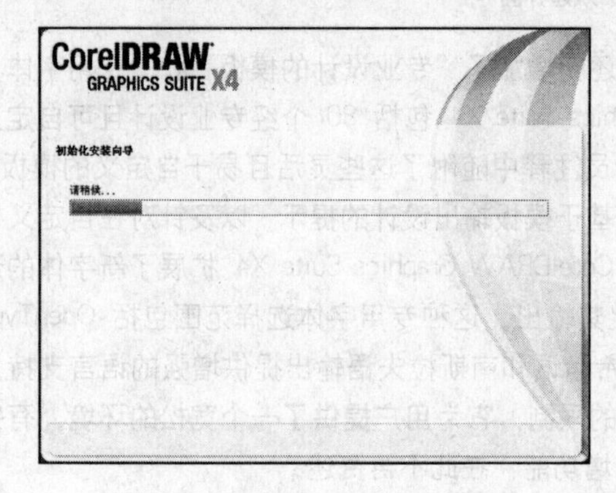

图 1-17 CorelDRAW X4 的安装界面

图 1-18 接受许可协议对话框

03 单击“下一步”按钮进入 CorelDRAW GRAPHICS SUITE X4——用户信息对话框，如图 1–19 所示。

04 在对话框中输入相关的用户信息和软件序列号，然后单击“下一步”按钮进入 CorelDRAW GRAPHICS SUITE X4——自定义安装对话框，在这里用户可以根据自己的需要选择要安装的组件，如图 1–20 所示。

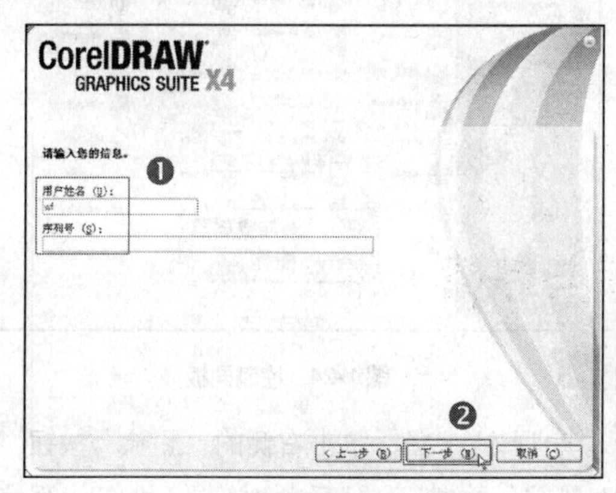

图 1-19 用户信息对话框

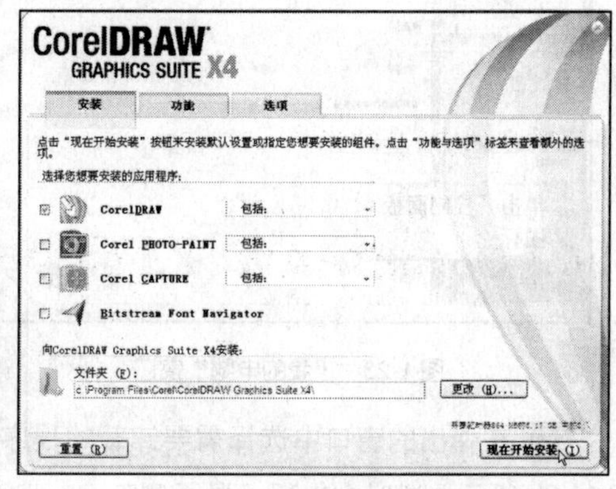

图 1-20 自定义安装对话框

05 在选择了程序文件夹的安装位置后单击“安装”按钮，接下来就进入到显示软件安装进程的对话框，如图 1–21 所示。

06 单击“完成”按钮即可完成 CorelDRAW X4 的全部安装，如图 1–22 所示。

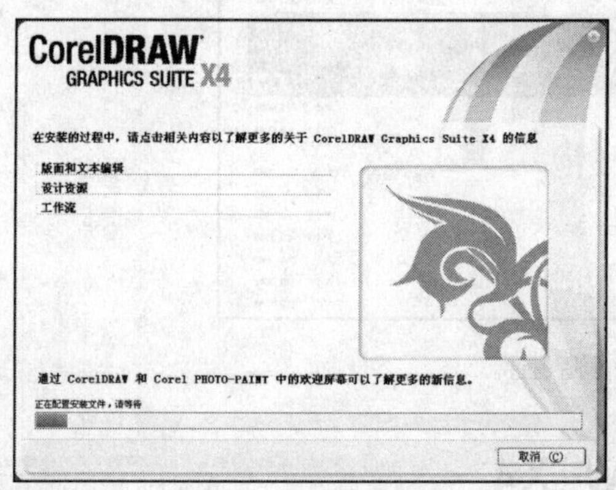

图 1-21 安装进程对话框

图 1-22 完成安装

1.4.2 卸载 CorelDRAW X4

■ 任务导读

如果想要卸载 CorelDRAW X4，可以通过“添加或删除程序”来实现。

■ 任务驱动

01 双击桌面上方的“我的电脑”图标，在弹出的窗口中单击“控制面板”图标 控制面板（C），如图 1–23 所示。

02 系统弹出“控制面板”窗口，然后在 Windows 控制面板中双击“添加或删除程序”图标，如图 1–24 所示。

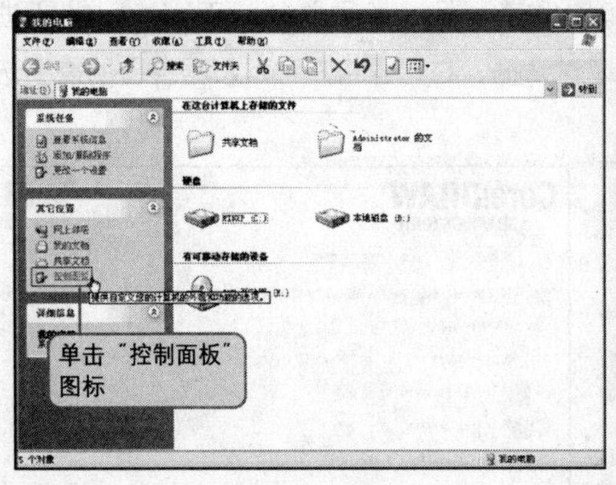

图 1-23 “我的电脑”窗口

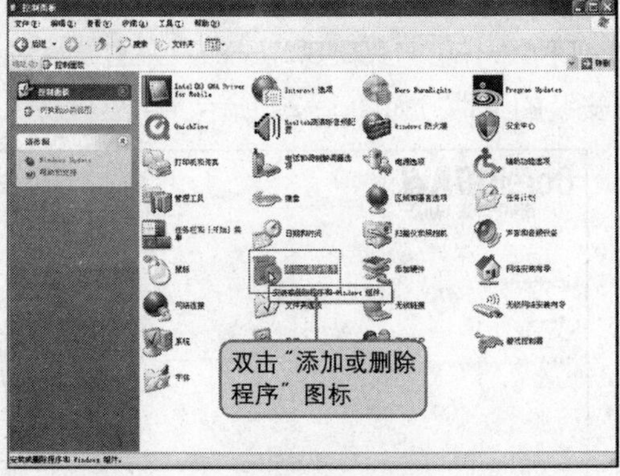

图 1-24 控制面板

03 在弹出的窗口中选择需要卸载的程序 CorelDRAW X4，单击右侧的“删除”按钮，如图 1–25 所示。这时会出现“是否删除 CorelDRAW X4”的提示，然后单击“是”按钮，程序即可被删除。

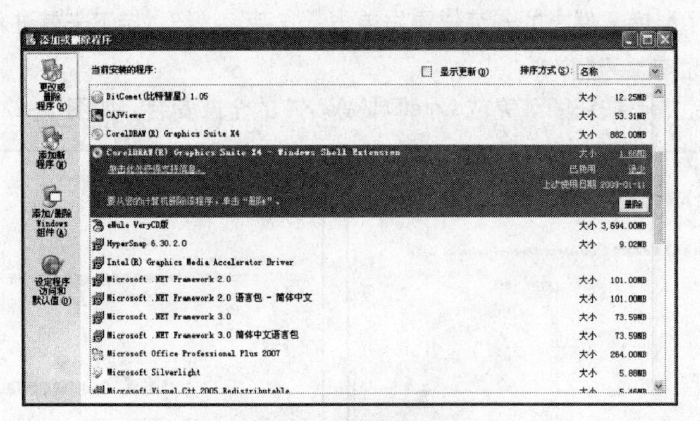

图 1-25 删除程序

1.5 | 启动和退出 CorelDRAW X4

掌握软件的正确启动与退出的方法是学习软件应用的必要条件。CorelDRAW X4 软件的启动方法与其他的软件相同，执行“开始”→“程序”命令，在菜单中找到并单击相应的软件即可。要关闭只需单击 CorelDRAW X4 界面窗口标题栏右上角的 ☒ 按钮即可。

1.5.1 启动 CorelDRAW X4

■ **任务导读**

完成 CorelDRAW X4 的安装后是不是就迫不及待地想打开看一看 CorelDRAW X4 的软件界面呢？下面介绍如何启动 CorelDRAW X4 软件。

■ **任务驱动**

若要启动 CorelDRAW X4，可以执行下列操作。

选择“开始”→“程序”→CorelDRAW Graphics Suite X4→CorelDRAW X4 命令即可启动 CorelDRAW X4 程序，如图 1–26 所示。

图 1-26　启动 CorelDRAW X4

■ **使用技巧**

安装 CorelDRAW X4 时，安装向导会自动地在桌面上添加一个 CorelDRAW X4 的快捷方式图标，用户直接双击桌面上的 CorelDRAW X4 快捷方式图标，即可启动 CorelDRAW X4。

1.5.2　退出 CorelDRAW X4

■ **任务导读**

当工作结束，需要退出 CorelDRAW X4 时，可执行以下步骤退出 CorelDRAW X4 软件。

■ **任务驱动**

退出 CorelDRAW X4 的操作步骤如下。

01 通过“文件”菜单退出 CorelDRAW X4，单击 CorelDRAW X4 菜单中的“文件”选项。

02 从弹出的下拉菜单中选择“退出”命令，如图 1–27 所示。

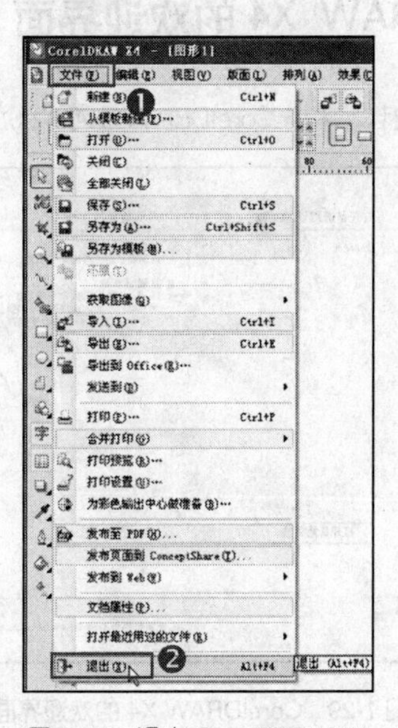

图 1-27　退出 CorelDRAW X4

■ **使用技巧**

- 通过标题栏退出 CorelDRAW X4。

单击 CorelDRAW X4 标题栏左上角的图标，从弹出的下拉菜单中选择“关闭”命令，如图 1–28 所示。

图 1-28 退出 CorelDRAW X4

- 右击标题栏上的任意位置也可以弹出此下拉菜单。
- 单击 CorelDRAW X4 界面右上角的“关闭”按钮退出 CorelDRAW。此时若用户的文件没有保存，程序会弹出一个对话框提示用户是否保存；若用户的文件已经保存过，则程序会直接关闭。

【**高手指点：**“退出”命令的快捷键是 Alt+F4。】

1.6 | CorelDRAW X4 的基本操作界面

CorelDRAW X4 的操作界面可以完全由用户自己定制，在什么地方放置什么工具都可以自行决定。

1.6.1 CorelDRAW X4 的欢迎界面

第一次运行 CorelDRAW X4 时会开启 CorelDRAW X4 的欢迎界面，如图 1–29 所示。

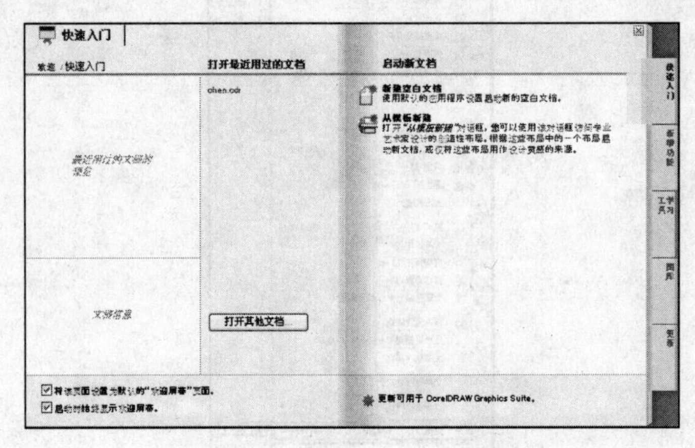

图 1-29 CorelDRAW X4 的欢迎界面

高手指点：如果撤选欢迎界面左下角的“启动时始终显示欢迎屏幕”复选框，那么以后再启动 CorelDRAW X4 程序时将不会出现欢迎界面。

在这个窗口中提供了 7 个选项，每个选项都有不同的功能。

- 新建空白文档：单击此选项可以创建一个新的图形文件。
- 打开最近用过的文档：单击此选项可以打开上一次编辑过的文件（在这个图标的下方显示了上一次编辑文件的名称）。
- 打开其他文档：单击此选项可以打开“打开绘图”对话框。
- 从模板新建：单击此选项可以打开 CorelDRAW X4 准备的绘图模板。
- 新增功能：单击此选项可以打开 CorelDRAW 的帮助文件，用户在此可以了解到 CorelDRAW X4 的一些新功能。
- 工具学习：单击此项可以看到 CorelDRAW 的学习视频介绍。
- 图库：单击此项可以看到 Corel 公司提供的相关图片。

1.6.2 CorelDRAW X4 的操作界面

本小节介绍 CorelDRAW X4 的操作界面，如图 1-30 所示。

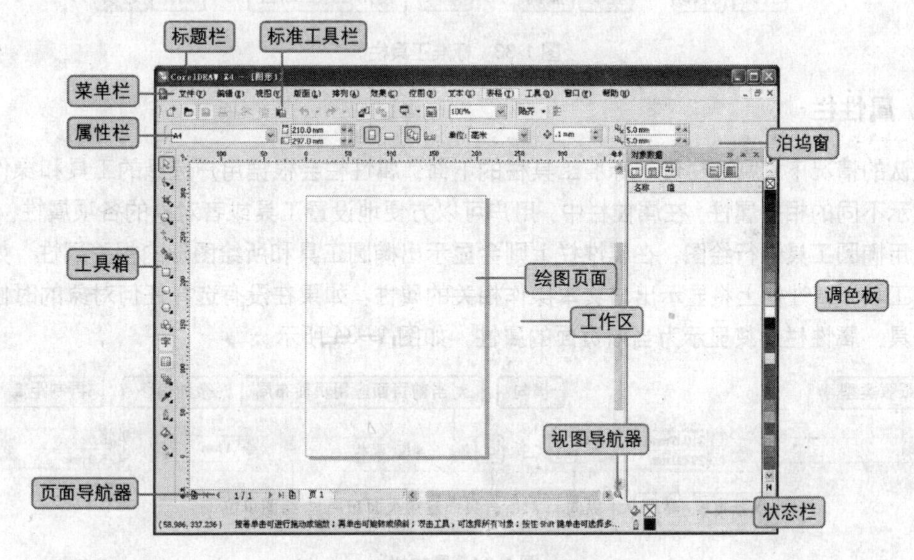

图 1-30　CorelDRAW X4 的操作界面

1. 标题栏

标题栏位于 CorelDRAW X4 操作界面的最顶端，显示当前运行程序的名称和打开文件的名称。最左边显示的是软件的图标和名称，单击该图标可以打开控制菜单，通过此菜单可以移动、关闭、放大或者缩小窗口。右边的 3 个按钮分别为“最小化”按钮、“最大化还原”按钮和“关闭”按钮，它们和 Windows 应用程序的风格一致，如图 1-31 所示。

CorelDRAW X4 - [图形1]

图 1-31　标题栏

2. 菜单栏

默认的情况下菜单栏位于标题栏的下面，如图 1–32 所示。通过执行菜单栏中的命令选项可以完成大部分的操作。CorelDRAW X4 的菜单栏中包括文件、编辑、视图、版面、排列、效果、位图、文本、表格、工具、窗口和帮助等 12 个功能各异的菜单，每一个菜单的下面都有多个选项，有的选项下面还有子选项。选择某一个选项或子选项时就会完成某个操作，或者出现一个对话框，用户可以通过对话框来完成操作。

文件(F) 编辑(E) 视图(V) 版面(L) 排列(A) 效果(C) 位图(B) 文本(X) 表格(T) 工具(O) 窗口(W) 帮助(H)

图 1-32　菜单栏

3. 标准工具栏

默认的情况下标准工具栏位于菜单栏的下面。标准工具栏就是将菜单中的一些常用命令选项按钮化了，以便于用户快捷地进行操作，如图 1–33 所示。

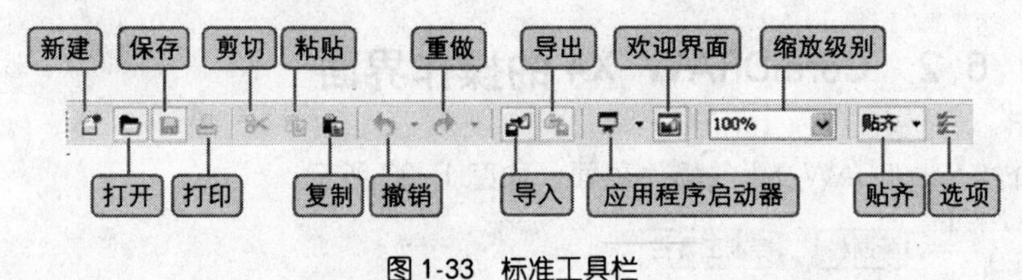

图 1-33　标准工具栏

4. 属性栏

默认的情况下，属性栏位于标准工具栏的下面。属性栏会根据用户选择的工具和操作的状态而显示不同的相关属性。在属性栏中，用户可以方便地设置工具或者对象的各项属性。例如，如果使用椭圆工具进行绘图，在属性栏上则会显示出椭圆工具和所绘图形的相关属性；如果选择文本工具，属性栏上将显示出与文本操作相关的属性；如果在没有选择任何对象的时候选择挑选工具，属性栏上将显示为当前页面的属性，如图 1–34 所示。

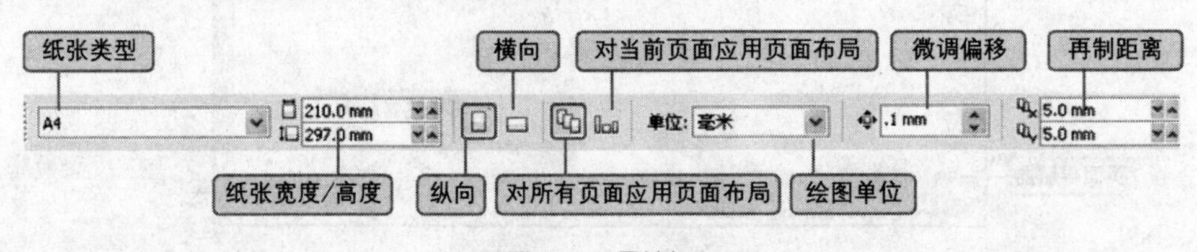

图 1-34　属性栏

5. 工具箱

默认的情况下工具箱位于操作界面的最左边。用户也可以按住鼠标左键将工具箱拖曳到任意的位置，使其浮动在操作界面上。在工具箱中放置了经常使用的绘图及编辑工具，并将功能近似的工具以展开的方式归类组合在一起。如果要选择某个工具，直接用鼠标单击即可，图标显示为反显状态即表示选中了此工具；单击该工具右下方的小三角可进一步从弹出的工具组中选择某个工具。工具箱如图 1–35 所示。

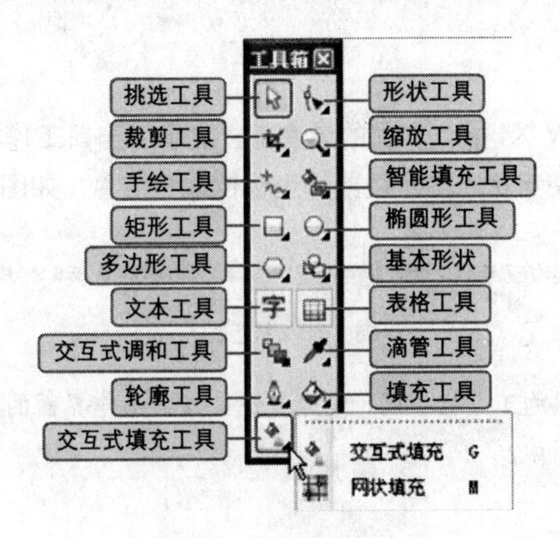

图 1-35　工具箱

6. 标尺

默认的情况下标尺显示在操作界面的左侧和上部，如图 1–36 所示。标尺可以帮助用户确定图形的大小和设定精确的位置。在菜单栏中选择"视图"→"标尺"命令可以显示或者隐藏标尺。

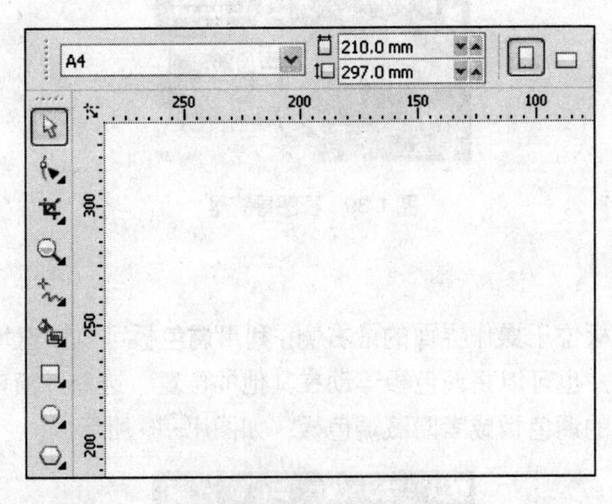

图 1-36　标尺

7. 页面导航器

页面导航器位于操作界面的左下方。在页面导航器中显示了文件当前活动页面的页码和总页码，通过单击页面标签或者箭头还可以选择需要的页面，所以特别适用于多文档操作，如图 1–37 所示。

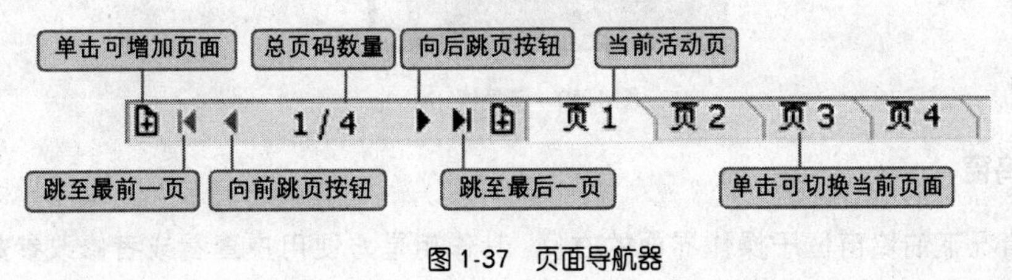

图 1-37　页面导航器

8. 状态栏

状态栏位于 CorelDRAW X4 操作界面的最底部，显示了当前工作状态的相关信息，如被选中对象的简要属性、工具使用状态提示及鼠标坐标位置等信息，如图 1–38 所示。

(-170.725, 87.975)　接着单击可进行拖动或缩放；再单击可旋转或倾斜；双击工具，可选择所有对象；按住 Shift 键单击可选择多个对...

图 1-38　状态栏

高手指点： 状态栏和其他的工具栏不同，它只能被嵌入在工作界面的顶部或者底部，不能固定在两侧或者浮动在界面中。

9. 视图导航器

视图导航器位于垂直和水平滚动条的交点处，主要用于视图导航（特别适用于编辑放大后的对象）。按住这个导航器图标不放即可启动该功能，用户可以在弹出的含有文档的窗口中随意地移动，定位想要调整的区域，如图 1–39 所示。

图 1-39　视图导航器

10. 调色板

默认的情况下调色板位于操作界面的最右侧。利用调色板可以快速地为图形和文本对象选择轮廓色和填充色。用户也可以将调色板浮动在其他的位置，选择"窗口"→"调色板"下的子菜单还可以显示其他的调色板或者隐藏调色板，如图 1–40 所示。

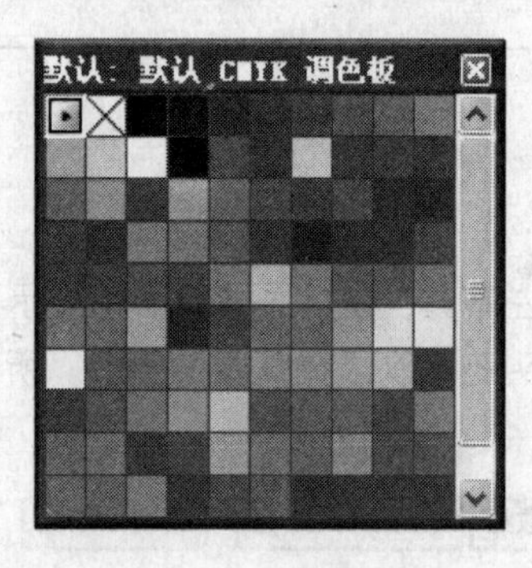

图 1-40　调色板

11. 泊坞窗

默认的情况下泊坞窗位于操作界面的右侧，其作用是方便用户查看或者修改参数选项。在操作界面中可以把泊坞窗浮动在其他的任意位置。如果想显示其他的泊坞窗，那么选择"窗口"→"泊坞窗"下的命令即可，如图 1–41 所示。

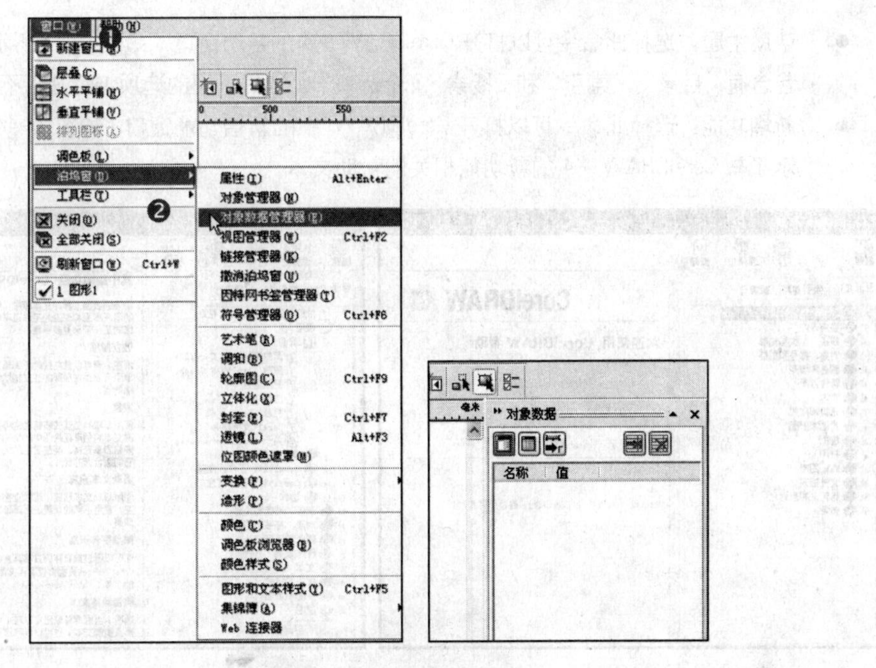

图 1-41　泊坞窗

12. 绘图页面

默认的情况下绘图页面位于操作界面的正中间，是进行绘图操作的主要工作区域。只有绘图页面上的图形才能被打印出来。

1.6.3　CorelDRAW X4 的帮助系统

CorelDRAW X4 为用户提供有内容丰富、功能强大的帮助系统。用户可以通过选择“帮助”菜单中各种相关的帮助命令访问帮助系统，如图 1–42 所示。

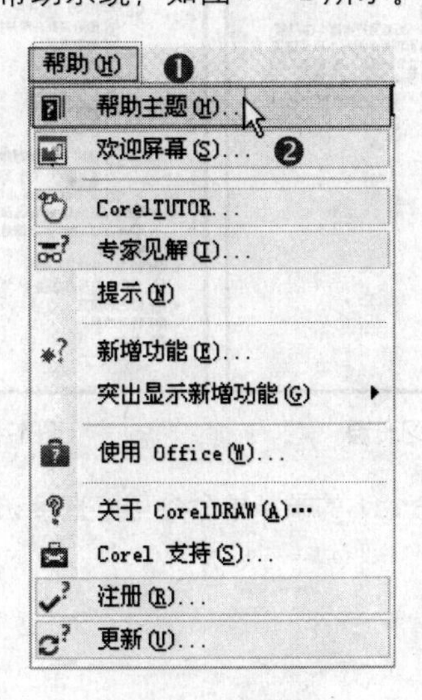

图 1-42　帮助菜单

- 帮助主题：选择此命令可以打开 CorelDRAW X4 的帮助窗口，如图 1–43 所示。在此窗口中包含有“目录”、“索引”和“搜索”3 个选项卡，选择不同的选项卡将进入不同的帮助状态。
- 新增功能：选择此命令可以打开 CorelDRAW 中的新增功能窗口，如图 1–44 所示，其中显示了与 CorelDRAW X4 的新功能相关的帮助文本。

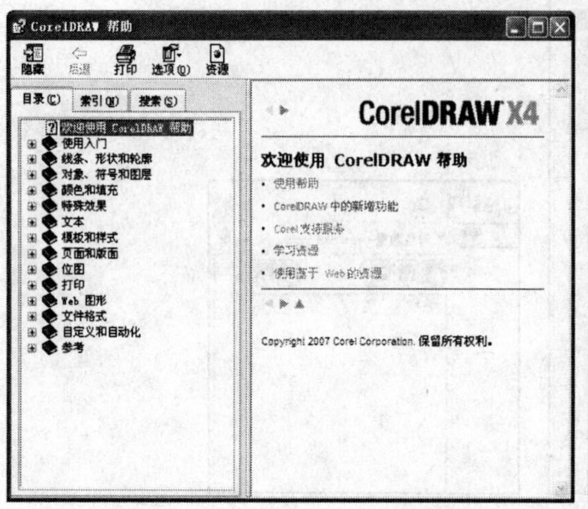

图 1-43　CorelDRAW X4 的帮助窗口

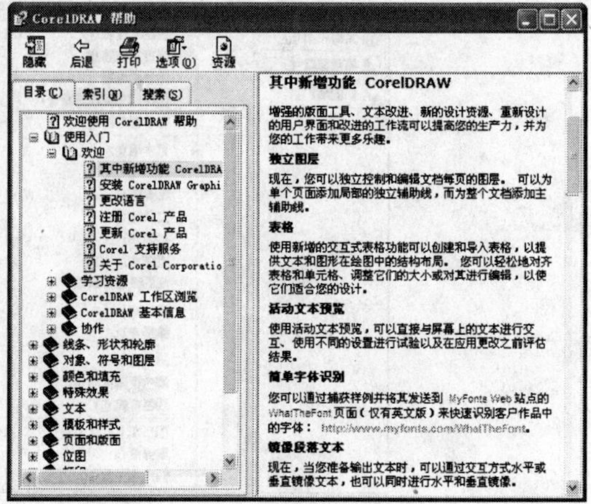

图 1-44　CorelDRAW 中的新增功能窗口

- 学习资源：选择此命令可以阅读如何使用 CorelDRAW 相关的学习的文件，如图 1–45 所示。该文件提供了如何使用帮助、用户指南、工具提示等。
- 使用基于 Web 的资源：选择此命令可以打开 Web 资源，以帮用户充分利用 CorelDRAW X4（如 Corel 知识库），解答用户在学习中遇到的疑难问题，如图 1–46 所示。

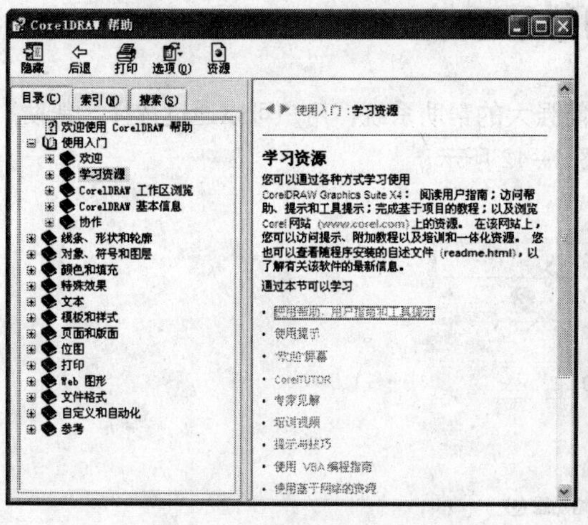

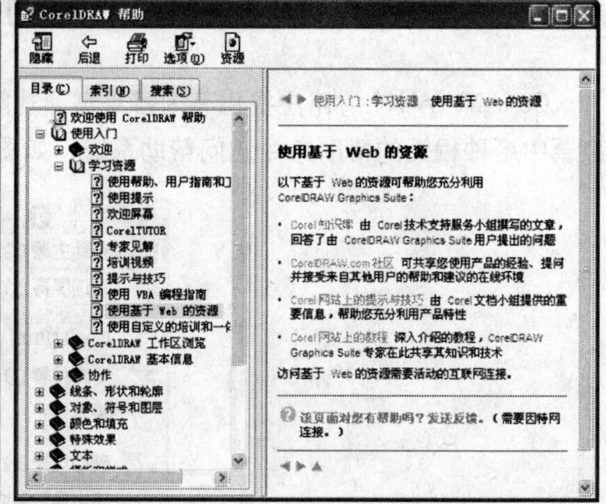

图 1-45　CorelDRAW 学习资源　　　　图 1-46　使用基于 Web 的资源

- Corel 支持服务：选择该命令下的子菜单命令可以直接访问 Corel 公司制作的与 CorelDRAW 相关的网站。

1.7 | 本章小结

CorelDRAW X4 拥有 40 多个新的属性和增强的特性，在学习之前读者应该学习 CorelDRAW X4 软件的安装和卸载，并了解 CorelDRAW X4 的基本界面。本章的内容多为介绍性的，因此不需要记忆过多的知识要点，但是鼓励读者在学习的过程中学会观察和揣摩，这样可以更快地熟悉 CorelDRAW X4 的应用环境，为进一步的学习打好基础。

02 CorelDRAW X4 的基本操作

本章知识点

- 文件的基本操作
- 页面辅助功能的设置
- 调整视图操作
- 使用泊坞窗
- CorelDRAW X4 的文件格式

本章开始讲解 CorelDRAW X4 文件的基本操作、页面辅助功能的设置、调整视图操作以及使用泊坞窗等基本操作。

2.1 | 文件的基本操作

CorelDRAW X4 的基本操作包括文件的新建、打开、保存和导入、导出等基本操作。

2.1.1 从页面新建 CorelDRAW X4 项目

■ 任务导读

启动 CorelDRAW X4 后，可以选择“文件”→“新建”命令新建一个文档，也可以按 Ctrl+N 组合键来新建一个文档，如图 2-1 所示。

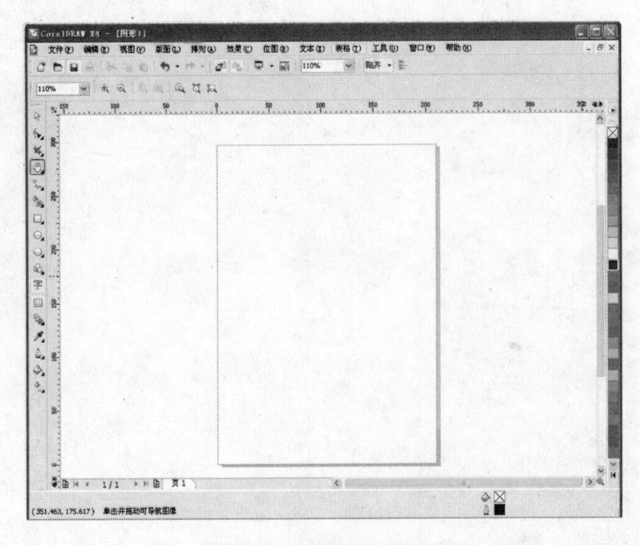

图 2-1 新建空白文档

■ 任务驱动

从页面新建 CorelDRAW X4 项目的步骤如下。

01 选择“开始”→“所有程序”→CorelDRAW Graphics Suite X4→CorelDRAW X4 命令，即可启动 CorelDRAW X4 程序，如图 2-2 所示。

图 2-2　启动 CorelDRAW X4

02 单击标准工具栏中的“新建”按钮即可新建一个图形文件（或者选择菜单中的“文件”→“新建”命令），如图 2-3 所示。

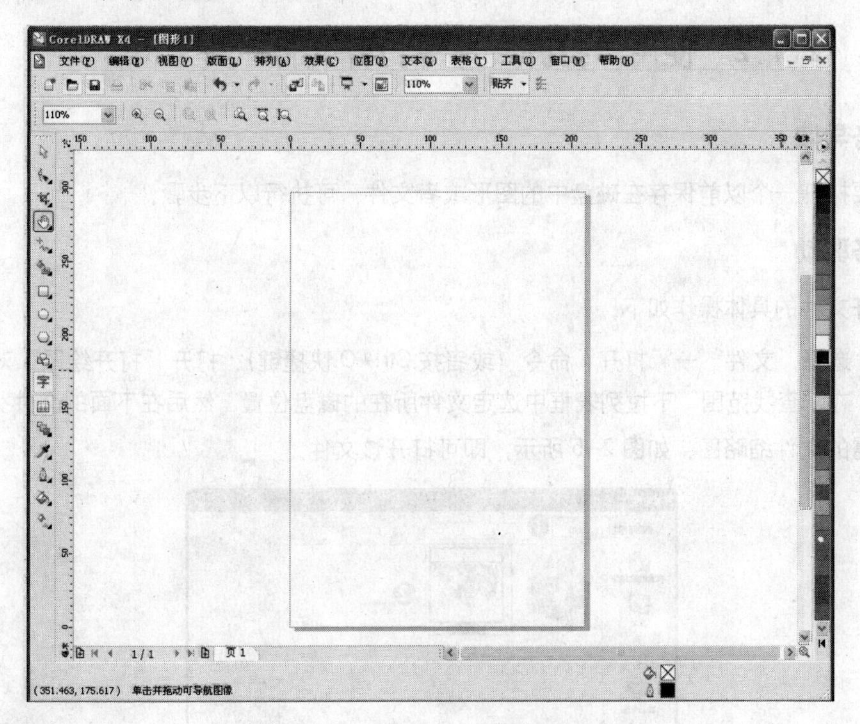

图 2-3　新建 CorelDRAW X4 项目

■ 使用技巧

在编辑的过程中如果要新建一个文件，选择菜单中的“文件”→“新建”命令即可。

单击标准工具栏中的“新建”按钮即可快速地新建一个图形文件。

从模板新建 CorelDRAW X4 项目的步骤如下。

01 选择“文件”→“从模板新建”命令，弹出“从模板新建”对话框，如图 2-4 所示。

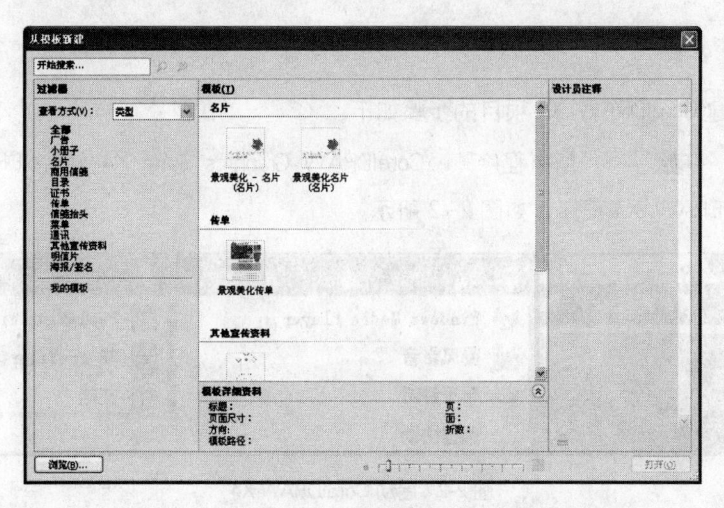

图 2-4 “从模板新建”对话框

02 在“从模板新建”对话框中选择一种需要使用的模板类型，然后单击“打开”按钮。

2.1.2 使用“打开”命令打开文件

■ 任务导读

需要打开一个以前保存在磁盘中的图形或者文件，可执行以下步骤。

■ 任务驱动

打开文件的具体操作如下。

01 选择“文件”→“打开”命令（或者按 Ctrl+O 快捷键），打开“打开绘图”对话框。

02 在“查找范围”下拉列表框中选定文件所在的磁盘位置，然后在下面的文件列表框内双击所需的文件缩略图，如图 2–5 所示，即可打开该文件。

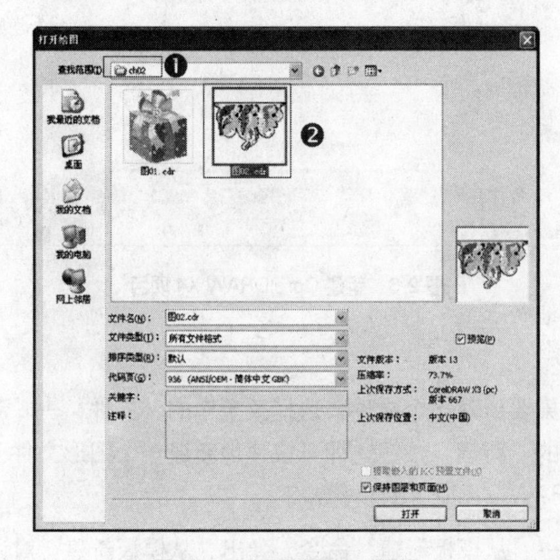

图 2-5 “打开绘图”对话框

■ 使用技巧

单击标准工具栏中的“打开”按钮。

如果用户需要打开的文件是最近打开过的，则可直接单击“文件”菜单，然后在弹出的菜单中选择“打开最近用过的文件”，在弹出的级联列表中选择最近打开过的文档的名称，如图 2-6 所示。

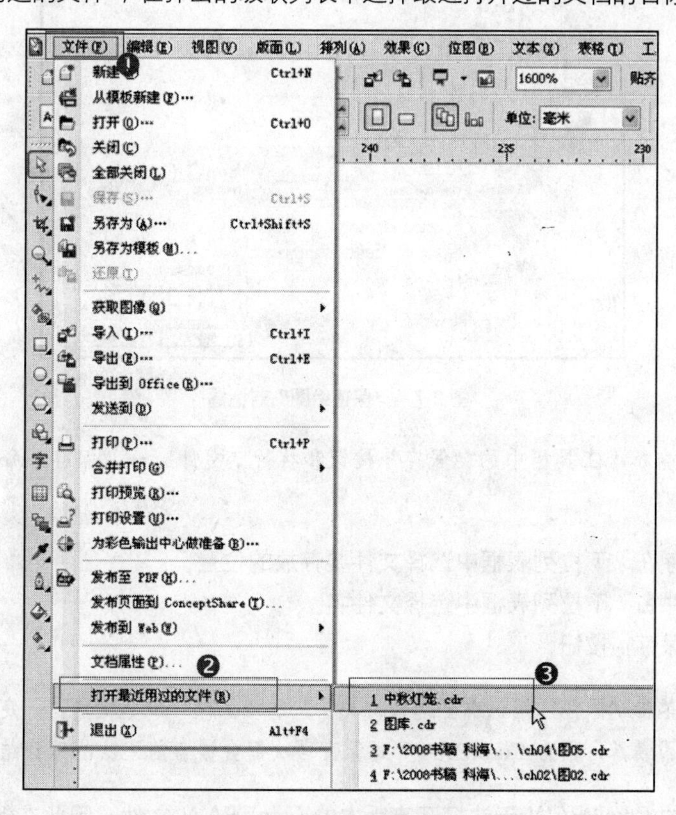

图 2-6 最近打开过的文档

2.1.3 使用“保存”命令保存文件

■ 任务导读

用户在 CorelDRAW X4 中修改或者编辑完文件后一定要保存，这样便于以后使用。用户可以使用不同的方法保存文件。

■ 任务驱动

使用“保存”命令保存文件的步骤如下。

01 选择“文件”→“保存”命令将其保存起来。如果文件是第一次保存，则屏幕上将会弹出“保存绘图”对话框，如图 2-7 所示。

图 2-7 “保存绘图”对话框

高手指点：单击标准工具栏中的“保存”按钮和执行“文件”→“保存”命令的作用是一样的。

02 在“保存在”下拉列表框中选择文件要存放的位置。

03 在“文件名”下拉列表框中选择文件名。

04 单击“保存”按钮。

高手指点：在单击“保存”按钮或者选择“文件”→“保存”命令之前，一定要确定一下对现在的文件是否满意，因为 CorelDRAW 每保存一次都会覆盖前一次的保存结果。

通常低版本的 CorelDRAW 无法打开高版本的 CorelDRAW 文件，因此在保存文件时可以在“版本”下拉列表中选择低版本进行保存，以适应 CorelDRAW 的各种版本。

2.1.4 使用“另存为”命令进行保存

■ 任务导读

使用“另存为”命令可以将当前图像文件保存在另一个文件夹中，或更换当前图像名称、改变图像文件格式，或将当前文件保存为 CorelDRAW 的其他版本。

■ 任务驱动

使用“另存为”命令保存文件的操作步骤如下。

01 选择“文件”→“另存为”命令。

02 在弹出的“保存绘图”对话框中输入文件名、选择文件格式或者更改版本等，如图 2-8 所示。

03 单击“保存”按钮即可将文件另存起来。

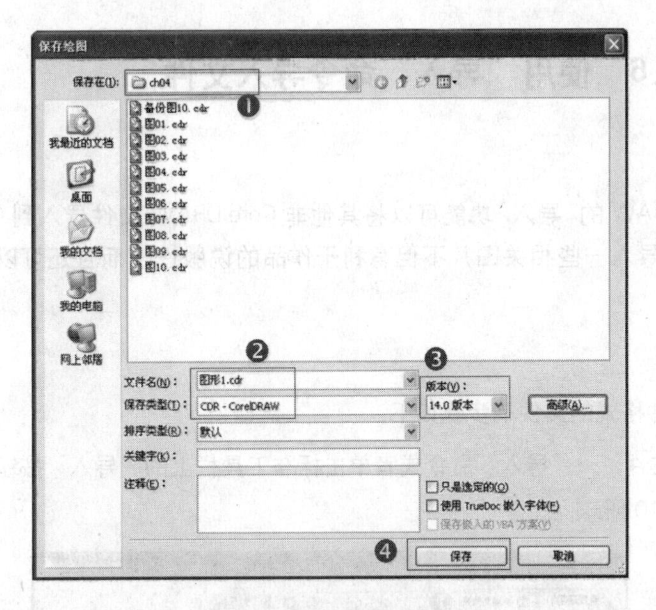

图 2-8　“保存绘图”对话框

高手指点： 不管在什么情况下，选择“另存为”命令都会弹出“保存绘图”对话框。

2.1.5　使用“关闭”命令关闭文件

■ 任务导读

当前打开的文件修改完成并存盘后，若不需要再对此文件进行操作可以将此文件关闭。

■ 任务驱动

使用“关闭”命令关闭文件的步骤如下。

01 选择“文件”→“关闭”命令（或者直接单击右上角的关闭按钮 ×）。如果在关闭之前没有保存文件，屏幕上会出现一个提示对话框，询问是否需要保存文件，如图 2-9 所示。

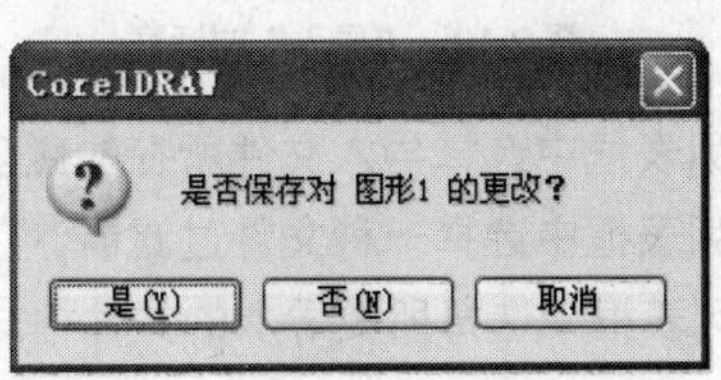

图 2-9　提示对话框

02 如果单击“是”按钮，将会保存文件并自动关闭；如果单击“否”按钮，将不保存文件而直接关闭；如果单击“取消”按钮，将会取消当前的操作。

2.1.6 使用“导入”命令导入文件

■ 任务导读

使用 CorelDRAW 的"导入"功能可以将其他非 CorelDRAW 文件导入到 CorelDRAW 系统。在打开的文件中导入一些相关图片不但有利于作品的说服性，而且还可以起到美化页面的效果。

■ 任务驱动

导入非原文件格式的文件的步骤如下。

01 选择“文件”→“导入”命令或者单击标准工具栏上的“导入”按钮，弹出“导入”对话框，如图 2-10 所示。

图 2-10 “导入”对话框

02 在“查找范围”下拉列表框中选择导入文件所在的磁盘和文件夹位置。

03 在“排序类型”下拉列表框中选择一种文件过滤器。

04 在“文件类型”下拉列表框中选择所要导入的文件格式。接下来在文件列表中查找所需要的文件名，并用鼠标双击该文件名或选中该文件名，然后单击“导入”按钮即可导入文件。如果记不清文件名，可以选中“预览”复选框观察一下是否是所需要的文件。

■ 参数解析

“导入”对话框中其他各个选项的功能如下。

- “图像大小”：显示的是图像的长宽和色位数。
- “文件格式”：显示的是所选对象的文件格式。

- “注释”文本框：在“注释”文本框中用户可以键入与导入对象相关的文件。
- 在“全图像”下拉列表框中可以选择导入文件的类型，如图 2–11 所示。

图 2-11　“全图像”下拉列表框

- 选择“全图像”选项：可以将所选文件中的图像全部导入。
- 选择“裁剪”选项：单击“导入”按钮将显示“裁剪图像”对话框，如图 2–12 所示，用户从中可以对图像进行裁剪编辑。
- 选择“重新取样”选项：单击“导入”按钮将显示“重新取样图像”对话框，用户从中可以对图像的大小和分辨率等进行调整，如图 2–13 所示。

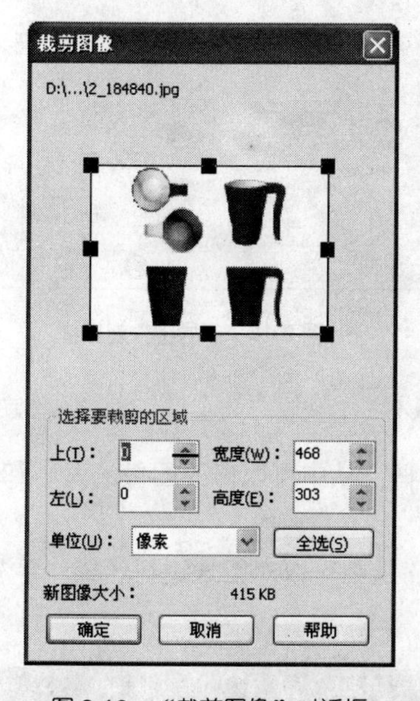

图 2-12　“裁剪图像”对话框

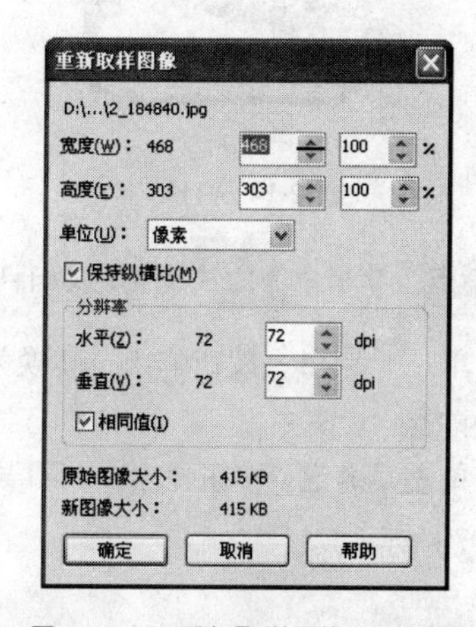

图 2-13　“重新取样图像”对话框

【 **高手指点：** 导入命令的快捷键是 Ctrl+I。】

- “外部链接位图”复选框：选中此复选框可以链接外部位图。
- “合并多图层位图”复选框：选中此复选框可以使导入的位图结合多个图层。
- “保持图层和页面”复选框：选中此复选框可以在导入文件时保持文件原有的图层和页数。

2.1.7　使用“导出”命令导出文件

■ 任务导读

“导出”和“导入”相反，可以将用户所绘制的图形或文本以不同的文件类型和格式导出并保存到磁盘中。

■ 任务驱动

导出文件的具体步骤如下。

01 打开“光盘\素材\ch02\图01.cdr”文件，如图2–14所示。

02 选择“文件”→“导出”命令（或者单击标准工具栏上的“导出”按钮），弹出“导出”对话框，然后在“保存在”下拉列表框中选择文件的保存位置，并在“保存类型”下拉列表框中选择保存类型为JPG格式，最后单击“导出”按钮即可完成，如图2–15所示。

图2-14　打开文件

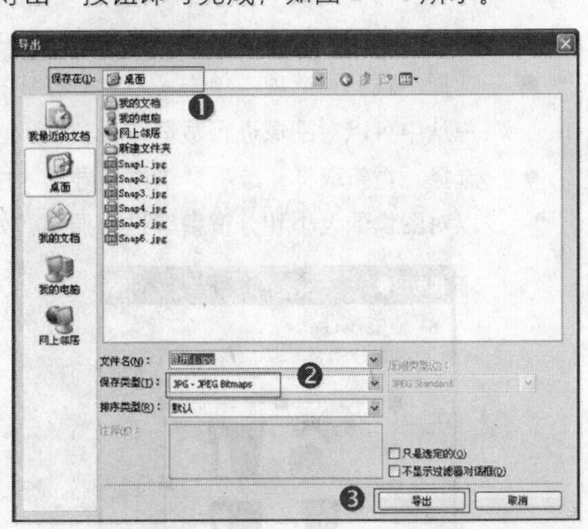

图2-15　“导出”对话框

【高手指点：导出命令的快捷键是Ctrl+E。】

03 单击“导出”按钮弹出“转换为位图”对话框，从中可以修改图像的大小和分辨率等设置，如图2–16所示。

04 单击“确定”按钮弹出“JPEG导出”对话框，从中可以对图像进行压缩、平滑等设置，如图2–17所示。

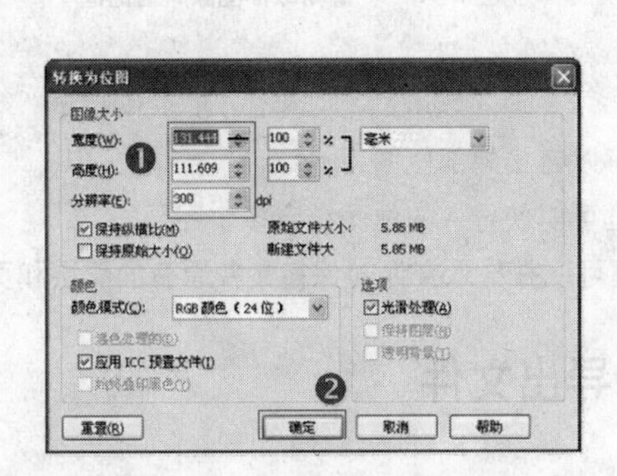

图2-16　“转换为位图”对话框

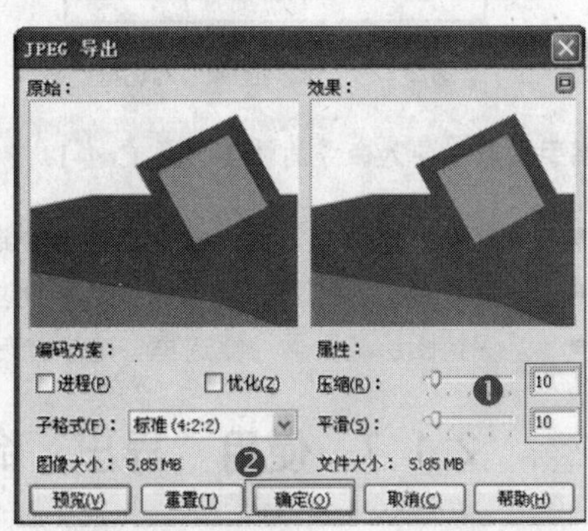

图2-17　“JPEG导出”对话框

05 按照需要设置完成后，单击“确定”按钮即可将CDR格式导出为JPG格式的文件。

2.2 | 页面辅助功能的设置

用户在 CorelDRAW X4 中进行绘制和编辑的时候经常会用到辅助线和页面标尺等辅助功能，使用这些功能可以帮助用户准确地绘制和编排页面中的对象。

基本概念 （**路径：光盘\MP3\什么是辅助线**）

辅助线是添加到页面中帮助用户排列对齐对象的直线。辅助线有水平和垂直两种，可以被放置在页面中的任何位置。默认的情况下辅助线为细虚线，在打印输出中是不显示的。如果需要，用户可以通过“对象管理器”泊坞窗将辅助线设置为可打印。

2.2.1 为书籍装帧添加辅助线

■ 任务导读

以为书籍装帧添加辅助线为例，学习运用辅助线对书籍尺寸进行划分的方法。

高手指点：在开始设定书籍装帧的尺寸之前，先来学习一下印刷品出血的概念：出血是任何超过裁切线或者进入书槽的图像，一般来说出血的标准是 3 毫米。出血的设定是印刷的基本要求。

■ 任务驱动

下面为一本尺寸宽 175mm、高 240mm、厚 10mm 的书籍设置辅助线。具体操作步骤如下。

01 选择“文件”→“新建”命令新建一个文件，然后在“属性栏”调整文件尺寸，设置宽度为 366mm、高度为 246mm，页面为横式，效果如图 2-18 所示。

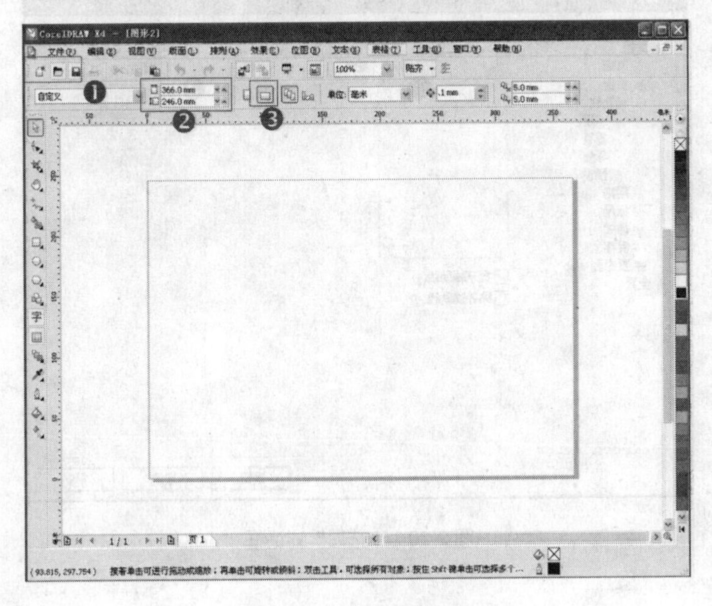

图 2-18 设定完成的页面

02 为页面添加精确的辅助线。选择"视图"→"设置"→"辅助线设置"命令，如图 2–19 所示。

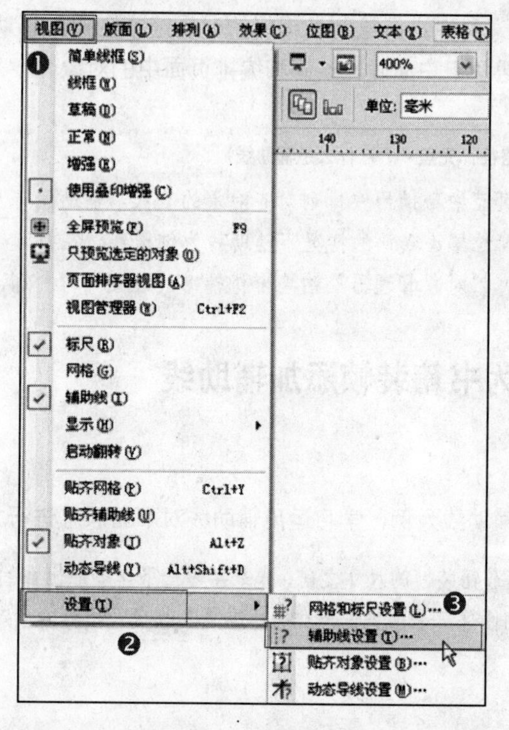

图 2-19 "视图"菜单

03 在打开的"选项"对话框中设置水平方向的尺寸为 3 毫米（mm），如图 2–20 所示，然后单击右侧的"添加"按钮。

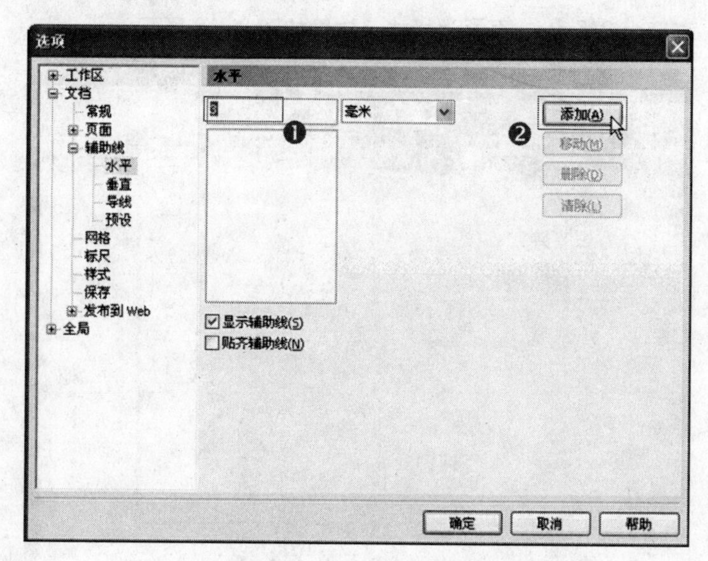

图 2-20 "选项"对话框

04 接下来设定水平方向的另一条辅助线，尺寸为 243 毫米（mm），然后单击右侧的"添加"按钮，如图 2-21 所示。

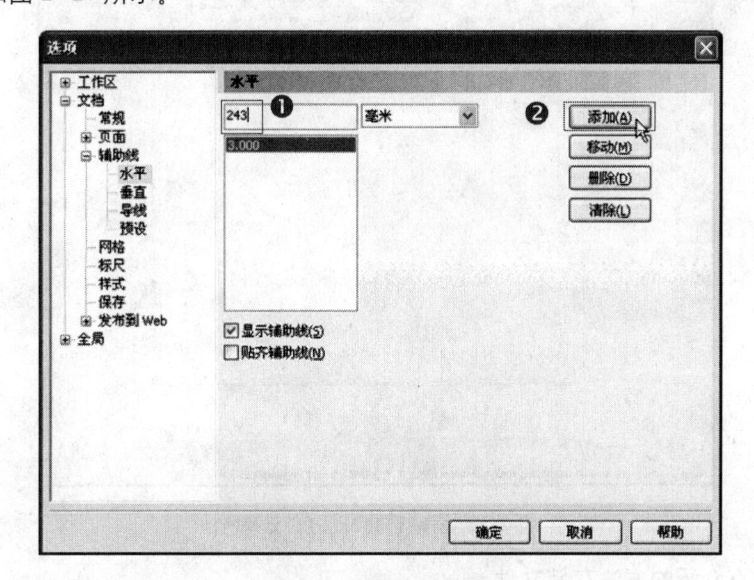

图 2-21　设置水平辅助线

05 再按照同样的方法设置垂直方向的辅助线，分别为：178mm、188mm、3mm 和 363mm，如图 2-22 所示。

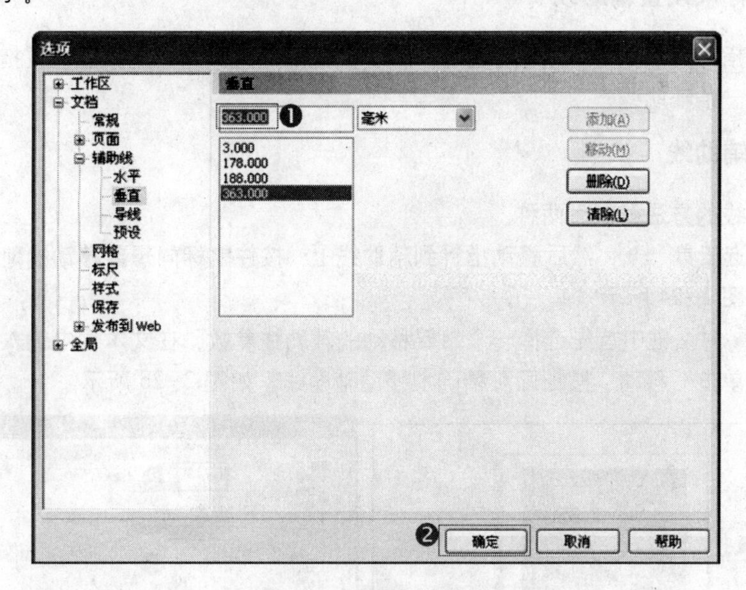

图 2-22　设置垂直辅助线

06 这样就为图书装帧设置了精确的垂直的出血和中间 10mm 的折线，如图 2-23 所示。

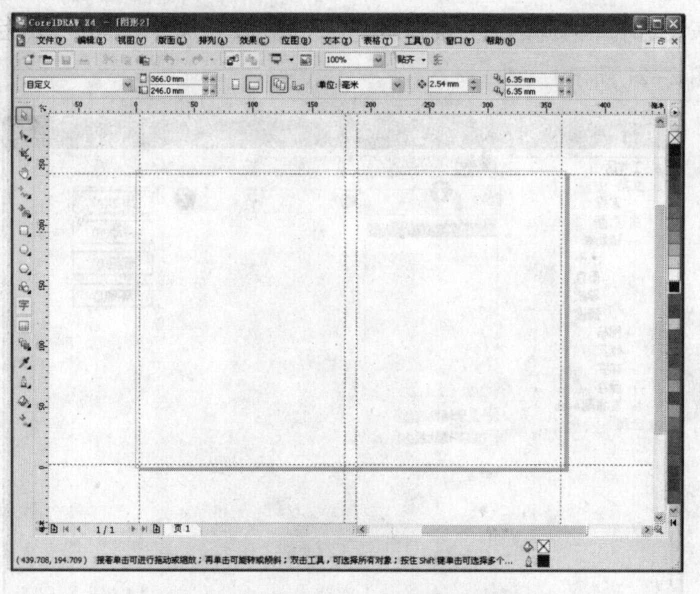

图 2-23　完成辅助线添加的效果图

07 用本章介绍的方法存储文件。

■ 使用技巧

1. 通过标尺设置辅助线

移动鼠标指针到水平标尺或者垂直标尺上，按住鼠标向页面内的任意位置拖曳，然后释放鼠标即可创建一条辅助线。

2. 移动辅助线

移动辅助线的方法有以下两种。

选择“挑选工具”，然后移动指针到辅助线上，按住鼠标向想要移动的地方拖曳即可移动辅助线，如图 2–24 所示。

在“选项”对话框中首先选择一个想要移动的辅助线参数，在文本框中输入想要移动的目标位置，然后单击“移动”按钮即可精确地移动辅助线，如图 2–25 所示。

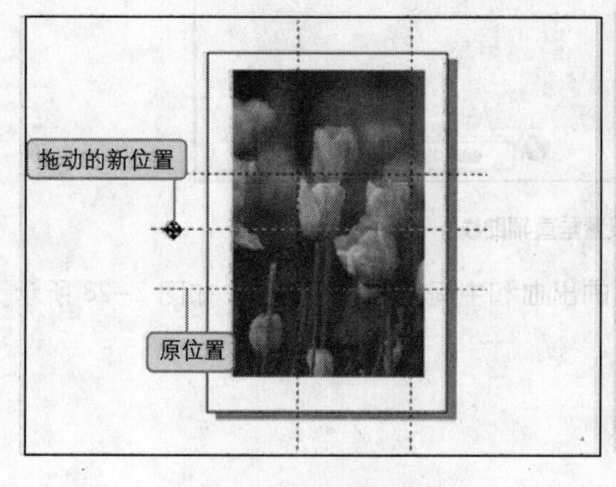

图 2-24　移动辅助线

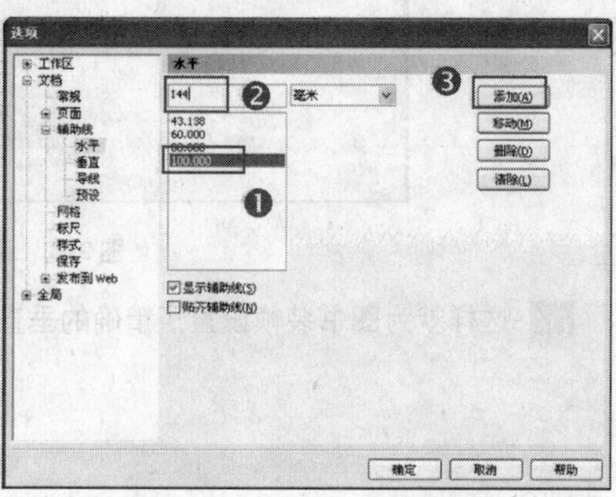

图 2-25　“选项”对话框

3. 旋转辅助线

用“挑选工具”单击想要旋转的辅助线，待辅助线变成红色后再次在辅助线上单击即可出现辅助线旋转的状态，然后移动指针到辅助线的旋转坐标上按住鼠标旋转即可，如图 2-26 所示。

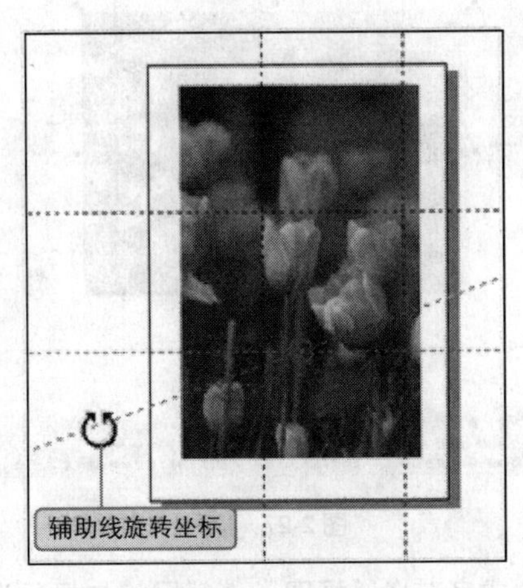

图 2-26 旋转辅助线

4. 显示/隐藏辅助线

要显示或者隐藏辅助线，选择“视图”→“辅助线”命令即可。

5. 删除辅助线

要删除辅助线，首先需要选择“挑选工具”，然后单击想要删除的辅助线，待辅助线变成红色后（表示选择了此条辅助线）按下 Delete 键即可。

高手指点：（1）在“选项”对话框中单击“删除”按钮也可以删除辅助线。（2）如果要选择多条辅助线，在按住 Shift 键的同时单击辅助线即可。

2.2.2 设置页面标尺

■ 任务导读

使用“标尺”辅助工具可以确定对象的位置，使对象对齐。

■ 任务驱动

设置页面标尺步骤如下。

01 选择“视图”→“标尺”命令可以在绘图页面上显示或者隐藏标尺。

02 标尺包括水平标尺、垂直标尺以及原点设定 3 部分，如图 2-27 所示。

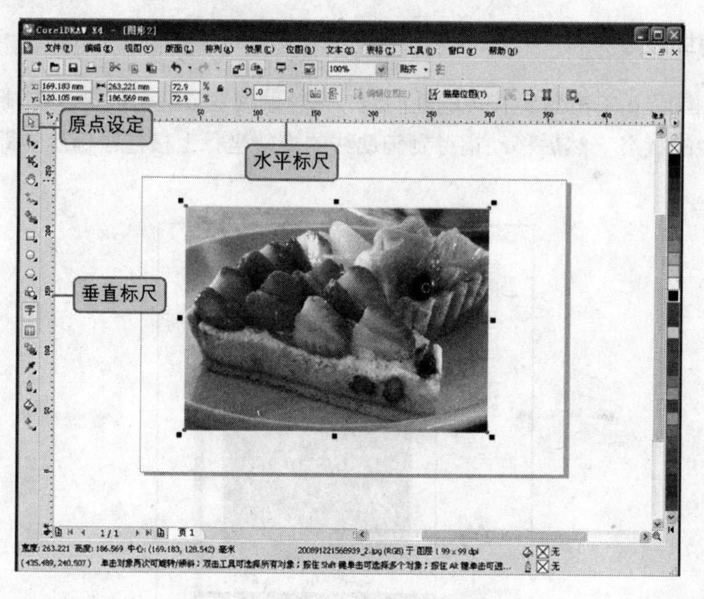

图 2-27　标尺

03 双击标尺上的任意处或者选择"视图"→"网格与标尺设置"命令即可打开"选项"对话框，用户从中可以根据自己的需要对标尺进行重新设定，如图 2-28 所示。

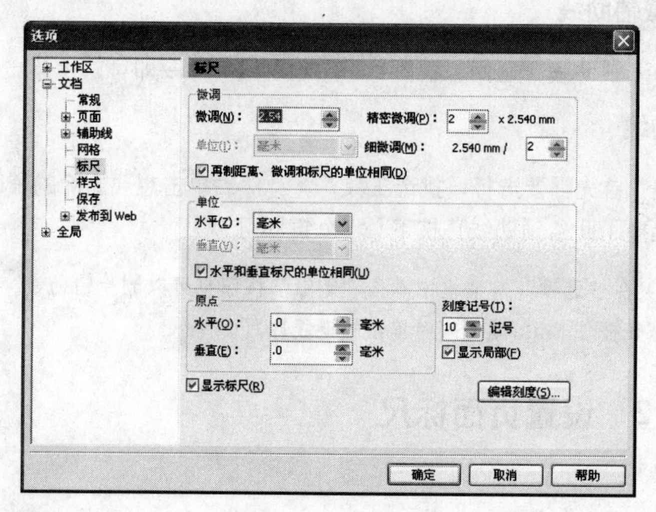

图 2-28　"选项"对话框

■ 使用技巧

在进行原点设定时，将鼠标移到水平标尺与垂直标尺左上角相交处的"原点坐标"上，按住鼠标左键向绘图区域拖曳，直到所需要的精确位置（状态栏上显示了鼠标所在的精确位置）上松开鼠标，这样鼠标所在位置将成为新的坐标原点（即 0，0 位置），如图 2-29 所示。

改变坐标原点后，如果双击坐标原点则可将变化的坐标原点恢复到系统默认的状态。

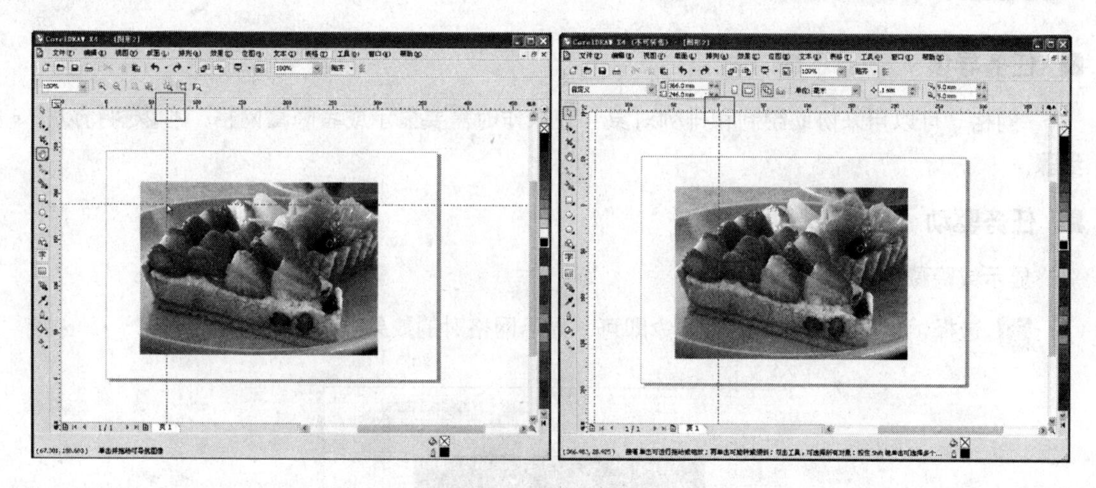

图 2-29 改变坐标原点

用户如果需要移动标尺对图形进行更加准确的定位，还可以将鼠标放在标尺上，在按住 Shift 键的同时拖曳标尺将标尺移动到绘图区域，如图 2–30 所示。如果想将标尺还原至原先的位置，只需按住 Shift 键在标尺上双击即可。

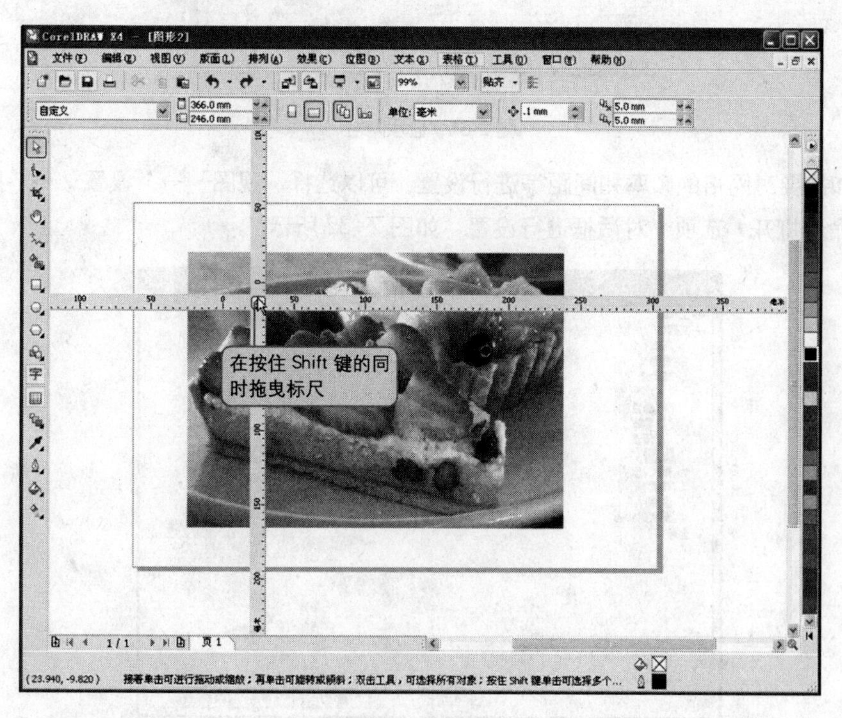

图 2-30 拖曳标尺

2.2.3 设置网格

基本概念 （路径：光盘\MP3\什么是网格）

网格是由一连串的水平和垂直的细线纵横交叉构成的，用于辅助捕捉、排列对象。默认的情况下辅助线为实线，用户可以在“选项”对话框中对网格进行设置调整。

■ 任务导读

“网格”可以用来协助绘制和排列对象，在操作时需要显示或者隐藏网格，可以执行以下步骤。

■ 任务驱动

显示或隐藏网格操作步骤如下。

01 选择“视图”→“网格”命令即可，显示网格时的效果如图 2–31 所示。

图 2-31 显示网格

02 如果要对网格的频率和间距等进行设置，可以选择“视图”→“设置”→“网格和标尺设置”命令打开“选项”对话框进行设置，如图 2–32 所示。

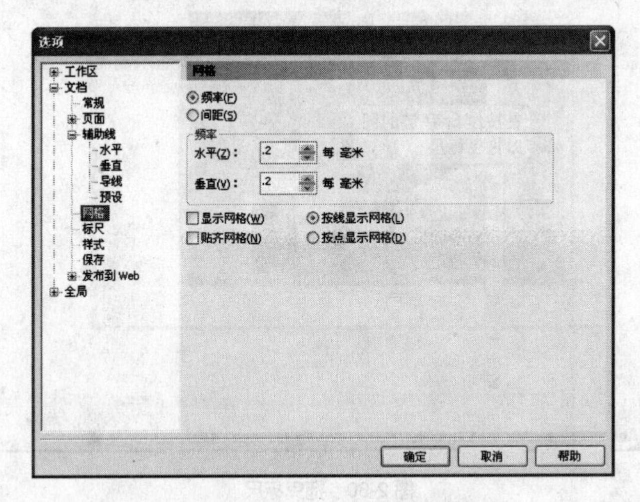

图 2-32 在“选项”对话框中设置网格

2.2.4 设置页面背景

■ 任务导读

在 CorelDRAW X4 中可以设置页面背景，页面背景可以是纯颜色或者是图像，可以作为辅助对象，也可以作为作品背景。

■ 任务驱动

设置页面背景的操作步骤如下。

01 选择“版面”→“页面背景”命令，系统弹出如图 2–33 所示的“选项”对话框，选中“位图”单选按钮，然后单击旁边的“浏览”按钮。

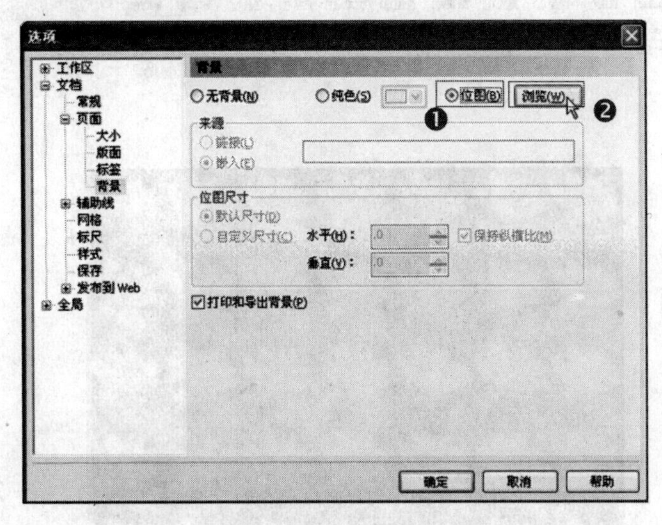

图 2-33　“选项”对话框

02 在弹出的“导入”对话框中双击所需的位图图像，如图 2–34 所示。

图 2-34　“导入”对话框

高手指点： 在“选项”对话框的“背景”下有“无背景”、“纯色”和“位图”等 3 个单选按钮。选中“无背景”单选按钮可以将背景去掉；选中“纯色”单选按钮可以将背景设置为一种纯色；选中“位图”单选按钮可以将位图图片设定为背景。

03 在“选项”对话框中的“来源”栏里选中“嵌入”单选按钮。

04 在“选项”对话框的“位图尺寸”栏里也有两个单选按钮，一个是“默认尺寸”，一个是“自定义尺寸”，用户可以根据实际情况进行选择。

05 若选中“打印和导出背景”复选框，则可在打印和导出时显示背景。

06 最后单击“确定”按钮位图就会铺满整个工作页面，如图 2–35 所示。

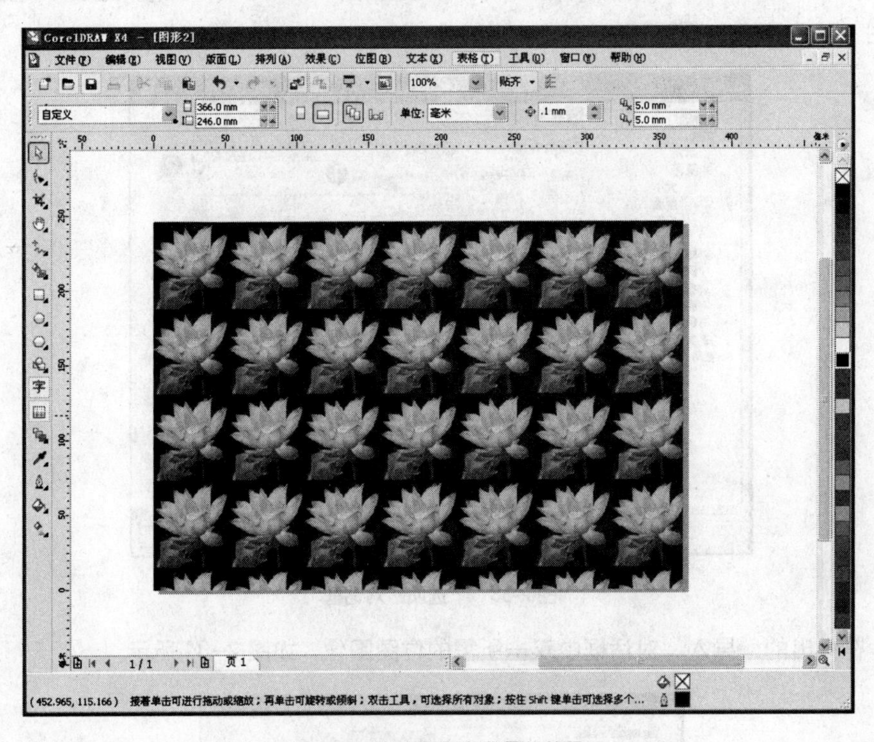

图 2-35　以位图作为背景的效果

2.2.5　使用自动对齐功能

基本概念（路径：光盘\MP3\什么是自动对齐功能）

自动对齐功能是指在绘制图形和排列对象时，对象自动地向网格、辅助线或者对象吸附靠拢的功能。CorelDRAW 中默认的自动捕捉距离为 3，即对象与辅助线、网格相互之间的距离小于 3 个像素点时将会自动地吸附靠拢。

1. 自动对齐网格

使用自动对齐网格功能可以帮助用户精确地对齐对象，节省绘制的时间。如果用户要启用或者禁止自动对齐网格功能，选择“视图”→“对齐网格”命令即可。也可以选择工具箱中的“挑选工具”，然后在页面中的任意位置单击，取消对所有对象的选择，接着单击属性栏中的“对齐网格”按钮即可启用或禁止此功能。

2. 自动对齐辅助线

自动对齐辅助线也是帮助用户对齐对象的。

启用自动对齐辅助线的方法有两种。

- 选择“视图”→“对齐辅助线”命令。
- 在没有选择任何对象的情况下选择“挑选工具”，然后单击属性栏中的“对齐辅助线”按钮即可。

3. 自动对齐对象

使用自动对齐对象功能可以使两个对象准确地对齐。
启用自动对齐对象功能的方法有两种。

- 选择“视图”→“对齐对象”命令。
- 在没有选择任何对象的情况下选择“挑选工具”，然后单击属性栏中的“对齐对象”按钮。启用自动对齐对象功能后，用户移动对象与另一个对象进行对齐时就会产生自动对齐的效果，如图 2-36 所示。

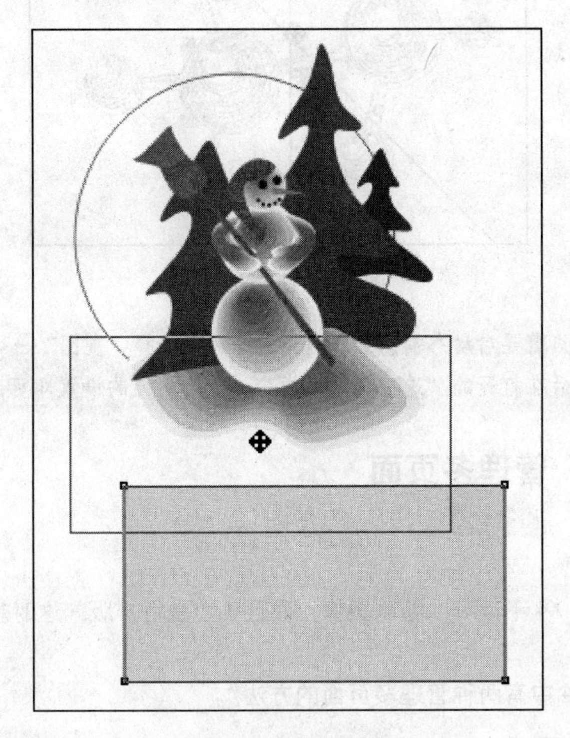

图 2-36 自动对齐

高手指点：如果用户需要对“对齐对象”进行设置，可以选择“视图”→“对齐对象设置”命令，然后在打开的“选项”对话框中进行设置即可。

2.2.6 使用动态辅助线

启用动态辅助线可以帮助用户动态地对齐对象。
启用动态辅助线的方法有两种。

- 选择“视图”→“动态导线”命令。
- 在没有选择任何对象的情况下选择“挑选工具”，然后单击属性栏中的“动态导线”按钮。启用动态导线功能后，用户移动对象时就会出现动态的导线进行捕捉，如图 2–37 所示。

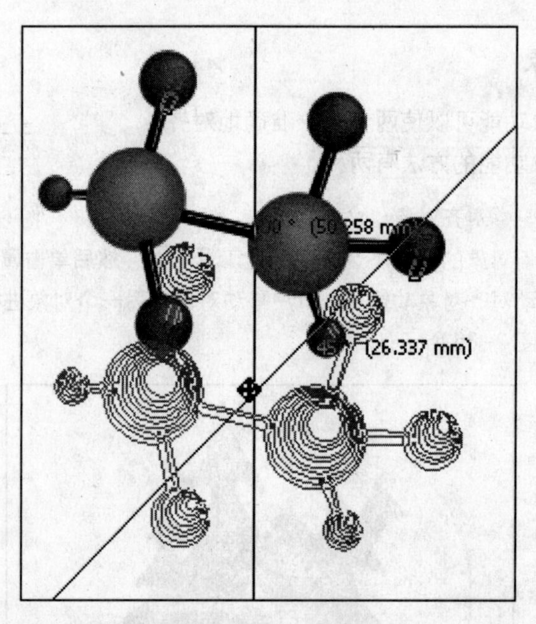

图 2-37 使用动态导线

高手指点：如果用户需要对动态辅助线进行设置，可以选择“视图”→“设置”→“动态导线设置”命令，然后在打开的“选项”对话框中进行针对性的设置即可。

2.2.7 管理多页面

■ 任务导读

使用 CorelDRAW X4 不但可以绘制图像，而且可以进行排版，这时就需要对多个页面进行管理。

在 CorelDRAW X4 中有两种管理多页面的方法。

- 使用页面导航器。
- 使用“版面”菜单中的命令。

■ 任务驱动

增加或者删除页面的操作方法如下。

01 选择“文件”→“新建”命令，以确保页面内至少有一页文件，如图 2–38 所示。

02 选择“版面”→“插入页”命令，从弹出的“插入页面”对话框中选中“后面”单选按钮，其右面“页”中的文本参数“1”表示在此页的后面添加页面，然后在“插入”文本框中输入“5”，如图 2–39 所示。

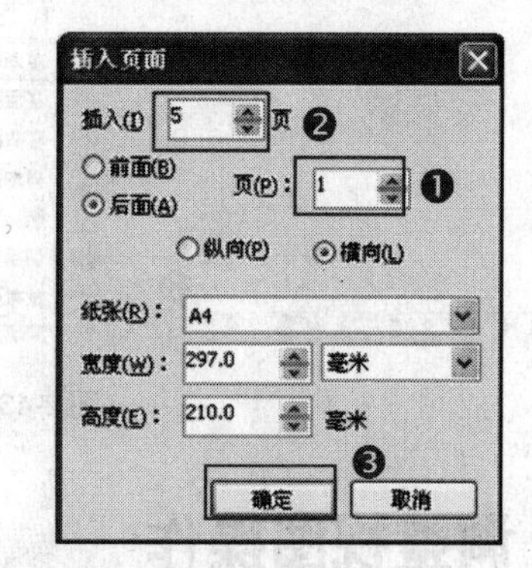

图 2-38 页面文件

图 2-39 “插入页面”对话框

03 单击“确定”按钮，此时便在第一页的后面增加了 5 个页面，如图 2–40 所示。

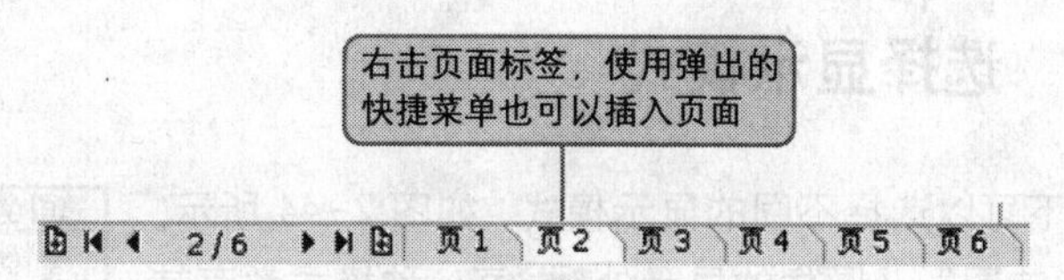

图 2-40 页面标签

04 如果要删除页面，可以选择“版面”→“删除页面”命令，然后从弹出的“删除页面”对话框中输入想要删除的起始页面和最终页面，如图 2–41 所示。

05 单击“确定”按钮，这样设定范围内的页面即可被删除，如图 2–42 所示。

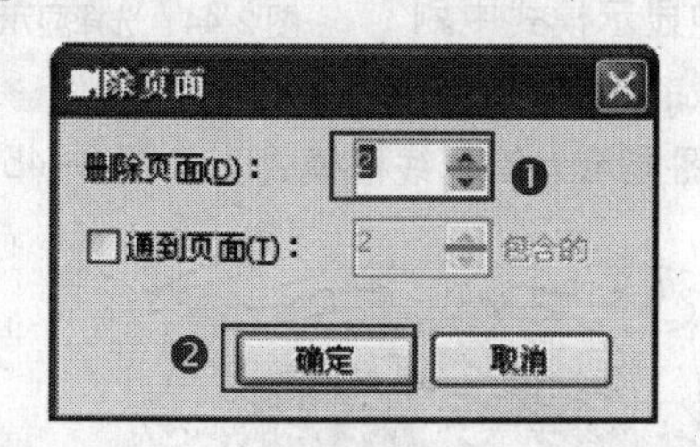

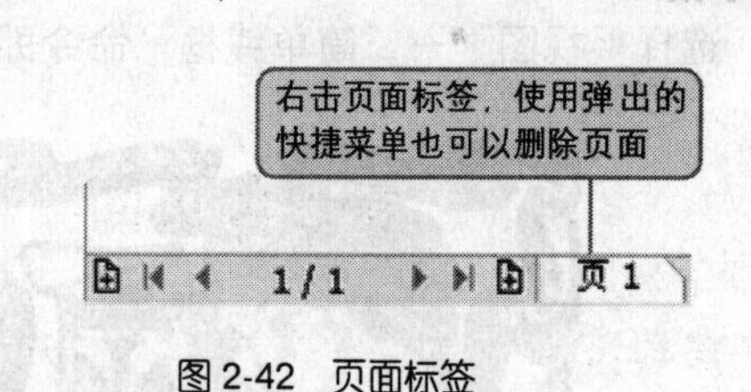

图 2-41 “删除页面”对话框

图 2-42 页面标签

2.2.8 重命名页面

■ 任务导读

重命名页面可以使页面中的内容更加直观，便于在多页时进行操作。

■ 任务驱动

重命名页面具体操作如下。

01 在多页面图形文件的绘图页面下方的页面标签上右击，然后在弹出的菜单中选择“重命名页面”选项。

02 在弹出的“重命名页面”对话框中重新命名当前页面。“重命名页面”对话框如图 2–43 所示。

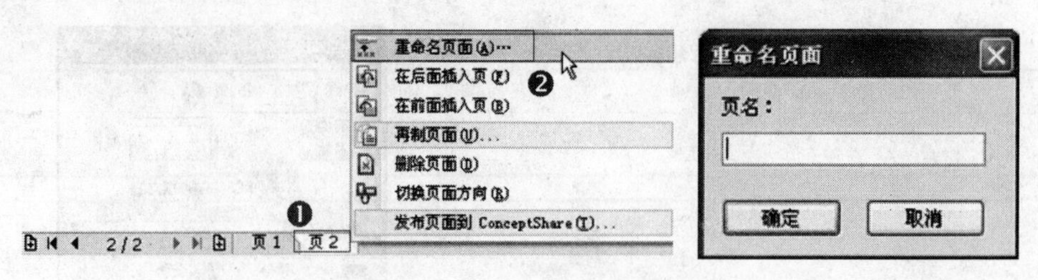

图 2-43　“重命名页面”对话框

2.3 | 调整视图操作

本节介绍 CorelDRAW X4 中的一些调整视图的基本操作方法。

2.3.1　选择显示模式

在“视图”菜单下可以选择不同的显示模式，如图 2–44 所示。显示模式的改变会影响图形及图像的显示外观。每一种模式都有其优点，灵活地使用显示模式可以快捷、精确地完成绘图工作。下面介绍一下比较常用的几种显示模式。

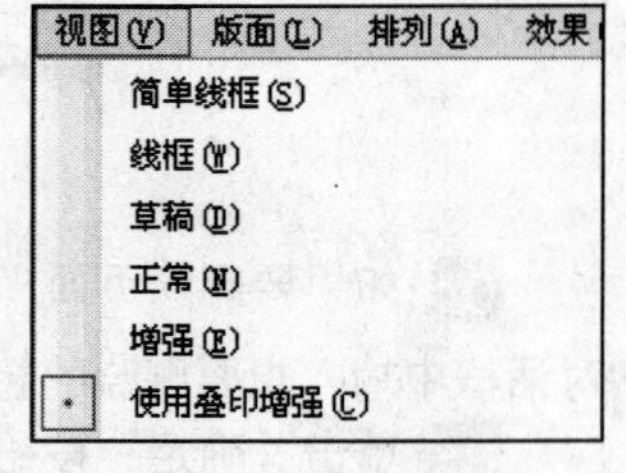

图 2-44　选择显示模式

1. 简单线框

简单线框模式只会显示图形的简单框架，是几种显示模式中刷新速度最快的一种模式，且线框模式在调整图形图像的位置时十分有效。选择“视图”→“简单线框”命令即可将视图显示为简单线框模式，如图 2–45 所示。

图 2-45　原图和简单线框模式的对比

2. 草稿

与增强模式相反，在草稿模式下，屏幕的刷新率会有所提高，而图形图像的解析度则会降低。这种模式在绘制比较复杂的图形时可以快速地更新画面。选择“视图”→“草稿”命令即可将视图显示为草稿模式，如图 2–46 所示。

图 2-46 增强模式和草稿模式的对比

3. 正常

选择正常模式可以显示所有的填充色，并以高分辨率显示位图图像。选择"视图"→"正常"命令即可将视图显示为正常模式，如图 2–47 所示。

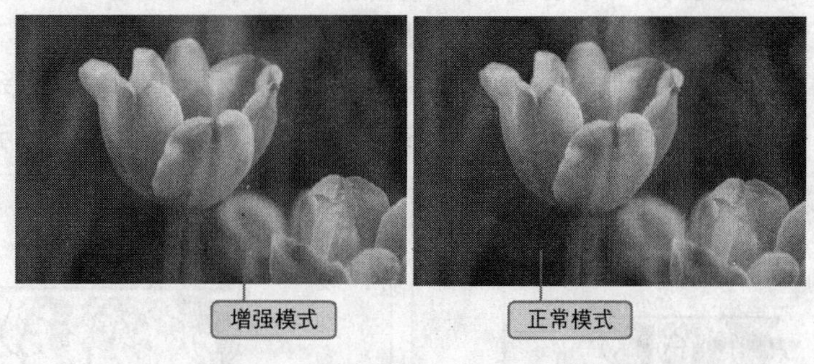

图 2-47 增强模式和正常模式的对比

4. 增强

在增强模式下，图形图像的解析度比其他的模式要高，位图的显示效果会更好，但同时屏幕的刷新率则会降低。在需要显示图像细节时可以选择此模式，而其他情况下使用正常模式即可。

2.3.2 调整视图显示比例

■ 任务导读

在 CorelDRAW 中进行操作时经常需要对操作对象进行缩放，以调整视图的显示比例。CorelDRAW 中默认的显示比例为 100%，但并不是实际纸张的大小。

■ 任务驱动

缩放图像具体操作如下。

选择"缩放工具"，在属性栏上单击"放大工具"，按住左键并拖曳鼠标可以放大蓝色虚线框中的部分，如图 2–48 和图 2–49 所示。

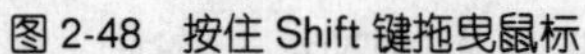

图 2-48 按住 Shift 键拖曳鼠标

图 2-49 放大后的效果图

【高手指点：在页面上单击并以单击点为中心放大，按住 Shift 键可以切换为缩小。】

■ 使用技巧

01 单击“缩放选定对象”按钮，可以使被选中的对象以适合窗口的大小显示。

02 单击“缩放全部对象”按钮，则可使全部对象以适合窗口的大小显示。

03 分别是“按页面显示”、“按页宽显示”及“按页高显示”等按钮，可以分别按照页面的大小、宽度或者高度来显示页面，如图 2–50、图 2–51 和图 2–52 所示。

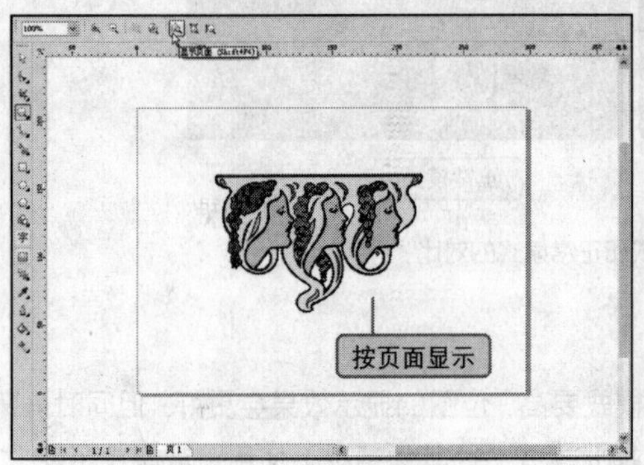

图 2-50 按页面显示

按页宽显示

图 2-51 按页宽显示

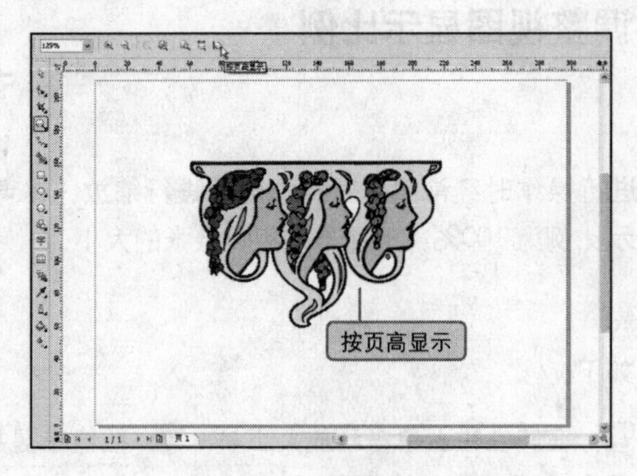

图 2-52 按页高显示

04 用户可以利用工具箱中的“缩放工具”及其属性栏来放大或者缩小页面的显示，如图 2–53 所示。用户可以在缩放级别列表框 206% 中输入具体的数值来设定缩放比例。

图 2-53 缩放工具属性栏

05 用户可以利用"窗口"菜单来控制和操作窗口。用户如果打开了两个以上的图形文件，则可通过"窗口"菜单切换到不同的文件窗口中，如图 2–54 所示。

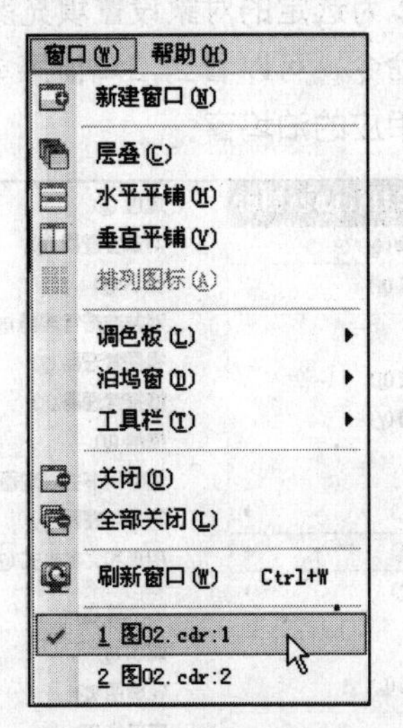

图 2-54 "窗口"菜单

06 选择"新建窗口"选项可以新建一个和当前文件相同的窗口；选择"水平平铺"选项可以以水平平铺的方式显示多个窗口；选择"垂直平铺"选项可以以垂直平铺的方式显示多个窗口，如图 2–55 所示。选择"关闭"选项可以关闭当前窗口；选择"全部关闭"选项可以关闭所有打开的窗口。

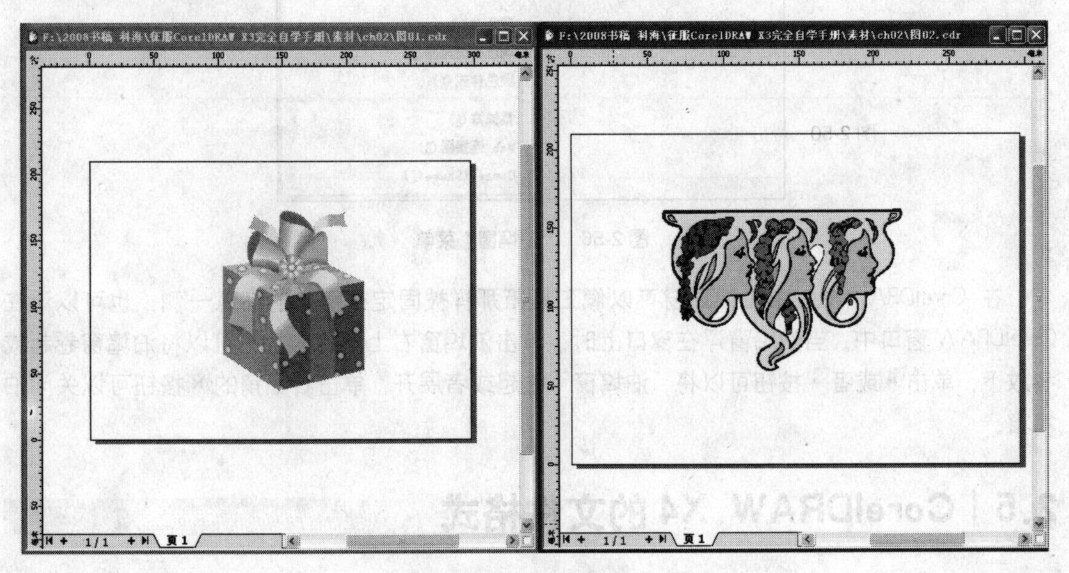

图 2-55 垂直平铺

2.4 | 使用泊坞窗

泊坞窗是CorelDRAW X4中一个很有特色的面板，由于它可以停靠在绘图页面的边缘，因而被称为“泊坞窗”。泊坞窗提供有很多常用的功能，例如使用“对象管理器”泊坞窗可以管理绘图，使用“颜色”泊坞窗可以为选定的对象设置填充颜色和轮廓色等。

选择“窗口”→“泊坞窗”命令，可以看到泊坞窗菜单中的各个泊坞窗命令，如图2-56所示。单击某一个命令即可打开相应的泊坞窗。

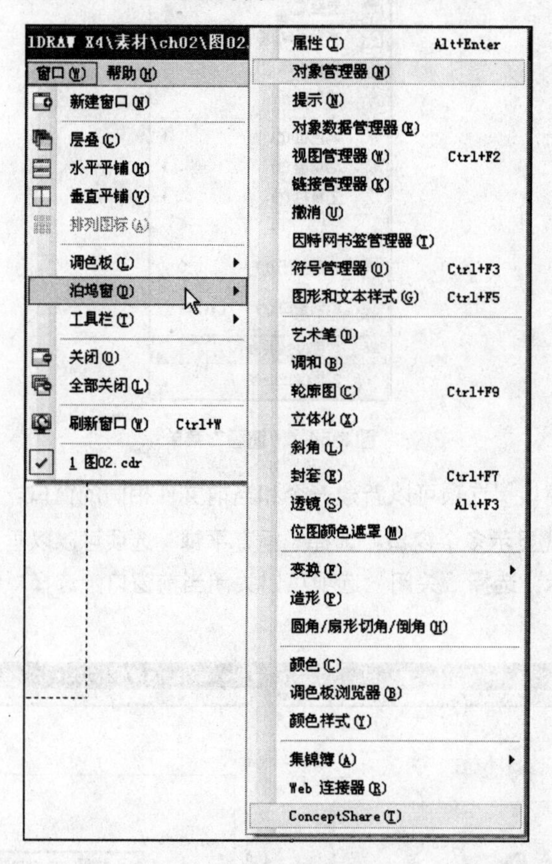

图2-56　“泊坞窗”菜单

在CorelDRAW X4中，泊坞窗可以像工具箱那样被固定在窗口的任意一侧，也可以浮在CorelDRAW窗口中。当泊坞窗浮在窗口上时，单击泊坞窗右上角的▲按钮可以将泊坞窗卷起或者放下，单击»或者▲按钮可以将“泊坞窗”收起或者展开，单击右上角的×按钮可以关闭泊坞窗。

2.5 | CorelDRAW X4的文件格式

文件格式用于定义应用程序如何在文件中存储信息。如果要使用不是用当前所使用的应用程序创建的文件，则必须导入该文件。反之，如果要在一个应用程序中使用在另一个应用程序中创建的文件，则必须将该文件以一种不同的文件格式导出。

给出文件命名时，应用程序会自动地附加上文件扩展名。扩展名通常为 3 个字符的长度，例如 .cdr、.bmp、.tif 及 .eps 等。文件扩展名可以帮助用户和计算机区别不同格式的文件。

通常在应用程序中使用下列文件格式。

- Adobe Illustrator（AI）
- Windows 位图（BMP）
- 计算机图形图像文件（CGM）
- CorelDRAW（CDR）
- CorelPHOTO-PAINT（CPT）
- Microsoft Word 文档（DOC）
- Corel DESIGNER（DSF）
- AutoCAD 图形新的格式（DXF）
- AutoCAD 图形数据库（DWG）
- Corel Presentation Exchange（CMX）
- Encapsulated PostScript（EPS）
- Macromedia Flash（SWF）
- GIF
- GIMP（XCF）
- JPEG（JPG）
- JPEG2000（JP2）
- Adobe Photoshop（PSD）
- PICT（PCT）
- 可移植文档格式（PDF）
- Hewlett-Packard Plotter（PLT）
- 可移植网络图形（PNG）
- Corel Painter（RIF）
- 可缩放矢量图形（SVG）
- TIFF 位图（TIF）
- WordPerfect 文档（WPD）
- WordPerfect 图形（WPG）

2.5.1 其他文件格式

CorelDRAW 也支持下列文件格式。

- Adobe Type 1 字体（PFB）：PFB 文件格式用于 Adobe Type 1 字体文件。
- ANSI 文本（TXT）：ANSI 文本（TXT）是存储 ANSI 字符的一种矢量格式。此格式可以存储文本信息，但不能存储格式信息，例如字体类型或者大小。在将 TXT 文件导入 CorelDRAW 或者从 CorelDRAW 导出 TXT 文件时仅传输文本，文件中包含的图形元素不会被导入或者导出。

- CALS 压缩位图（CAL）：CALS Raster（CAL）是一种位图格式，主要由高端 CAD 程序存储文档。它支持单色（1 位）深度，作为一种数据图形交换格式，可用于计算机辅助设计和制造、技术图形以及图像处理应用程序。
- Corel ArtShow 5（CPX）：CPX 文件格式是 Corel ArtShow 5 的一种本地文件格式，它可以同时包含矢量和位图。
- Corel Presentations（SHW）：SHW 文件格式是 Corel Presentations 的一种本地文件格式。
- CorelR.A.V.E（CLK）：CLK 文件格式是一种 CorelR.A.V.E 本地动画文件。
- CorelDRAW Compressed（CDX）：CDX 文件格式是一种压缩的 CorelDRAW 文件。
- CorelDRAW Template（CDT）：CDT 文件格式用于 CorelDRAW 模板文件。
- FPX：FlashPix 文件格式可以将不同分辨率的图像存储在单个的文件中。
- 帧矢量图元文件（FMV）：FMV 文件格式用于帧矢量图元文件。
- GEM Paint（IMG）：IMG 是 GEM 环境的本地位图文件格式。IMG 文件支持 1 位和 4 位调色板色，它是用 RLE 方法压缩的。IMG 是早期桌面出版的常用格式。
- GEM 文件（GEM）：GEM 文件格式用于 GEM 文件。
- Lotus PIC（PIC）：PIC 文件格式用于 Lotus PIC 文件。
- MacPaint 位图（MAC）：MAC 是使用 MAC、PCT、PNT 和 PIX 等文件扩展名的一种位图格式。这是 Macintosh 128 附带的 MacPaint 程序使用的格式化，它只支持两种颜色和一种图样调色板。它主要由 Macintosh 图形应用程序来存储黑白图形和剪贴画。MAC 图像的最大尺寸为 720 像素 × 576 像素。
- Macromedia FreeHand（FH）：FH 格式是 Macromedia Freehand 的一种本地矢量文件格式。Corel 图形应用程序仅支持 Macromedia FreeHand 版本 7 和版本 8。
- MET 图元文件（MET）：MET 文件格式用于 MET 图元文件。
- Micrografx 2.x、3.x（DRW）：DRW 文件格式用于 Micrografx 2.x 或 Micrografx 3.x 文件。
- Micrografx Picture Publisher 4（PP4）：PP4 文件格式是 Micrografx Picture Publisher 4 的一种本地文件格式。
- Micrografx Picture Publisher 5（PP5）：PP5 文件格式是 Micrografx Picture Publisher 5 的一种本地文件格式。
- Microsoft PowerPoint（PPT）：PPT 文件格式是 Microsoft PowerPoint 的本地格式。
- NAP 图元文件（NAP）：NAP 文件格式用于 NAP 图元文件。
- OS/2 位图（BMP）：这种位图文件类型是专为 OS/2 操作系统设计的。
- 图样文件（PAT）：PAT 文件格式用于图样文件。
- 多信息文本格式（RTF）：RTF 是一种存储纯文本以及文本格式设置（如黑体）的文本格式。在将 RTF 文件导入 CorelDRAW 或从 CorelDRAW 导出 RTF 文件时，仅导入或者导出文本。如果文件中包含图形元素，那么图形元素不会导入到 CorelDRAW 中，也不会从 CorelDRAW 中导出。
- SCITEX CT 位图（SCT）：SCT 文件格式用于导入 32 位色和灰度 SCITEX 图像。SCITEX 位图是从高端扫描仪创建的。这些位图在创建后经过处理，可以通过胶片记录器或高端页面布局程序输出。

- TrueType 字体（TTF）：TTF 文件格式是由 Apple Computer 和 Microsoft Corporation 共同创建的。它是 Macintosh 和 Windows 操作系统中最常用的字体格式。TTF 文件格式根据打印机的功能将字体打印为位图或者矢量。TrueType 字体会按照屏幕上显示的样子打印，并且可以调整到任意的高度。
- Visio （VSD）：VSD 是 Visio 绘图格式，它可以包含位图和矢量。
- Windows 图元文件格式（WMF）：WMF 由 Microsoft Corporation 开发，可以同时存储矢量信息和位图信息。它是作为 Microsoft Windows 3 的内部文件格式开发的，支持 24 位和 RGB 颜色，大多数的 Windows 应用程序都支持它。
- XPixMap 图像（XPM）：XPM 文件格式用于 XPixMap 图像文件。

2.5.2　从其他应用程序导入建议格式

用户可以从其他应用程序导入建议格式，如表 2-1 所示。

表 2-1　应用程序及建议导入格式

应用程序	建议导入格式
Adobe Illustrator 版本 8 及更早	AI
Adobe Illustrator 版本 9 及更新	PDF
AutoCAD	DXF、DWG 和 HPGL（PLT 文件）
文本	剪贴板和 RTF
CorelDRAW	CDR 和剪贴板
Deneba Canvas、Macromedia Freehand 和其他矢量软件包	PCT、AI 和 FN
Microsoft Office	WMF、PNG、VSD。有关详细信息可选择"帮助"→"使用 Office"命令
WordPerfect Office	WPG
Micrografx Designer	DRW 和 AI

2.6 | 本章小结

本章详细讲解了 CorelDRAW X4 的基本操作界面的组成和如何运用基本菜单命令和工具进行简单操作。CorelDRAW X4 更为合理的工具面板分布与分明的功能区规划，能让读者尽快熟悉掌握 CorelDRAW X4 的主要功能，并切实感受到令人惊叹的操作效率。本章包含的知识基础性较强，因此可以把学习过程分为几个阶段进行，摘抄和标注出本章的重点概念可以有效地学习本章。

Chapter 03 CorelDRAW X4的绘图工具

本章知识点

- 直线和曲线的绘制
- 基本图形的绘制
- 绘制插画

无论做什么工作都需要合适配套的工具，如果能牢固并熟练地掌握CorelDRAW X4中的各种绘图工具一定可以绘制出高质量的图形图像。本章将详细地介绍CorelDRAW X4绘图工具的功能、使用方法以及属性的设置和调节。

基本概念（路径：光盘\MP3\什么是图形）

简单地说，图形是指由外部轮廓线条构成的矢量图。即由计算机绘制的直线、圆、矩形、曲线、图表等。这些图形的元素是一些点、线、矩形、多边形、圆和弧线等等，它们都是通过数学公式计算获得的。例如一幅花的矢量图形实际上是由线段形成外框轮廓，由外框的颜色以及外框所封闭的颜色决定花显示出的颜色。

由于矢量图形可通过公式计算获得，所以矢量图形文件体积一般较小。矢量图形最大的优点是无论放大、缩小或旋转等都不会失真；最大的缺点是难以表现色彩层次丰富的逼真图像效果。

3.1 | 直线和曲线的绘制

直线和曲线绘制是创建图形的基础，在CorelDRAW X4中有很多创建直线和曲线的工具，下面将用具体的实例详细介绍这些工具的使用方法和参数设置。

3.1.1 使用手绘工具

■ 任务导读

手绘工具实际上就是利用鼠标在图形页面上直接绘制曲线或者直线的工具，可以用来绘制一些简单图形图案，下面就使用手绘工具来绘制小松树林，如图3-1所示。

图 3-1 绘制的小松树林

■ 任务驱动

01 启动 CorelDRAW X4 程序，选择“文件”→“新建”命令新建一个文件。

02 然后选择工具箱中的“手绘工具”绘制出小松树的形状，在绘制平行的枝叶时按住 Ctrl 键，效果如图 3–2 所示。

03 继续绘小松树的外形，最后释放鼠标的位置在绘制时的起点位置上则可绘制成一个闭合路径，效果如图 3–3 所示。

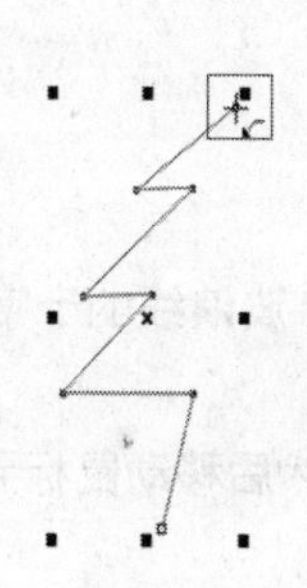

图 3-2 绘制出小松树的形状

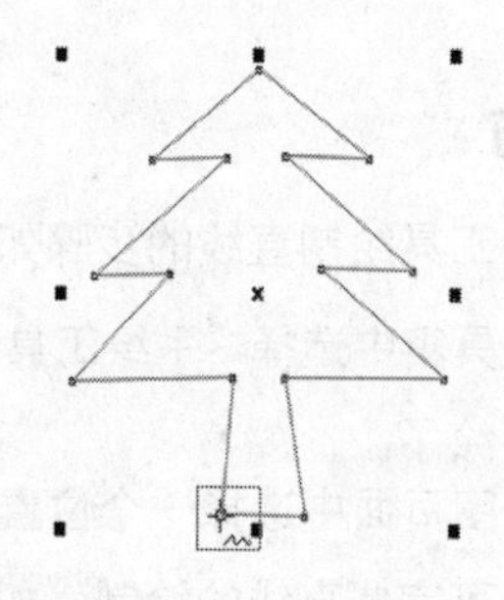

图 3-3 外形绘制完成

04 将小松树填充为绿色（C：100，Y：100），如图 3–4 所示。

05 在工具的属性栏中将轮廓宽度设置为 2cm，这样一棵简单的小松树就绘制完成了。

06 最后选取绘制完成的小松树按住 Alt 键来拖曳鼠标到即定位置后击鼠标右键就复制了一个小松树，多复制几个并调整大小以组成小树林，效果如图 3–5 所示。

图 3-4 填充绿色

图 3-5 绘制完成

从这个例子中可以看出，手绘工具适合绘制较为随意的图形。如果需要绘制的图形对精度的要求较高，那么就应该利用贝塞尔工具进行绘制。

■ 应用工具

"手绘工具"可以自由地绘制直线或曲线，特别适用于绘制直线。手绘工具在 CorelDRAW X4 工具栏的位置如图 3-6 所示。

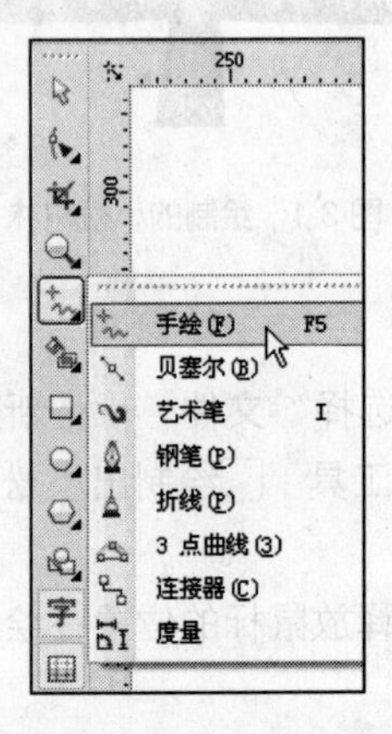

图 3-6　手绘工具的位置

■ 使用技巧

使用手绘工具绘制直线的步骤如下。

01 从工具箱中选择"手绘工具"，鼠标的光标会变成带波浪线的十字形，这说明可以开始进行手绘了。

02 在绘图页面中选择一个位置并单击作为直线的起点，然后移动鼠标到另一处单击作为直线的终点即可完成直线的绘制，如图 3–7 所示。

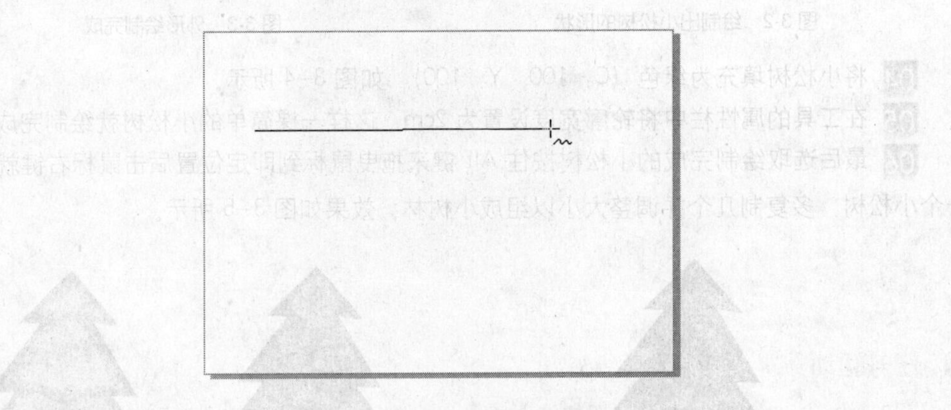

图 3-7　使用手绘工具绘制的直线

使用手绘工具绘制曲线的步骤如下。

01 从工具箱中选择"手绘工具"，鼠标的光标会变成带波浪线的十字形，这说明可以开始手绘曲线了。

02 在绘图页面上按住鼠标左键进行拖曳绘制，绘制完成后释放鼠标左键即可完成曲线的绘制；绘制曲线时，如果最后释放鼠标的位置在曲线的起点位置上则可绘制成一个闭合路径，如图 3–8 所示。

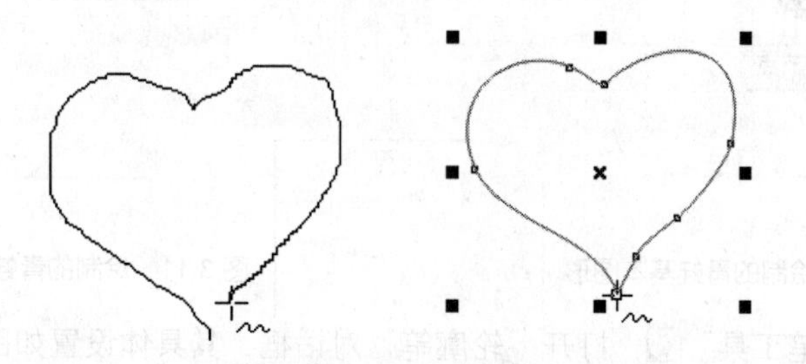

图 3-8　使用手绘工具绘制的曲线（左）和封闭的曲线（右）

【 高手指点：使用手绘工具也可以绘制任意形状的曲线。 】

3.1.2　使用贝塞尔工具

■ 任务导读

使用贝塞尔工具绘制直线和圆滑的曲线，相对于用手绘工具来说比较精确。矢量图形的曲线是由无数个相邻的节点构成的，曲线上的任何一个节点产生了变化都会导致曲线发生变化。贝塞尔工具就是通过对每个节点的控制来改变曲线的弯曲方向及弯曲程度的。下面来学习使用贝塞尔工具创建一个青蛙图形，效果如图 3–9 所示。

图 3-9　绘制的小青蛙

■ 任务驱动

01 新建一个文件，选择“贝塞尔工具”，绘制出青蛙的基本图形，选择“形状工具”对青蛙图形进行调整，使图形更加圆滑准确，如图 3–10 所示。

02 再选择“椭圆工具”，绘制出青蛙的眼睛，将其颜色填充为嫩绿色（C：20，M：0，Y：100，K：0），取消边框轮廓，如图 3–11 所示。

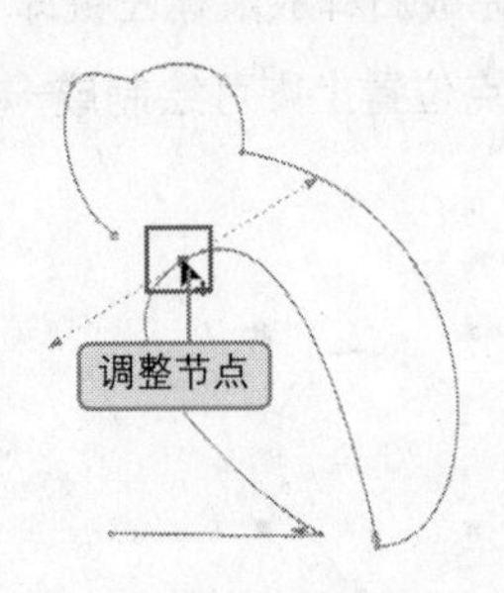

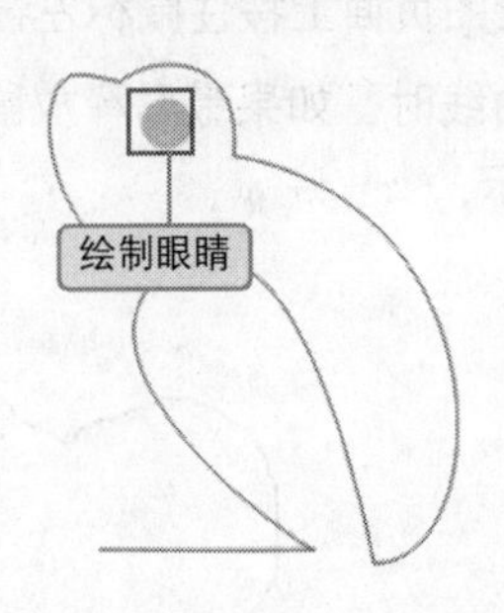

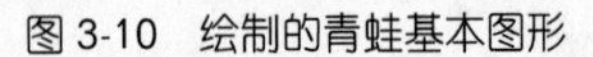
图 3-10　绘制的青蛙基本图形

图 3-11　绘制的青蛙眼睛图形

03 选择“轮廓笔工具”，打开“轮廓笔”对话框，其具体设置如图 3–12 所示。

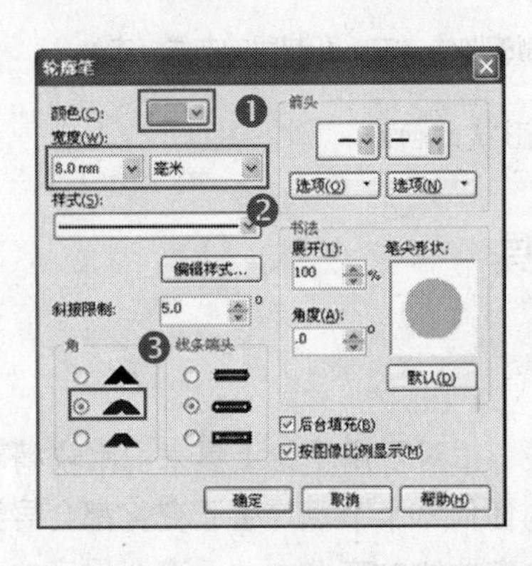

图 3-12　设置轮廓

04 再选择“椭圆工具”，为青蛙绘制一个圆形的底纹。

05 将其颜色填充为绿色（C：100，M：0，Y：100，K：0），取消边框轮廓，如图 3–13 所示。

图 3-13　完成绘制

■ 应用工具

“贝塞尔工具”可以任意地绘制各种简单或复杂的线条及图案，贝塞尔工具在 CorelDRAW X4 工具栏的位置如图 3–14 所示。

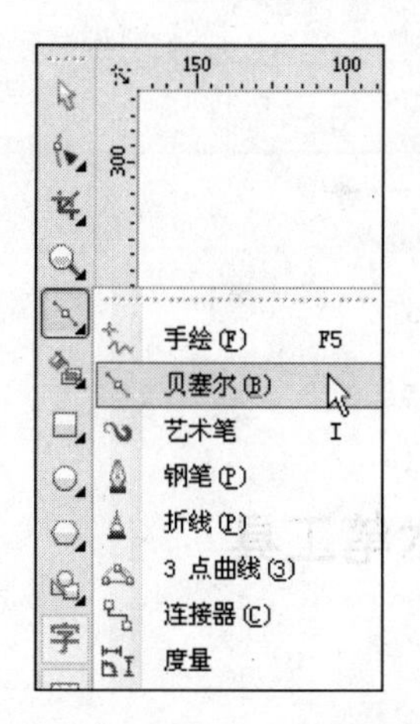

图 3-14 贝塞尔工具的位置

■ 使用技巧

使用贝塞尔工具绘制曲线的步骤如下。

01 从工具箱中选择“贝塞尔工具”。

02 在绘图页面中选择一点并单击即可确定曲线的起始点，此时拖曳鼠标节点的两边就会出现由一条蓝色的控制虚线连接的两个控制点，如图 3–15 所示。

03 将鼠标移至下一个节点处按下并拖曳，这时在两个节点之间就会出现一条曲线线段，并且在第 2 个节点的两边同样也会出现两个控制点，如图 3–16 所示。

图 3-15 用贝塞尔工具绘制的曲线端点　　图 3-16 用贝塞尔工具绘制的曲线线段

04 按住鼠标左键，通过拖曳调节控制点之间蓝色的虚线线段的长度及角度可以改变曲线的方向及弯曲的程度，对控制点的调节完成后释放鼠标即可。

使用贝塞尔工具绘制直线、折线的步骤如下。

01 选择“贝塞尔工具”绘制直线。

02 在绘图页面中选择一点并单击，确定直线的第一个节点的位置，然后移动鼠标至下一个节点处单击，此时两个节点之间就会形成一条直线线段，如图 3–17 所示。

03 如果需要绘制折线，那么不在这条直线上的某一个节点处单击即可，如图 3–18 所示。

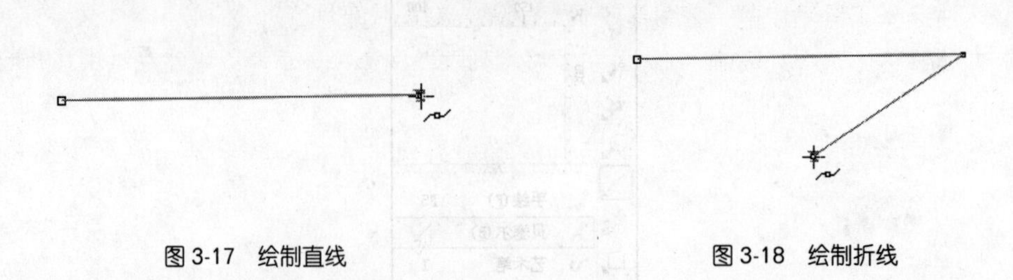

图 3-17　绘制直线　　　　图 3-18　绘制折线

3.1.3　使用艺术笔工具

■ 任务导读

艺术笔工具具有固定的笔触、可变性宽度及多种图案笔形，例如小蘑菇、草丛、烟花和卡通人物等，并且可以根据需要重新编辑，用户可以利用它绘制具有艺术效果的线条或者图案，效果如图 3–19 所示。

图 3-19　绘制的草地

■ 任务驱动

01 启动 CorelDRAW X4 程序，选择“文件”→“新建”命令新建一个文件。

02 在工具箱中单击“矩形工具”□来绘制一个矩形作为背景。

03 为矩形填充为蓝色（C：11），效果如图 3–20 所示。

图 3-20　绘制背景

04 然后选择工具箱中的“艺术笔工具”来绘制一片草地。

05 在属性栏中选择“喷罐”，之后在“喷涂列表”中选择“草丛”笔触在画面进行绘制，效果如图 3-21 所示。

06 在“喷涂列表”中选择 “蘑菇”的笔触为草地添加一些蘑菇，效果如图 3-22 所示。

图 3-21　绘制草丛

图 3-22　完成绘制

■ 应用工具

使用“艺术笔工具”可在绘图页面中通过单击及移动鼠标来绘制出漂亮的图案，艺术笔工具在 CorelDRAW X4 工具栏的位置如图 3-23 所示。

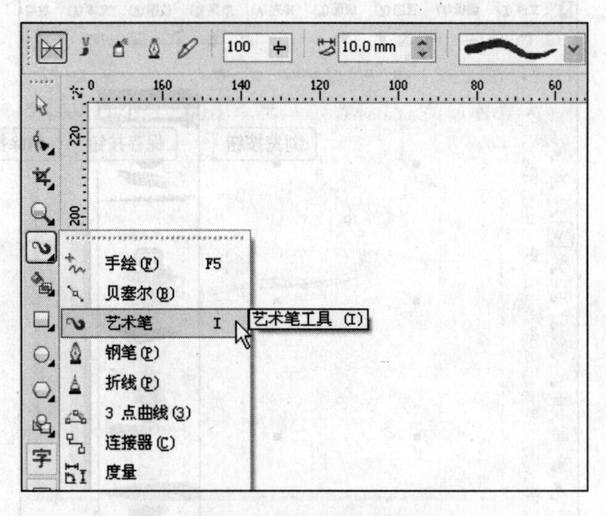

图 3-23　艺术笔工具的位置

■ 参数解析

在艺术笔的属性栏中有 5 个不同功能的笔形按钮及其他的一些功能选项，进行设置后即可在绘图页面中通过单击及移动鼠标来绘制漂亮的图案，如图 3-24 所示。

图 3-24　使用艺术笔工具绘制的图案效果

1. 笔刷工具

“笔刷工具” ：右侧的 “笔触列表” 的下拉列表框中有 24 种笔刷样式。

选定所需要的笔刷样式，然后再绘制具有特定样式的彩色线条时就会十分方便。同时也可以通过浏览按钮、保存按钮和删除按钮来置入、保存及删除笔刷样式，如图 3–25 所示。

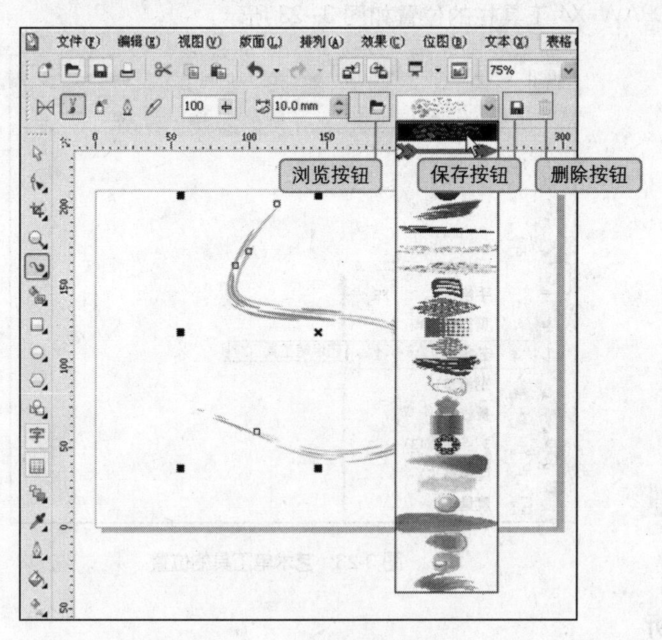

图 3-25　笔刷工具属性栏

2. 喷罐工具

“喷罐工具” ：使用此工具可以在绘图页面中喷出在 “喷涂列表” 中所选择的图案。

用户可以在 “喷涂列表” 下拉列表框中选择喷罐笔的图案，并且可以设置喷罐笔图案的尺寸大小及喷绘的方式：“随机”、“顺序”、“按方向”，如图 3–26 所示。

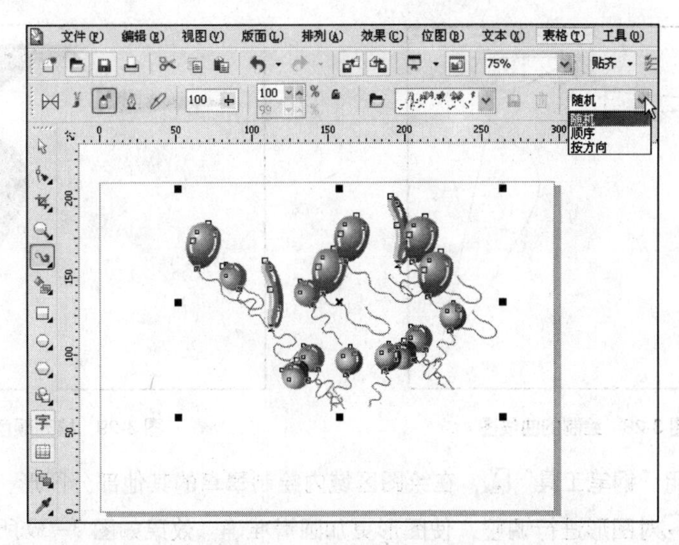

图 3-26　用喷罐笔绘制图案

3.1.4　使用钢笔工具

■ 任务导读

利用钢笔工具可以勾画出许多复杂的图形，也可以对绘制的图形进行修改。下面就使用钢笔工具来绘制翠鸟图标，如图 3–27 所示。

图 3-27　绘制的翠鸟

■ 任务驱动

使用钢笔工具绘制翠鸟的步骤如下。

01 启动 CorelDRAW X4 程序后新建一个文件。

02 选择“钢笔工具”，在绘图区域内绘制翠鸟的大体轮廓图形，绘制出基本的轮廓图形，选择“形状工具”对轮廓图形进行调整，使图形更加圆滑准确，如图 3–28 所示。

03 选择上面绘制的轮廓，将其颜色填充为绿色（C：100，Y：100），取消边框轮廓，如图 3–29 所示。

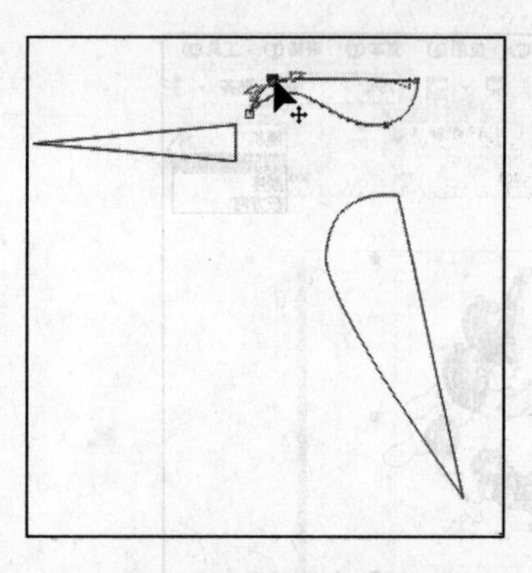

图 3-28 绘制的曲线图

图 3-29 填充颜色

04 继续使用“钢笔工具”，在绘图区域内绘制翠鸟的其他部分图形，绘制出图形后选择“形状工具”对图形进行调整，使图形更加圆滑准确，效果如图 3–30 所示。

05 然后将其轮廓颜色设置为绿色（C：100，Y：100），轮廓宽度设置为 6mm，效果如图 3–31 所示。

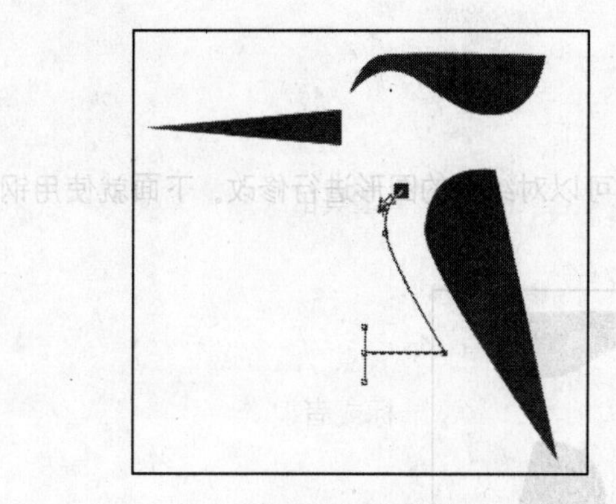

图 3-30 继续绘制

图 3-31 填充颜色

06 选择“椭圆形工具”在绘图区按住 Ctrl 键绘制一个圆形作为翠鸟的眼睛，然后将其颜色填充为绿色（C：100，Y：100），取消边框轮廓，最终效果如图 3–32 所示。

图 3-32 完成绘制

■ 应用工具

钢笔工具在 CorelDRAW X4 工具栏的位置如图 3–33 所示。

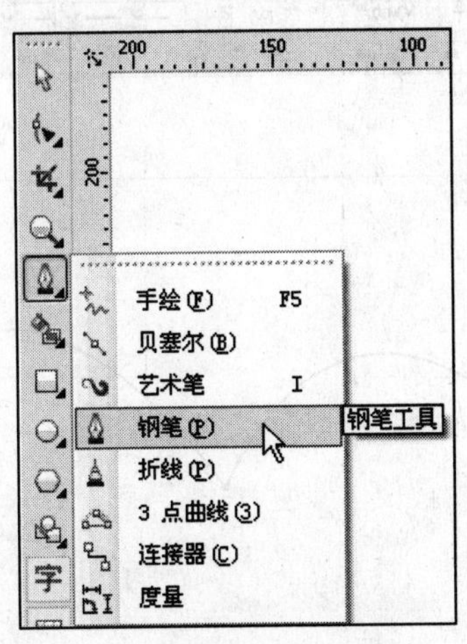

图 3-33 钢笔工具的位置

■ 使用技巧

1. 使用钢笔工具绘制线条

使用钢笔工具可以一次性绘制多条曲线、直线或者复合线。钢笔工具的使用方法十分简单，它的基本操作方法有以下两种。

- 绘制直线

首先单击一点作为直线的第一点，移动鼠标再单击一点作为另一点，这样就可以绘制出一条直线。依次单击可以绘制连续的直线，如图 3–34 所示。双击鼠标或者按下 Esc 键均可结束绘制。

- 绘制曲线

单击第二点的时候拖曳鼠标可以绘制曲线，同时会显示控制柄和控制点以便调节曲线的方向，如图 3–35 所示。双击鼠标或者按下 Esc 键均可结束绘制。

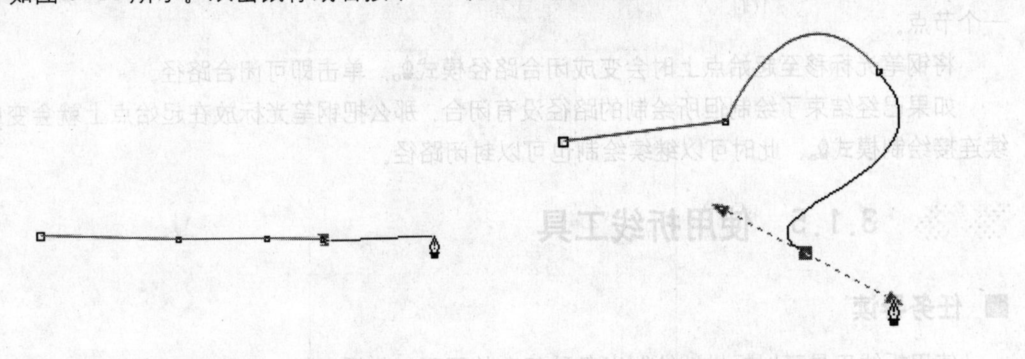

图 3-34 绘制直线　　图 3-35 绘制曲线

单击钢笔工具属性栏中的“预览模式”按钮可以实时地显示出绘制的形状，如图 3–36 所示。

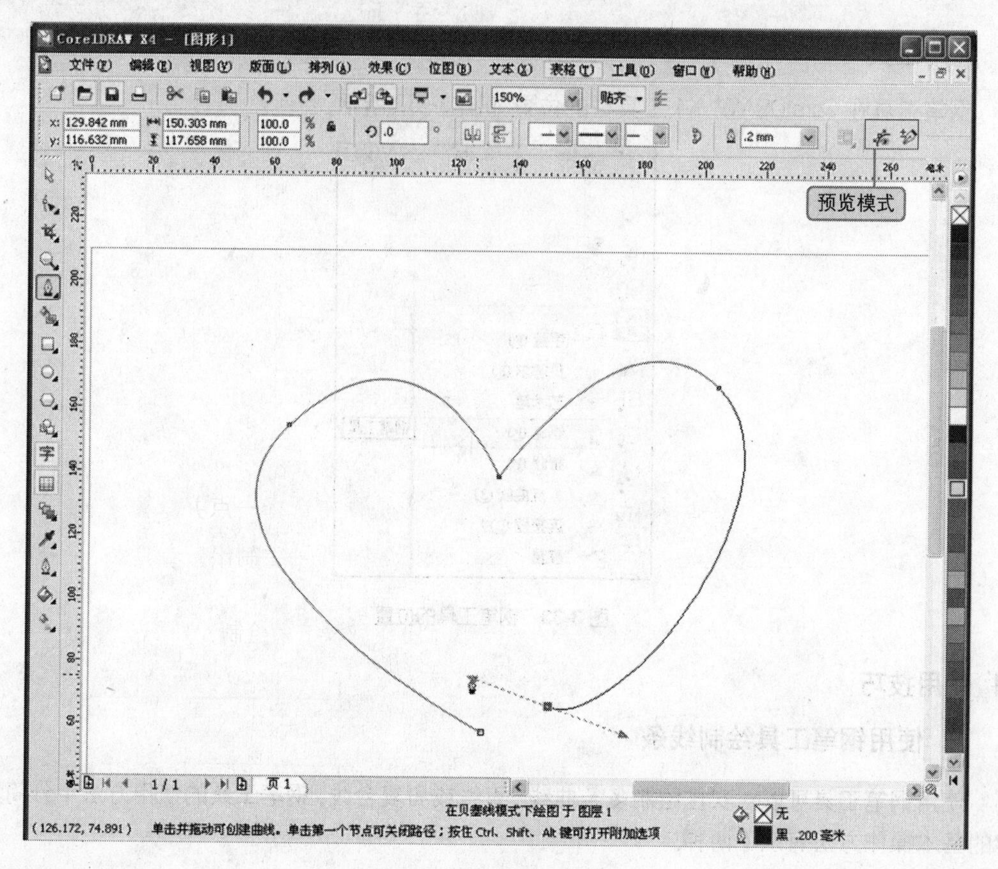

图 3-36 “预览模式”效果

2. 使用钢笔工具添加、删除节点

在使用钢笔工具的时候，选择钢笔工具属性栏上的〝自动添加/删除〞按钮，之后再使用钢笔工具绘制的时候，将钢笔光标移动到起始节点以外的节点上会自动地变成删除节点模式，单击即可删除该节点。

将钢笔光标移动到已经绘制好的路径上就会变成增加节点模式，单击即可在路径上添加一个节点。

将钢笔光标移至起始点上时会变成闭合路径模式，单击即可闭合路径。

如果已经结束了绘制但所绘制的路径没有闭合，那么把钢笔光标放在起始点上就会变成继续连接绘制模式，此时可以继续绘制也可以封闭路径。

3.1.5 使用折线工具

■ 任务导读

使用折线工具可以轻松地绘制出各种复杂的图形，包括直线、曲线、折线、多边形和任意形状的图形，下面来学习使用折线工具绘制盆花图形，效果如图 3–37 所示。

图 3-37 折线工具绘制盆花图形

■ 任务驱动

01 新建一个页面，选择"折线工具"，在绘图页面中选择一点并单击确定直线的起始节点，然后移动鼠标至适当的位置单击确定第二点，这样即可绘制出一条直线，如图 3–38 所示。

02 重复该步骤可以绘制出花盆部分，双击鼠标左键可以结束绘制，如图 3–39 所示。

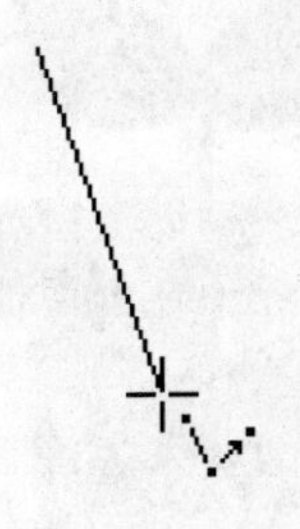

图 3-38 绘制直线

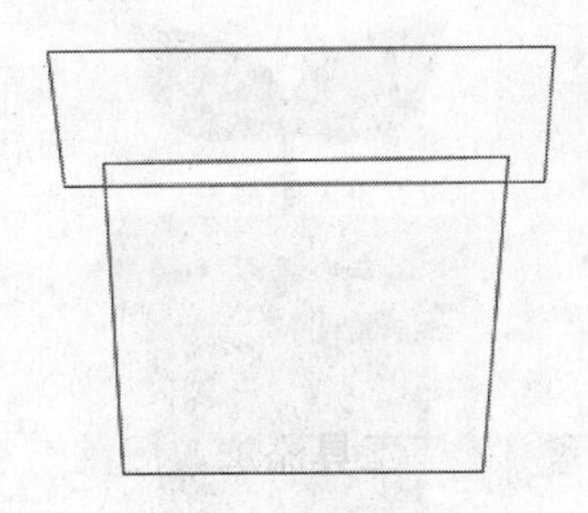

图 3-39 绘制外形

03 继续用"折线工具"来绘制叶子部分，在绘图页面上按住鼠标左键拖曳即可绘制出曲线，双击即可结束绘制，如图 3–40 所示。

04 绘制出图形后选择"形状工具"对图形进行调整，使叶子更加圆滑准确。

05 选取叶子，同时按住 Ctrl+Alt 键向右边拖曳，然后击鼠标右键就镜像复制了一个一样的叶子，如图 3–41 所示。

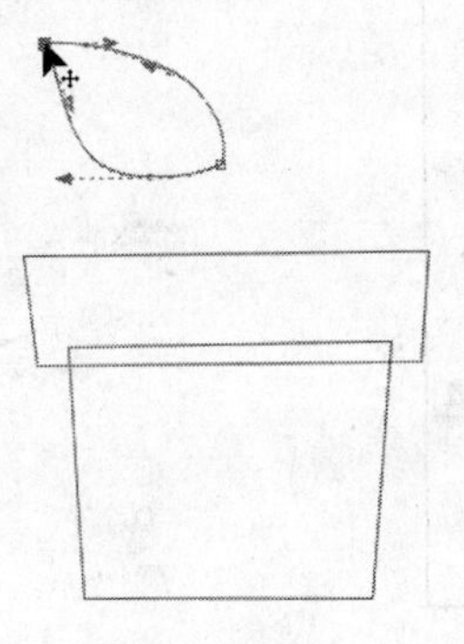

图 3-40 绘制叶子

图 3-41 调整曲线

06 选择“折线工具”来绘制花茎部分如图 3–42 所示，再选择填充工具为花盆填充为粉色（M：40，Y：20），花茎为绿色（C：100，Y：100），叶子为嫩绿色（C：40，Y：100）的，最后去掉边框如图 3–43 所示。

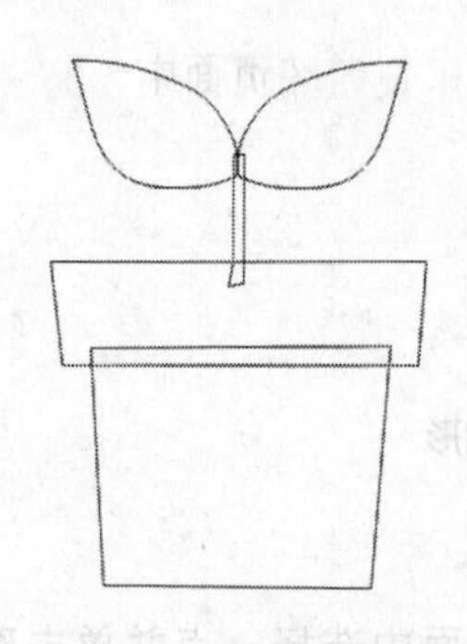

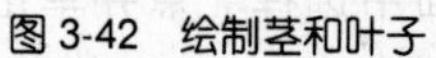

图 3-42 绘制茎和叶子

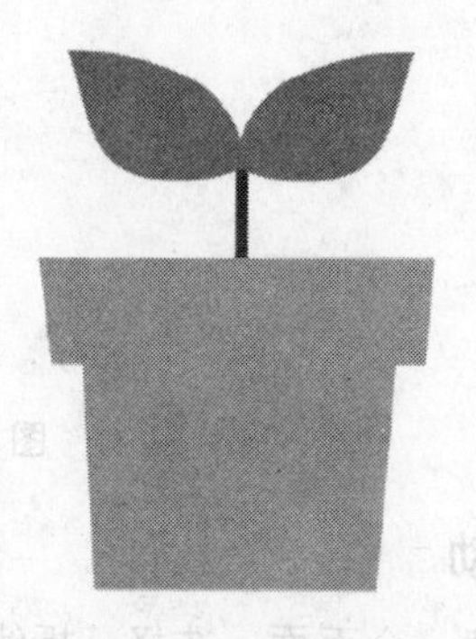

图 3-43 填充颜色

07 使用折线工具给花盆的边绘制一个投影如图 3–44 所示，再选择交互式投影工具为整体添加投影效果，最终效果如图 3–45 所示。

图 3-44 绘制细节

图 3-45 绘制完成

■ 应用工具

折线工具在 CorelDRAW X4 工具栏的位置如图 3–46 所示。

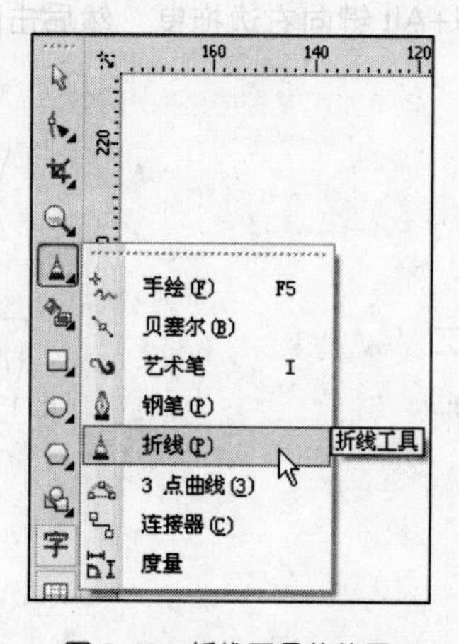

图 3-46 折线工具的位置

■ 使用技巧

使用折线工具绘制闭合图形步骤如下。

01 从工具箱中选择“贝塞尔工具”。

02 在折线工具属性栏中单击“自动闭合曲线”按钮，在绘图页面中绘制任意闭合图形，如图 3–47 所示。

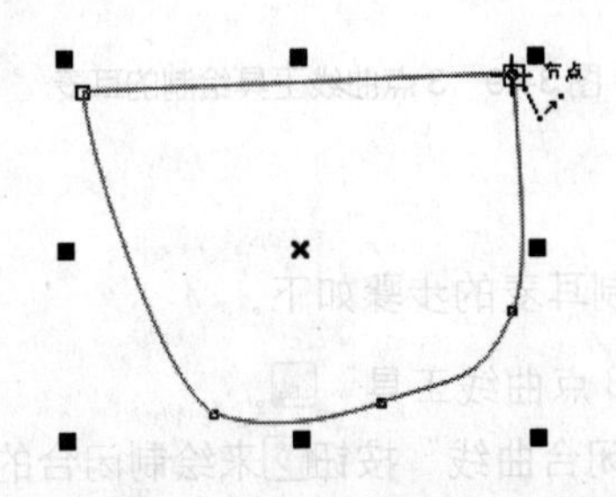

图 3-47　绘制任意闭合图形

高手指点：在拖曳鼠标的过程中释放鼠标左键可以绘制直线，再单击左键绘制的则是曲线，这样就可以绘制曲直相间的线，双击即可结束绘制，如图 3-48 所示。

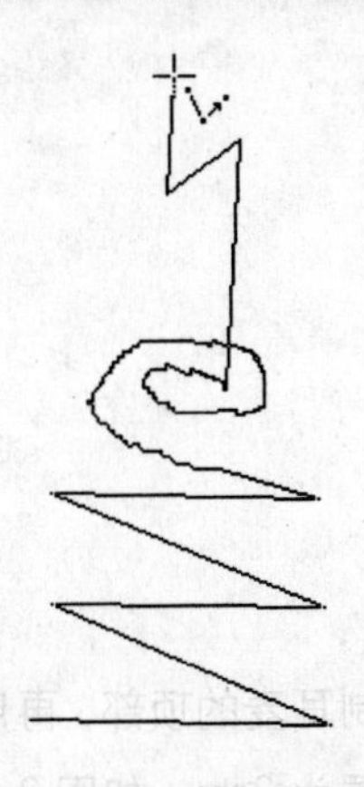

图 3-48　绘制曲直相间的线

3.1.6　使用 3 点曲线工具

■ 任务导读

“3 点曲线工具”是一种绘制多种弧形或者近似圆弧的工具，下面来学习使用 3 点曲线工具绘制一个耳麦图标，效果如图 3–49 所示。

图 3-49　3 点曲线工具绘制的耳麦

■ 任务驱动

使用"3 点曲线工具"绘制耳麦的步骤如下。

01 新建一个页面，选择"3 点曲线工具"。

02 在属性栏中选择"自动闭合曲线"按钮来绘制闭合的图形，然后在绘图区域绘制耳麦左边的基本轮廓，再用"形状工具"对轮廓图形进行调整，使图形更加圆滑准确，如图 3–50 所示。

03 将调整完毕的图形填充为黑色，并镜像复制一个仿制右边，如图 3–51 所示。

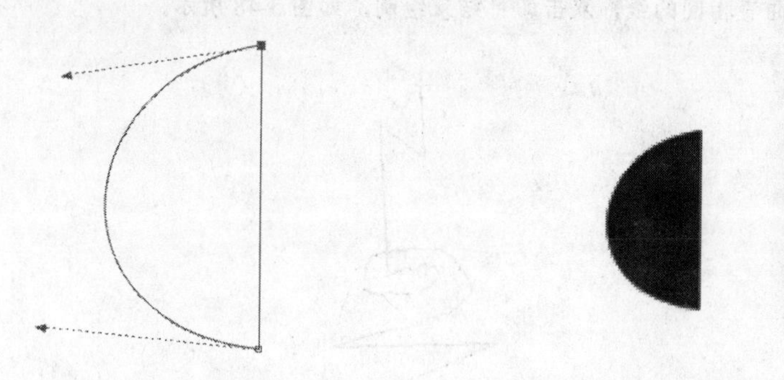

图 3-50　调整曲线

图 3-51　填充颜色并镜像另外一个

04 继续使用 3 点曲线工具来绘制耳麦的顶部，再用"形状工具"对轮廓图形进行调整，然后在工具的属性栏中将轮廓宽度设置为 2cm，如图 3–52 所示。

05 将绘制好的顶部复制一个放置在第一个略下的位置，这样一个简单的耳麦就绘制完成了，效果如图 3–53 所示。

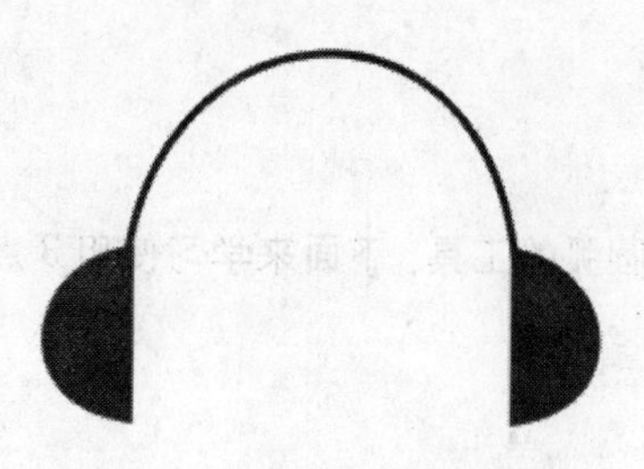

图 3-52　任意弧度的曲线

图 3-53　绘制完成

■ 应用工具

“3 点曲线工具”能较容易地绘制出各种曲线，比起手绘工具来说，它能更准确地确定曲线的曲度和方向，3 点曲线工具在 CorelDRAW X4 工具栏的位置如图 3-54 所示。

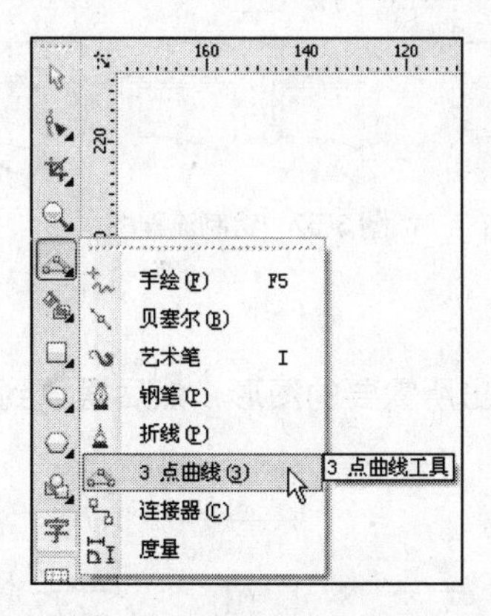

图 3-54 3 点曲线工具的位置

■ 使用技巧

使用 3 点曲线工具绘制弧度的步骤如下。

01 在绘制页面中单击鼠标左键确定弧形的起始节点，拖曳鼠标到需要的弧长的位置，然后释放鼠标左键进行移动以确定弧形的弧度即可。

02 在移动鼠标的同时线段的弧度也会随之变化，然后单击鼠标左键即可绘制出任意弧度的曲线，如图 3-55 所示。

03 选择属性栏中的“自动闭合曲线”按钮，所绘制的弧线即可自动闭合，如图 3-56 所示。

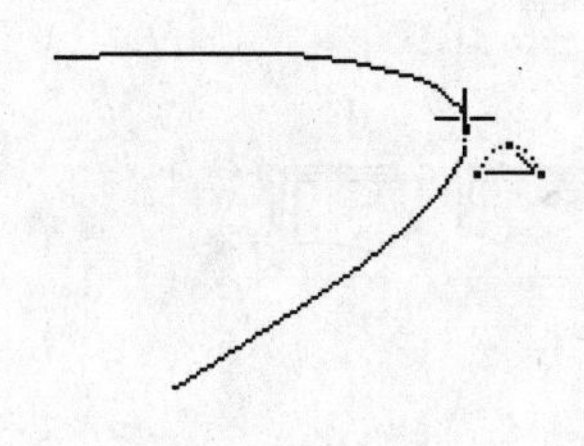

图 3-55 任意弧度的曲线

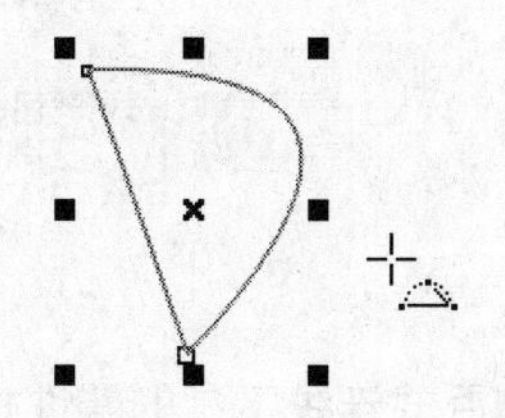

图 3-56 闭合弧线

3.1.7 使用交互式连线工具绘制流程图

■ 任务导读

“交互式连线工具”是一个专门用于连接图形的工具，利用交互式连线工具可以在两个对象之间创建连接线，它是一种方便简单的绘制流程图的工具，绘制效果如图 3-57 所示。

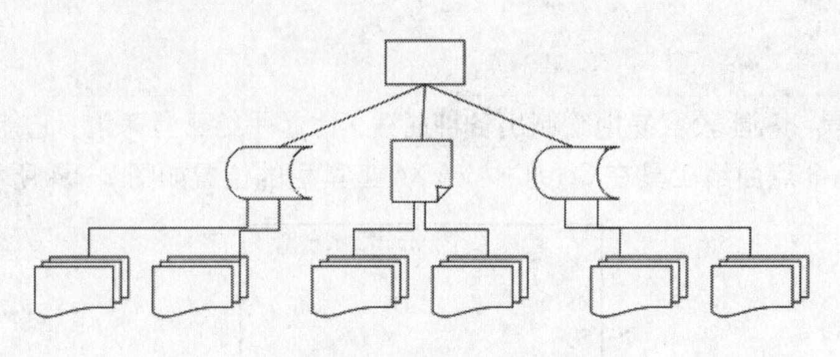

图 3-57　绘制流程图

■ 任务驱动

01 选用基本形状工具绘制出所需要的图形，然后摆放到合适的位置，如图 3–58 所示。

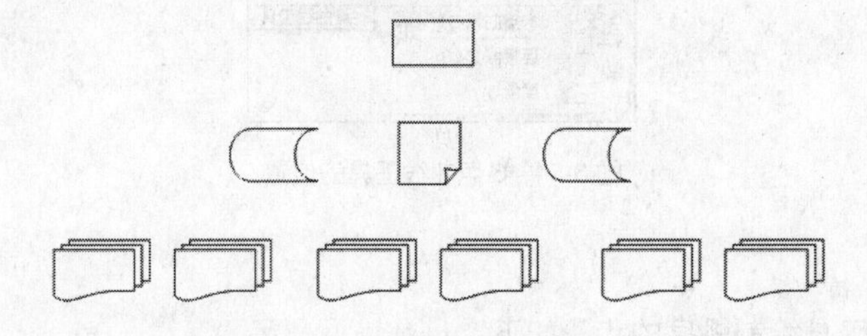

图 3-58　绘制基本图形

02 选择“交互式连线工具” ，然后选择一个图形，在这个图形边线的中部按下鼠标左键并拖曳到所要连接到的图形上，选择边线上的一个位置，这时释放鼠标即可连接成功。按照所需的层级关系进行逐个连接的效果如图 3–59 所示。

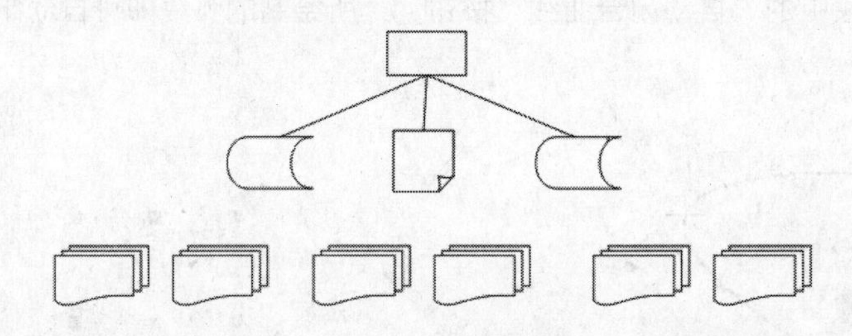

图 3-59　绘制连接线

03 在交互式连线工具的属性栏中可以选择不同的连接线。选择“直线连接器” 可以进行直线连接，如图 3–59 所示；选择“成角连接器” 可以进行成角度连接，如图 3–60 所示。

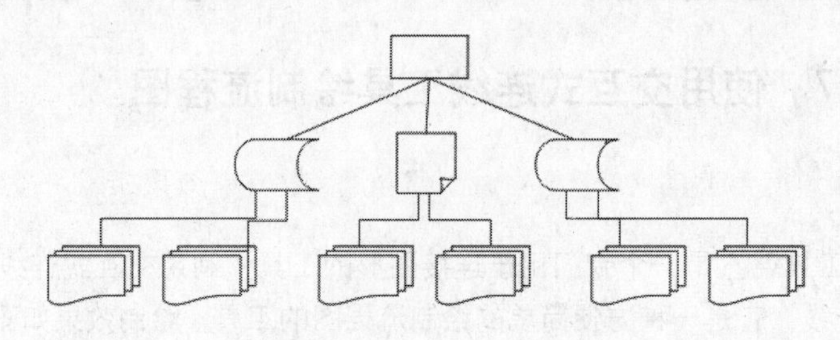

图 3-60　成角度连接

3.1.8 使用度量工具

■ 任务导读

使用度量工具可以自动地对图形进行各种垂直、水平、倾斜和角度的测量，并把数值显示出来，度量效果如图 3–61 所示。

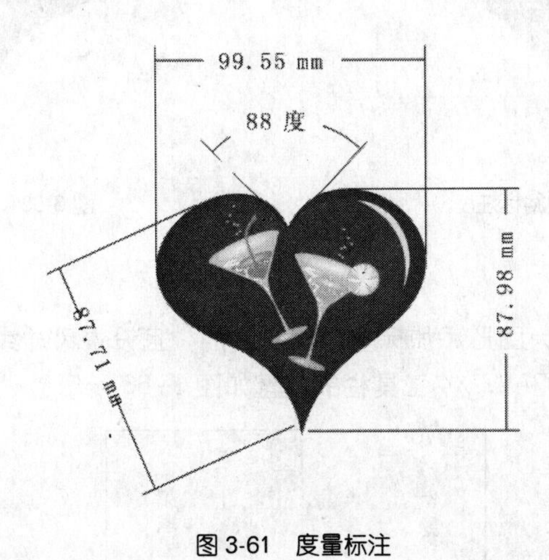

图 3-61 度量标注

■ 任务驱动

01 打开“光盘\素材\ch03\心形.cdr”，使用“垂直度量工具”为心形的高添加标注。单击选择标注的起始点，再单击选择标注的终点，然后在六边形外单击一点确定标注的放置位置即可，如图 3–62 所示。

02 使用“水平度量工具”为心形的宽添加标注，效果如图 3–63 所示。

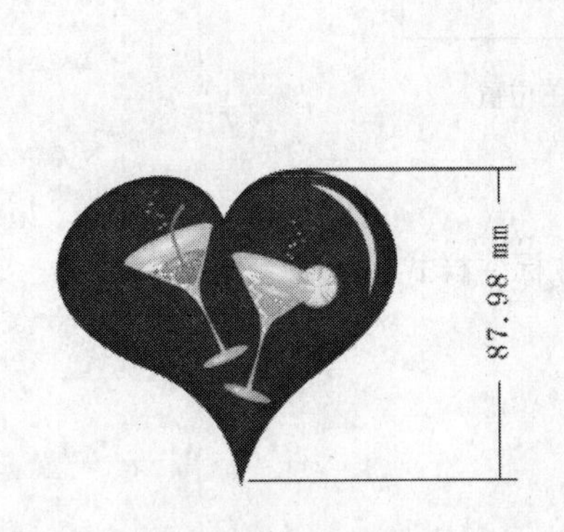

图 3-62 垂直标注

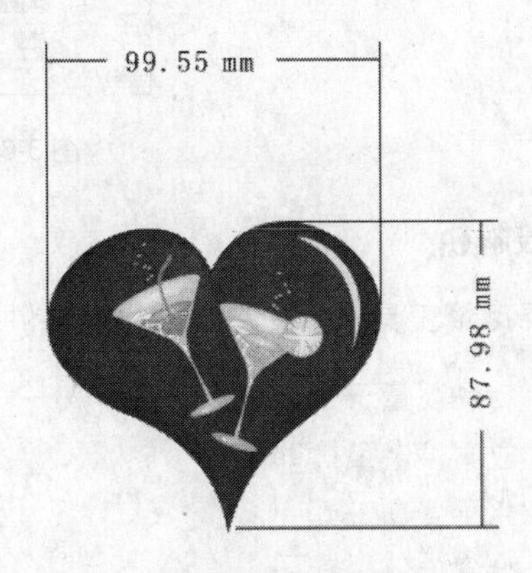

图 3-63 水平标注

03 使用“倾斜度量工具”为心形的对角线添加标注，效果如图 3–64 所示。

04 使用“角度量工具”为心形的角添加标注，效果如图 3–65 所示。

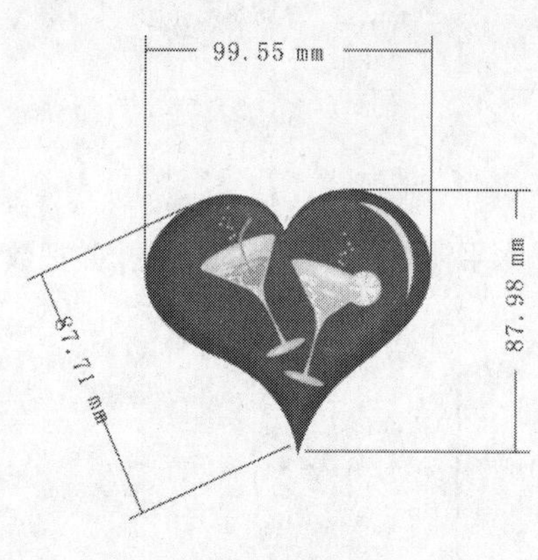

图 3-64　倾斜标注

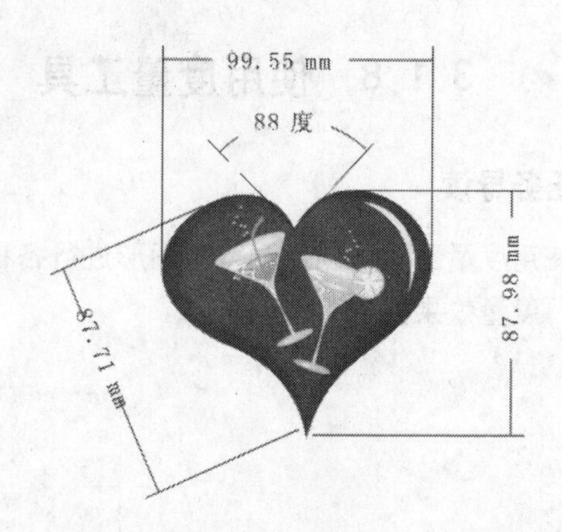

图 3-65　角度标注

■ 应用工具

“度量工具” 是用于为图形添加标注和尺寸线的，且设置尺寸线的长度和位置都是动态更新的，度量工具在 CorelDRAW X4 工具栏的位置如图 3-66 所示。

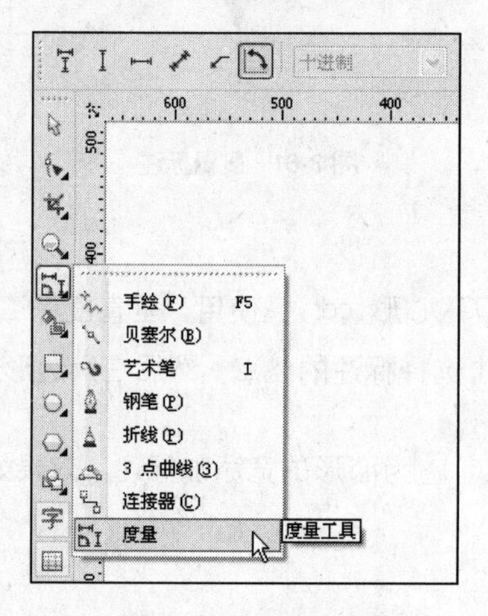

图 3-66　度量工具的位置

■ 参数解析

选择度量工具时，在其属性栏中提供有 6 种尺寸标注样式：

- 自动度量工具
- 垂直度量工具
- 水平度量工具
- 倾斜度量工具
- 标注工具
- 角度量工具

另外，在属性栏中还提供有一些其他属性的设置：用于设定尺寸的度量制式的“度量样式”，用于设定标注的精确度值的“度量精度”，用于设定标注的度量单位的“尺寸单位”和用来设定标注的样式的“标注样式”等，如图 3-67 所示。

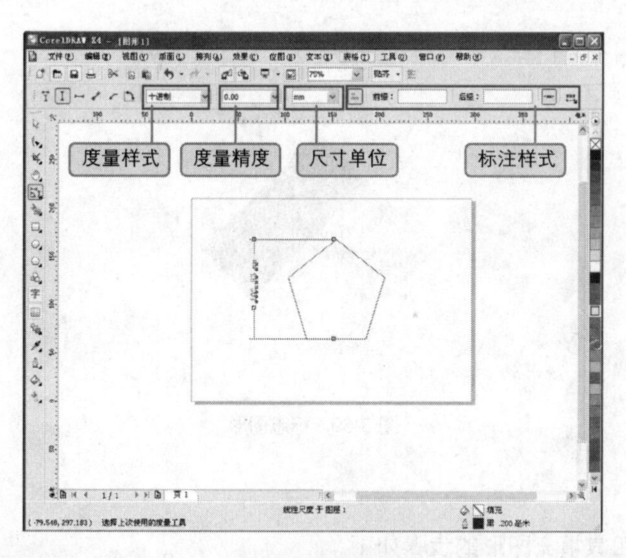

图 3-67 属性栏设置

高手指点： 选择度量工具后，双击标注中的数值即可打开“线性尺度”显示框，如图 3-68 所示，用户可以在里面对度量的单位进行设置或者更改，标尺和尺寸线还可以附着到图形对象上。当图形被移动的时候，尺寸线和标注也可以跟着移动。

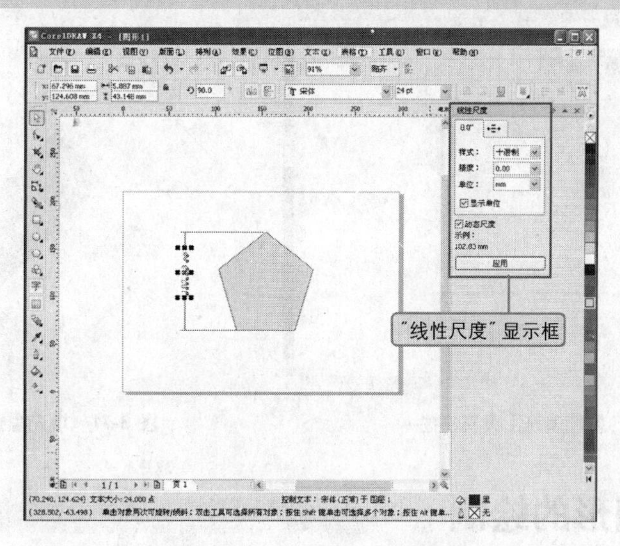

图 3-68 “线性尺度”显示框

3.1.9 使用智能填充工具

■ 任务导读

“智能填充工具” 可以将填充应用于通过重叠对象创建的区域，下面学习使用“智能填充工具”来创建一个标志图形，效果如图 3–69 所示。

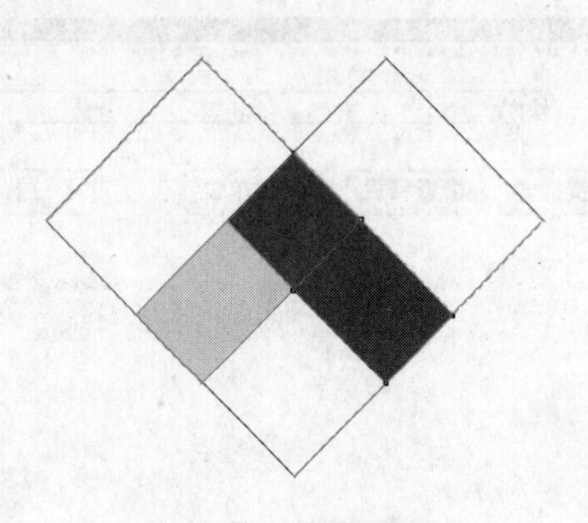

图 3-69　标志图形

■ 任务驱动

使用智能填充工具填充图形的步骤如下。

01 使用矩形工具绘制如图 3–70 所示的图形。

02 选择工具箱中的"智能填充工具"，在智能填充属性栏中选择颜色，然后单击填充区域即可，如图 3–71 所示。

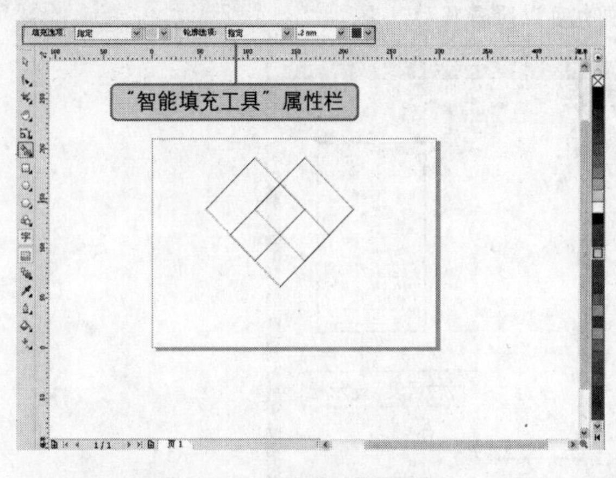

图 3-70　智能填充工具属性栏

图 3-71　填充重叠区域

3.2 | 基本图形的绘制

3.2.1　使用矩形工具

■ 任务导读

矩形工具可以用来绘制矩形和正方形。下面来学习使用矩形工具绘制一张名片，如图 3–72 所示。

图 3-72　绘制的名片

■ 任务驱动

绘制名片的步骤如下。

01 在工具箱中单击“矩形工具”，这时鼠标的光标会变成右下角带有矩形图案的十字形，然后在绘图区域单击鼠标左键并拖曳出一个矩形框并填充为白色，效果如图 3–73 所示。

高手指点： 按住 Ctrl 键并拖曳鼠标可以在绘图页面中绘制出正方形，按住 Shift 键并拖曳鼠标可以绘制出以单击点为中心的矩形，按住 Ctrl+Shift 组合键并拖曳鼠标可以绘制出以单击点为中心的正方形。

02 当矩形框达到需要的大小时，释放鼠标左键即可得到一个矩形，效果如图 3–74 所示。

图 3-73　拖曳出一个矩形框　　图 3-74　绘制的矩形

03 如果需要调整矩形的大小，在属性栏上的“对象大小”参数框 155.641 mm 90.001 mm 中输入相应的值，这样即可绘制调整出所需大小的矩形。

04 选中矩形并在属性栏上的“边角圆滑度”参数框中输入相应的值即可，这里输入 20，效果如图 3–75 所示。

05 继续绘制大小不同的矩形，如图 3–76 所示。

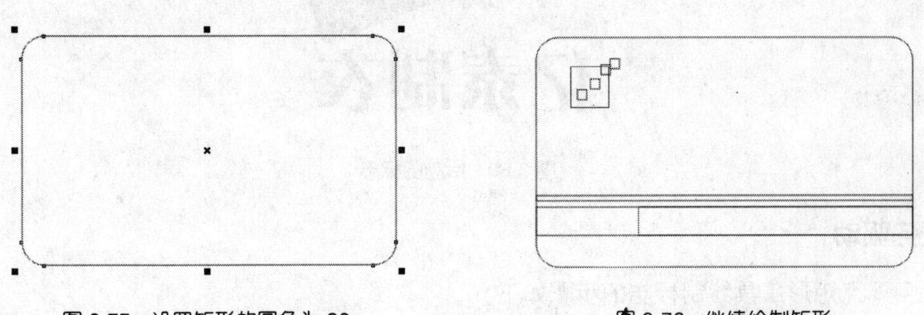

图 3-75　设置矩形的圆角为 20　　图 3-76　继续绘制矩形

06 为矩形填充为（C：100，Y：100）的绿色和（C：40，Y：100）的嫩绿色，并去掉边框如图 3–77 所示，然后输入相应的文字内容即可，效果如图 3–78 所示。

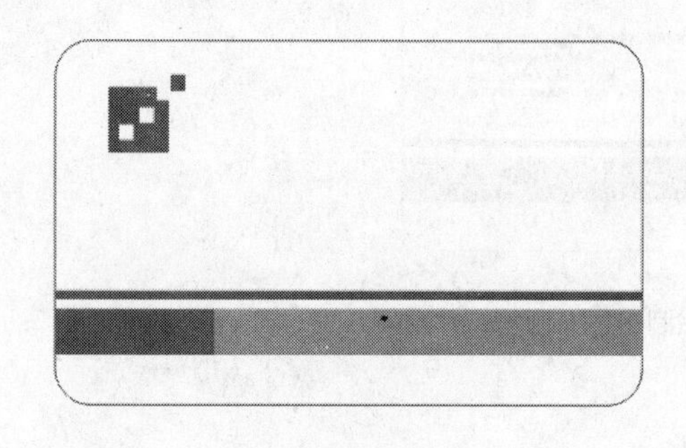

图 3-77　填充颜色

图 3-78　输入相应文字

■ 应用工具

使用矩形工具沿对角线拖动鼠标，可以绘制矩形或方形。矩形工具在 CorelDRAW X4 工具栏的位置如图 3–79 所示。

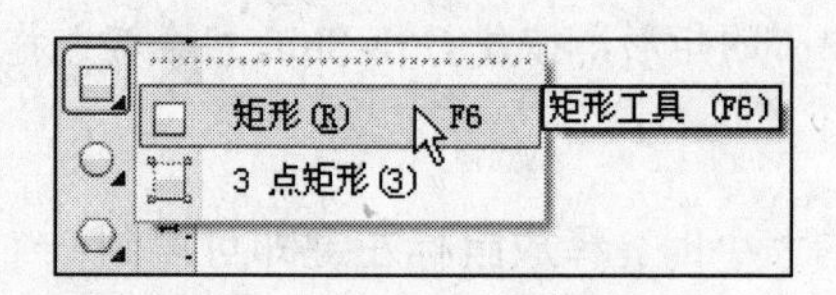

图 3-79　矩形工具在工具栏中的位置

3.2.2　使用 3 点矩形工具

■ 任务导读

使用 3 点矩形工具可以绘制指定宽度和高度的矩形，且允许以一个角度快速绘制矩形，下面来学习使用 3 点矩形工具创建标志图形如图 3–80 所示。

图 3-80　绘制的标志

■ 任务驱动

使用 3 点矩形工具绘制标志的步骤如下。

01 单击工具箱中矩形工具组中的"3 点矩形工具"，按下并拖曳可以绘制出一条线段；释放鼠标，确定矩形的第 2 个点的位置，如图 3–81 所示。

02 再拖曳鼠标到第 3 个点的位置即可绘制出一个任意起始点或者任意倾斜角度的矩形，如图 3–82 所示。

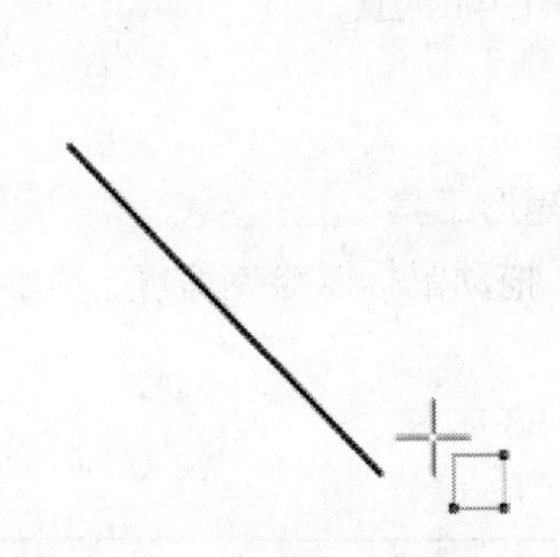

图 3-81 拖曳绘制出一条线段

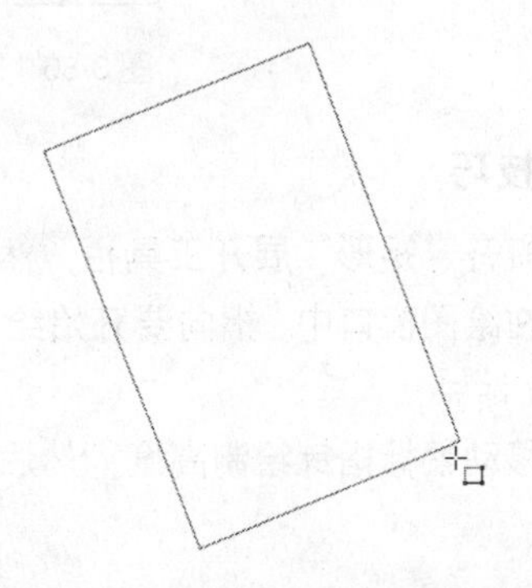

图 3-82 使用 3 点矩形工具绘制的矩形

03 依次用 3 点矩形工具来绘制另外两个矩形，如图 3–83 所示。

04 选择工具箱中的"智能填充工具"，将右边填充（Y：100）、中间填充为（C：100）、左边填充为（M：100，Y：100），如图 3–84 所示。

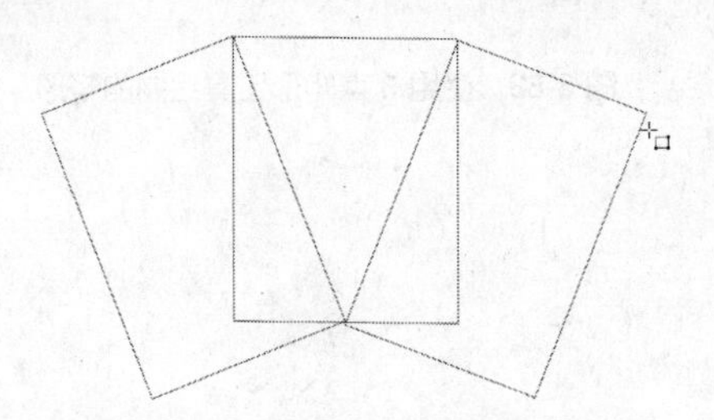

图 3-83 使用 3 点矩形工具绘制的矩形

图 3-84 填充颜色

05 最后输入文字内容，字体为方正粗倩简体，这样一个标志就绘制完成了，效果如图 3–85 所示。

图 3-85 绘制完成

■ 应用工具

使用 3 点矩形工具可以绘制出以任何角度为起始点的矩形，3 点矩形工具在 CorelDRAW X4

工具栏的位置如图 3–86 所示。

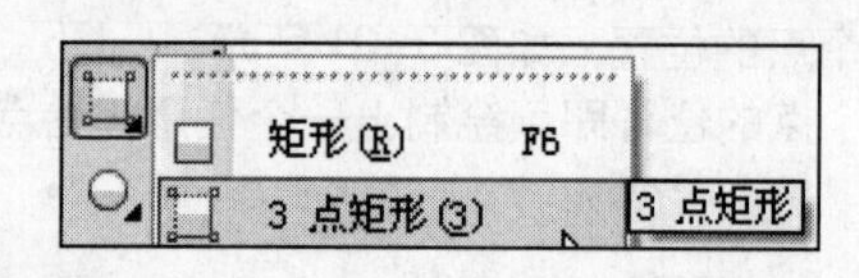

图 3-86　3 点矩形工具在工具栏中的位置

■ **使用技巧**

01 打开“矩形”展开工具栏，然后单击“3 点矩形工具”。

02 在绘图窗口中，指向要开始绘制矩形的地方，拖动鼠标以绘制宽度，然后松开鼠标键，如图 3–87 所示。

03 移动鼠标指针绘制高度，然后单击，如图 3–88 所示。

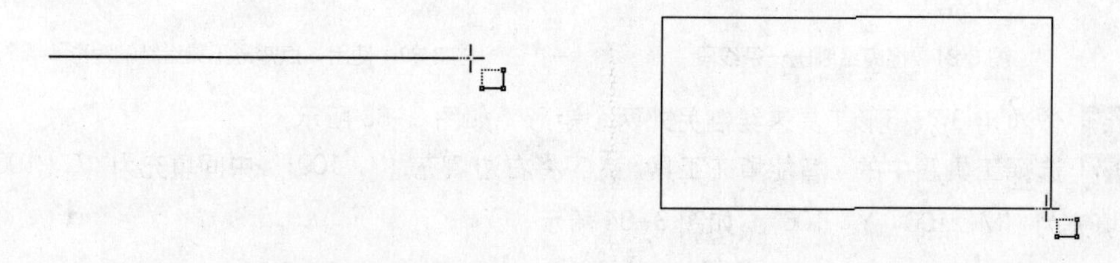

图 3-87　绘制矩形宽度　　图 3-88　使用 3 点矩形工具绘制的矩形

3.2.3　使用椭圆形工具

■ **任务导读**

椭圆形工具是一个非常简单、便捷的图形绘制工具，能一步到位地绘制出许多漂亮的图案，如图 3–89 所示。

图 3-89　绘制的小猪

■ **任务驱动**

使用椭圆形绘制可爱小猪的操作步骤如下。

01 新建一个页面，选择“椭圆形工具”，在绘图区域绘制小猪的基本外形，在绘制时根据小猪的脸部特征，绘制的部位不同，椭圆的形状也不同，如图 3–90 所示。

02 选择小猪的脸部将其填充（M：40，Y：20）的粉色，再选择外面的大圆、眼睛、鼻孔和舌头将其填充为（C：100，Y：100）的绿色，如图 3–91 所示。

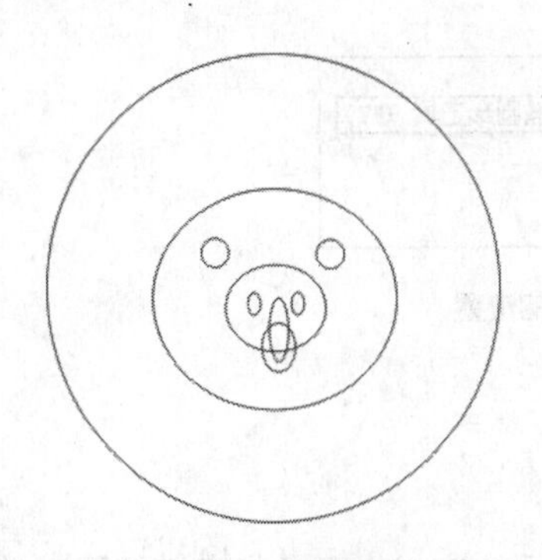

图 3-90 绘制的圆形

图 3-91 填充颜色

03 最后将鼻子和舌头的轮廓也填充为绿色，并分别设置轮廓宽度为 2mm 和 1.4mm，如图 3–92 所示。

04 选择“贝塞尔工具”，绘制出小猪耳朵的基本图形，选择“形状工具”对小猪耳朵图形进行调整，使图形更加圆滑准确，如图 3–93 所示。

图 3-92 轮廓填充

图 3-93 绘制耳朵

05 最后将外耳朵填充为（M：40，Y：20）的粉色、内耳朵填充为（C：100，Y：100）的绿色，最终效果如图 3–94 所示。

图 3-94 绘制好的小猪图像

■ 应用工具

"椭圆形工具"可以方便地绘制出椭圆形、圆形、饼形和圆弧等图形，椭圆形工具在CorelDRAW X4工具栏的位置如图3–95所示。

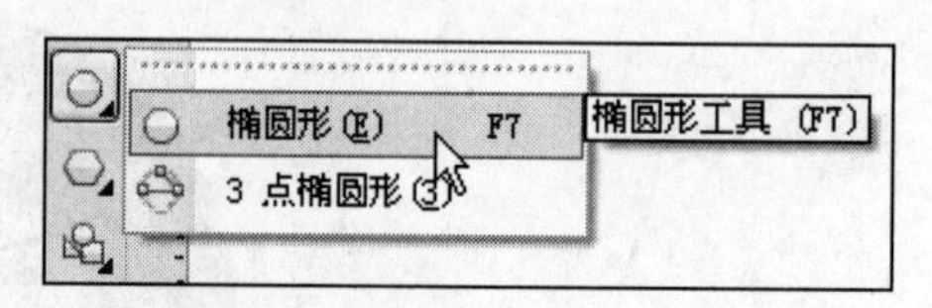

图3-95 椭圆形工具的位置

■ 使用技巧

绘制椭圆形式的方法如下。

01 单击工具箱中的"椭圆形工具"，这时光标会变成右下角带有椭圆图案的十字形。

02 单击属性栏中的"椭圆形"按钮，然后按下并拖曳鼠标即可在绘图页面中绘制出椭圆形。

绘制圆形的方法如下。

01 单击工具箱中的"椭圆形工具"，这时光标会变成右下角带有椭圆图案的十字形。

02 单击属性栏中的"椭圆形"按钮，然后按住Ctrl键并拖曳鼠标即可在绘图页面中绘制出圆形。

绘制饼形或者圆弧的方法如下。

01 单击工具箱中的"椭圆形工具"，这时光标会变成右下角带有椭圆图案的十字形。

02 单击属性栏中的"饼形"按钮或者"弧形"按钮，使用相同的方法可以在绘图页面中绘制出饼形或者圆弧。按住Shift键并拖曳鼠标可以在页面中绘制出以单击点为中心的椭圆，按住Ctrl+Shift组合键并拖曳鼠标可以绘制出以单击点为中心的圆形，如图3–96所示。

图3-96 用椭圆形工具绘制的图形

使用3点椭圆工具绘制椭圆的步骤如下。

01 选择椭圆工具组中的"3点椭圆工具"，在绘图区中按住鼠标左键并拖曳，此时两点间会出现一条直线，确定好椭圆的方向和长径的大小，如图3–97所示。

02 释放鼠标后，单击鼠标左键即可绘制出椭圆，如图3–98所示。

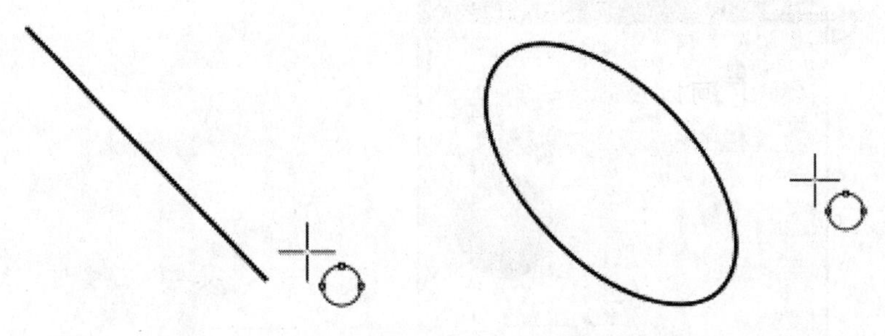

图 3-97 开始绘制　　图 3-98 用 3 点椭圆工具绘制的椭圆

03 在椭圆工具的属性栏中提供有诸如饼形或者圆弧的起始角度等设置，用户可以根据需要进行设置从而精确地绘制图形，属性栏如图 3–99 所示。

图 3-99 椭圆工具属性栏

3.2.4 使用多边形工具

■ 任务导读

使用工具箱中的多边形工具组可以绘制多边形及星形，下面来学习使用多边形工具绘制胸徽图形，效果如图 3–100 所示。

图 3-100 绘制的胸徽

■ 任务驱动

绘制胸徽图形的操作步骤如下。

01 在工具箱中选择“星形工具”，并在属性栏中设置边数为 8，锐度为 45 度，然后在绘图窗口中拖动鼠标，直至多边形达到所需大小。

02 打开“填充工具”展开工具栏，在工具箱中单击“渐变填充对话框”，填充从（M：20，Y：40）到白色的渐变，其他设置如图 3–101 所示。

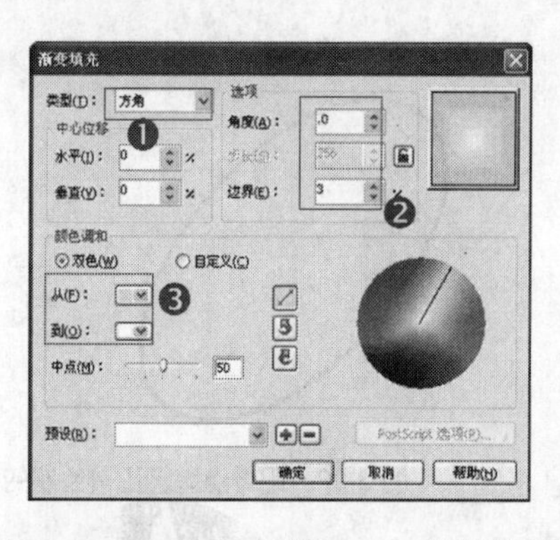

图 3-101　绘制多边形并设置颜色渐变

03 复制一个星形并按住 Shift 键等比例缩小放置在中间。

04 选择“多边形工具”来绘制一个六边形，拖动鼠标时按住 Shift 键，可从中心开始绘制多边形，如图 3–102 所示。

05 将六边形填充为（M：20，Y：100）的金色，轮廓线为白色绘制的多边形如图 3–103 所示。

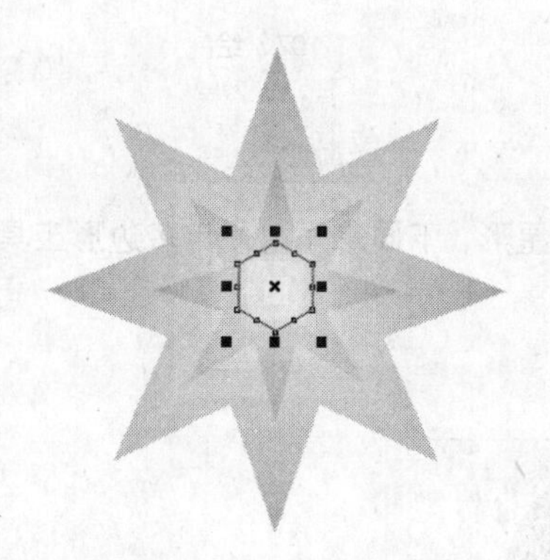

图 3-102　绘制多边形

图 3-103　填充多边形

06 单击“复杂星形工具”，然后在六边形上绘制一个九角复杂星形，设置轮廓颜色为白色，绘制的复杂星形如图 3–104 所示。

07 选择“椭圆形工具”，在大星形的外围绘制一个圆形，填充为（C：100，M：100）的蓝色，轮廓为 3.3mm 的白色，如图 3–105 所示。

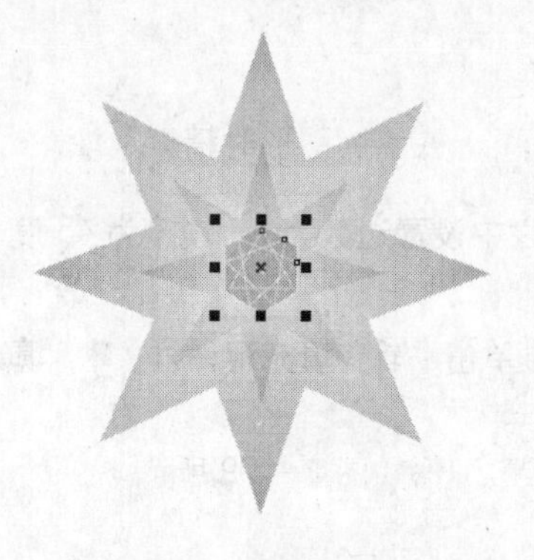

图 3-104　绘制复杂星形

图 3-105　绘制外围圆形

08 继续使用椭圆工具在蓝色的椭圆的外围绘制一个更大椭圆，并填充渐变色，具体设置如图 3–106 所示。

09 设置轮廓颜色为（M：20，Y：100）的金色，轮廓为 3.3mm，最终效果如图 3–107 所示。

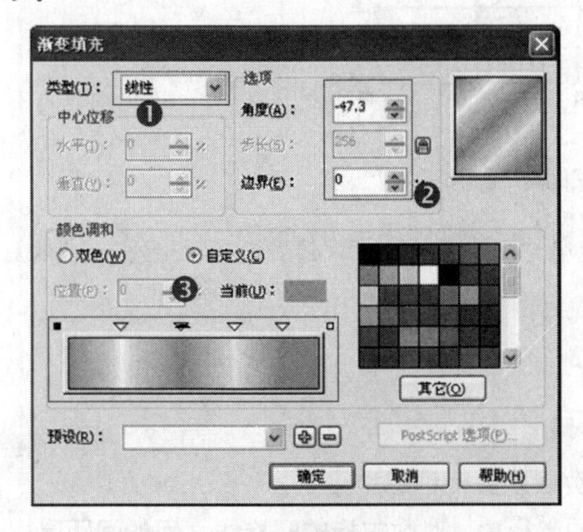

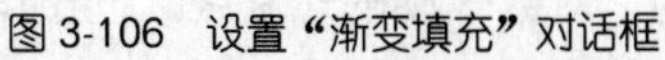

图 3-106 设置“渐变填充”对话框　　图 3-107 绘制完成

高手指点： 在属性栏上的“多边形、星形或复杂星形上的点数或边数”框 中键入一个值，然后按 Enter 键可以更改多边形的边数。

■ 应用工具

复杂星形工具在 CorelDRAW X4 工具栏的位置如图 3–108 所示。

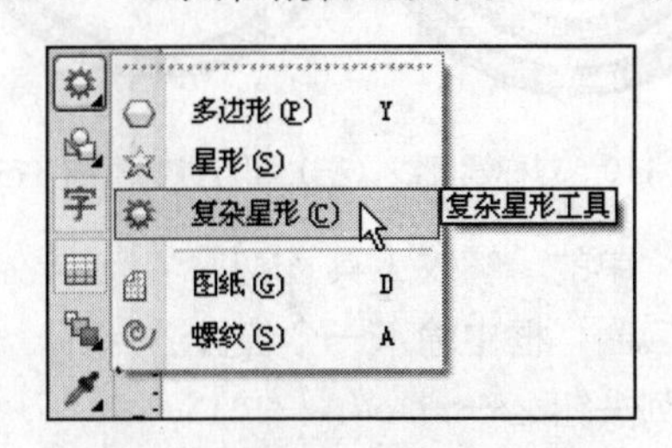

图 3-108 复杂星形工具的位置

3.2.5 图纸工具

图纸工具的主要用途是绘制网格，使用图纸工具可以在绘制图形时精确地对齐对象，其基本的操作步骤如下。

01 选择“多边形工具组”中的“图纸工具”。

02 在属性栏上的“图纸行和列数”框 的顶部和底部输入相应的值。在顶部输入的值用来指定列数，在底部输入的值用来指定行数。

03 沿对角线拖动鼠标以绘制网格，绘制出的网格图形如图 3–109 所示。

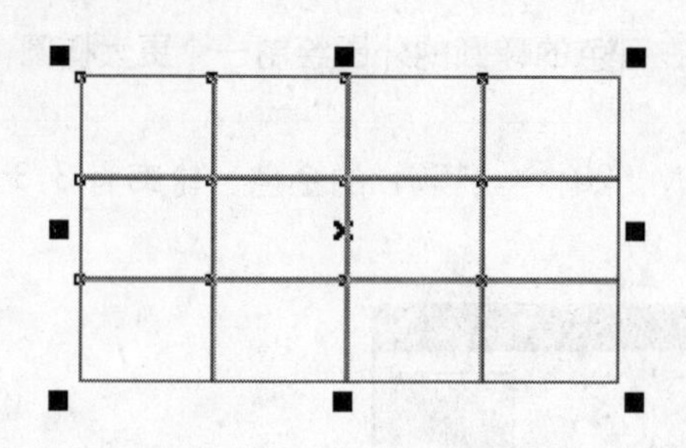

图 3-109　绘制网格图形

高手指点： 如果要取消网格的群组，可以先选中“挑选工具”，然后选择“排列”→“取消群组”命令即可取消网格的群组。

3.2.6　使用螺纹工具

使用螺纹工具可以绘制出对称螺旋线和对数螺旋线两种螺旋线。

对数螺旋和对称螺旋的区别在于：在相同的半径内，对数螺旋的螺旋线之间的间距是以对数规律增长的，而对称螺旋的螺旋线之间的间距则是相等的，如图 3–110 所示。

图 3-110　对称螺旋线（左）和对数螺旋线（右）

01 选择“多边形工具组”中的“螺纹工具”。

02 在属性栏上的“螺纹回圈”框中输入一个值。

03 在属性栏上，单击下列按钮之一：

- 对称式螺纹
- 对数式螺纹

04 在绘图窗口中沿对角线拖动鼠标，直至螺纹达到所需大小。

高手指点： 按住 Ctrl 键并拖曳鼠标可以绘制出正螺旋线，按住 Shift 键或者按住 Ctrl+Shift 组合键并拖曳鼠标可以绘制出以单击点为中心的螺旋线。

3.2.7　基本形状工具

1. 使用基本形状工具

使用基本形状工具绘制图形的基本操作步骤如下。

01 选择工具箱中“基本形状工具”，在属性栏中可以选择基本图形的预置形状，并且可以通过“轮廓样式”选择器和“轮廓宽度”下拉列表框选择基本形状轮廓线为实线或者虚线以及线条的粗细，如图 3–111 所示。

02 然后在绘图页面中按下并拖曳鼠标即可绘制出基本形状图形。如图 3–112 所示。

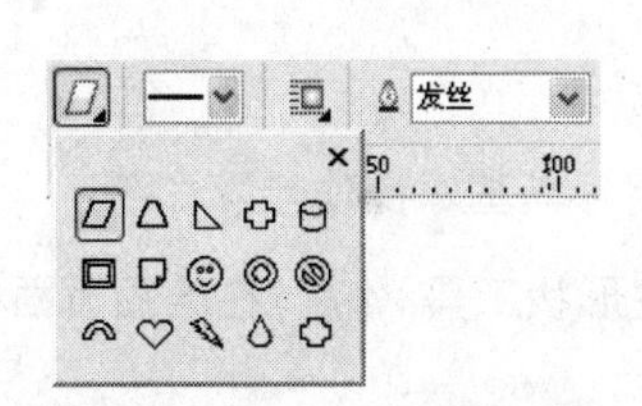

图 3-111 基本形状工具属性栏

图 3-112 用基本形状工具绘制的图形

2. 使用箭头形状工具

使用箭头形状工具绘制箭头图形的基本操作步骤如下。

01 选择工具箱中基本形状工具组中的箭头形状工具，这时鼠标会变成右下角带有几何形图案的十字形。

02 在属性栏中可以选择箭头的预置形状，并且可以通过“轮廓样式”选择器和“轮廓宽度”下拉列表框选择箭头轮廓线为实线或者虚线以及线条的粗细，如图 3–113 所示。

03 然后在绘图页面中按下并拖曳鼠标即可绘制出箭头形状图形，如图 3–114 所示。

图 3-113 箭头形状工具属性栏

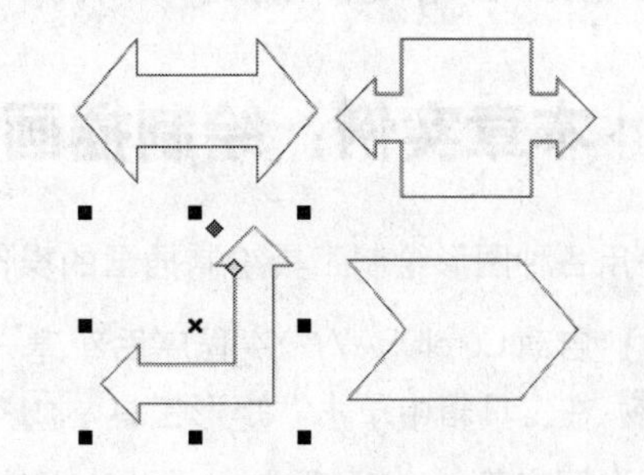

图 3-114 用箭头形状工具绘制的箭头图形

3. 使用流程图形状工具

使用流程图形状工具绘制流程图形的基本操作步骤如下。

01 选择工具箱中“基本形状工具”组中的“流程图形状工具”，在工具属性栏中可以选择流程图的预置形状，如图 3–115 所示。

02 按下并拖曳鼠标即可在页面中绘制出多个流程图形状，如图 3–116 所示。

图 3-115　流程图形状工具属性栏

图 3-116　流程图形

4. 使用标注形状工具

标注图示在给图形或者插图添加注解的时候很有用，其基本操作步骤如下。

01 选择工具箱中"基本形状工具"组中的"标注形状工具"，在绘图页面中按下该工具并拖曳鼠标即可绘制出标注图示，如图 3–117 所示。

02 在属性栏中可以选择标注图形的预置形状，如图 3–118 所示。

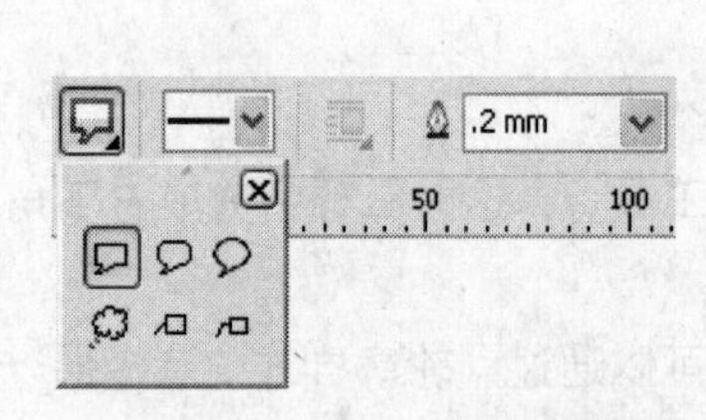

图 3-117　标注形状工具属性栏

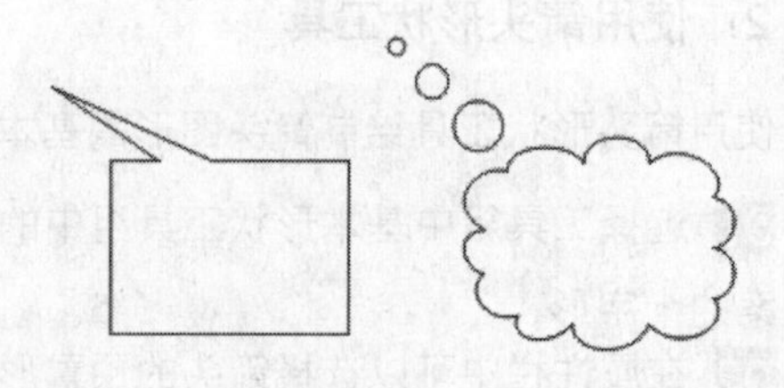

图 3-118　标注形状

高手指点：基本形状、箭头形状、星形和标注形状等均带有可用来修改其各自外观的轮廓。可以拖曳中间的红色小矩形符号来更改形状。

3.3 | 本章实例：绘制插画

使用各种图形绘制工具绘制插画的操作步骤如下。

01 启动 CorelDRAW X4 程序后新建一个文件。

02 在工具箱中单击"矩形工具"，在绘图区域单击鼠标左键并拖曳绘制一个矩形，然后为矩形填充黄色（Y：100），设置边框轮廓颜色为黑色，宽度为 2mm，再用同样的方式绘制另一个矩形效果如图 3–119 所示。

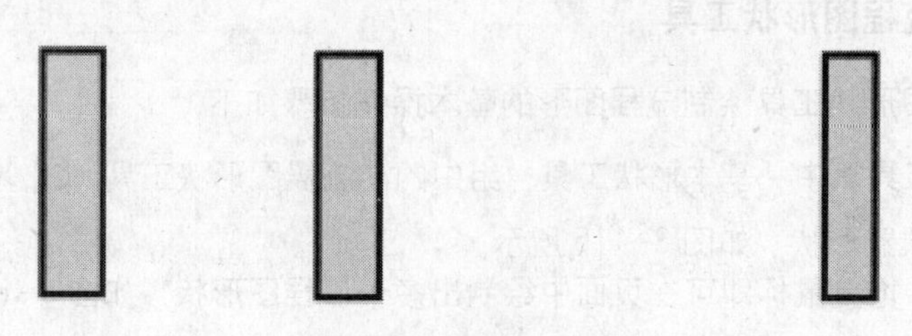

图 3-119　绘制矩形

03 选择"折线工具"来绘制推车的其他部分，矩形填充为黄色（Y：100），并设置边框轮廓颜色为黑色，宽度为 2mm，效果如图 3–120 所示。

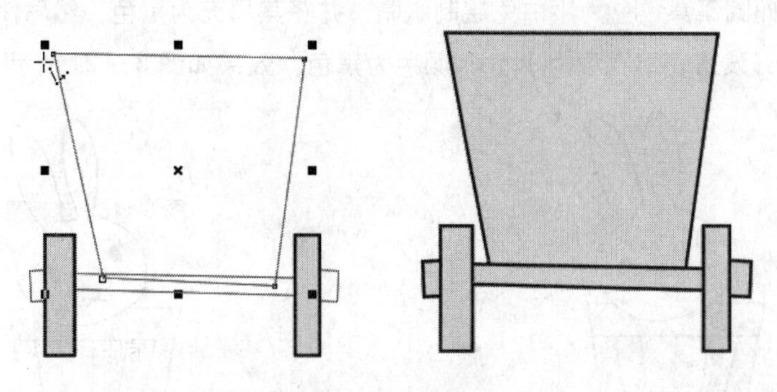

图 3-120 继续绘制

04 继续使用折线工具来绘制一些直线作为推车的细节部分，设置边框轮廓颜色为黑色，宽度为 1mm，效果如图 3–121 所示。

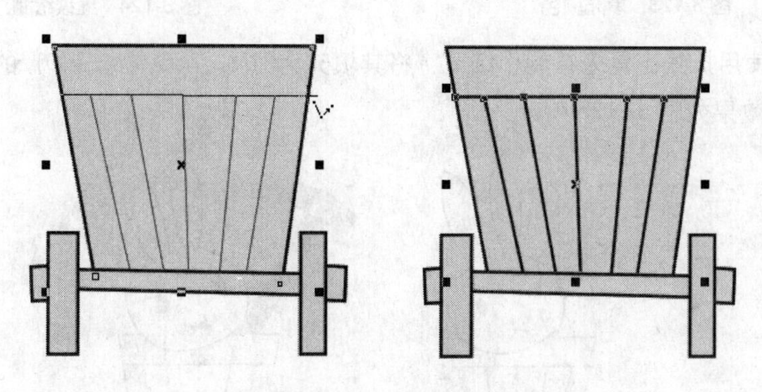

图 3-121 绘制细节

05 选择"贝塞尔工具"来绘制小白兔的外形，选择"形状工具"对小白兔的图形进行调整，使图形更加圆滑准确，效果如图 3–122 所示。

图 3-122 绘制小白兔

06 选择“填充工具”将小白兔填充为白色，设置边框轮廓颜色为黑色，宽度为 1mm，效果如图 3–123 所示。

07 选择“椭圆工具”为小白兔绘制眼睛，并将其填充为黑色，然后使用折线工具来绘制小白兔的嘴巴，设置轮廓宽度为 1mm，颜色为黑色，效果如图 3–124 所示。

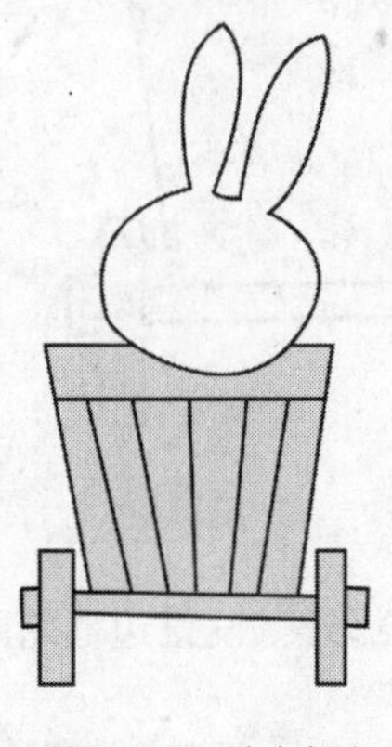

图 3-123 填充颜色

图 3-124 继续绘制

08 继续使用折线工具来绘制小细节，将其填充为（M：100，Y：100）的红色，边框为 1mm 的黑色，效果如图 3–125 所示。

图 3-125 继续绘制

09 使用矩形工具来为小白兔绘制一个底纹，将其填充为（C：100，Y：100）的绿色，最后整体调整一下各个部分的位置，小白兔就绘制完成了，效果如图 3–126 所示。

图 3-126 绘制完成

3.4 | 本章小结

本章主要介绍了运用矩形工具、椭圆工具、多边形工具、艺术笔工具和智能填充工具等基本工具和其他几何图形工具绘制几何图形的方法。学习本章时要注意知识要点与实例的结合，即在学习几何工具主要功能的同时，多加强操作练习，以达到能灵活使用这些工具来绘制出所需要的任意图形，提高工作的效率。

04 图形编辑

本章知识点

- 对象的常规操作
- 仿制和删除对象
- 形状工具
- 对象整形
- 封套工具
- 裁剪工具
- 刻刀工具
- 粗糙笔刷工具
- 自由变换工具
- 删除虚设线

无论做什么工作都需要合适配套的工具，如果能牢固并熟练地掌握 CorelDRAW X4 中的各种绘图工具，一定可以绘制出高质量的图形图像。本章将详细地介绍 CorelDRAW X4 绘图工具的功能、使用方法以及属性的设置和调节。

4.1 | 对象的常规操作

在 CorelDRAW X4 中，对所有的对象都可以进行变换操作，例如移动、旋转、缩放和倾斜等。要想对对象执行各种操作需要先选择对象。

4.1.1 选择对象

■ 任务导读

在编辑任何对象之前，都必须先选择对象才能进行其他操作，要选择对象可执行以下操作。

■ 任务驱动

选择对象的操作步骤如下。

01 打开"光盘\素材\ch04\图 01.cdr"文件，如图 4-1 所示。

02 单击工具箱中的"挑选工具"，接着将鼠标移动到花瓶上单击即可将图形对象选中，对象被选中后会出现 8 个控制节点，如图 4-2 所示。

图 4-1 素材图片

图 4-2 对象被选中

高手指点：如果用挑选工具选择无填充颜色的图形对象，需要单击其轮廓才能选中。将属性栏中的“视为已填充”按钮按下，然后单击图形的内部即可将图形对象选中。

■ 应用工具

“挑选工具”主要用于选择对象、移动对象和缩放对象等操作。“挑选工具”在 CorelDRAW X4 工具栏的位置如图 4-3 所示。

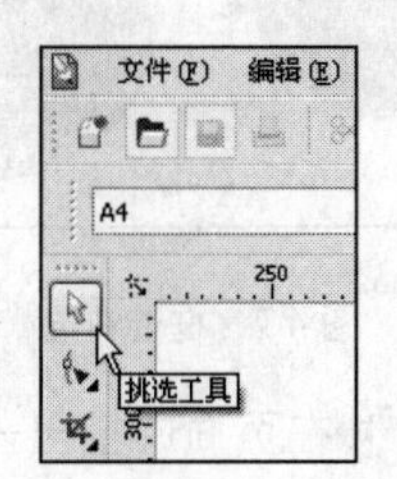

图 4-3 挑选工具的位置

■ 使用技巧

选择单个对象还有两种特殊方法。

- 如果要选择群组中的单个对象，可以按住 Ctrl 键，然后用“挑选工具”单击群组对象中的单个对象即可将其选中，此时选中对象的周围会出现 8 个圆形的控制点，如图 4-4 所示。
- 如果页面中有多个对象，那么按下 Tab 键可以按图形的堆积顺序来选择页面中的对象，被选择的对象上会出现 8 个控制点，如图 4-5 所示。

图 4-4 选择群组对象中的单个对象

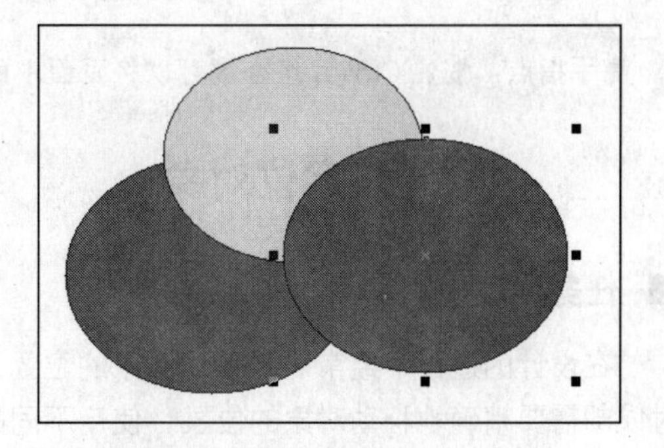

图 4-5 按堆积顺序来选择单个对象

选择多个对象的操作步骤如下。

01 按下 Shift 键，然后用“挑选工具”依次单击需要选择的对象，如图 4–6 所示。

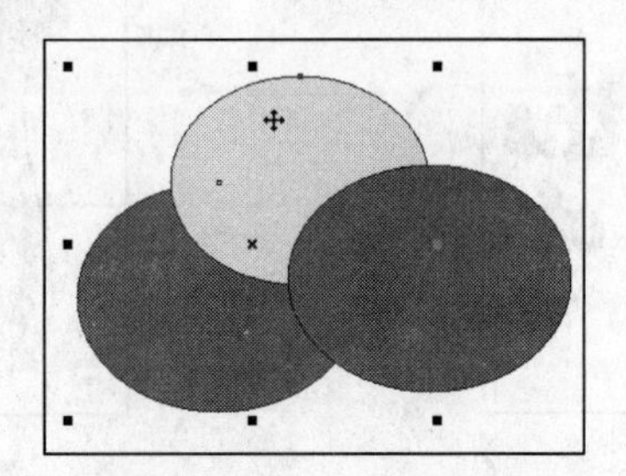

图 4-6　按 Shift 键加选对象

02 在页面中拖曳出一个虚线矩形框，矩形框范围内的对象即可被选中，如图 4–7 所示。

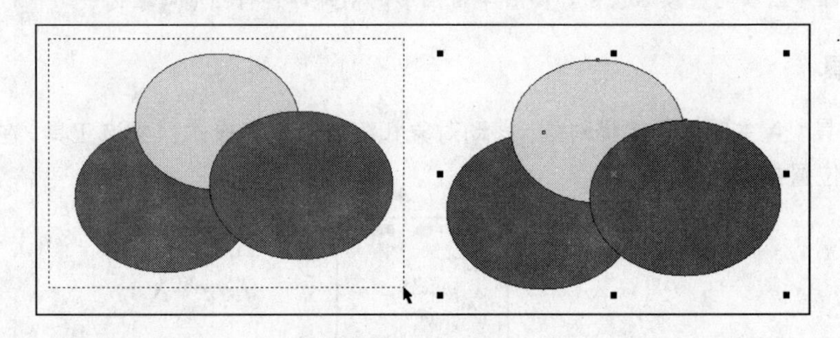

图 4-7　框选对象

03 按下 Alt 键，用“挑选工具”在页面中拖出一个虚线矩形框，被矩形框接触到的对象（不必完全包括在矩形框范围内）即可被选中，如图 4–8 所示。

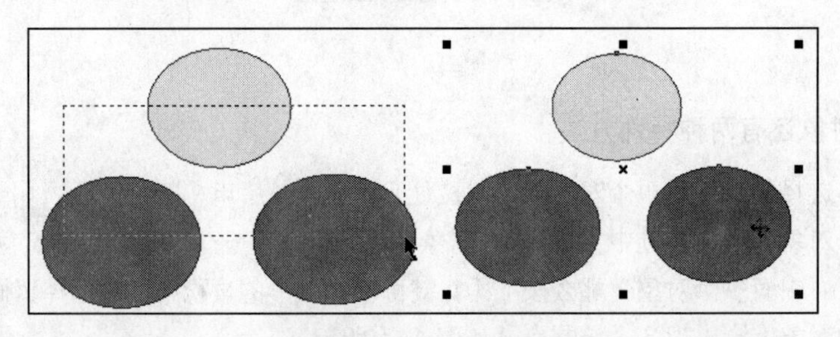

图 4-8　用 Alt 键和挑选工具框选对象

【 **高手指点**：按住 Ctrl+A 组合键可以将页面中的所有对象选中。 】

4.1.2　定位对象

■ 任务导读

在设计的过程中经常需要移动对象的位置。有的时候只需要大概移动对象的位置，而有的时候却需要精确地移动对象的位置。使用不同的方法可以得到不同的结果，在 CorelDRAW X4 中可以通过定位图形对象的方法来控制对象的位置。

高手指点：不管在什么时候，使用鼠标移动对象的同时按住 Ctrl 键，可以限制对象在水平、垂直和 45 度角的方向移动对象。

- A：在拖曳的同时按住 Shift 键，将以对象的中心为基础改变对象的大小。
- B：在按住 Ctrl 键的同时拖曳对象的控制点，将会按 100%的增量改变对象的大小。
- C：如果在拖曳的同时按住 Ctrl+Shift 组合键，将会以对象的中心为基点，并以 100%的增量改变对象的大小。

■ 任务驱动

手动定位对象的操作步骤如下。

01 单击工具箱中的"挑选工具"，然后将鼠标指针移动到图形对象上，如图 4–9 所示。

02 按下鼠标左键并向右方拖曳，如图 4–10 所示。

图 4-9　移动挑选工具到对象上

图 4-10　拖曳对象

03 拖曳至目标位置后松开鼠标即可将对象移动到想要的位置，如图 4–11 所示。

图 4-11　移动后的对象

微调方式定位对象的操作步骤如下。

01 使用工具箱中的"挑选工具"选择对象，然后按下键盘上的方向键即可微调对象的位置。

高手指点：在按下键盘上的方向键的同时按下 Shift 键，可以微调两倍的距离移动对象的位置。

02 选择"挑选工具"并在页面的空白处单击则可取消页面中的所有选择，此时的属性栏如图 4–12 所示。然后在属性栏中的"微调偏移"框中可以设置微调偏移量，默认情况下每按一次方向键移动 2.54mm。

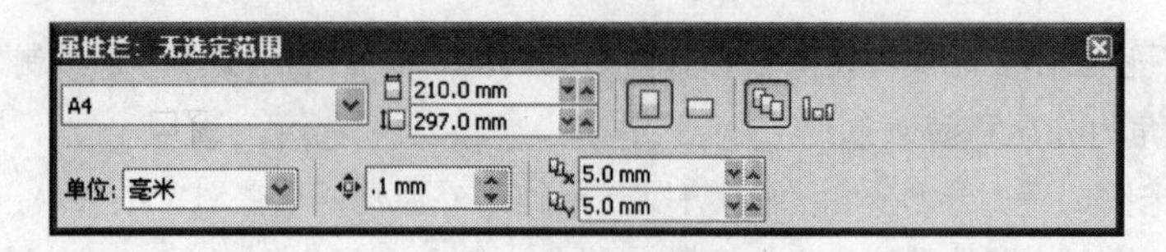

图 4-12　设置微调的偏移量

使用属性栏准确定位对象的操作步骤如下。

01 使用“挑选工具”选择对象，在属性栏的“对象的位置”框中输入水平和垂直坐标值，如图 4–13 所示，然后按下 Enter 键确认，选择的对象将按照新设置的坐标重新定位。

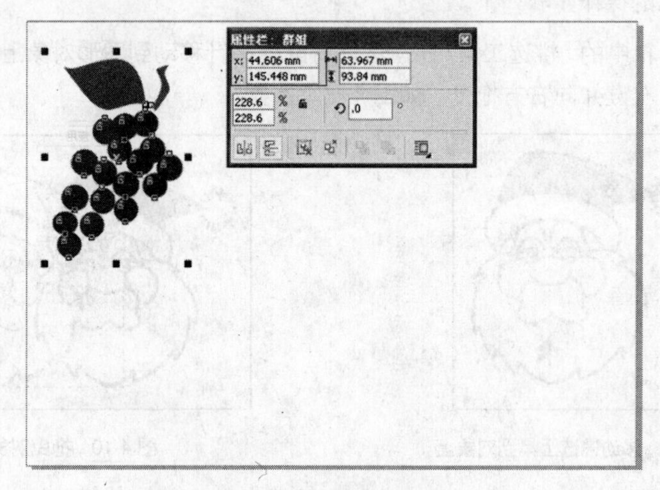

图 4-13　设置对象的坐标位置

02 此时“葡萄”图形会从页面左上角移动到右上角，如图 4–14 所示。

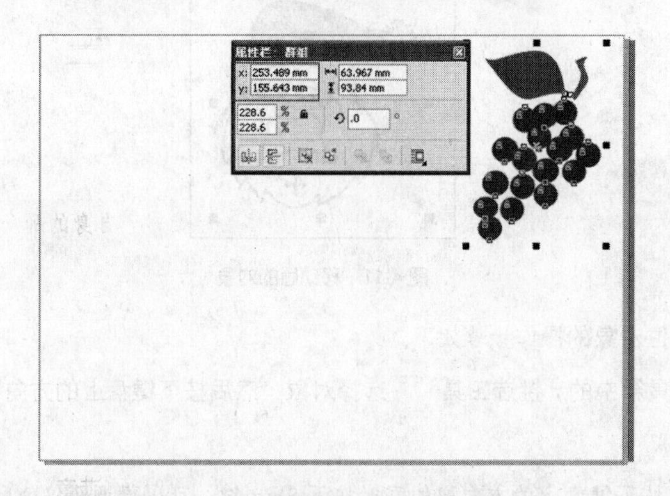

图 4-14　使用属性栏改变对象的位置

【高手指点：“对象的位置”中的 X 和 Y 分别指对象中心横轴和纵轴的位置。】

使用“变换”泊坞窗设置对象位置的操作步骤如下。

01 选中需要重新设置位置的对象，如图 4–15 所示。

02 然后选择“排列”→“变换”→“位置”命令或者选择“窗口”→“泊坞窗”→“变换”→“位置”命令，即可打开如图 4–16 所示的“变换”泊坞窗。

图 4-15　选择对象

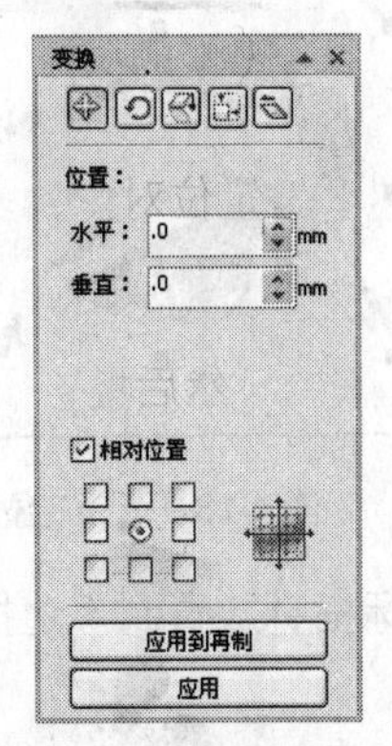

图 4-16　“变换”泊坞窗

03 在“水平”参数框中输入水平坐标值，在“垂直”参数框中输入垂直坐标值，选中“相对位置”复选框并单击“应用到再制”按钮，设置完毕单击“应用”按钮便可以直接移动源对象的位置了，如图 4–17 所示。

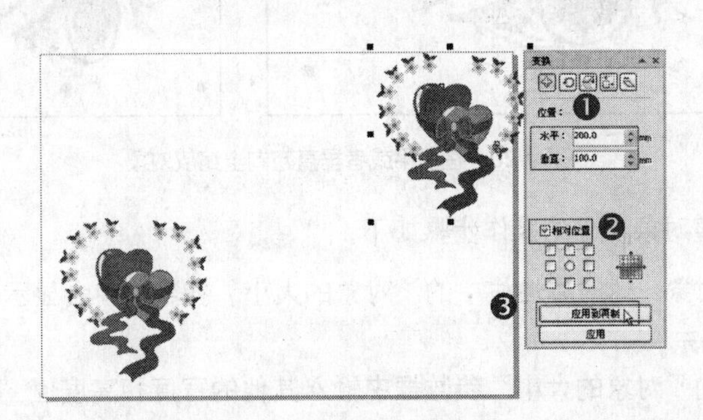

图 4-17　对象的移动

高手指点：“相对位置”复选框，这样可以设置图形移动时相对于自身的那个位置进行移动。“应用到再制”按钮可以移动源对象的副本，而源对象的位置不变。

4.1.3　调节对象的大小

■ 任务导读

在绘制图形对象时，有的时候对绘制的图形对象的大小可能不满意，这个时候就需要调整对象的大小。调整对象大小的方法有很多种，用户应根据不同的情况选择不同的调整方法。

■ 任务驱动

手动调整对象大小的操作步骤如下。

01 使用工具箱中的“挑选工具”选择图形对象，如图 4–18 所示。

02 将鼠标指针移动到对象的 4 个角点上并拖曳可以成比例地缩放对象，如图 4–19 所示。

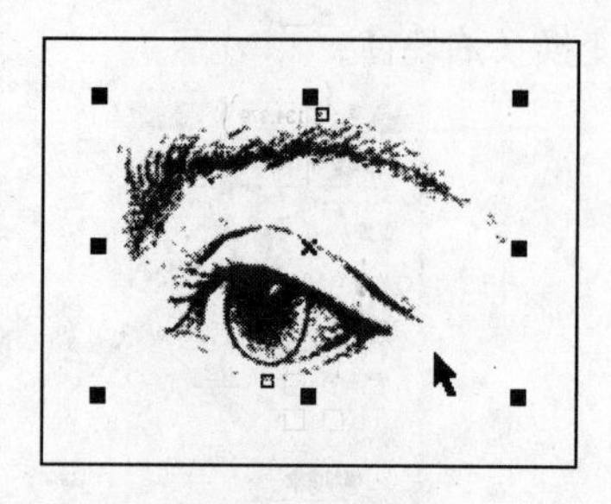
图 4-18 选择对象

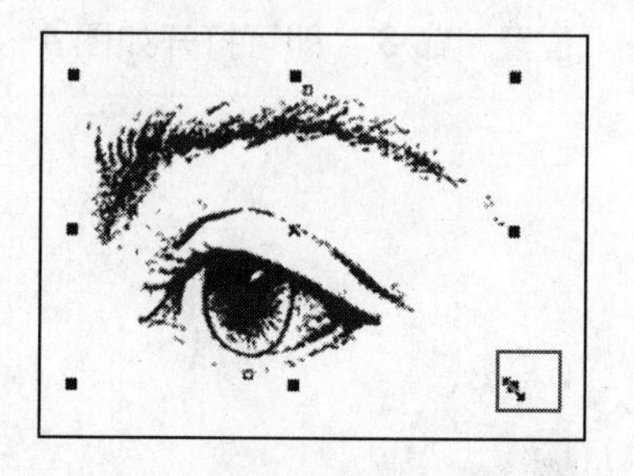
图 4-19 成比例地缩放对象

03 将鼠标指针放置到 4 边控制点上并拖曳，可以在水平或者垂直方向上缩放对象，如图 4–20 所示。

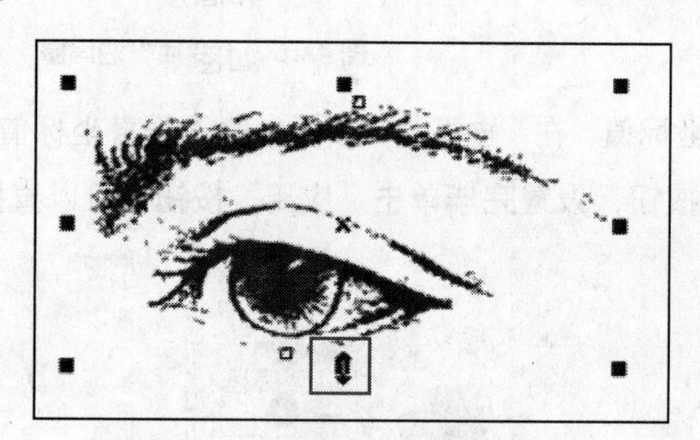
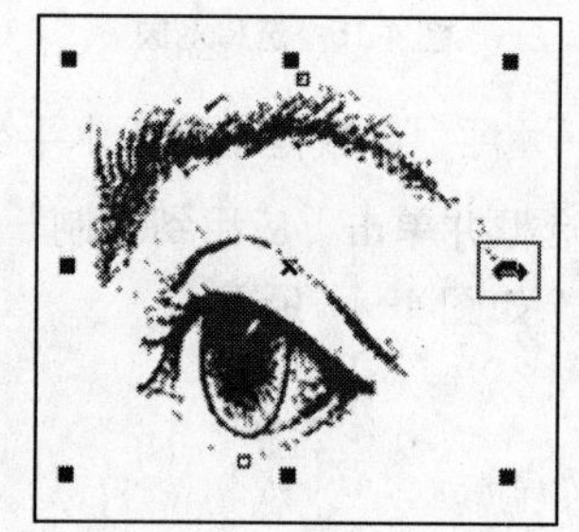
图 4-20 在水平或者垂直方向上缩放对象

在属性栏中调整对象大小的操作步骤如下。

01 选择图形对象，这时属性栏中的“对象的大小”参数框中会显示出图形的宽度值和高度值，如图 4–21 所示。

02 在属性栏的“对象的大小”参数框中输入其他的宽度和高度值，然后按下 Enter 键即可自定义设置图形对象的大小（当锁定图标处于未锁定状态时），如图 4–22 所示。

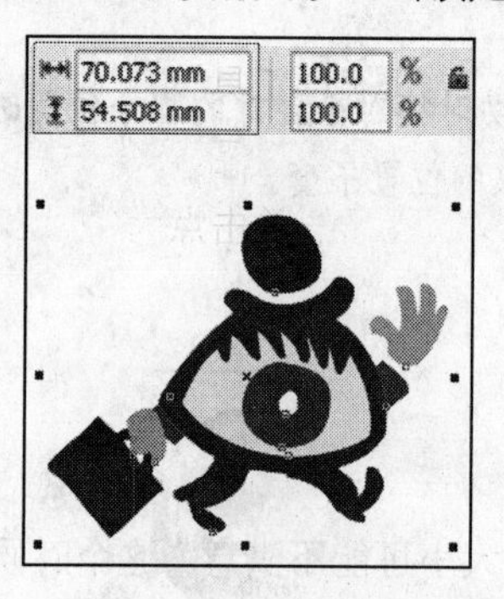

图 4-21 选择对象

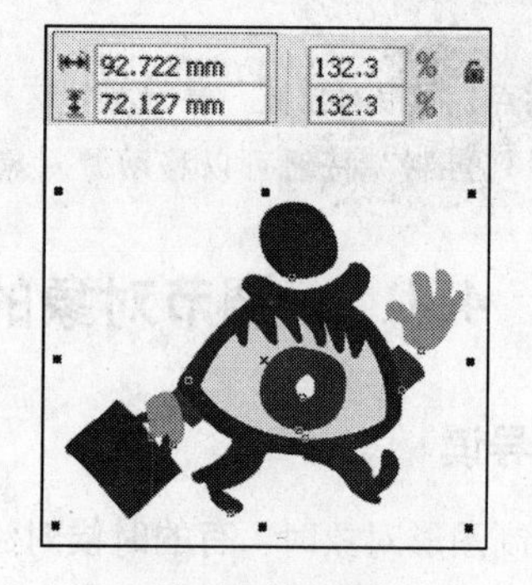

图 4-22 改变对象的大小

使用“变换”泊坞窗设置对象大小的操作步骤如下。

01 用“挑选工具”选择对象，如图 4–23 所示。

02 然后选择“排列”→“变换”→“大小”命令或者选择“窗口”→“泊坞窗”→“变

换”→“大小”命令即可弹出“变换”泊坞窗，如图 4–24 所示。

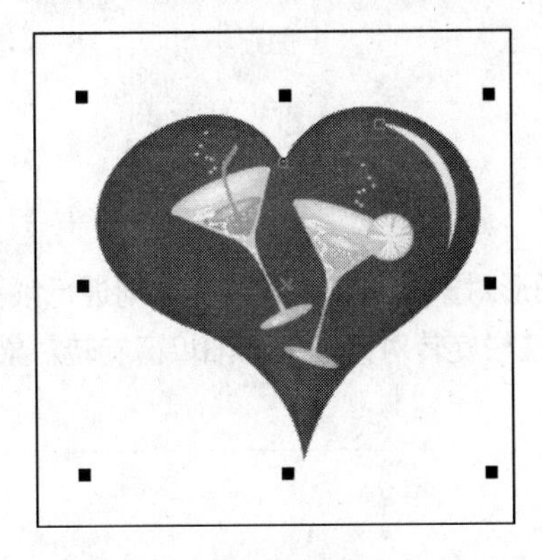

图 4-23 选择图形对象

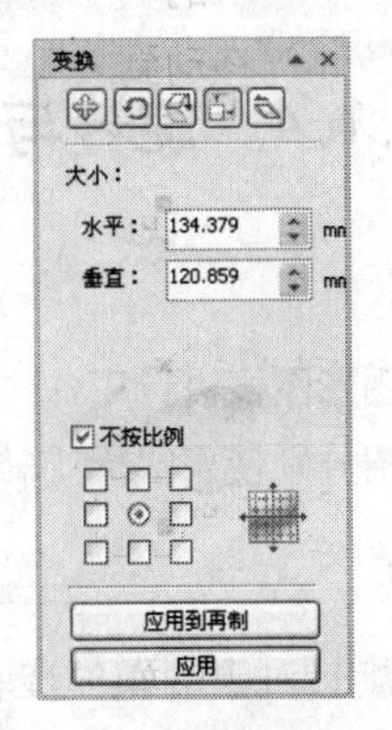

图 4-24 “变换”泊坞窗

03 在“水平”和“垂直”参数框中可以分别设置对象的宽度和高度，选中“不按比例”复选框和单击“应用到再制”按钮，设置完毕单击“应用”按钮，如图 4–25 所示。

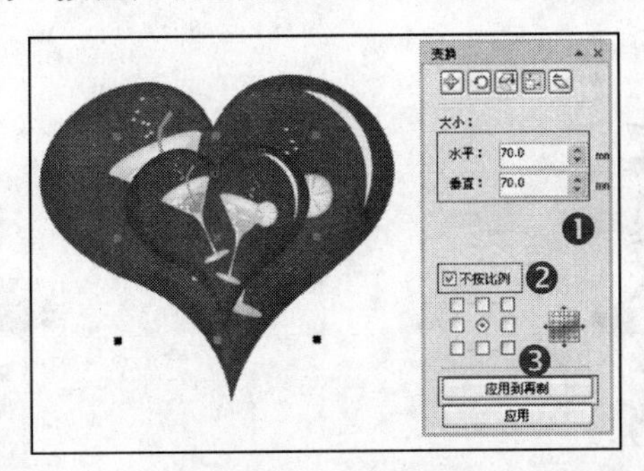

图 4-25 改变对象的大小

高手指点：“不按比例”复选框可以设置改变对象尺寸时的相对中心位置。单击“应用到再制”按钮可以改变源对象副本的尺寸，而源对象的尺寸不变。

使用自由调节工具调节对象大小的操作步骤如下。

01 选中图形对象，如图 4–26 所示。单击工具箱中的“形状工具”，在弹出的工具条中选择“自由变换工具”，然后在属性栏中选中“自由调节工具”。

02 在页面中的任意位置单击鼠标左键并拖曳，可以以鼠标的单击点为中心自由地缩放对象，如图 4–27 所示。

图 4-26 选择对象

图 4-27 自由地缩放对象

【 高手指点：按下 Ctrl 键，然后在页面中拖曳鼠标也可以成比例地缩放对象。 】

4.1.4 旋转与倾斜

■ **任务导读**

在实际的图形图像设计工作中，经常需要将一些图形对象按一定的角度和方向进行倾斜或是旋转，下面就介绍分别使用鼠标旋转对象、使用工具属性栏旋转对象和使用泊坞窗旋转对象。

■ **任务驱动**

使用鼠标旋转对象的操作步骤如下。

01 打开"光盘\素材\ch04\图 02.cdr"文件，选择"挑选工具"选中它，如图 4-28 所示。

02 移动指针到控制框内部的任意部位并单击，使其出现旋转状态，如图 4-29 所示。

图 4-28 选中对象

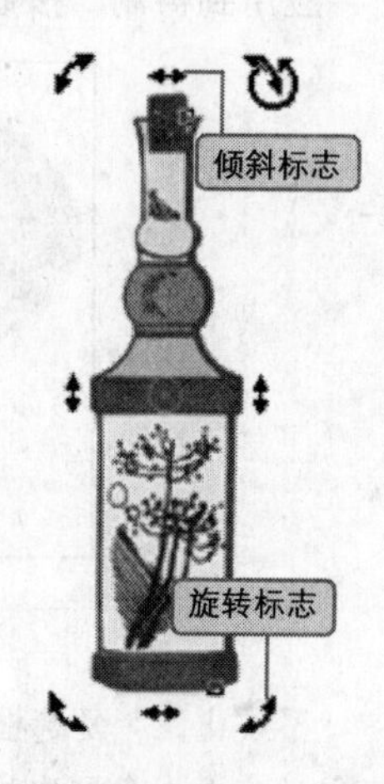

图 4-29 旋转状态

【 高手指点：在没有选中对象的情况下，用挑选工具双击对象即可进入旋转状态。 】

03 移动鼠标指针到控制框的旋转标志上，等指针变成旋转状态后按住鼠标左键拖曳即可旋转对象，如图 4-30 所示。

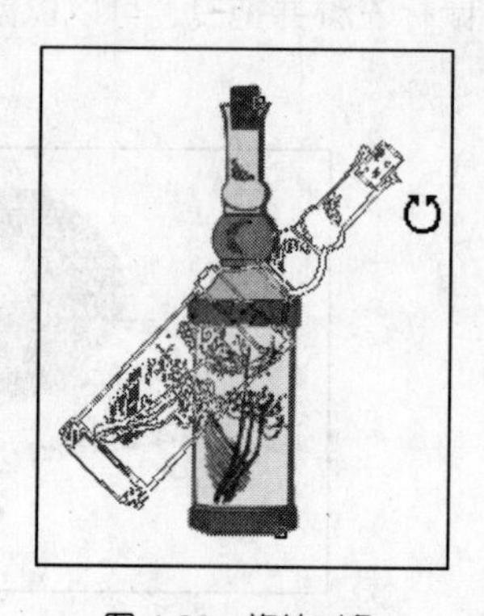

图 4-30 旋转对象

使用工具属性栏旋转对象的操作步骤如下。

01 打开"光盘\素材\ch04\图 03.cdr"文件，选择"挑选工具"选中它，如图 4-31 所示。

02 在属性栏的"旋转角度"参数框中输入"180"，按下 Enter 键，对象便会以中心点为圆心顺时针旋转 180 度，效果如图 4-32 所示。

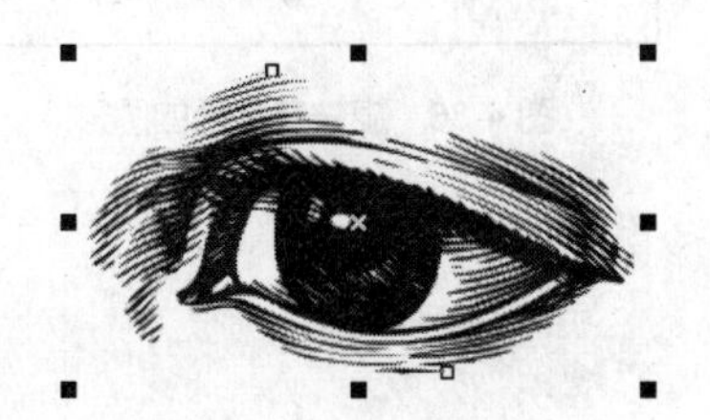

图 4-31 选中对象

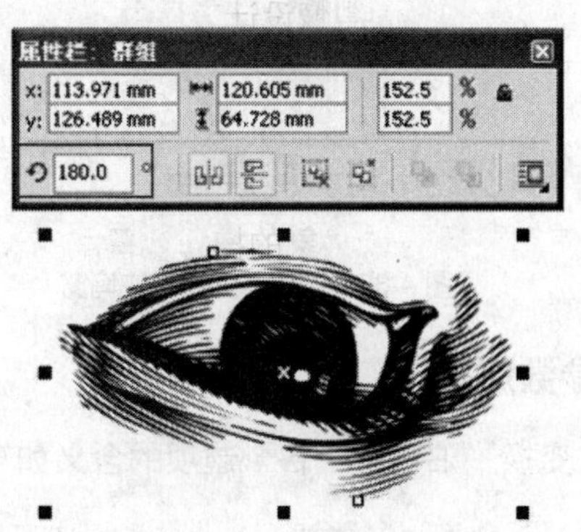

图 4-32 输入旋转角度

使用"变换"泊坞窗旋转对象的操作步骤如下。

01 打开"光盘\素材\ch04\图 04.cdr"文件，选择"挑选工具"选中它，如图 4-33 所示。

02 选择"窗口"→"泊坞窗"→"变换"→"旋转"命令打开"变换"泊坞窗，然后单击"旋转"变换按钮，如图 4-34 所示。

图 4-33 选中对象

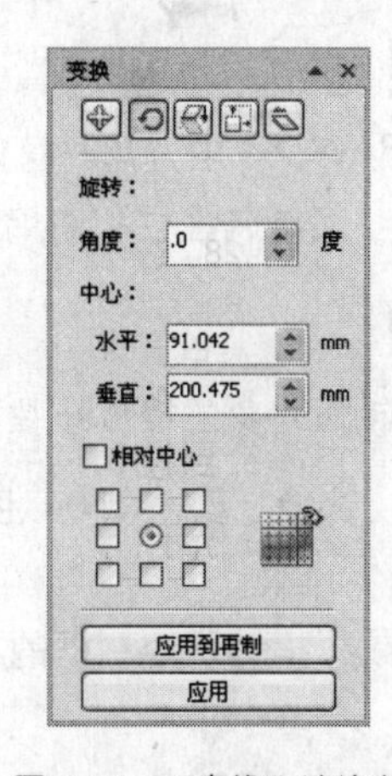

图 4-34 "变换"泊坞窗

03 在"变换"泊坞窗的"角度"参数框中输入 55.0，并指定旋转的基点为左下角，如图 4-35 所示。

04 单击"应用到再制"按钮 5 次，效果如图 4-36 所示。

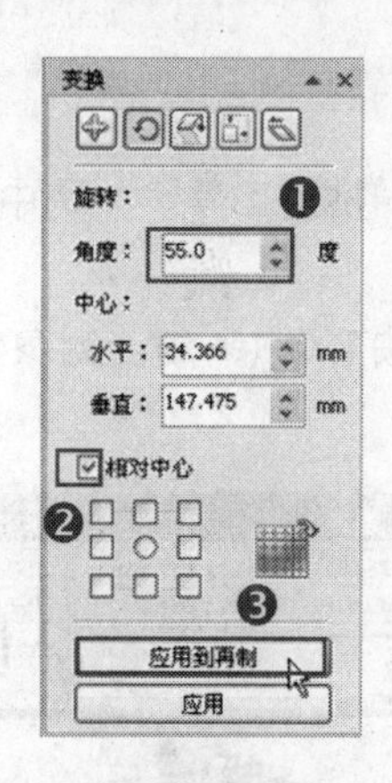

图 4-35　设置“变换”泊坞窗

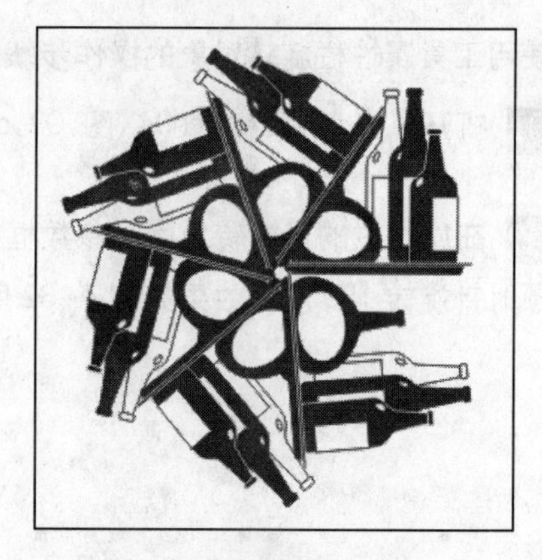

图 4-36　旋转复制后的图形

■ 参数解析

“变换”泊坞窗中各个选项的含义如下。

- “角度”参数框：在此参数框中可以设置旋转的角度，范围在－360～+360。
- “水平”参数框：用于设置和显示对象在 X 方向的绝对中心位置。
- “垂直”参数框：用于设置和显示对象在 Y 方向的绝对中心位置。
- “相对中心”复选框：选中此复选框将以相对中心旋转对象，撤选此复选框将以绝对中心（页面上的坐标）旋转对象。

4.1.5　缩放与镜像

■ 任务导读

在 CorelDRAW X4 中，用户可以水平镜像对象、垂直镜像对象和沿对角线镜像对象，并且可以通过鼠标、工具属性栏和泊坞窗 3 种方法来实现对象的镜像。

■ 任务驱动

使用鼠标镜像对象的操作步骤如下。

01 打开“光盘\素材\ch04\图 03.cdr”文件，选择“挑选工具”选中它，如图 4—37 所示。

02 移动鼠标指针到控制框的右边（或者左边）的中点处，等待指针变成双向箭头，如图 4—38 所示。

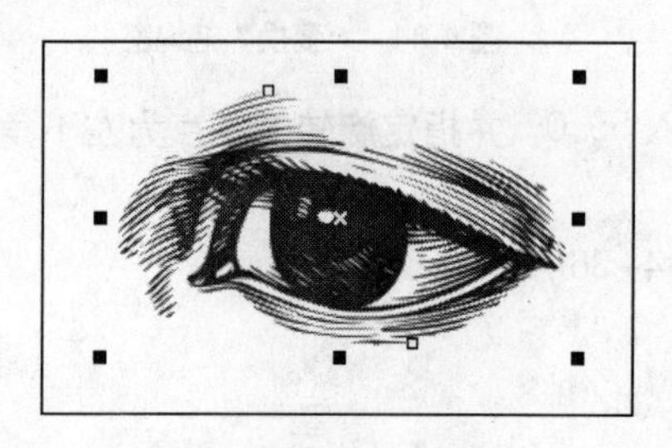

图 4-37　选中对象

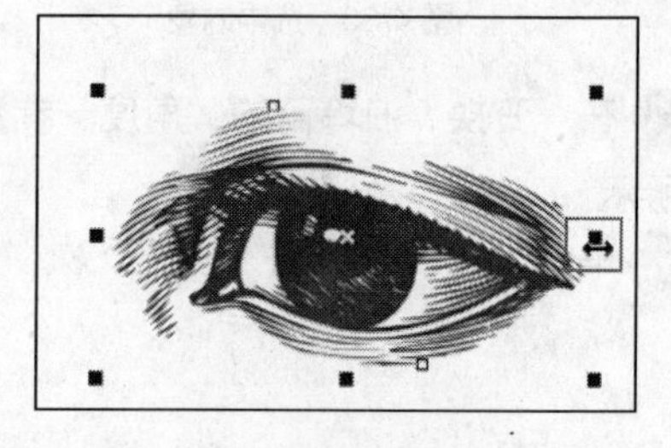

图 4-38　移动指针

03 按住鼠标向左（或者向右）拖曳即可出现一个虚的对象副本，然后拖至合适的位置松开鼠标即可完成水平镜像，如图 4–39 所示。

04 要想垂直镜像对象，需要移动指针到控制框的上边或者下边的中点处，然后向下或者向上拖曳鼠标即可，效果如图 4–40 所示。

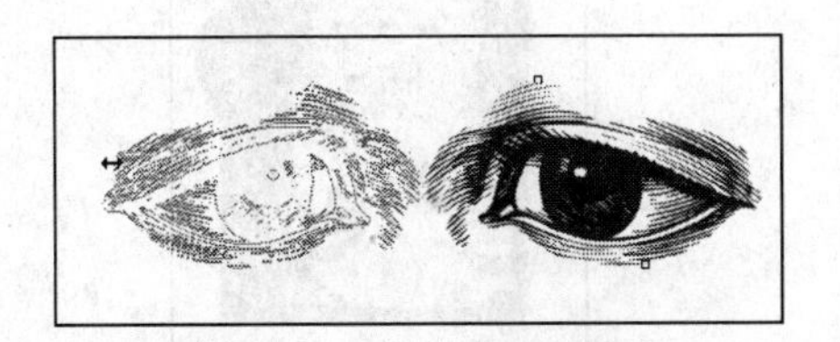

图 4-39　水平镜像的图形

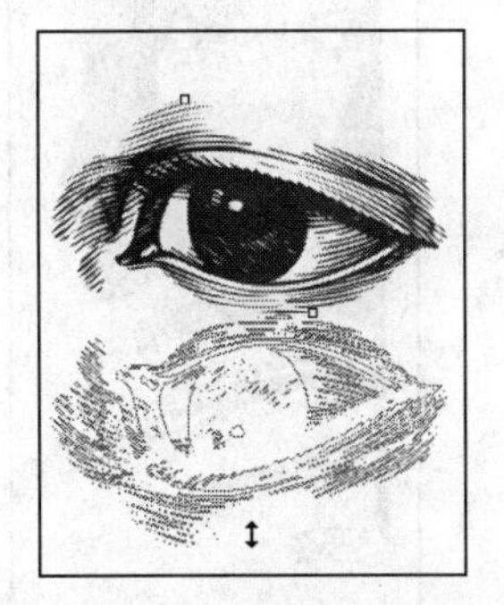

图 4-40　垂直镜像的图形

05 如果要沿对角线镜像对象，则需要移动指针到控制框的任意顶角处，如图 4–41 所示。

06 按住鼠标向对角线方向拖曳即可沿对角线镜像对象。如果拖至合适的位置，单击鼠标右键还可复制镜像对象，如图 4–42 所示。

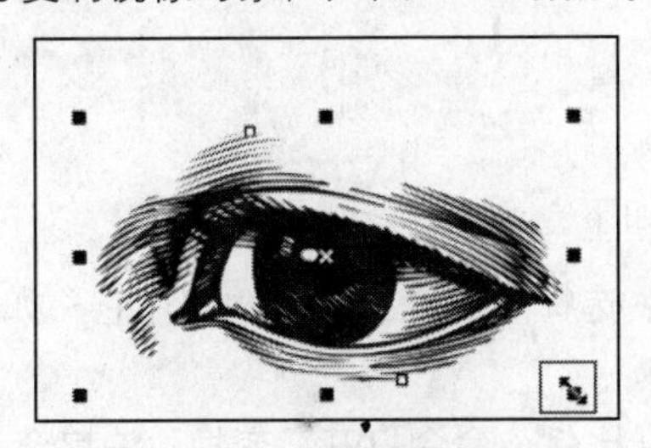

图 4-41　对角线镜像

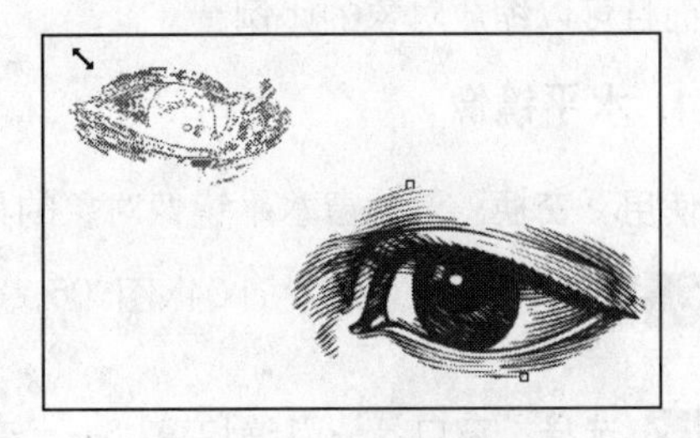

图 4-42　复制镜像对象

使用工具属性栏镜像对象的操作步骤如下。

01 打开"光盘\素材\ch04\图 05.cdr"文件，选择"挑选工具"选中它，如图 4–43 所示。

02 单击属性栏中的"水平镜像"按钮，如图 4–44 所示。

图 4-43　选中对象

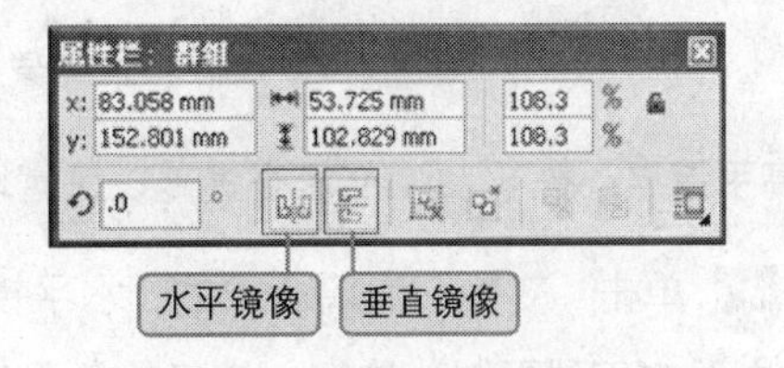

图 4-44　镜像属性栏

03 此时对象便会以中点为中心进行水平镜像，如图 4–45 所示。

04 单击属性栏中的“垂直镜像”按钮，对象将垂直镜像，效果如图 4–46 所示。

图 4-45　水平镜像

图 4-46　垂直镜像

使用“变换”泊坞窗镜像对象的操作如下。

使用“变换”泊坞窗可以进行水平、垂直和对角线镜像。在镜像的过程中不但可以再制对象，而且可以缩放对象的比例。

1. 水平镜像

使用“变换”泊坞窗水平镜像对象的具体步骤如下。

01 打开“光盘\素材\ch04\图 06.cdr”文件，选择“挑选工具”选中它，如图 4–47 所示。

02 选择“窗口”→“泊坞窗”→“变换”→“比例”命令打开“变换”泊坞窗，然后单击“缩放与镜像”按钮，如图 4–48 所示。

图 4-47　选中对象

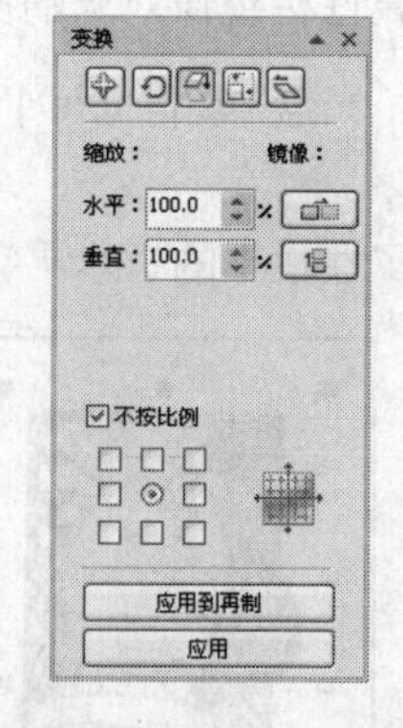

图 4-48　“变换”泊坞窗

【高手指点：按下 Alt+F9 组合键可以快速地启用泊坞窗中的“缩放与镜像”按钮。】

03 单击“变换”泊坞窗中的“水平镜像”按钮并确定镜像的基点位置，如图 4–49 所示。再单击“应用到再制”按钮，镜像的效果如图 4–50 所示。

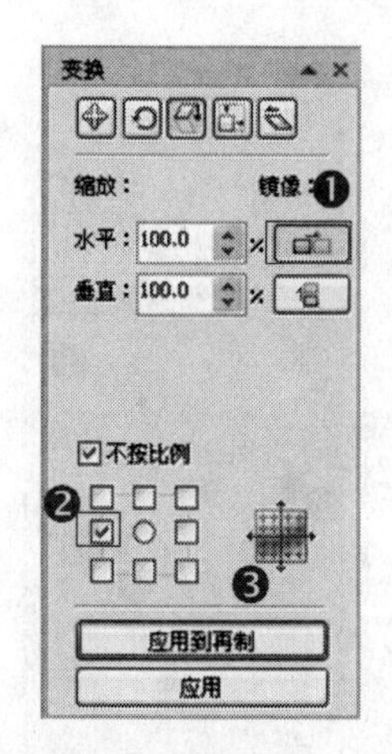

图 4-49 单击“水平镜像”按钮

图 4-50 应用水平镜像的效果

2. 垂直镜像

使用“变换”泊坞窗垂直镜像对象的具体步骤如下。

01 继续使用素材“图 05.cdr”文件。

02 在“水平”参数框中输入 200.0，然后单击“垂直镜像”按钮并确定镜像的顶点位置，如图 4-51 所示。

03 单击“应用到再制”按钮两次，镜像的效果如图 4-52 所示。

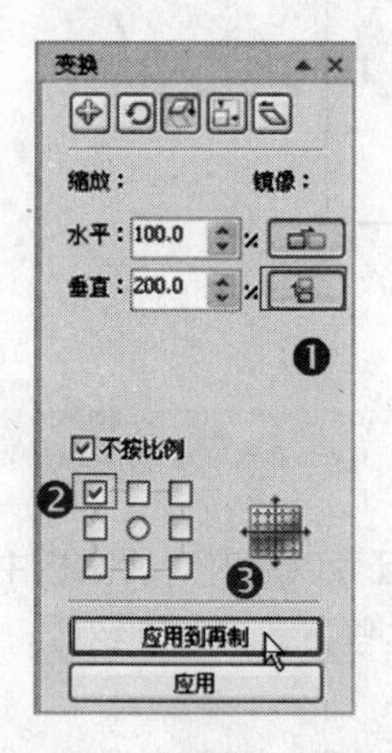

图 4-51 “变换”泊坞窗

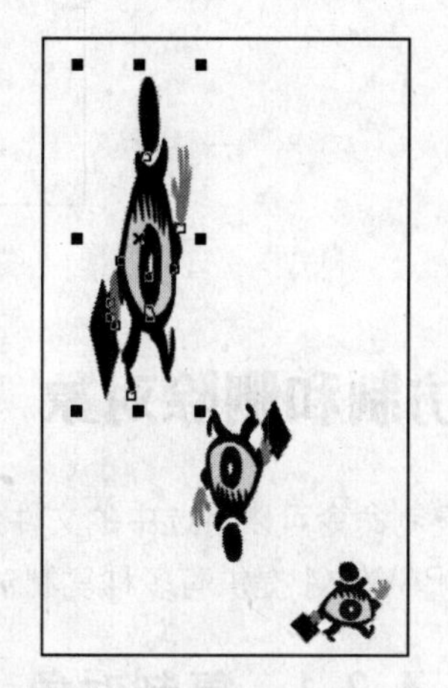

图 4-52 垂直镜像复制后的效果

3. 对角线镜像

在“变换”泊坞窗中如果同时单击“垂直镜像”按钮和“水平镜像”按钮，即可对对象进行对角线镜像操作，具体的步骤如下。

01 打开“光盘\素材\ch04\图 07.cdr”文件，选择“挑选工具”选中它，如图 4-53 所示。

02 按 Alt+F9 组合键打开“变换”泊坞窗，然后单击“水平镜像”和“垂直镜像”按钮，并确定对角线镜像的基本位置，如图 4-54 所示。

图 4-53　选中图形

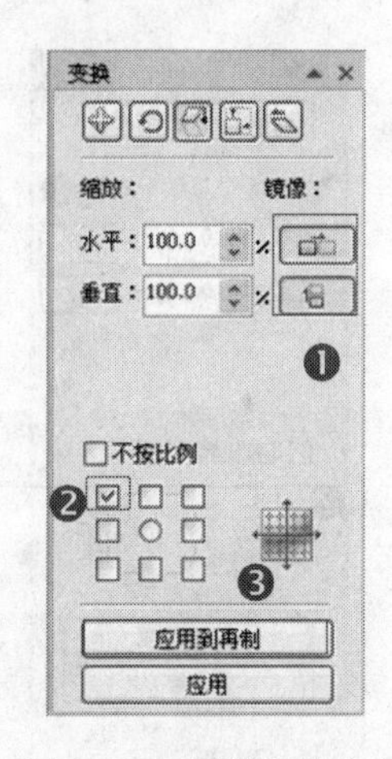

图 4-54　“变换”泊坞窗

03 单击“应用到再制”按钮，对角线镜像的效果如图 4—55 所示。

图 4-55　对角线镜像的效果

4.2 | 仿制和删除对象

使用复制命令可以将选中的文件加入到剪贴板上，并且可以随时对剪贴板中的内容进行粘贴。CorelDRAW X4 提供有多种复制对象的方法，本节对这些方法进行介绍。

4.2.1　复制对象

■ 任务导读

CorelDRAW X4 系统中的“复制”功能和其他系统中的复制功能相同，它经常和“粘贴”命令相结合，主要应用于制作所选图形和文件的副本。

■ 任务驱动

复制对象具体的操作步骤如下。

01 选中一个或者多个需要复制的对象，如图 4—56 所示。

02 选择“编辑”→“复制”命令或者直接单击标准工具栏中的“复制”按钮，即可将对象复制到剪贴板中。

【高手指点：用户也可以通过按键盘上的“+”键直接复制图形对象。】

03 选择“编辑”→“粘贴”命令或者直接单击标准工具栏中的“粘贴”按钮，即可将剪贴板中的对象粘贴到图形对象的原位置，然后用鼠标移开复制的图形对象即可看到源对象与复制对象，如图 4–57 所示。

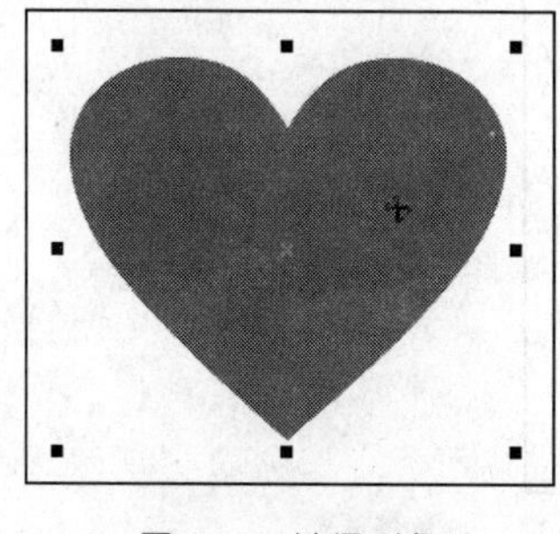
图 4-56 选择对象

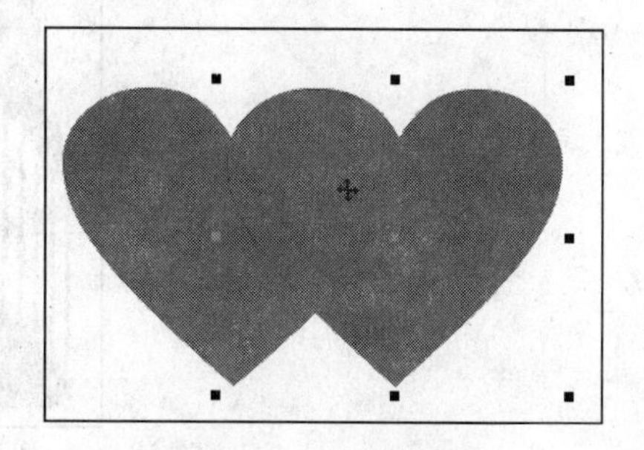
图 4-57 移开复制对象

4.2.2 再制对象

■ 任务导读

使用再制功能可以快捷地生成对象的副本，并把再制出来的副本对象放置在页面中。

“再制”命令与“复制”命令的不同之处在于：“再制”命令不通过剪贴板来复制对象，而是直接将对象的副本生成在页面中。

■ 任务驱动

再制对象的操作步骤如下。

01 选择页面中需要再制的对象，如图 4–58 所示。

02 按下 Ctrl+D 组合键或者选择“编辑”→“再制”命令即可再制一个对象，如图 4–59 所示。

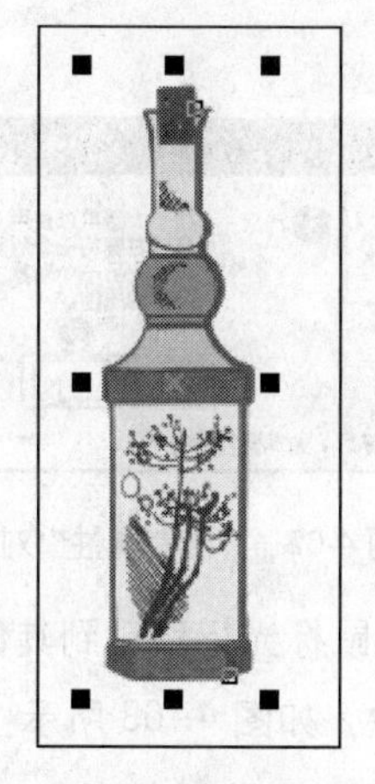
图 4-58 选择对象

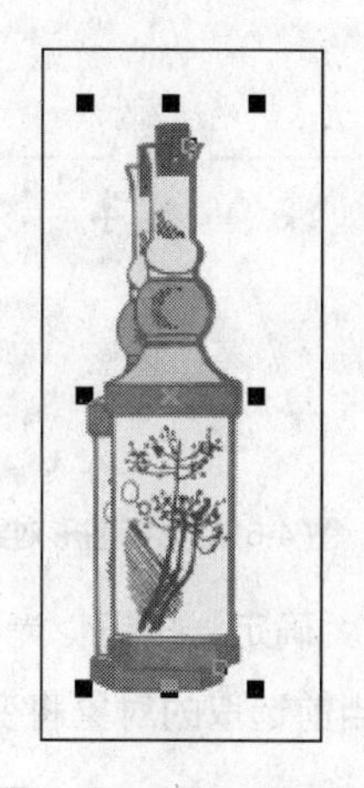
图 4-59 再制一个对象

03 如果多次按下 Ctrl+D 组合键，则可沿一定的方向再制多个图形对象，如图 4-60 所示。

图 4-60 再制多个对象

4.2.3 复制属性

■ 任务导读

当前工作区中有两个或者两个以上的对象时，可以使用"复制属性自"命令将一个对象的属性复制到另一个对象上。

■ 任务驱动

复制属性的操作步骤如下。

01 选择需要复制属性的文字或者图形，如图 4-61 所示。

02 选择"编辑"→"复制属性自"命令弹出"复制属性"对话框，如图 4-62 所示，然后选中需要从其他对象中复制的属性类型（如果是文本对象，则将复制文本的所有属性）。

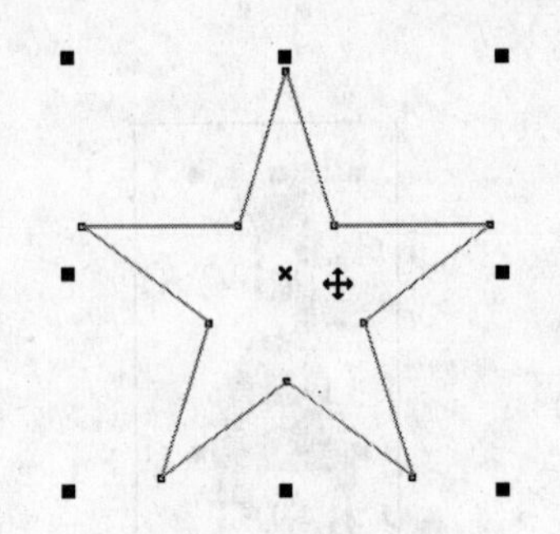

图 4-61 选择图形对象

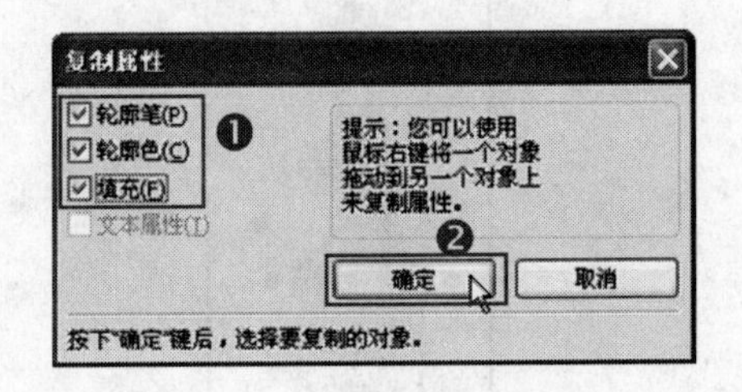

图 4-62 "复制属性"对话框

03 单击 "确定"按钮，光标将变成➡状态，然后将鼠标光标移动到其他的图形或者文本上并单击，当前选取的对象将变成与单击对象相同的属性，如图 4-63 所示。

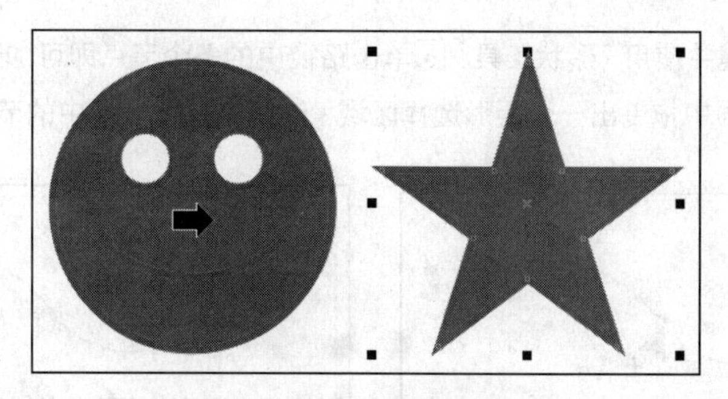

图 4-63　复制属性前后对比效果

4.3 | 形状工具

CorelDRAW X4 允许用户通过处理对象节点和线段改变对象的造型。对象节点是沿对象轮廓显示的微小方形。移动对象线段可以粗略地调整对象形状，而改变节点位置则可精细地调整对象形状。

除螺旋、手绘及贝塞尔线条外，大多数添加至绘图中的对象都不是曲线对象。因此如果要自定义对象形状，则需将对象转换为曲线对象。将对象转换为曲线以后即可使用添加、移除、定位、对齐及变换节点等命令来为对象改变造型。

4.3.1　选择节点

■ 任务导读

在处理对象节点之前必须先选定它们。处理曲线对象时，可以选择单个、多个或者所有的对象节点。选择多个节点时，可以同时为对象的不同部分造型。

■ 任务驱动

1. 选择单个节点

01 使用工具箱中的“形状工具”单击路径即可显示出路径的节点，如图 4–64 所示。

02 在路径的某个节点上单击即可选中该节点，同时显示其节点和两侧节点的控制手柄，如图 4–65 所示。

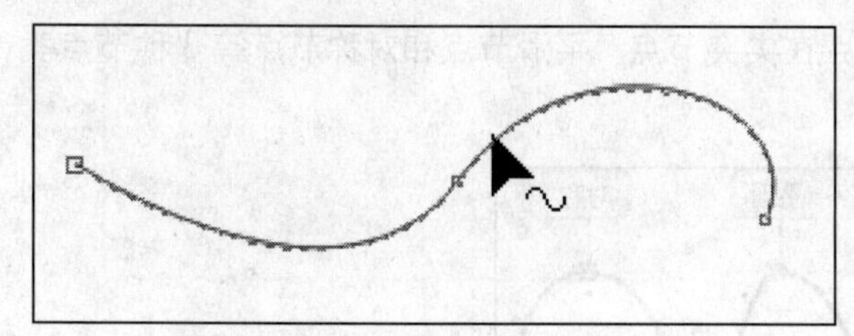

图 4-64　单击路径效果

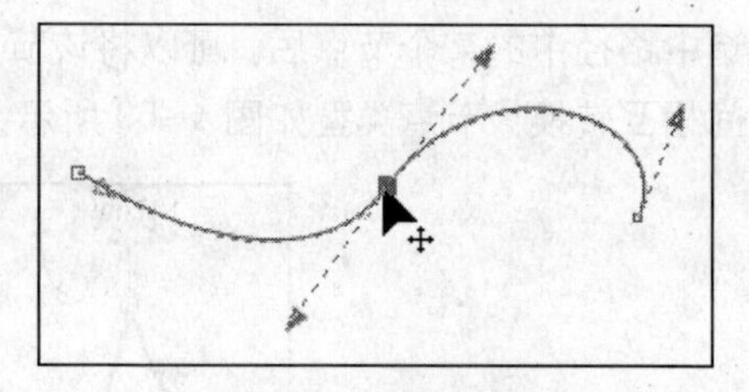

图 4-65　单击节点效果

2. 选择多个节点

01 使用工具箱中的“形状工具”单击路径显示出路径的节点，如图 4–66 所示。

02 按下 Shift 键并使用“形状工具”单击路径中的各个节点即可加选多个节点。或使用“形状工具”在页面中拖曳出一个矩形选择区域，这样被选择区域中的节点即处于选中状态，如图 4–67 所示。

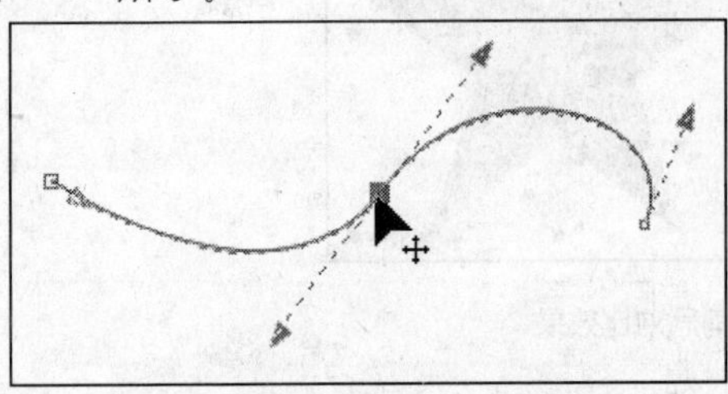

图 4-66　显示节点

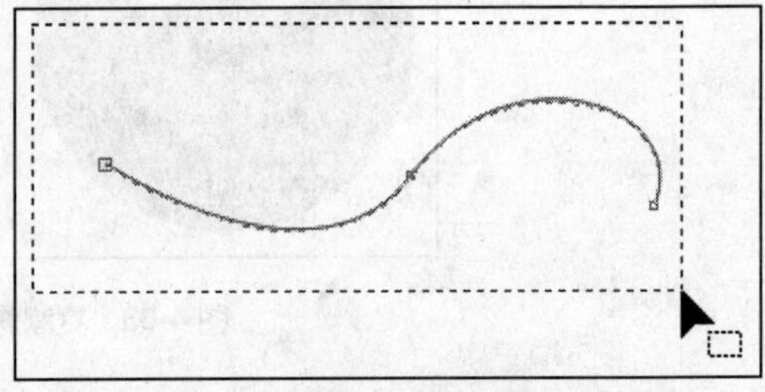

图 4-67　框选节点

高手指点：使用形状工具选择曲线时，可以按下 Home 键选择曲线对象中的第一个节点，按下 End 键选择最后一个节点。

单击属性栏中的“选择全部节点”按钮，或者同时按下 Ctrl 键和 Shift 键，然后单击路径中的任意节点，这样即可选中多个节点。

■ 应用工具

“形状工具”是编辑曲线图形的节点以及选段来改变图形造型的最佳工具，形状工具在 CorelDRAW X4 工具栏的位置如图 4–68 所示。

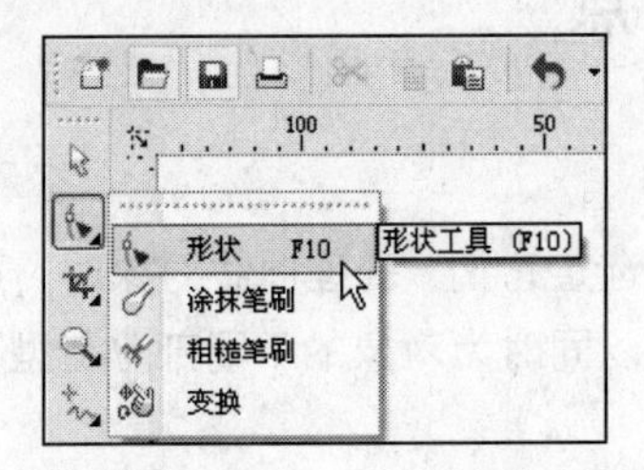

图 4-68　形状工具的位置

4.3.2 转换节点类型

■ 任务导读

选中路径中的某个节点后，可以将该节点在尖突节点、平滑节点和对称节点等 3 种节点类型之间相互转换，节点类型如图 4–69 所示。

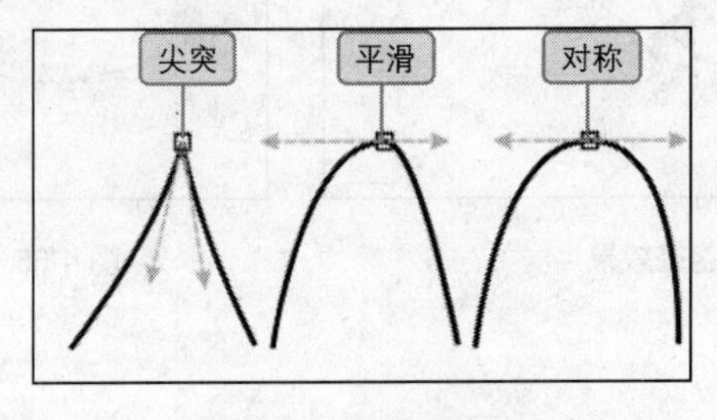

图 4-69　节点类型

■ 任务驱动

转换节点的具体操作如下。

01 打开“光盘\素材\ch04\图 08.cdr”文件。

02 选择工具箱中的“形状工具”单击路径即可显示出路径的节点，如图 4–70 所示。

03 使用“形状工具”单击需要转换的节点，再在属性栏上单击“转换直线为曲线”按钮，如图 4–71 所示。

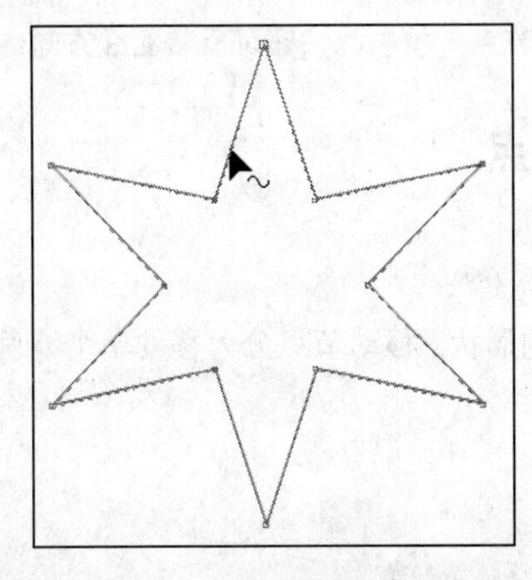

图 4-70　显示路径的节点

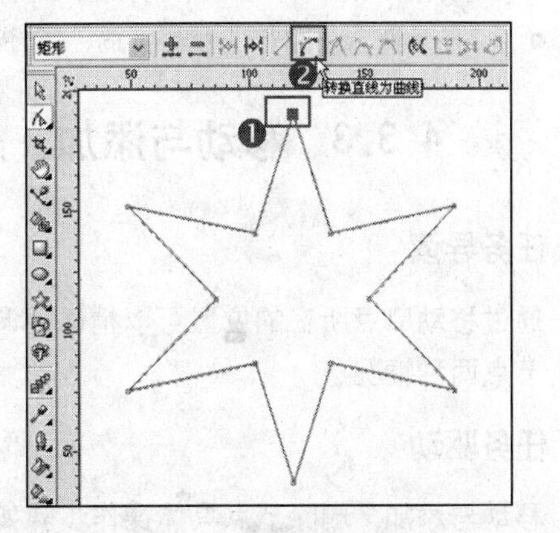

图 4-71　转换直线为曲线

04 用鼠标拖动节点的控制手柄来调整线段，效果如图 4–72 所示。

05 同理来将其他节点转换为曲线，并调整线段，效果如图 4–73 所示。

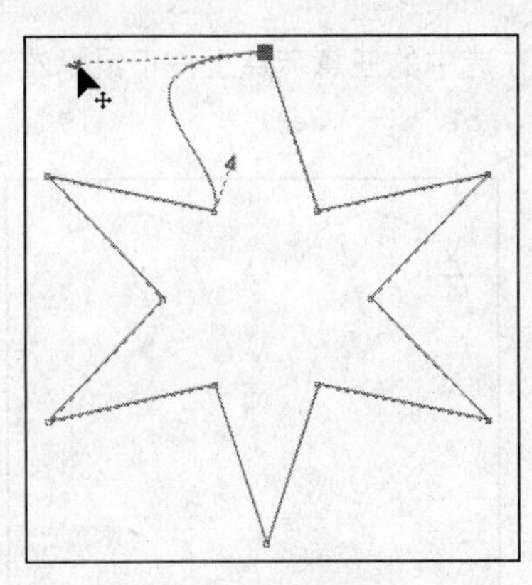

图 4-72　调整节点

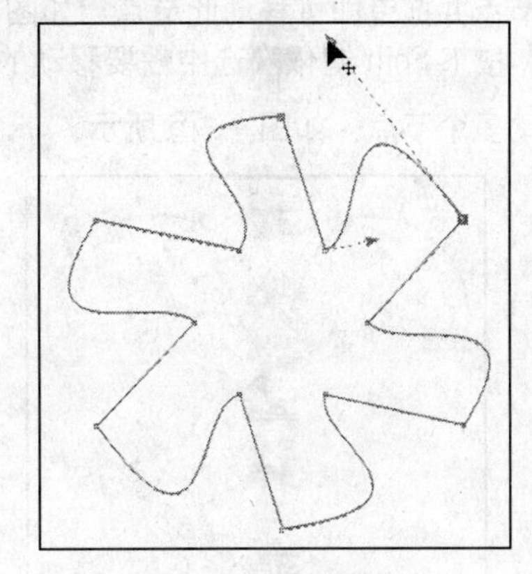

图 4-73　调整节点

■ 参数解析

使用“形状工具”单击需要转换的节点，属性栏中各个节点类型按钮如图 4–74 所示。

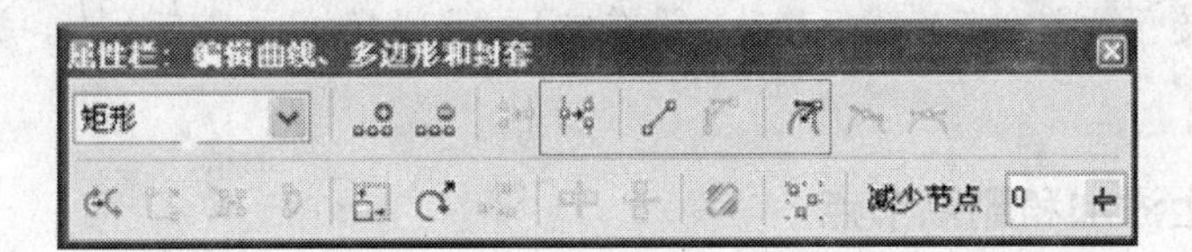

图 4-74　属性栏

- "转换曲线为直线"按钮：选择节点，单击此按钮可将所需要的曲线段转换为直线段。
- "转换直线为曲线"按钮：选择节点，单击此按钮拖曳节点到所需位置即可将这条直线段转换为曲线段。
- "使节点成为尖突"按钮：选择节点，单击此按钮可控制所选曲线上的尖角节点。
- "平滑节点"按钮：选择节点，单击此按钮可以使所选曲线的尖角节点变得平滑。
- "对称节点"按钮：选择节点，单击此按钮可以产生相对于节点对称的两个控点。无论怎样移动这两个节点中的任意一个节点，这两个节点始终保持对称。
- "反转选定子路径的曲线方向"按钮：选择节点，单击此按钮可反转曲线方向。

4.3.3 移动与添加、删除节点

■ 任务导读

通过移动节点所在的位置可以精确地调整路径的形状。移动节点分为移动单个节点和移动多个节点两种情况。

■ 任务驱动

移动与添加、删除节点具体操作步骤如下。

1. 移动单个节点

01 选择"形状工具"，单击路径即可显示出路径的节点，然后使用"形状工具"单击某个节点并拖曳即可移动此节点，如图 4-75 所示。

02 按下 Shift 键依次选中需要移动的节点，然后在选中的任意节点上按下鼠标左键并拖曳即可移动多个节点，如图 4-76 所示。

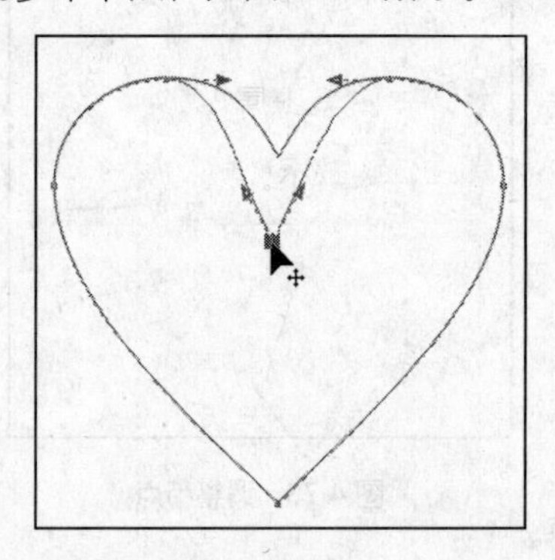

图 4-75　移动单个节点

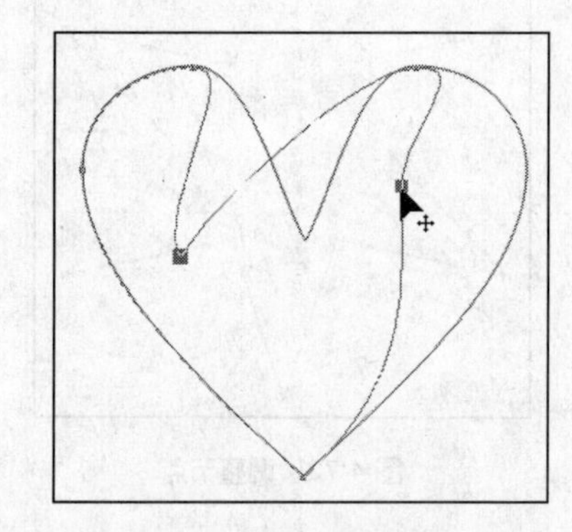

图 4-76　移动多个节点

高手指点：当路径中有两个以上的节点被选择时，按下属性栏中的"弹性模式" 按钮，可以对选中状态下的单个节点进行移动。没有按下"弹性模式" 按钮时，被选中的节点将会同时移动。

2. 在路径上添加和删除节点

01 使用"形状工具"在路径上需要添加节点的位置双击，或者使用"形状工具"在路径上需要添加节点的位置单击定位一个点，然后单击属性栏中的“添加节点”按钮即可在路径上添加节点，如图 4–77 所示。

02 选中需要删除的节点，按 Delete 键即可将其删除；或者选中需要删除的节点，然后单击属性栏中的“删除节点”按钮也可以在路径上删除节点，如图 4–78 所示。

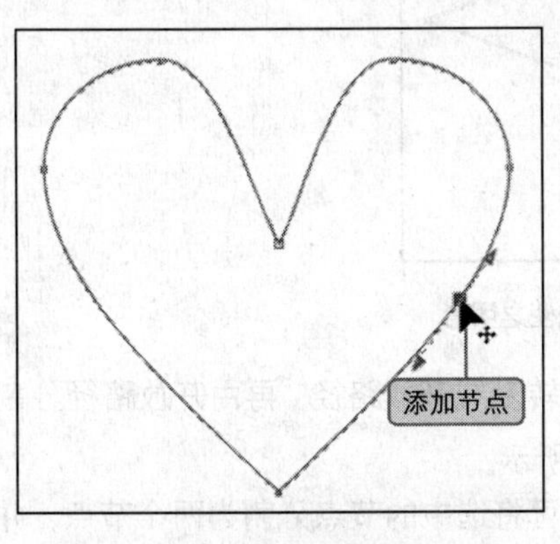

图 4-77 添加节点

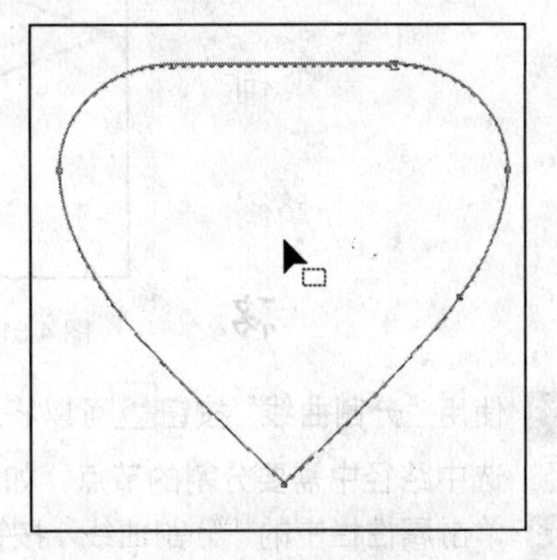

图 4-78 删除节点

4.3.4 连接与分割节点

■ 任务导读

连接两个节点可以将一个开放的线段变成一个封闭的图形，分割节点则可将一个封闭的图形变成一条一条的线段。

■ 任务驱动

连接和分割节点具体操作步骤如下。

01 分别将路径首尾两个节点选中，如图 4–79 所示，然后单击属性栏中的“连接两个节点”按钮即可将选中的两个节点连接成一个节点，如图 4–80 所示。

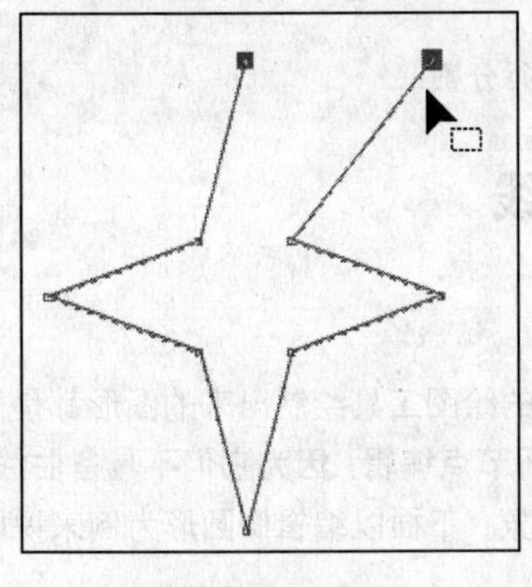

图 4-79 选择节点

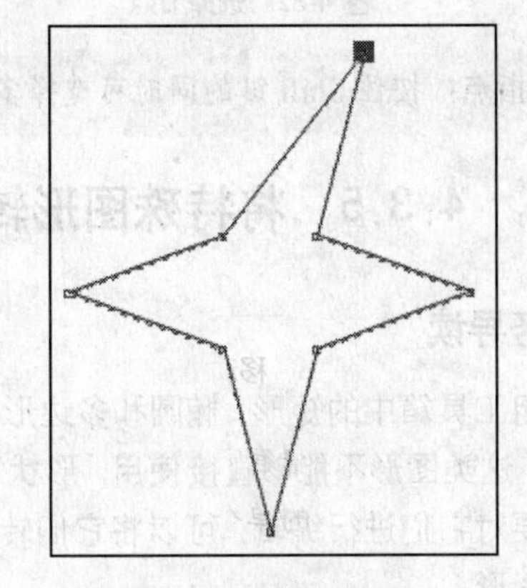

图 4-80 连接两个节点

02 若单击属性栏中的“延长曲线使之闭合”按钮，在两个节点之间就会自动地连接成一条直线，从而形成闭合的状态，如图 4–81 所示。

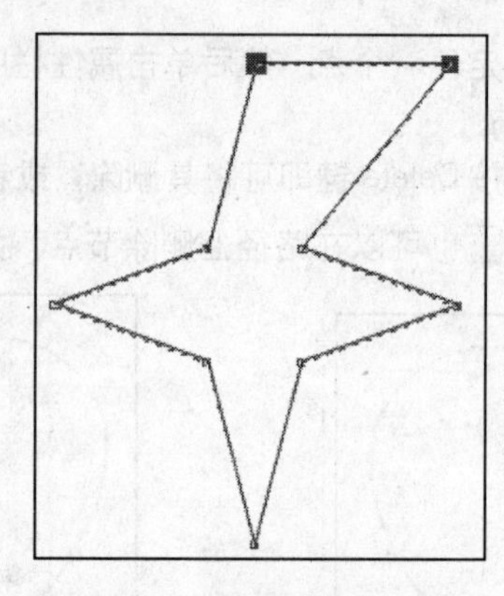

图 4-81　延长曲线使之闭合

03 使用“分割曲线”按钮可以将封闭路径转变成开放路径，再由开放路径分割成多条子路径。选中路径中需要分割的节点，如图 4–82 所示。

04 单击属性栏中的“分割曲线”按钮，即可将选中的节点分割为两个节点，并用鼠标拖曳开，效果如图 4–83 所示。

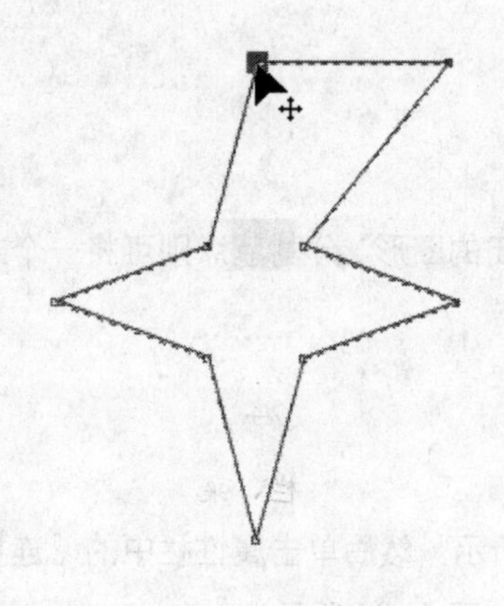

图 4-82　选择节点

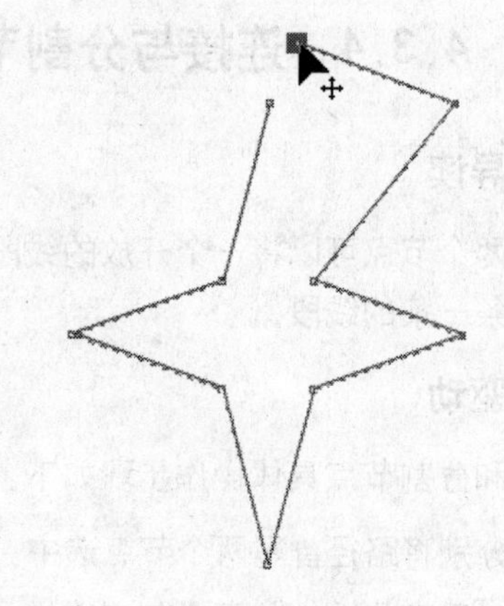

图 4-83　分割节点

【高手指点：按住 Shift 键的同时可选择多个节点并进行分割。】

4.3.5　将特殊图形转换成曲线

■ 任务导读

使用工具箱中的矩形、椭圆和多边形工具等基本的绘图工具绘制出来的图形都是简单的几何图形，这类图形不能够直接使用“形状工具”进行节点编辑，因为它们不具备曲线的性质。如果需要对它们进行编辑，可以将它们转换为曲线对象。下面以编辑椭圆形为例来说明如何编辑这类图形。

■ 任务驱动

将特殊图形转换为曲线的操作步骤如下。

01 选取“椭圆工具” 绘制出椭圆形，选择“排列”→“转换为曲线”命令或者直接单击属性栏中的“转换为曲线”按钮，将其转换成曲线，如图 4-84 所示。

02 这时使用“形状工具” 即可对其进行细节化的节点编辑，如图 4-85 所示。

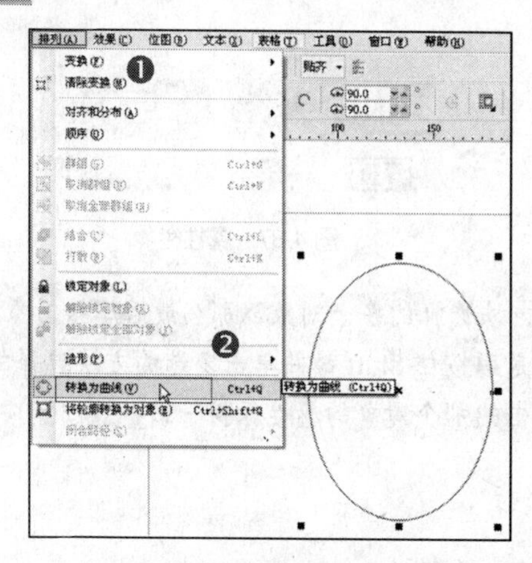

图 4-84　“转换为曲线”命令

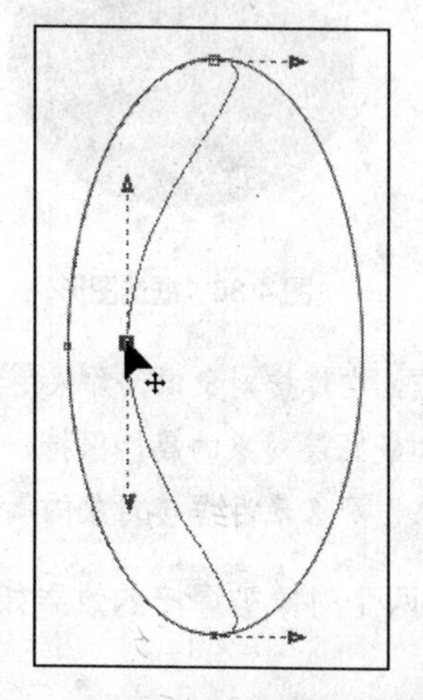

图 4-85　对转换成曲线的椭圆形进行编辑

高手指点：在图形上单击鼠标右键，在弹出的快捷菜单中，选择“转换为曲线”命令也可以将图形转换为曲线。

4.4 对象整形

基本概念　（路径：光盘\MP3\什么是对象整形）

对象的整形就是通过焊接、修剪和相交等整形功能，将两个或者两个以上相互重叠的对象重新组合成新的形状。整形对象的途径有 3 种，分别是通过属性栏、菜单命令和泊坞窗进行操作。

4.4.1 焊接对象

■ 任务导读

焊接对象可以将两个或者多个对象组合在一起，以形成一个全新的对象。进行焊接的对象可以是重叠的，也可以是不重叠的。重叠的对象将结合在一起形成一个完整的新对象；不重叠的对象将会被焊接成一个焊接组。

■ 任务驱动

在属性栏使用对象整形命令的具体操作如下。

01 绘制 3 个图形，选择工具箱中的挑选工具，然后用框选的方法将 3 个对象选中，如图 4-86 所示。

02 单击属性栏中的“焊接”按钮，如图 4-87 所示。

图 4-86　框选图形

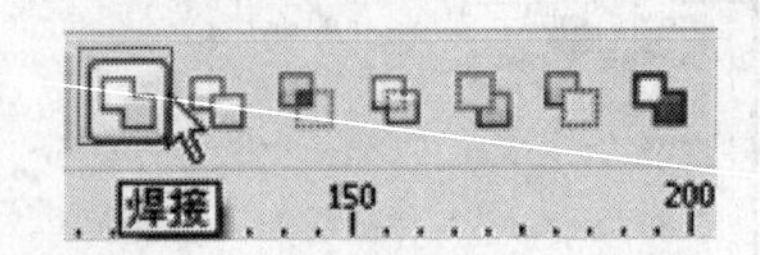

图 4-87　属性栏

高手指点：在焊接对象时，如果用户是用框选的方法选择的多个对象，那么最后焊接对象的属性将和最底层对象的属性保持一致。如果用户是用按住 Shift 键并单击多选的方法选择的多个对象，那么最后焊接对象的属性将和最后单击的那个对象的属性保持一致。

03 这两个对象被焊接的效果如图 4–88 所示。

图 4-88　焊接后的图形

■ 使用技巧

使用菜单命令焊接的作用及效果和使用属性栏焊接的作用及效果一样，只是为了适应不同人的习惯而已。如果用户习惯于使用菜单命令进行操作，则可选中对象，然后选择“排列”→“造形”→“焊接”命令即可，如图 4–89 所示。

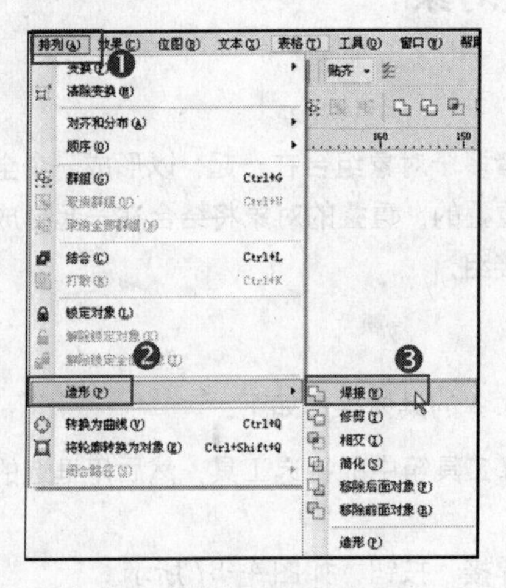

图 4-89　选择“焊接”命令

使用泊坞窗不但可以焊接对象，而且在焊接的过程中还可以保留“来源对象”或者“目标对象”。新创建的对象属性将和单击的目标对象的属性保持一致，并且所有的交叉线条都将消失，具体的操作步骤如下。

01 绘制两个图形，然后选择其中的一个或者两个对象，如图 4-90 所示。

02 选择“窗口”→“泊坞窗”→“造形”命令打开“造形”泊坞窗，然后单击按钮切换到“焊接”选项，如图 4-91 所示。

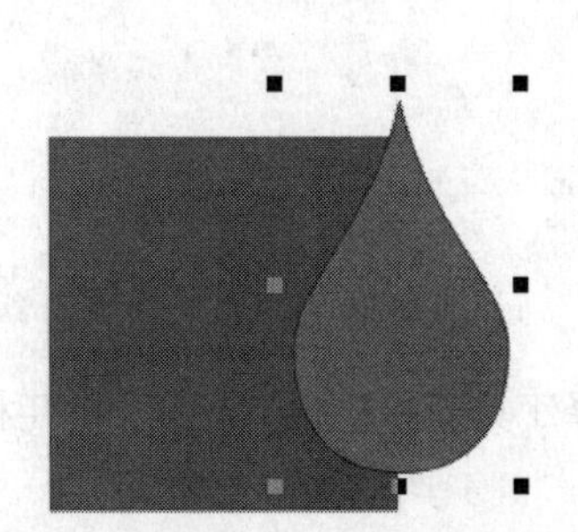

图 4-90 选择图形

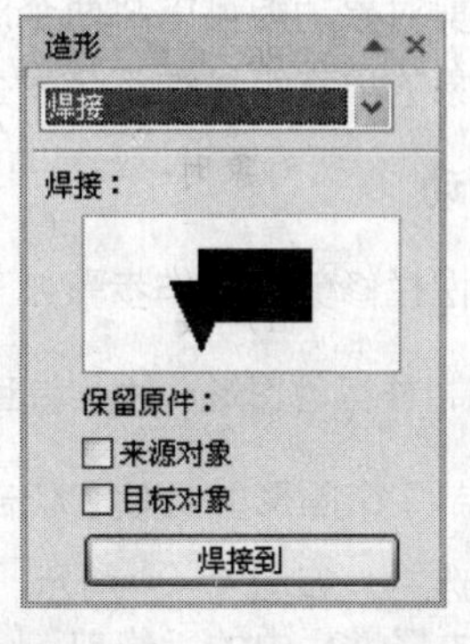

图 4-91 “造形”泊坞窗

03 单击“造形”泊坞窗下面的“焊接到”按钮，当光标变为形状时移动指针到目标对象上，如图 4-92 所示。

04 单击目标对象，两个对象就会被焊接到一起，并且新对象的属性和目标对象的属性保持一致，如图 4-93 所示。

图 4-92 执行“焊接”命令

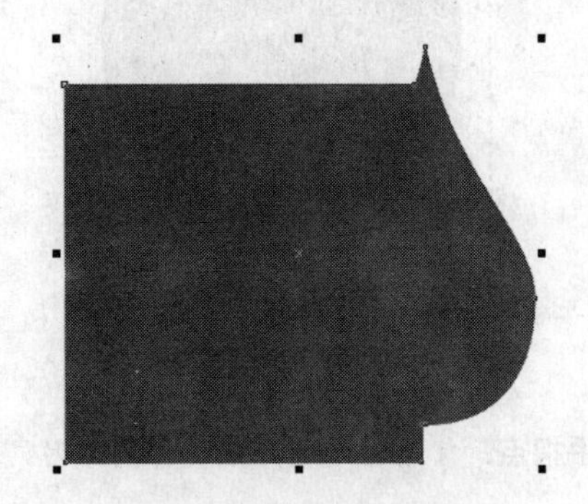

图 4-93 焊接后的图形

高手指点：对两个或者多个对象进行焊接时，必须至少选择一个对象。只有这样，“造形”泊坞窗中的“焊接到”按钮才会被激活。

■ 参数解析

泊坞窗中“保留原件”选项组的含义如下。

- 来源对象：“来源对象”就是开始选择的那个对象。选中此复选框，焊接后原对象将保留在文件中。

● 目标对象："目标对象"就是最后单击的那个对象。选中此复选框，焊接后目标对象将保留在文件中。

4.4.2 修剪对象

■ **任务导读**

应用修剪对象功能可以将两个对象重叠的部分删除，从而达到更改对象形状的目的。修剪对象后，对象的填充等属性不会发生任何改变。

■ **任务驱动**

使用属性栏修剪的操作步骤如下。

【**高手指点**：修剪的图形必须是相互叠加的。】

01 绘制 2 个图形并且使它们部分重叠，然后选择工具箱中的挑选工具，并用框选的方法将两个对象选中，如图 4–94 所示。

02 单击属性栏中的"修剪"按钮，此时会修剪掉位置在后面的对象。移开"椭圆"后的效果如图 4–95 所示。

图 4-94　选取图形

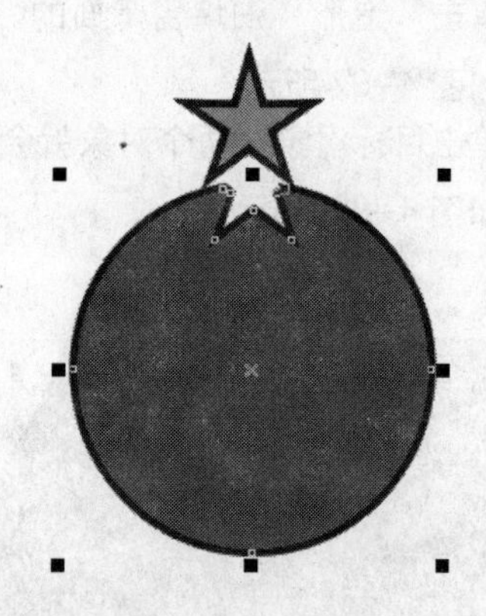

图 4-95　修剪后的图形

【**高手指点**：使用框选的方法选择对象时，位置在前面的对象会修剪掉后面的对象。】

【**高手指点**：使用按住 Shift 键单击选择对象的方法，将以单击对象的顺序来修剪对象，即先选择的对象修剪后选择的对象。】

和焊接命令一样，修剪命令也可在菜单命令"泊坞窗"中执行，在此就不一一讲述了。

4.5 | 封套工具

■ **任务导读**

CorelDRAW X4 允许通过将封套应用于对象来为对象造型，包括线条、美术字和段落文本框等。封套由多个节点组成，可以移动这些节点来为封套造型，从而改变对象的形状。可以应用符合对象形状的基本封套，也可以应用预设的封套。应用封套后可以进行编辑，也可以添加新的封套来继续改变对象的形状，CorelDRAW X4 也允许复制和移除封套。

通过添加和定位节点可以编辑封套。添加节点能够更好地控制封套包含对象的形状。CorelDRAW X4 还允许删除节点，同时移动多个节点，改变节点类型以及将封套的线段改为直线或者曲线等。也可以改变封套的映射模式，从而指定对象是如何适合此封套的。例如可以延展对象以适合封套的基本尺度，然后应用水平映射模式来进行水平压缩，以使它能够适合封套的形状。

■ 任务驱动

应用封套的具体步骤如下。

01 选择一个对象，如图 4–96 所示。展开交互式效果工具组，然后单击“交互式封套工具”。

02 在属性栏中预设的下拉框中选择“预设 5”，单击“封套的非强制模式”，效果如图 4–97 所示。

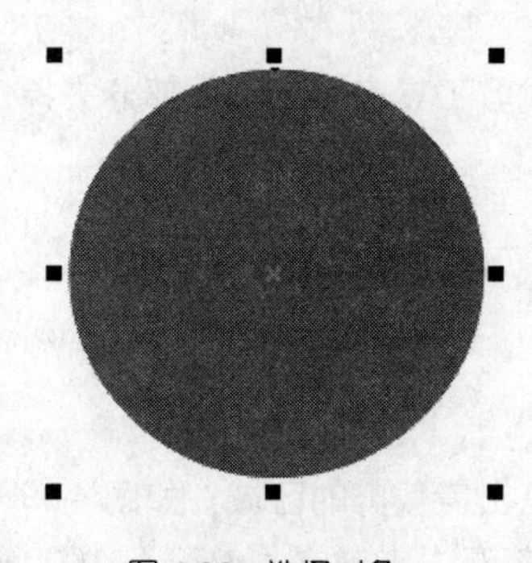

图 4-96 选择对象

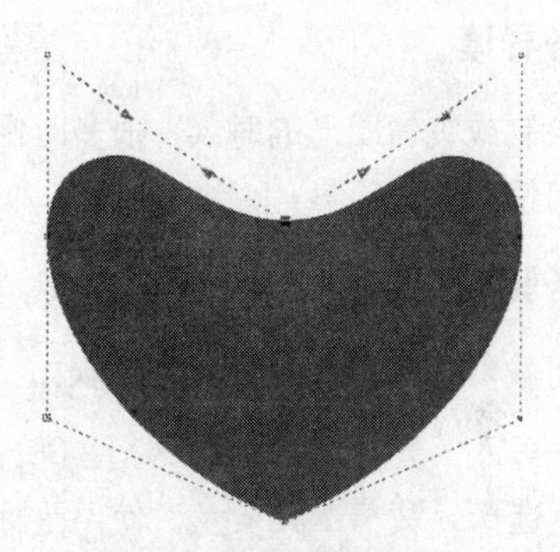

图 4-97 应用封套的效果

03 单击对象，拖动节点即可为对象造型，如果要清除封套选择“效果”→“清除封套”命令即可。

■ 应用工具

“封套工具”是非常方便、快捷的造型工具，封套工具在 CorelDRAW X4 工具栏的位置如图 4–98 所示。

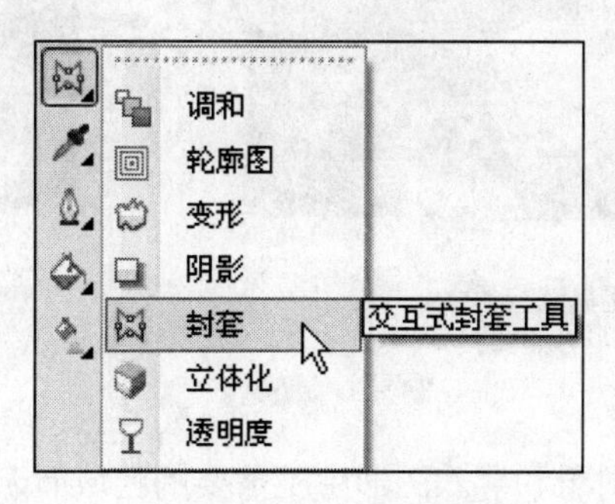

图 4-98 封套工具的位置

■ 参数解析

封套工具属性栏的各项功能如下。

- 预设下拉框中提供了不同类型的封套样式。
- 封套的直线模式：基于创建的封套，为对象添加透视点。
- 封套的单弧模式：用于创建一边带弧形的封套，使对象具有凹面结构或者凸面结构的外观。
- 封套的双弧模式：用于创建一边或者多边带S形的封套。
- 封套的非强制模式：用于创建任意形式的封套，允许改变节点的属性以及添加、删除节点。
- "添加新封套"按钮：在封套基础上可继续添加新的封套。
- "保留线条"按钮：可以防止将对象的直线转换为曲线。

4.6 | 裁剪工具

■ 任务导读

在绘制或编辑图形的时候，很多时候都需要使用裁剪工具来将多余的部分去掉，下面就来学习如何使用裁减工具。

■ 任务驱动

使用裁剪工具裁切对象操作步骤如下。

01 导入"光盘\素材\ch04\图08.jpg"文件。

02 选择"裁剪工具"，使用鼠标在画面上拖曳出需裁剪的区域，如图4-99所示。

03 按Enter键确定裁剪区域，或者在裁剪区域内部双击来确定，如图4-100所示。

图4-99 使用裁剪工具裁剪图片

图4-100 裁剪后的图片

■ 应用工具

"裁剪工具"可以移除对象和导入图形中不需要的区域而无需取消对象分组，可以断开链接的群组部分或者将对象转换为曲线，可以裁剪矢量对象和位图。裁剪工具在 CorelDRAW X4 工具栏的位置如图 4–101 所示。

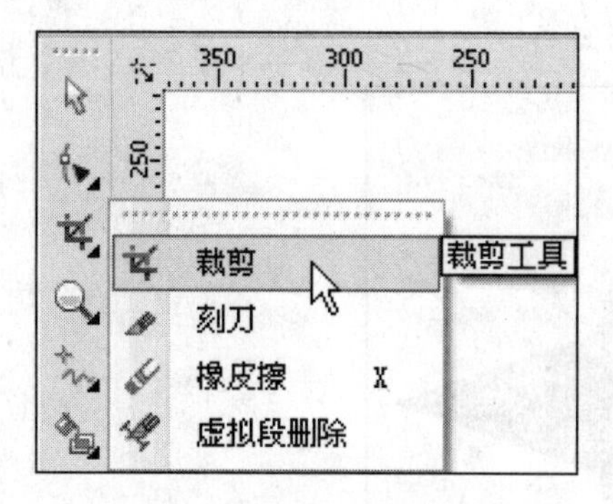

图 4-101　裁剪工具的位置

■ 使用技巧

可以指定裁剪区域的确切位置和大小，还可以旋转裁剪区域和调整裁剪区域的大小，也可以移除裁剪区域，如图 4–102 所示。

还可以使用裁剪工具同时裁剪多个对象，先将多个对象进行群组后即可使用裁剪工具进行裁剪，如图 4–103 所示。

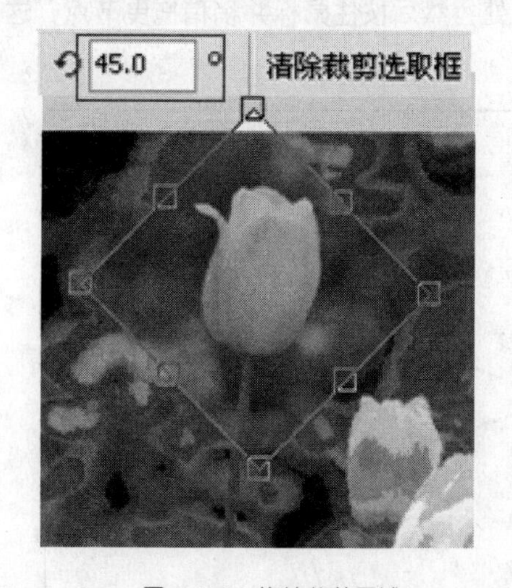

图 4-102　旋转裁剪区域

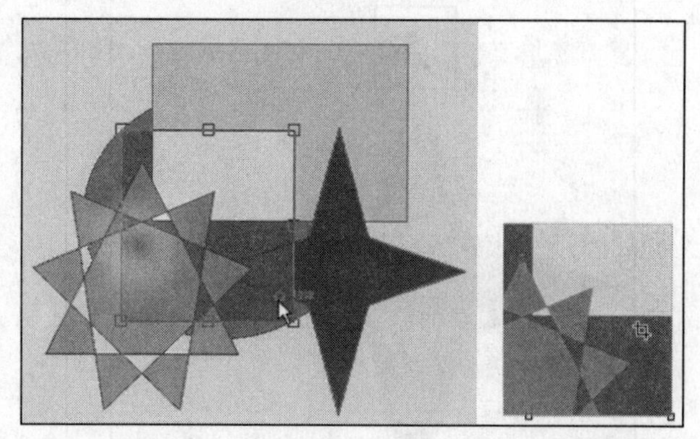

图 4-103　使用裁剪工具裁剪多个对象

4.7 | 刻刀工具

■ 任务导读

使用"刻刀工具"可以将对象分割成多个部分，但不会使对象的任何部分消失。使用刻刀工具不但可以编辑路径对象，而且可以编辑形状对象。

■ 任务驱动

使用刻刀工具的操作步骤如下。

01 选择“星形工具”绘制一个星形，如图 4–104 所示。

02 选择“刻刀工具”，然后单击其属性栏中的“保留成为一个对象”按钮，如图 4–105 所示。

图 4-104　绘制一个星形

图 4-105　单击“保留成为一个对象”按钮

03 移动指针到星形上，等刻刀形状由倾斜变为竖直状态时单击鼠标，如图 4–106 所示。

04 选择“形状工具”，移动指针到分割的节点处，然后按住鼠标并稍稍拖曳节点，这时即可发现路径被一分为二了，如图 4–107 所示。

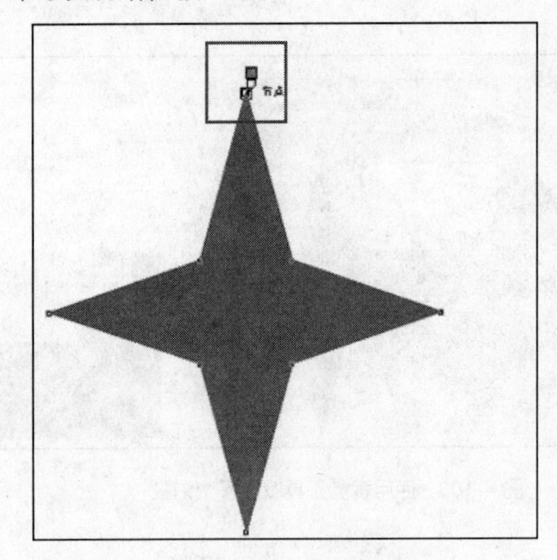

图 4-106　分割线段

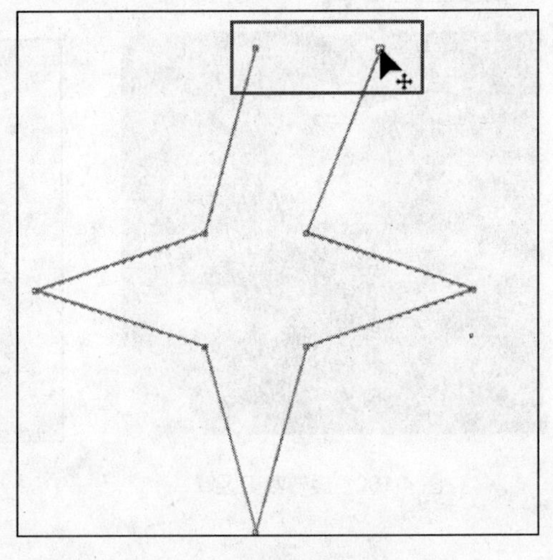

图 4-107　分割为两个线段

05 重新绘制一个同样的星形，选择“刻刀工具”，然后单击其属性栏中的“剪切时自动闭合”按钮，如图 4–108 所示。

06 移动指针到对象的边缘，等刻刀形状由倾斜变为竖直状态时单击鼠标，如图 4–109 所示。

图 4-108　属性栏

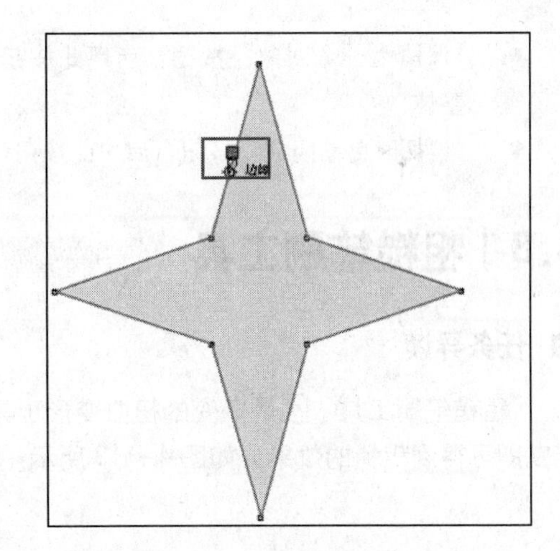

图 4-109　光标变为竖直状态

07 松开鼠标并移动指针到下一个边缘处单击，如图 4–110 所示。

08 使用"挑选工具"，拖曳分割的对象，这时可以发现对象被分割为了两个闭合的图形对象，如图 4–111 所示。

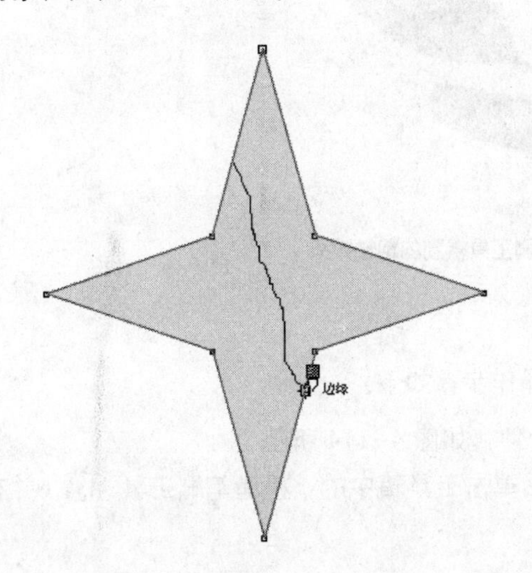

图 4-110　到下一个边缘处单击

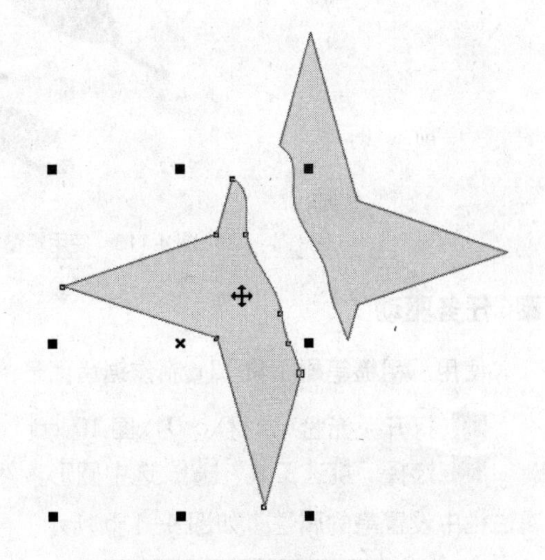

图 4-111　分割的图形对象

■ 参数解析

刻刀工具属性栏选项设置如图 4–112 所示。

图 4-112　刻刀工具属性栏

- “保留为一个对象”按钮：启用此按钮，使用刻刀工具分割对象时对象会始终保持一个整体。
- “剪切时自动闭合”按钮：启用此按钮可以分割对象，并成为两个闭合的图形对象。

4.8 | 粗糙笔刷工具

■ 任务导读

“粗糙笔刷工具”是多变的扭曲变形工具。使用粗糙笔刷工具在需要处理的位置单击并拖曳即可得到粗糙的效果，如图 4–113 所示。

图 4-113　使用粗糙笔刷工具得到的粗糙效果

■ 任务驱动

使用“粗糙笔刷工具”制作锯齿图形的操作步骤如下。

01 打开“光盘\素材\ch04\图 10.cdr”文件，如图 4–114 所示。

02 选择“挑选工具”，选中圆形，然后单击工具箱中的“粗糙笔刷工具”，并在其属性栏中设置笔的属性，如图 4–115 所示。

图 4-114　素材

图 4-115　粗糙笔刷工具属性栏

03 按住鼠标左键在圆形的轮廓线上拖曳，这时会出现蓝色的锯齿状虚线，如图 4–116 所示，然后释放鼠标即可。

04 使用形状工具调整局部锯齿的形状，效果如图 4–117 所示。

图 4-116 使用粗糙笔刷工具制作锯齿

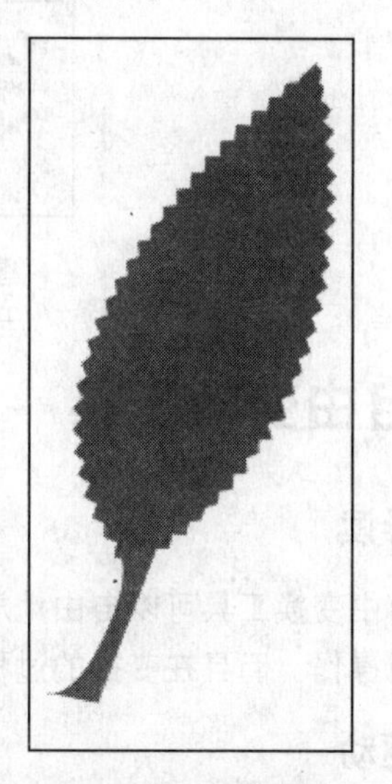

图 4-117 局部调整

05 将叶子多绘制几片，使用前面所讲的旋转、缩放和复制等来调整位置和大小，效果如图 4–118 所示。

图 4-118 局部调整后的效果

■ 应用工具

“粗糙笔刷工具” 在 CorelDRAW X4 工具栏的位置如图 4–119 所示。

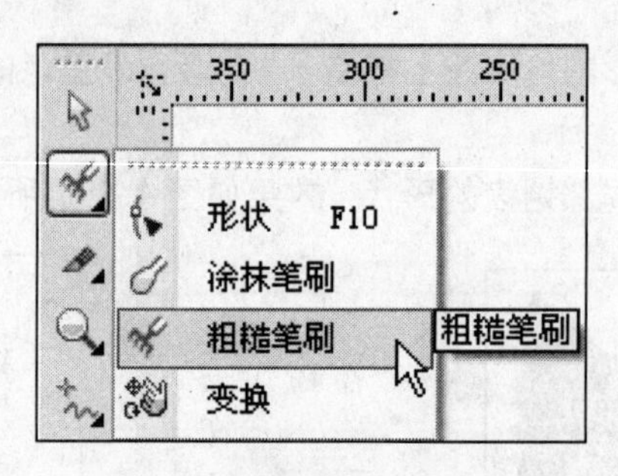

图 4-119 粗糙笔刷工具的位置

4.9 | 自由变换工具

■ 任务导读

使用自由变换工具可以自由地放置、镜像、调节和扭曲对象。它不仅可以对图形和文字对象进行编辑操作，而且在变换的过程中还可以自由地复制对象。

■ 任务驱动

自由变换工具的操作步骤如下。

01 打开"光盘\素材\ch04\图 09.cdr"文件，然后将其打开并选中它，如图 4–120 所示。

02 选择"自由变换工具"并单击属性栏中的"自由旋转工具"，如图 4–121 所示。

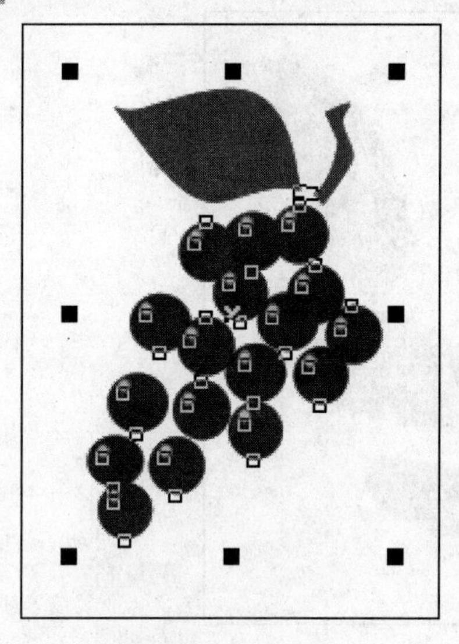

图 4-120 选中图形

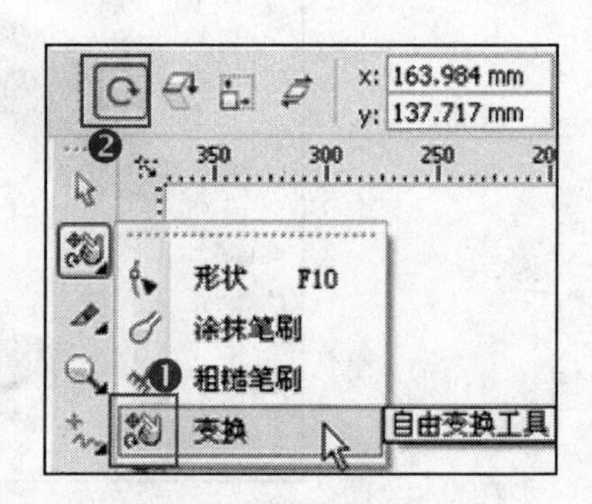

图 4-121 单击自由旋转工具

03 移动指针到对象或者页面上的任意位置，按住鼠标左键并拖曳即可自由地旋转对象，如图 4–122 所示。

04 放开鼠标即可得到旋转后的图像，如图 4–123 所示。

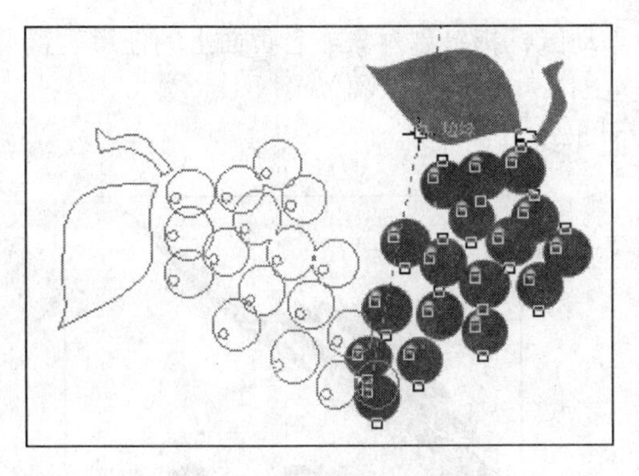

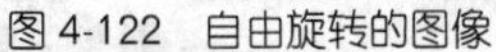

图 4-122　自由旋转的图像

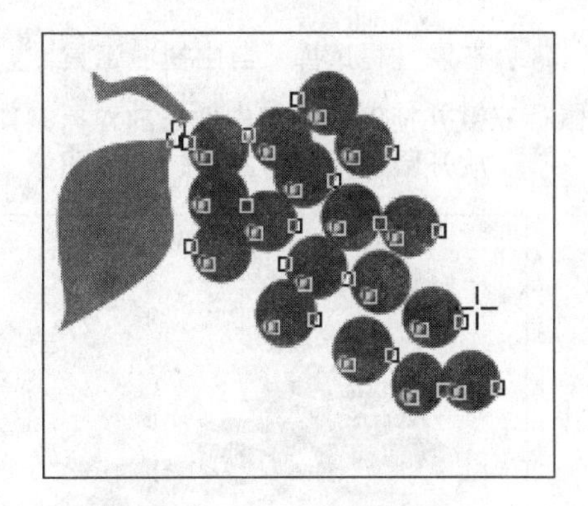

图 4-123　旋转后的图像

05 在属性栏选择“自由角度镜像工具”，移动指针到对象或者页面上的任意位置，按住鼠标左键并拖曳即可自由地镜像对象，如图 4–124 所示。

06 拖曳鼠标到合适的位置松开左键，然后单击鼠标右键，这时将复制出镜像图形，如图 4–125 所示。

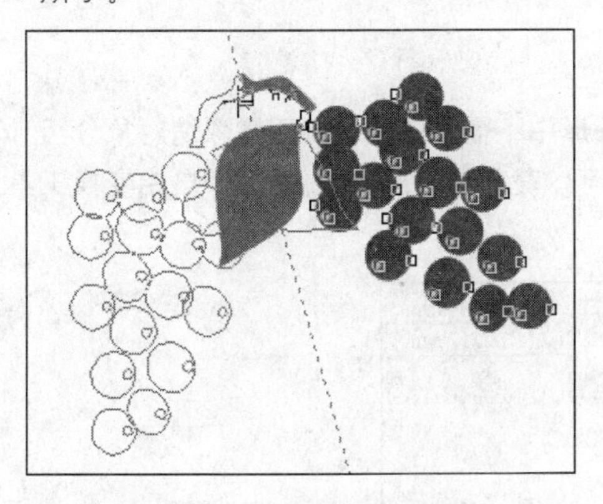

图 4-124　自由角度镜像时的图形

图 4-125　镜像并复制

07 在属性栏选择“自由调节工具”，移动指针到对象或者页面上的任意位置，按住鼠标左键并拖曳即可自由地缩放对象，如图 4–126 所示。

08 拖曳至合适的大小，然后松开鼠标左键即可，效果如图 4–127 所示。

图 4-126　自由地调节图形

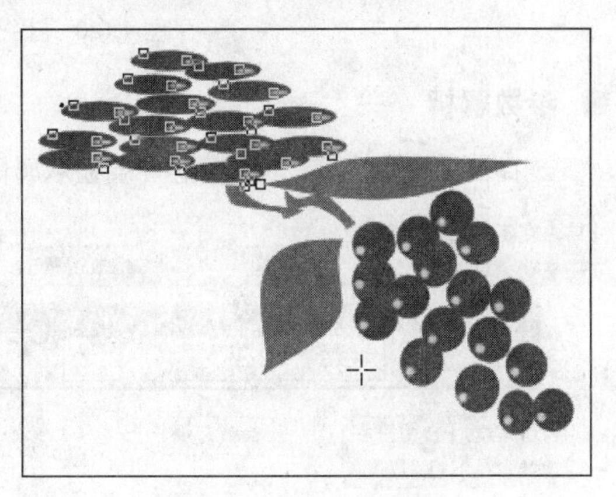

图 4-127　自由调节后的图形

09 在属性栏选择“自由扭曲工具”，移动鼠标指针到对象或者页面上的任意位置，按住鼠标左键并拖曳即可自由地扭曲对象，如图 4–128 所示。

10 放开鼠标即可得到旋转后的图像，如图 4–129 所示。

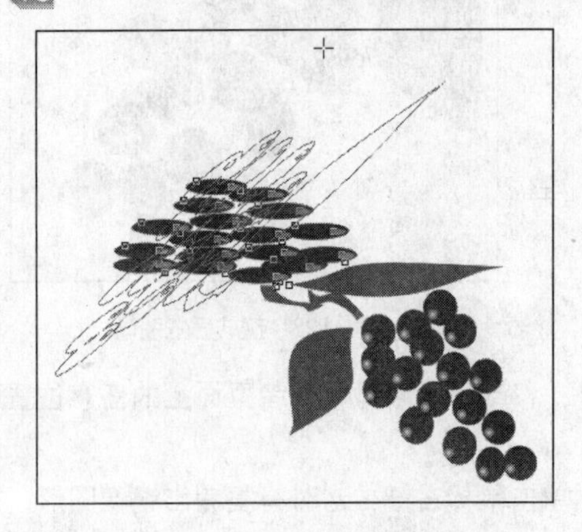

图 4-128　自由扭曲的图像

图 4-129　自由扭曲后的图像

应用工具

“自由变换工具”可以移除对象和导入图形中不需要的区域而无需取消对象分组，可以断开链接的群组部分或者将对象转换为曲线，可以裁剪矢量对象和位图。“自由变换工具”在 CorelDRAW X4 工具栏的位置如图 4–130 所示。

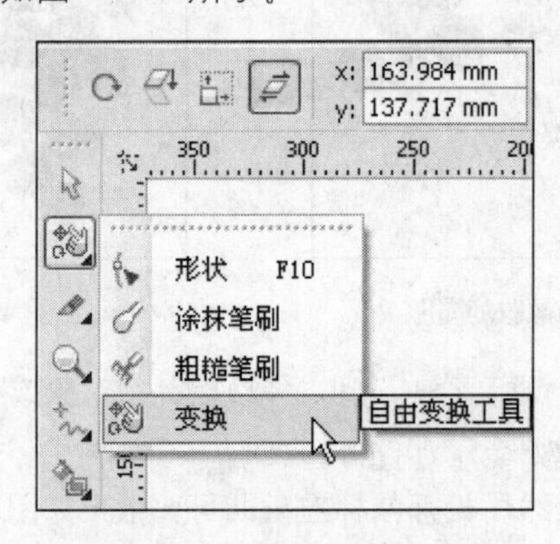

图 4-130　自由变换工具的位置

参数解析

选择自由变换工具，其属性栏中会显示属性选项，如图 4–131 所示。

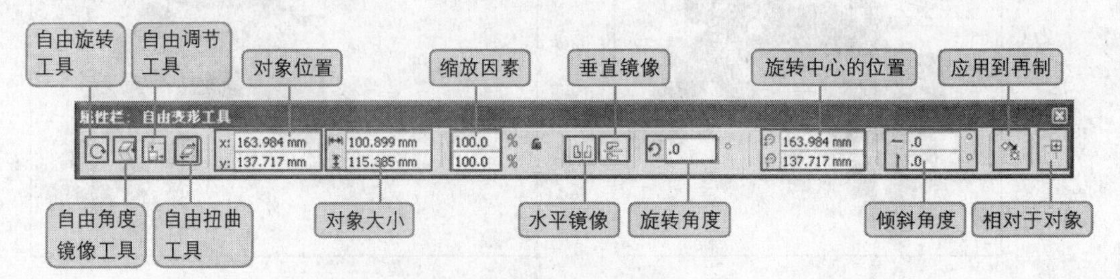

图 4-131　自由变换工具属性栏

自由变换工具属性栏中各个按钮的功能如下。

- "自由旋转工具"按钮：单击此按钮即可启用自由旋转工具。
- "自由角度镜像工具"按钮：单击此按钮即可启用自由角度镜像工具。
- "自由调节工具"按钮：单击此按钮即可启用自由调节工具。
- "自由扭曲工具"按钮：单击此按钮即可启用自由扭曲工具。

当选择自由变换工具对对象进行编辑时，属性栏中的选项处于可编辑状态。

- "对象位置"按钮：显示对象中心在当前页面的具体位置。
- "对象大小"按钮：显示当前对象的长和宽。
- "缩放因素"按钮：可以在此文本框中输入数值来改变对象的缩放比例，启用或者关闭后面的"小锁"按钮可以进行等比或者不等比缩放。
- "镜像"按钮：单击这两个镜像按钮可以使对象在水平和垂直两个方向产生镜像的效果。
- "旋转角度"按钮：在此文本框中输入数值可以按不同的角度旋转对象。
- "旋转中心的位置"按钮：在此文本框中可以设置对象旋转中心的位置。
- "倾斜角度"按钮：在此文本框中输入角度值可以使对象产生倾斜。
- "应用于再制"按钮：启用此按钮，在自由变换对象时可以复制一个对象，但不同于直接复制，再制的图形会改变原图形的方向。
- "相对于对象"按钮：启用此按钮可以将设置应用于相对的对象。

4.10 删除虚设线

■ 任务导读

"虚拟段删除工具"是 CorelDRAW X4 新增加的工具，使用它可以删除图形曲线相交点之间的线段，此工具没有属性选项。

■ 任务驱动

具体的操作步骤如下。

01 单击"基本形状工具"，在属性栏的"完美形状"下拉菜单中选择圆环图形绘制 2 个圆环并相交，如图 4–132 所示。

02 选择工具栏中"裁剪工具"的展开栏，选择 "虚拟段删除工具"，如图 4–133 所示。

图 4-132　相交的心形

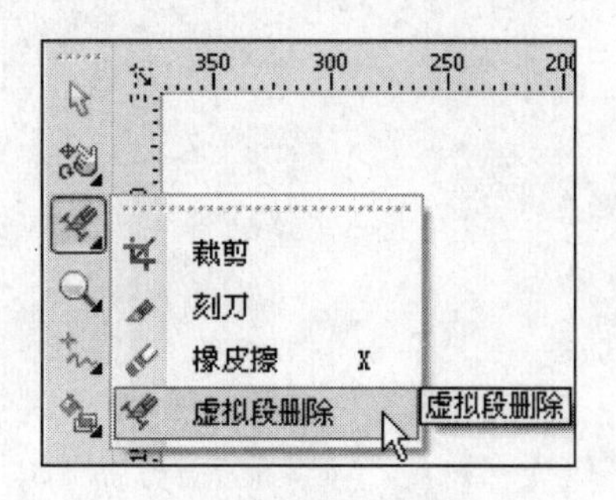

图 4-133　选择虚拟段删除工具

03 移动指针到需要删除的线段上，这时倾斜的鼠标指针会变成垂直的状态，如图 4–134 所示。

04 单击需要删除的线段即可将线段删除，同理删除其他需要删除的线段，效果如图 4–135 所示。

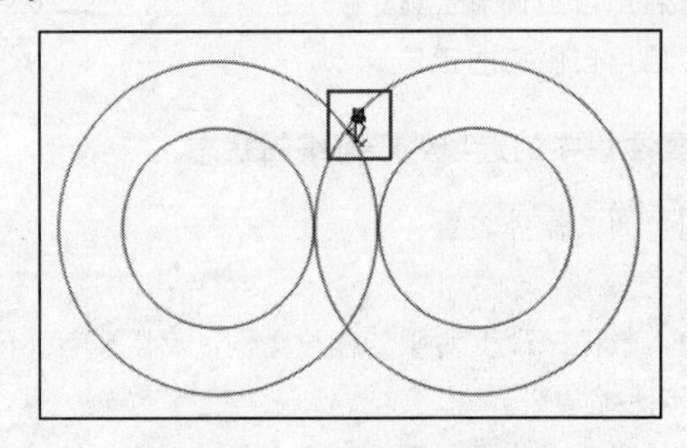

图 4-134　指针变成垂直的状态

图 4-135　删除线段后的心形

4.11 | 本章小结

本章主要介绍了对象的常规操作、形状工具和对象整形等的使用方法、对曲线的编辑（增加节点、曲线连接分割）以及裁切工具组和形状工具组的使用等，并以简单实例进行了详细演示。学习本章时应多多尝试在实例操作中的应用，以便进一步熟悉各种绘图工具的使用技巧，这样可以加强学习效果，可以更加快捷、方便地绘制出高质量的图形。

Chapter

05

颜色与填充

本章知识点

- 色彩模式
- 色彩调整与变换
- 着色工具组的运用
- 智能填充工具的使用
- 设置轮廓
- 颜色填充
- 使用交互式填充工具组

在 CorelDRAW X4 中能否正确地使用颜色模式会直接影响到文件能否以纯正的颜色输出，而轮廓和色彩填充则是构成图形的主要元素之一，通过轮廓的设置和颜色的填充可以创建出各种特殊的效果。

5.1 | 色彩模式

色彩模式的运用在图形设计中是不可缺少的，常用的有 RGB 模式、CMYK 模式、HSB 模式、Grayscale 模式等。每一种模式都有自己的优缺点，也都有自己的适用范围。

5.1.1 常用的色彩模式

1. RGB 模式

RGB 是色光的色彩模式。R 代表红色（Red），G 代表绿色（Green），B 代表蓝色（Blue）。在 RGB 模式中，由红、绿、蓝相叠加可以产生其他的颜色，因此该模式也称为加色模式。显示器、投影设备以及电视机等许多设备的颜色显示都是依赖这种加色模式来实现的，如图 5–1 所示。

R（red）红色　G（green）绿色　B（blue）蓝色

图 5-1　RGB 3 色

2. CMYK 模式

CMYK 模式是由青色（Cyan）、品红（Magenta）、黄色（Yellow）和黑色（Black）4 种基本颜色组合成不同色彩的一种色彩模式。这是一种减色色彩模式。在打印和印刷时应用的就是这种减色模式，如图 5–2 所示。

C（cyan）青色　M（magenta）品红

Y（yellow）黄色　K（black）黑色

图 5-2　CMYK 4 色

3. HSB 模式

在 HSB 模式中，H 表示色相，S 表示饱和度，B 表示亮度。色相是纯色，即组成可见光谱的单色。饱和度也称彩度，表示色彩的纯度，为 0 时是灰色，白、黑和其他灰色色彩都没有饱和度。亮度是色彩的明亮度，为 0 时即为黑色。

4. Grayscale 模式

Grayscale 模式即灰度模式，只存在灰度，这种模式包括从黑色到白色之间的 256 种不同深浅的灰色调。在灰度文件中，图像的色彩饱和度为 0，亮度是唯一能够影响灰度图像的选项。当一个彩色文件被转换为灰度文件时，所有的颜色信息都将从文件中去掉。

5.1.2　RGB 模式和 CMYK 模式的异同

RGB 模式是用于屏幕显示的色彩模式，可以绘制用于网络的图形对象；而 CMYK 模式则是用于印刷品设计时的色彩模式。

如果在电脑中编辑图像，RGB 色彩模式是最佳的色彩模式，因为它可以提供全屏幕 24 位的色彩范围，即真彩色显示。但用于打印的时候 RGB 模式就不是最佳的了，因为 RGB 模式所提供的部分色彩已经超出了打印的范围，因此在打印一幅真彩色的图像时就会损失亮度，并且比较鲜艳的色彩也会失真。这主要是因为在打印的时候所用的色彩模式是 CMYK 模式，CMYK 模式所定义的色彩要比 RGB 模式定义的色彩少很多，因此在打印的时候系统会自动地将 RGB 模式转换为 CMYK 模式，这样就会损失一部分颜色，从而出现打印后图像失真的现象。

5.2 | 色彩调整与变换

在 CorelDRAW X4 中，用户可以对选中的矢量图形及位图图像进行色彩的调整和变换。本节介绍如何对矢量图形进行色彩的调整和变换，位图图像的色彩调整和变换将在以后的章节中介绍。

5.2.1 色彩调整

■ 任务导读

在 CorelDRAW X4 中色彩的调整主要是通过“亮度/对比度/强度”命令和“颜色平衡”命令来实现的。

■ 任务驱动

色彩调整的具体操作步骤如下。

01 选中需要调整色彩的图形对象，如图 5–3 所示。

02 选择“效果”→“调整”→“亮度/对比度/强度”命令，打开“亮度/对比度/强度”对话框，如图 5–4 所示。

图 5-3 选择图形

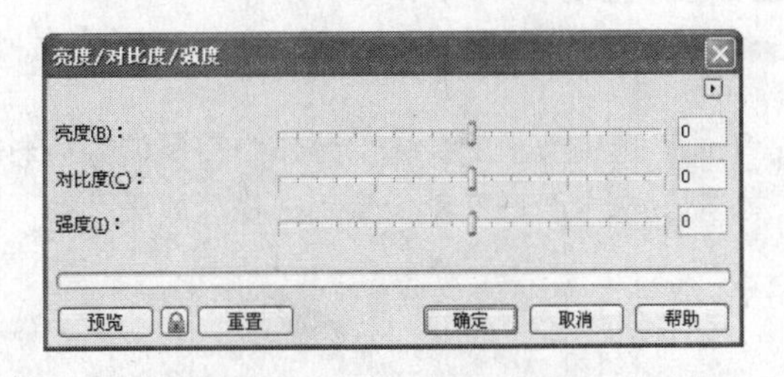

图 5-4 “亮度/对比度/强度”对话框

03 在对话框中可以通过拖曳“亮度”、“对比度”、“强度”等滑块来调整图形对象的色彩，设置完成后单击“确定”按钮即可完成色彩的调整。调整前后的效果对比如图 5–5 所示。

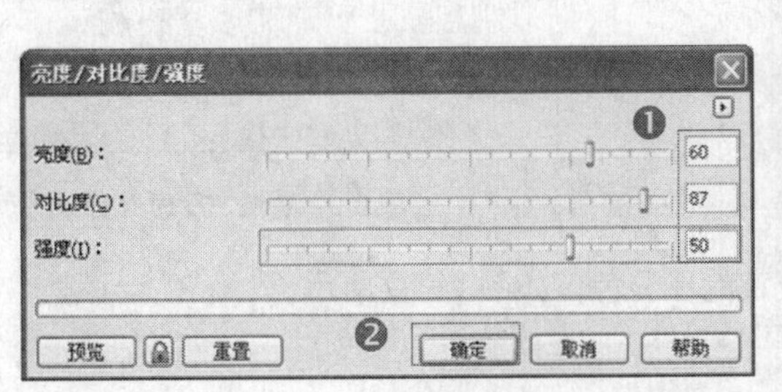

图 5-5 调整前后的效果对比

04 选择“效果”→“调整”→“颜色平衡”命令，打开“颜色平衡”对话框，在该对话框中可以通过拖曳“色频通道”区域中的滑块来调整图形对象中色彩的含量，如图 5-6 所示。

05 设置完成后单击“确定”按钮即可完成颜色平衡的调整。调整了对象的颜色平衡后的效果如图 5-7 所示。

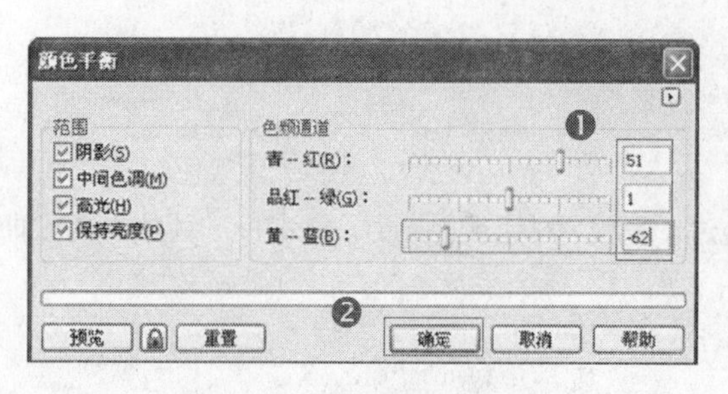

图 5-6 “颜色平衡”对话框

图 5-7 调整颜色平衡后的效果

5.2.2 色彩变换

■ 任务导读

在 CorelDRAW X4 中，“色彩变换”命令主要是通过“反显”命令来实现的。

■ 任务驱动

色彩变换的具体操作步骤如下。

01 选中梨子的身体部分作为需要调整色彩的图形对象，如图 5-8 所示。

02 选中图形对象，然后选择“效果”→“变换”→“反显”命令，如图 5-9 所示。

图 5-8 选择变换颜色的对象

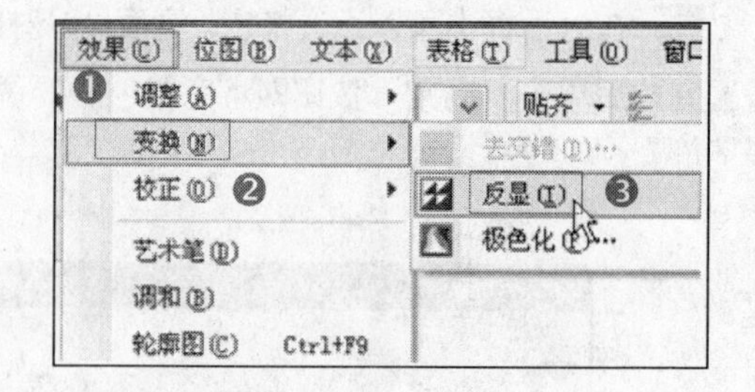

图 5-9 选择“反显”命令

03 此时选中图形的颜色会变成它的反显色，如图 5-10 所示。

图 5-10 应用"反显"变换

5.3 | 着色工具组的运用

"滴管工具"是用来吸取颜色的，它和"颜料桶工具"是互为补充的填色工具。通常用滴管工具吸取颜色，再用颜料桶工具将颜色填充到其他的对象中。在 CorelDRAW X4 中着色工具组有了很大的变化。使用吸管工具不只是吸取颜色了，还可以吸取对象的属性、变换特性及各种特效，颜料桶工具也同样有此功能。展开着色工具组，工具组中分别是吸管工具和颜料桶工具，如图 5-11 所示。

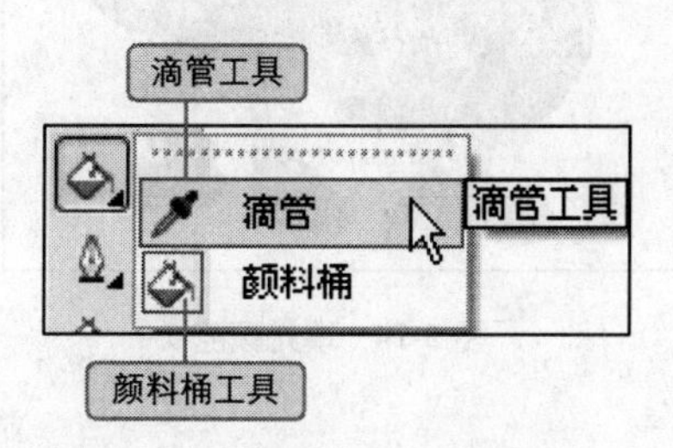

图 5-11 滴管工具和颜料桶工具

5.3.1 吸管工具

■ 任务导读

在 CorelDRAW X4 中使用"滴管工具"不但可以吸取颜色，而且可以吸取对象的属性、变换特性及各种特效。

■ 任务驱动

使用吸管工具填充颜色的操作步骤如下。

01 选择需要填充颜色的图形，如图 5-12 所示。

02 在工具箱中选择"滴管工具"，将鼠标移动到要吸取颜色的地方单击以吸取颜色，如图 5–13 所示。

图 5-12　选择图形

图 5-13　吸取颜色

03 选择“颜料桶工具”，在需要填充颜色的地方单击鼠标即可填充吸管吸取的颜色，如图 5–14 所示。

图 5-14　填充颜色

■ 参数解析

选择滴管工具，属性栏中会出现滴管工具的属性选项，如图 5–15 所示。

图 5-15　吸管工具属性栏

- “选择所在样本对象的属性或颜色”下拉列表：在此下拉列表中有两个选项，分别是“对象属性”和“示例颜色”，选择不同的选项属性栏中的选项也不一样。
    - ➢ 选择“对象属性”，则可吸取对象的各种属性。
    - ➢ 选择“示例颜色”，则可吸取对象的颜色。
- “允许您选择使用哪个对象属性”按钮：单击此按钮可以弹出“属性”面板，如图 5–16 所示，从中可以设置要吸取对象的属性。

- “选择将使用的对象变换”按钮：单击此按钮可以弹出“变换”面板，如图 5-17 所示，从中可以设置要吸取对象的变换。

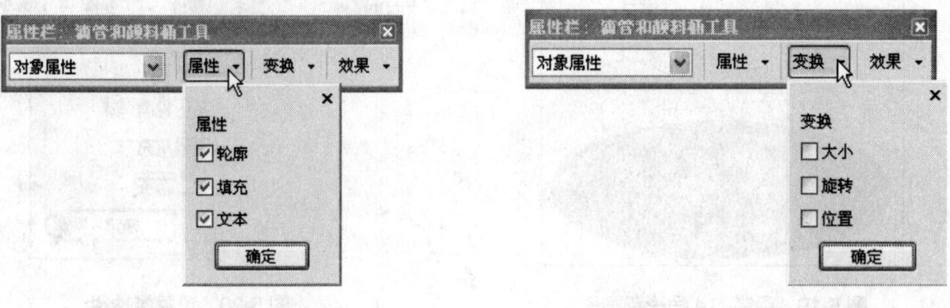

图 5-16　“属性”面板　　　　图 5-17　“变换”面板

- “选择将要使用的样本大小”按钮：单击此按钮可以弹出“效果”面板，如图 5-18 所示，从中可以设置要吸取对象的各种特效。

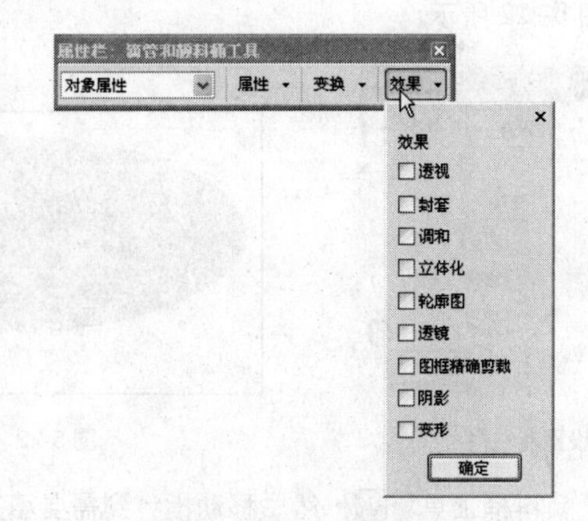

图 5-18　“效果”面板

5.3.2　颜料桶工具

■ 任务导读

在 CorelDRAW X4 中使用“颜料桶工具”除了可以将滴管工具吸取的颜色填充到其他的对象中以外，还可以填充各种属性，其属性栏和吸管工具的属性栏一样。

■ 任务驱动

使用颜料桶工具的方法如下。

01 绘制一个 4 角形和一个圆形，然后设置圆形的填充颜色和轮廓颜色，如图 5-19 所示。

02 选择工具箱中的“滴管工具”，然后单击属性栏中的“属性”按钮，并从弹出的面板中选中“轮廓”和“填充”两个复选框，如图 5-20 所示。

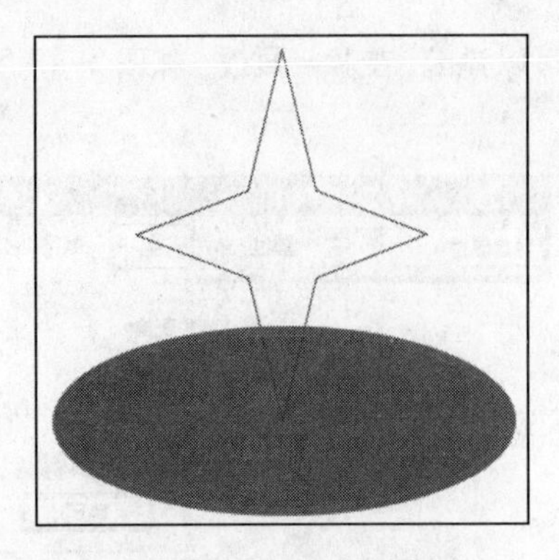

图 5-19　绘制的 4 角形和圆形

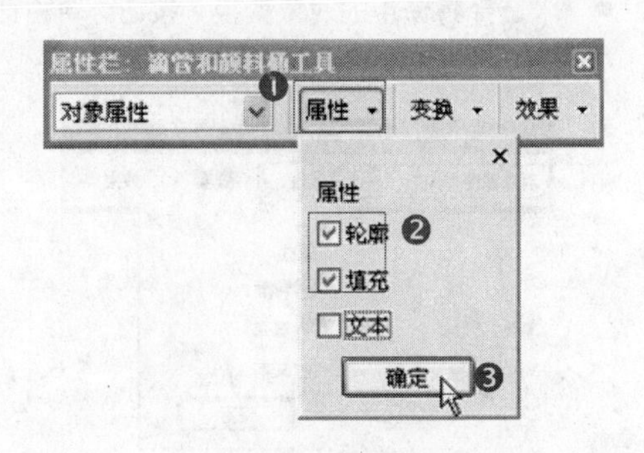

图 5-20　设置属性栏

03 单击"确定"按钮，然后选中"变换"面板中的"大小"复选框，如图 5–21 所示。

04 单击"确定"按钮，然后移动指针到圆形上单击，吸取对象的"轮廓"、"填充"颜色及"大小"变换属性，如图 5–22 所示。

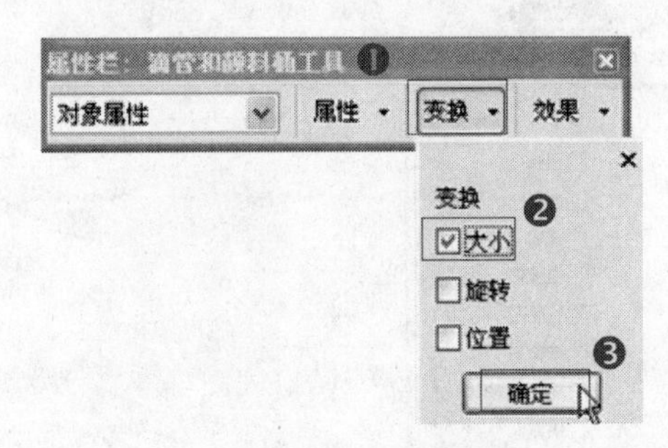

图 5-21　继续设置属性栏

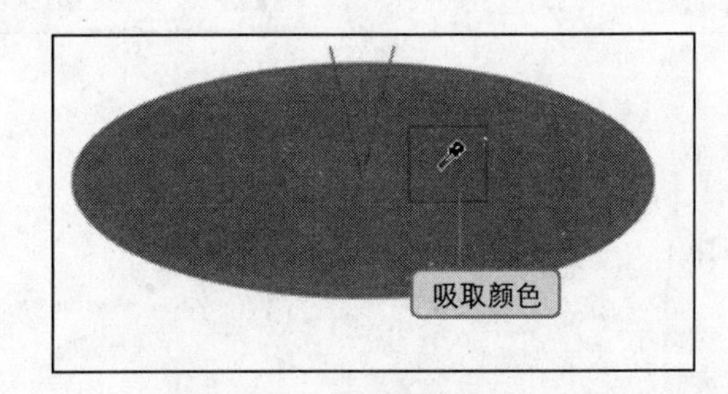

图 5-22　吸取属性

05 选择工具箱中的"颜料桶工具"，然后移动指针到需要填充的对象上，如图 5–23 所示。

06 单击鼠标左键，吸取的"轮廓"、"填充"颜色及"大小"变换属性就会被填充到单击对象上，效果如图 5–24 所示。

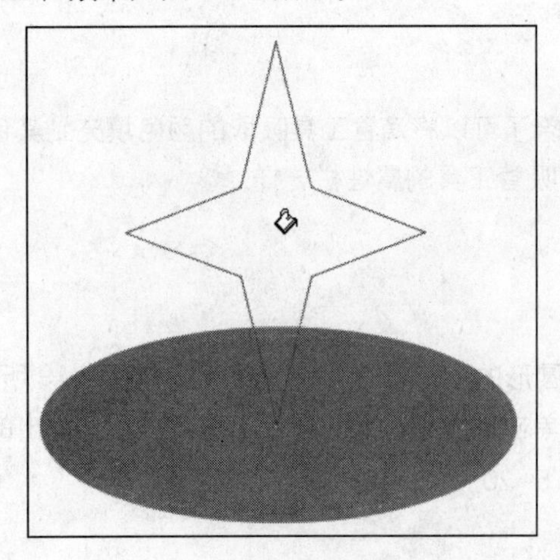

图 5-23　使用颜料桶

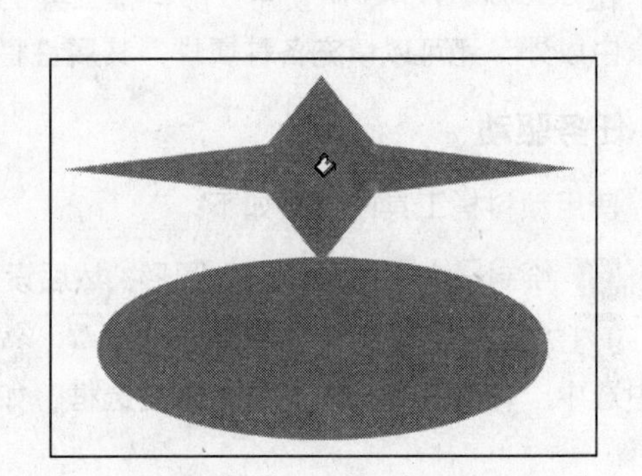

图 5-24　填充了属性的效果

5.4 | 智能填充工具的使用

■ 任务导读

使用“智能填充工具”可以对任何封闭的对象进行填色，也可以对任何两个或者多个对象重叠的区域填色，还可以自动地识别相重叠的多个交叉领域，并对其进行颜色填充。

■ 任务驱动

使用“智能填充工具”的具体步骤如下。

01 绘制一组相互重叠的封闭区域图形，如图 5–25 所示。

02 选择工具箱中的“智能填充工具”，在属性栏中选择所需的颜色如图 5–26 所示，然后单击要填充的图形即可。

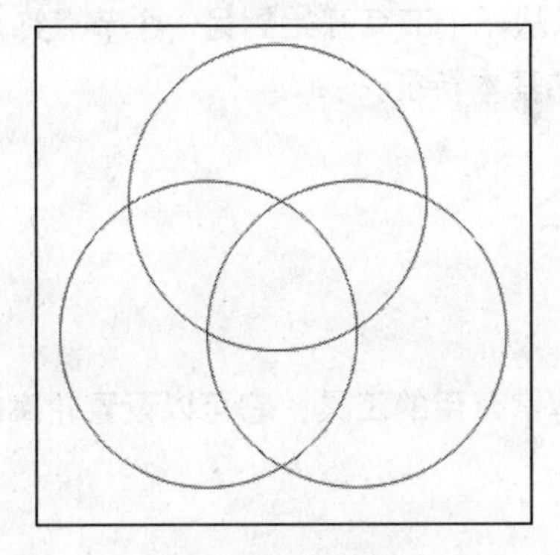

图 5-25 绘制任意图形

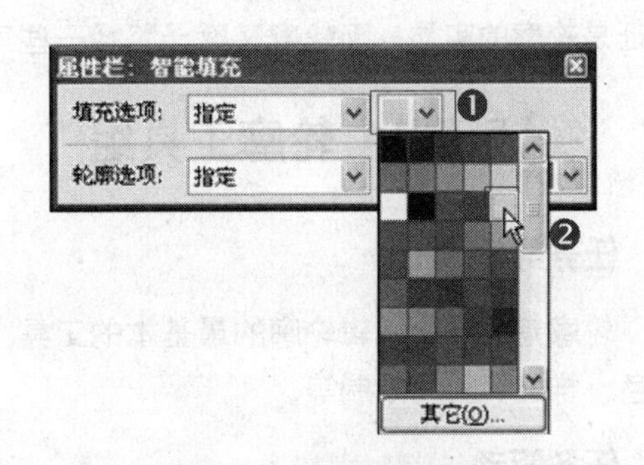

图 5-26 选择所需的颜色

03 在属性栏中选择不同的颜色在不同的区域单击即可填充不同的颜色，如图 5–27 所示。

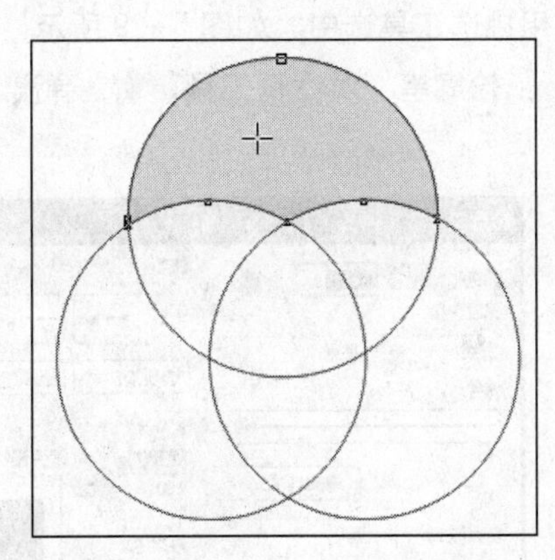

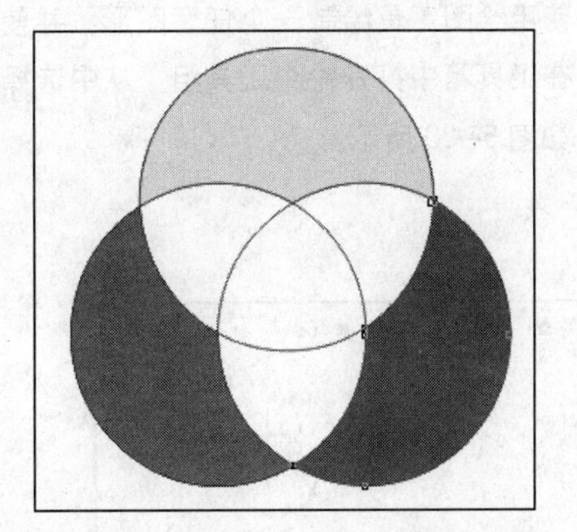

图 5-27 填充重叠区域

■ 应用工具

“智能填充工具”是 CorelDRAW X4 的一种新增功能，应用非常方便，智能填充工具在 CorelDRAW X4 工具栏的位置如图 5–28 所示。

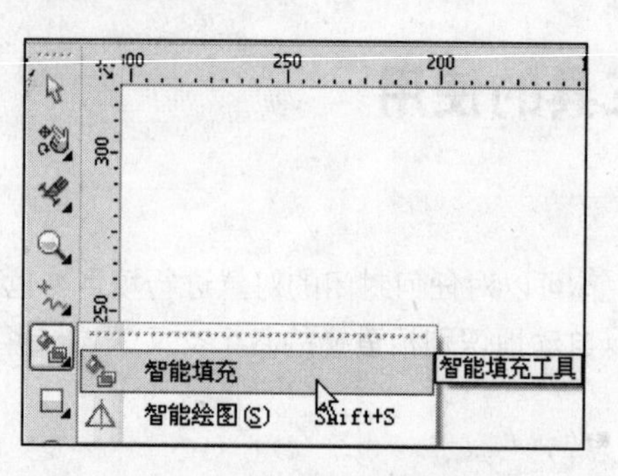

图 5-28　智能填充工具的位置

5.5 | 设置轮廓

在 CorelDRAW X4 中轮廓是依附于路径的，可以从一个节点开始到另一个节点终止。这一特征是轮廓的实质，而轮廓又赋予路径一些可视化的基本特征。

5.5.1　轮廓工具组

■ 任务导读

轮廓笔工具是编辑轮廓的最基本的工具，也是非常有用的工具。它可以设置轮廓的粗细、颜色、样式和斜角限制等。

■ 任务驱动

使用轮廓笔的操作步骤如下。

01 使用绘图工具绘制一个任意图形，并使用挑选工具选中，如图 5–29 所示。

02 在工具箱中打开轮廓工具组，从中选择“‘轮廓笔’对话框工具”，弹出“轮廓笔”对话框，如图 5–30 所示。

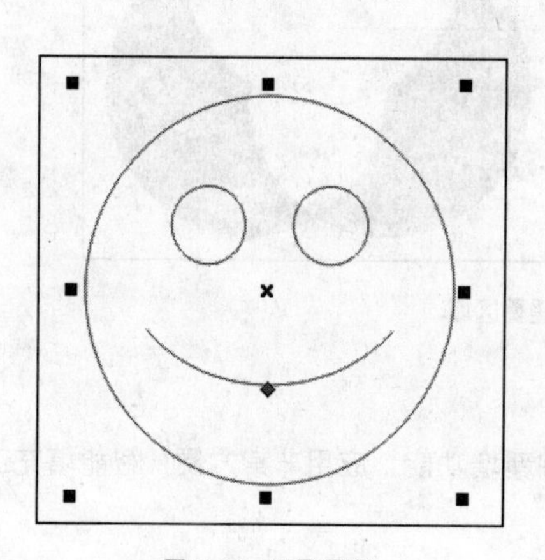

图 5-29　选取图形

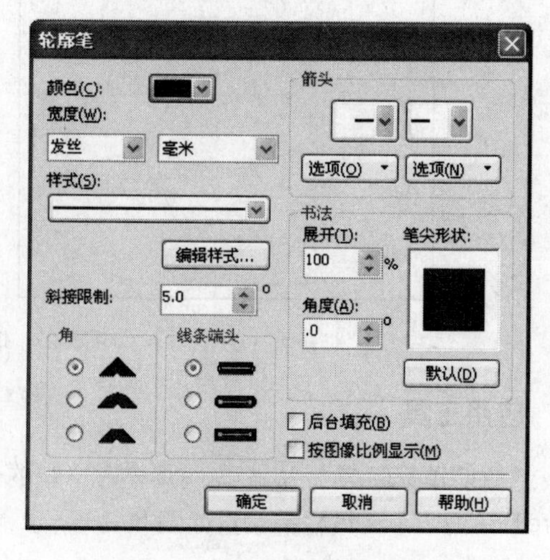

图 5-30　“轮廓笔”对话框

03 在“轮廓笔”对话框中分别设置颜色、宽度和样式，并选中“按图像比例显示”复选框，如图 5–31 所示。设置完毕单击“确定”按钮即可，最终效果如图 5–32 所示。

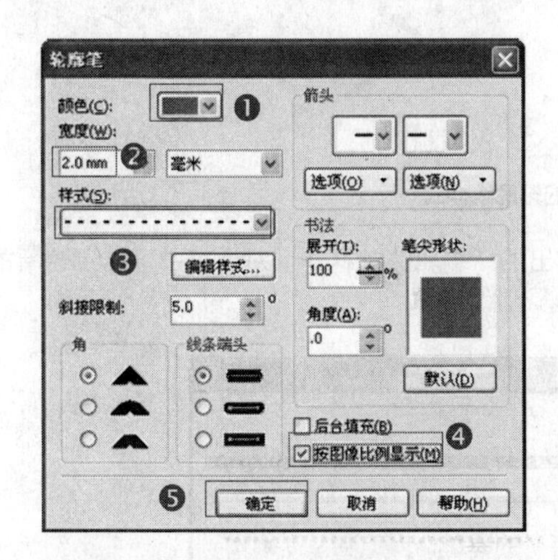

图 5-31　设置轮廓

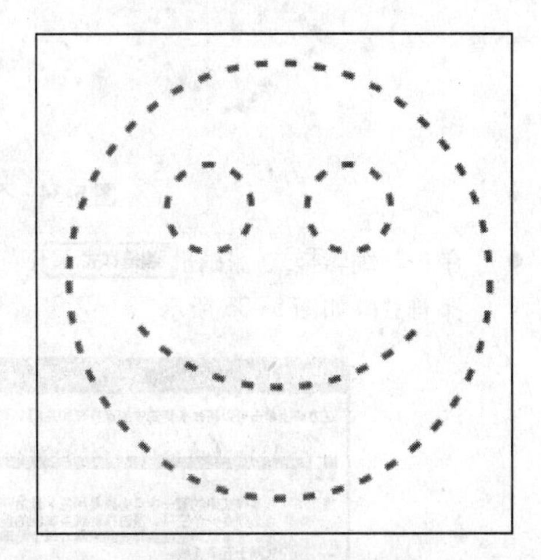

图 5-32　完成轮廓设置

■ 应用工具

“‘轮廓笔’对话框工具” 在 CorelDRAW X4 中是应用极为广泛的工具，“‘轮廓笔’对话框工具”在 CorelDRAW X4 工具栏的位置如图 5–33 所示。

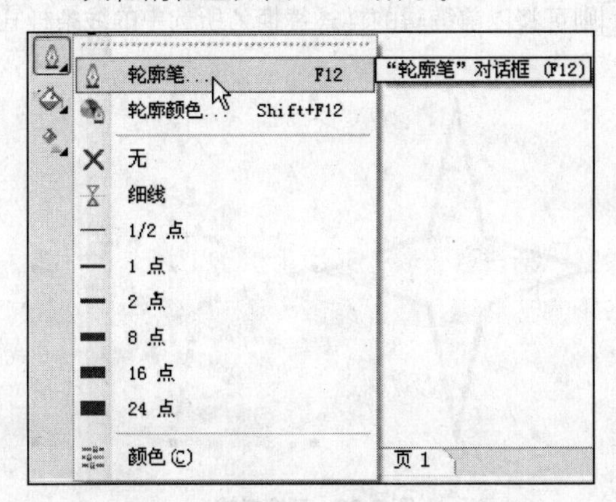

图 5-33　“轮廓笔”对话框工具的位置

■ 参数解析

“轮廓笔”对话框中相关选项的功能如下。

- 单击“颜色”设置框，从弹出的“颜色”下拉列表中可以任意地选择或者更改图形轮廓线的颜色。在“宽度”下拉列表中可以选择预设的轮廓线宽度，或者直接在文本框中输入宽度数值，在右侧的下拉列表中可以选择轮廓宽度的度量单位。
- 在“样式”下拉列表中可以为轮廓线选择不同的样式，任意选择的 3 种轮廓线样式的效果如图 5–34 所示。

图 5-34　不同的轮廓线样式

- 单击“编辑样式”按钮 编辑样式... ，在弹出的“编辑线条样式”对话框中可以创建新的线条样式，如图 5–35 所示。

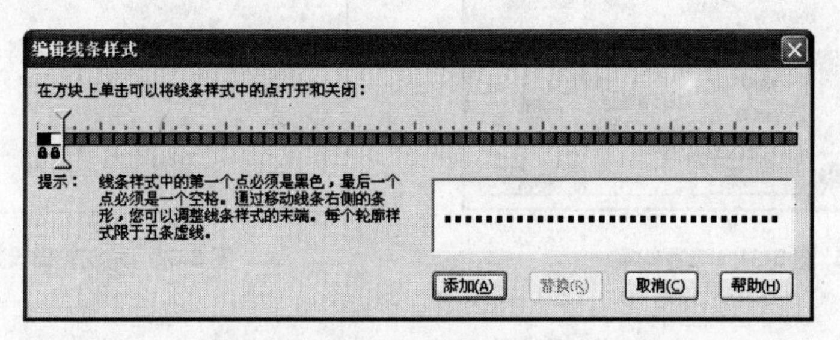

图 5-35　“编辑线条样式”对话框

- 编辑完毕单击“添加”按钮 添加(A) 可以将所编辑的样式添加到“样式”列表中。单击“替换”按钮 替换(R) 则可将以前编辑的样式替换为所选中的线条样式，如图 5–36 所示。

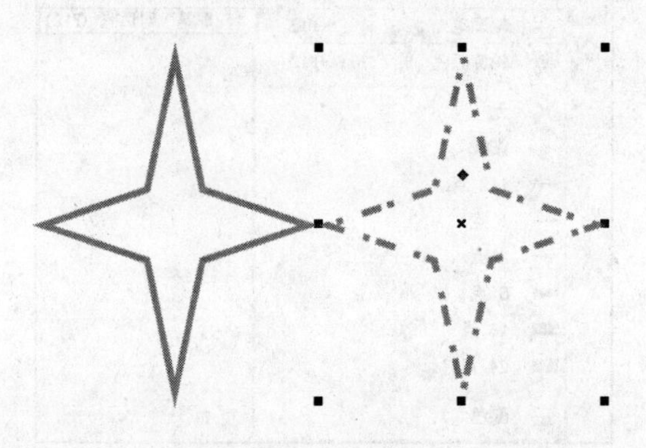

图 5-36　替换样式

- 在“角”选项组中可以为轮廓线选择需要的拐角方式。在“线条端头”选项组中可以为轮廓线选择需要的端头方式。单击“箭头”选项组中的 按钮和 按钮，在弹出的箭头列表中可以为开放路径的起始点和结束点选择需要的箭头样式。设置完成后单击“确定”按钮即可，效果如图 5–37 所示。

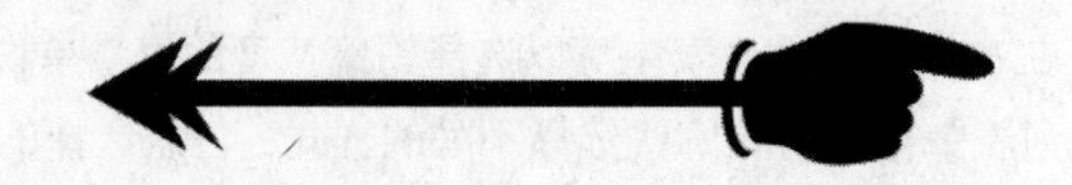

图 5-37　为开放路径添加箭头样式

- 单击"选项"按钮则可弹出如图 5-38 所示的下拉菜单，从中可以根据需求对路径中的箭头进行编辑。

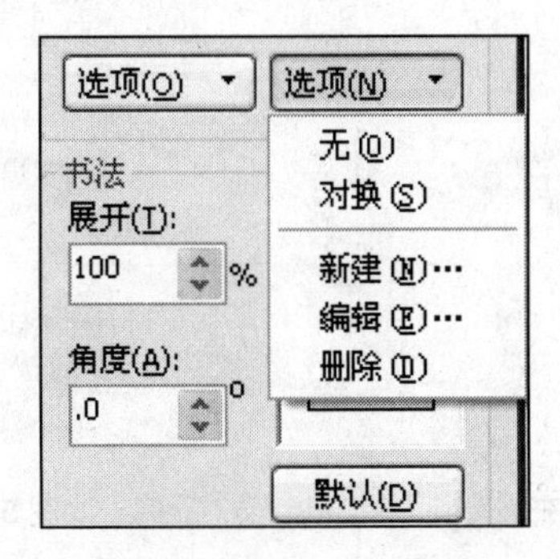

图 5-38 "选项"下拉菜单

"选项"下拉菜单中各个选项的功能如下。

- 无：选择此项，可以取消路径中对箭头的设置。
- 对换：选择此项，可以交换起始箭头和结束箭头的样式。
- 新建：选择此项，可以新建箭头的所需样式。
- 编辑：选择此项，可以对当前选中的箭头样式进行编辑。
- 删除：选择此项，可以删除当前所选的箭头样式。
- 选择"新建"命令弹出"编辑箭头尖"对话框，如图 5-39 所示，在这里利用鼠标拖曳箭头的边角控制点可以改变箭头的形状和大小。
- 单击"中心在 X 中"按钮可以使箭头垂直居中于直线上。
- 单击"中心在 Y 中"按钮可以使箭头水平居中于直线上。

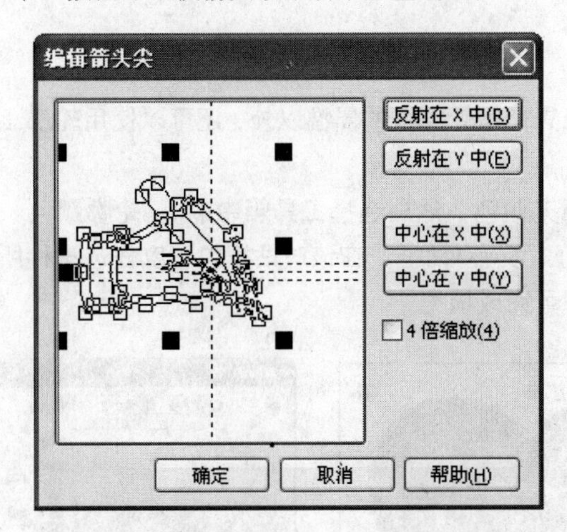

图 5-39 "编辑箭头尖"对话框

单击"反射在 X 中"按钮可以垂直翻转直线上的箭头；单击"反射在 Y 中"按钮则可水平翻转直线上的箭头。

- 若选中"后台填充"复选框，图形对象的轮廓将会被置于填充之后，填充部分将会遮挡住图形的部分轮廓颜色。有无"后台填充"的效果如图 5-40 和图 5-41 所示。

图 5-40　无“后台填充”

图 5-41　有“后台填充”

- 选中“按图像比例显示”复选框，在缩放图形时图形对象轮廓线的粗细会根据图形的缩放而缩放，对象的整体效果不变。如果撤选“按图像比例显示”复选框，那么在缩放图形对象时图形轮廓的粗细就不会改变，如图 5–42 所示。

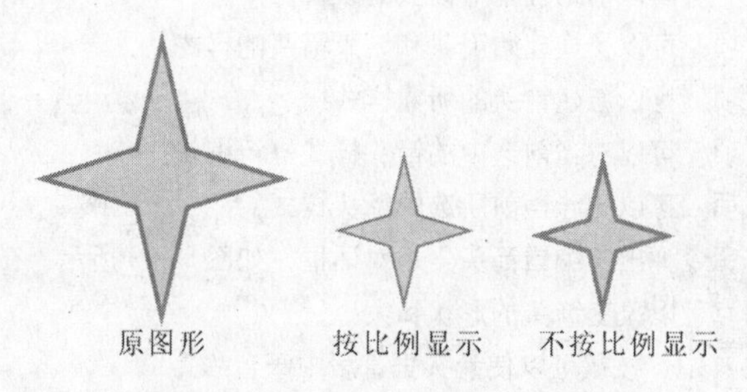

图 5-42　有无“按图像比例显示”效果的对比

■ 使用技巧

除了使用轮廓画笔工具编辑轮廓线的属性以外，还可以使用轮廓工具组中的其他工具进行编辑。

绘制一个心形，并填充颜色，然后选择工具箱中的“‘轮廓颜色’对话框工具”，弹出如图 5–43 所示的“轮廓颜色”对话框。在该对话框中可以任选一种所需的颜色为轮廓填色，然后单击“确定”按钮即可完成填充。

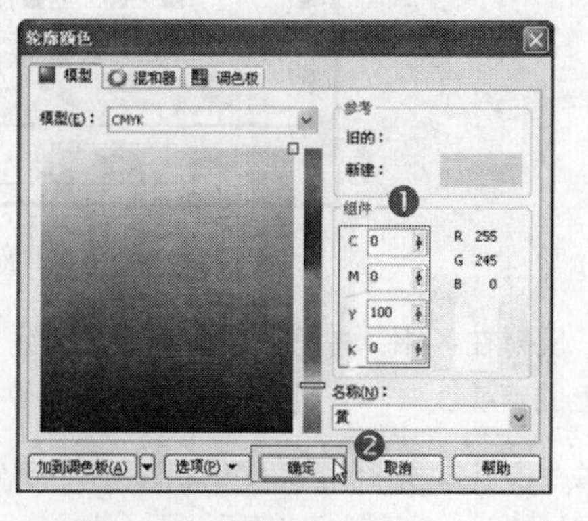

图 5-43　“轮廓颜色”对话框

如果选择“无轮廓工具”✕，则可将轮廓线的颜色设置为无色，如图 5-44 所示。

图 5-44 有轮廓和无轮廓的效果对比

5.5.2 管理轮廓

■ 任务导读

创建轮廓后，可以将其设置为默认属性应用于新的对象，还可以将轮廓属性从一个对象复制到另一个对象。

■ 任务驱动

复制轮廓的操作步骤如下。

01 随意绘制两个图形，其中一个设置轮廓的粗细和颜色，并使用“挑选工具”选定目标对象，如图 5-45 所示。

02 选择“编辑”→“复制属性自”命令，打开“复制属性”对话框，选中“轮廓笔”和“轮廓色”复选框，如图 5-46 所示。

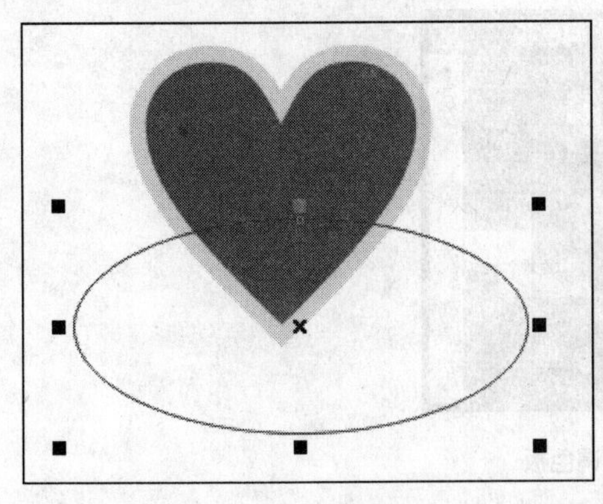

图 5-45 选取图形

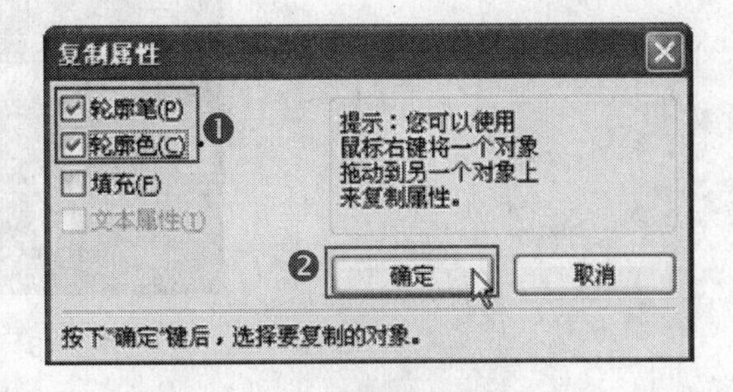

图 5-46 “复制属性”对话框

03 然后单击“确定”按钮，并单击原对象复制它的轮廓属性，即可将心形的轮廓笔属性复制到圆形上，效果如图 5-47 所示。

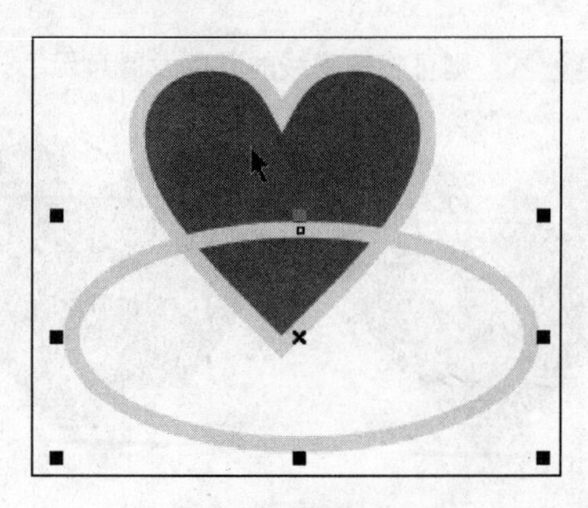

图 5-47 复制的轮廓笔对象

5.6 | 颜色填充

CorelDRAW X4 中颜色的填充方式主要有：标准填充、均匀填充、渐变填充、图样填充、底纹填充、交互式填充以及交互式网格填充。

5.6.1 标准填充

■ 任务导读

标准填充是 CorelDRAW X4 中最基本的填充方式，它默认的调色板模式为 CMYK 模式。如果该调色板处于目前不可见的状态，则可执行“窗口”→“调色板”命令，其中集合了全部的 CorelDRAW X4 调色板。从中选择“默认 CMYK 调色板”选项，调色板就会立即出现在窗口的右方，如图 5–48 所示。

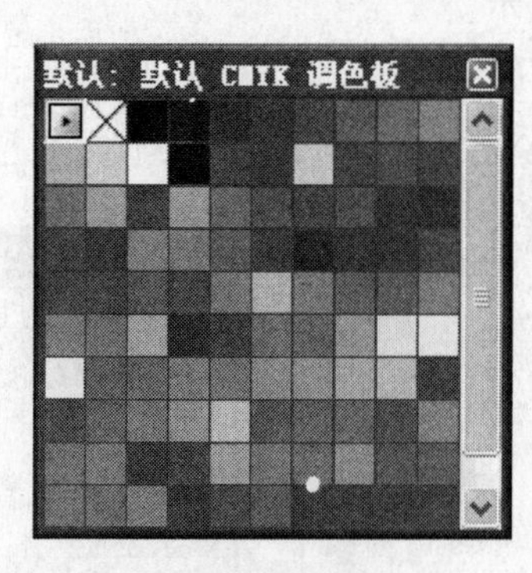

图 5-48 调色板

■ 任务驱动

使用调色板为对象填充颜色的步骤如下。

01 使用工具箱中的绘图工具在页面中绘制一个图形，如图 5–49 所示。

02 选中其中一个图形，然后单击调色板中的色块，图形的内部即会被填充所单击的颜色，如图 5–50 所示。

图 5-49 在页面中绘制图形

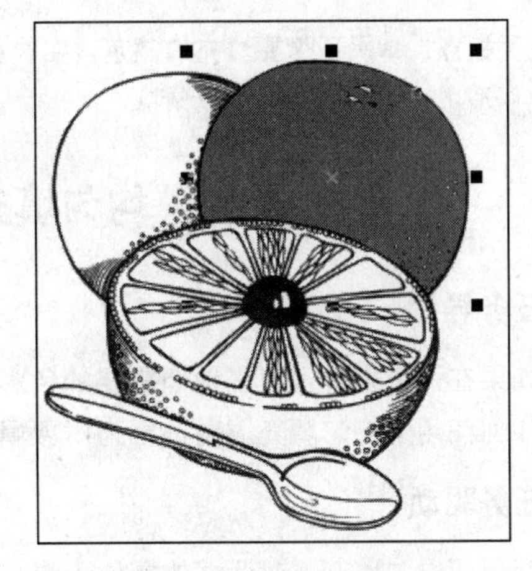

图 5-50 使用调色板为对象填充颜色

03 选中图形对象，移动鼠标到调色板中的色块上，按住鼠标左键拖曳色块到图形上，如图 5–51 所示。再放开鼠标即可为其填充颜色，如图 5–52 所示。

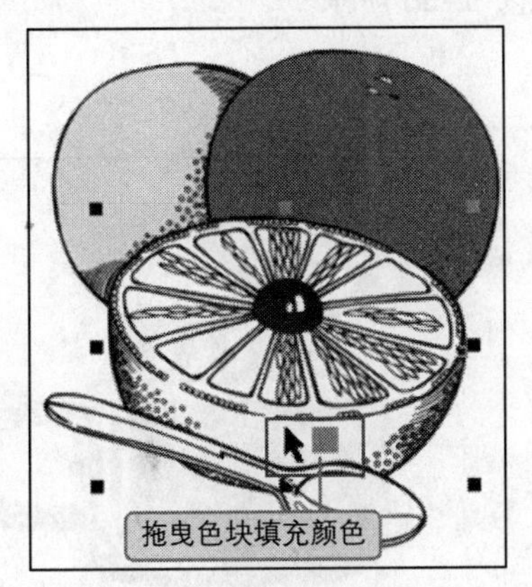

图 5-51 拖曳色块到图形上

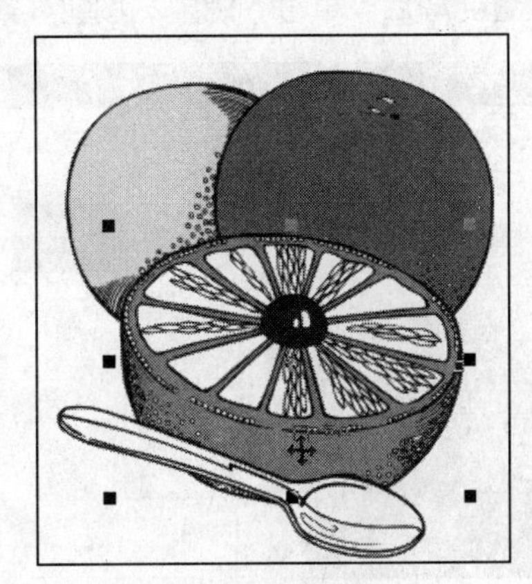

图 5-52 填充颜色

04 移动鼠标到调色板的色块上右击即可更改图形的轮廓颜色，如图 5–53 所示。

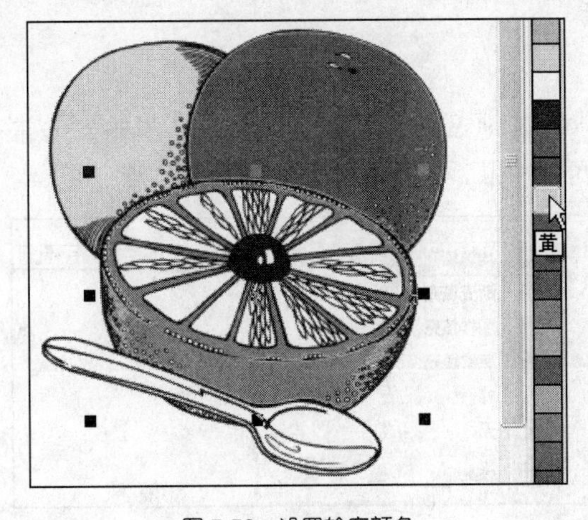

图 5-53 设置轮廓颜色

高手指点：如果不想要填充的颜色，在选中图形后单击调色板上的“去色”按钮×即可，这样图形中填充的颜色就会被清除。

5.6.2 使用“均匀填充”对话框

■ 任务导读

如果在调色板中没有当前所需要的色彩，则可从“均匀填充”对话框中自由地选色。下面介绍如何使用“均匀填充”对话框为对象填充颜色。

■ 任务驱动

使用“均匀填充”对话框的操作步骤如下。

01 选中要进行均匀填色的图像，然后在填充工具组中选择“均匀填充”■弹出“均匀填充”对话框，如图5-54所示。

02 设置完毕后，单击“确定”按钮，效果如图5-55所示。

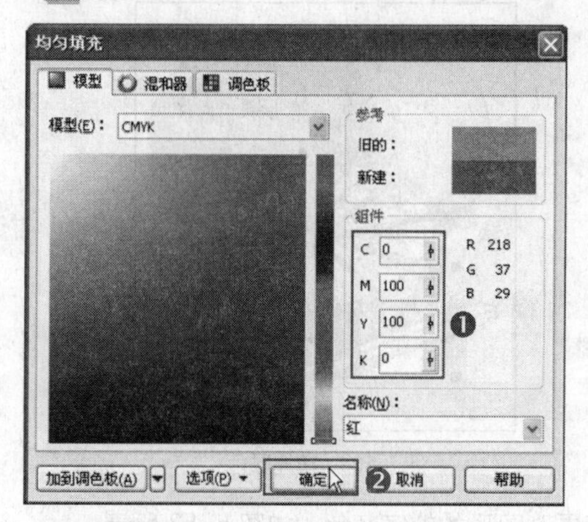

图5-54 “均匀填充”对话框

图5-55 “均匀填充”的颜色

■ 应用工具

“均匀填充”■可以准确地设置色彩信息，对于印刷输出非常有用，“均匀填充”在CorelDRAW X4工具栏的位置如图5-56所示。

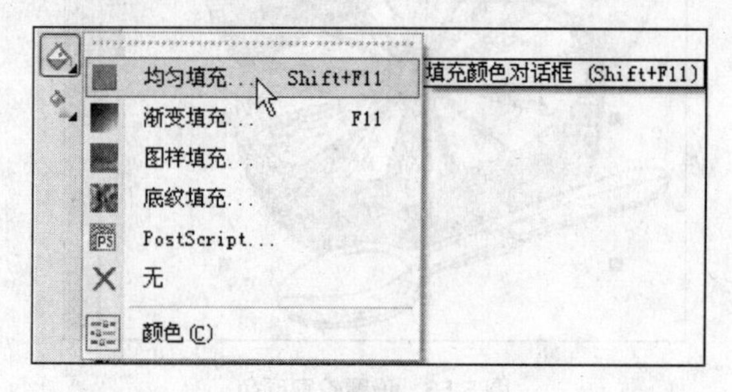

图5-56 “均匀填充”的位置

■ 参数解析

在"均匀填充"对话框中为用户提供有 3 种色彩选取的方式:"模型"、"混合器"和"调色板"。

1."模型"模式

在"模型"选项卡中选择需要的色彩模式,可以任意地选择所需的色彩为图形填充。

如果调色板中的颜色仍不能满足需求,还可以自己将颜色添加到调色板中。

单击"选项"按钮,选择"颜色查看器"→"HSB–基于色轮"命令,然后就可以使用"色轮"模式来选择所需要的颜色,如图 5–57 所示。

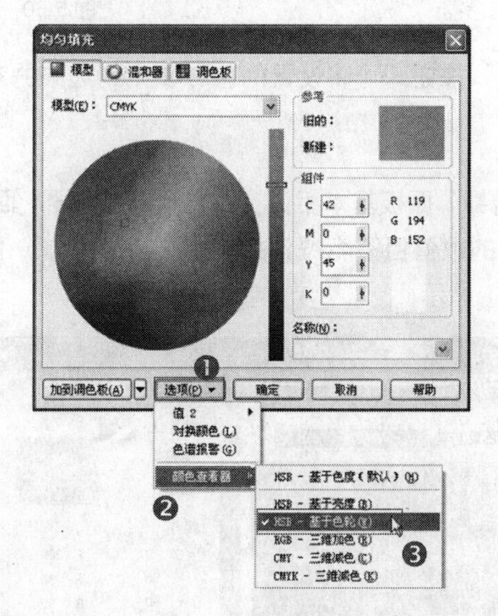

图 5-57 "色轮"模式

用户也可以在"组件"选项中输入相应的 C、M、Y 和 K 值来设置颜色。

2. "混合器"模式

利用混合器可以在一组特定的颜色中进行颜色的调配,其面板如图 5–58 所示。

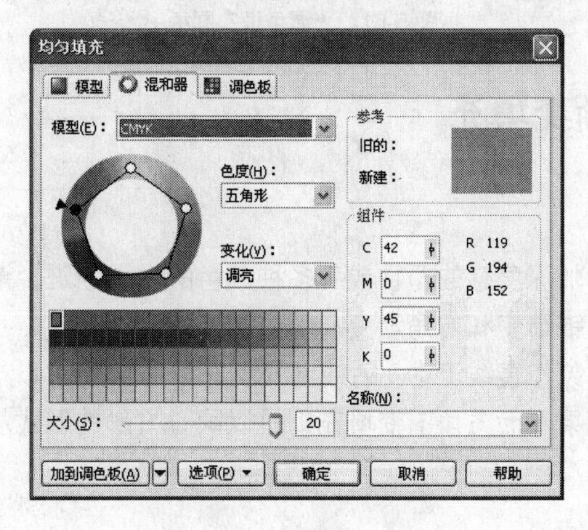

图 5-58 "混合器"面板

用户可以拖曳混合器滑块选择任意的颜色，如图 5–59 所示，也可以在色彩变化显示表中选择所需的色彩，如图 5–60 所示。

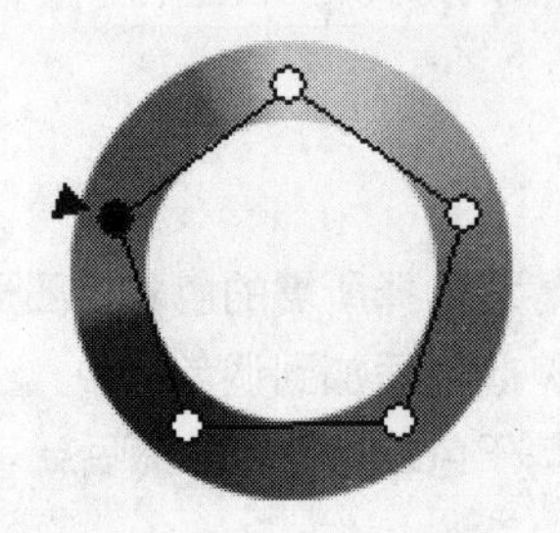

图 5-59　混合器

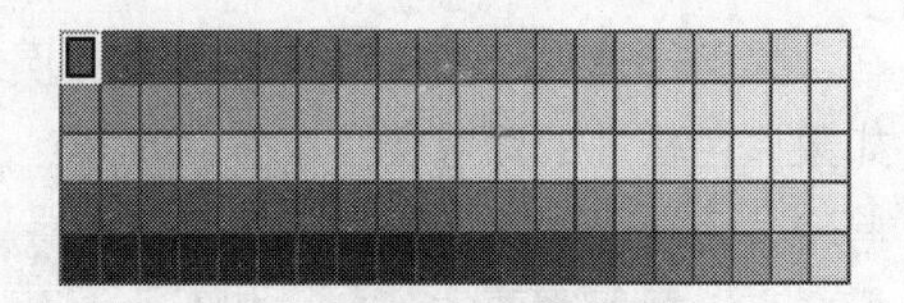

图 5-60　色彩变化显示表

选择完成后单击“确定”按钮即可将设置的色彩填充到选中的对象中。

3. “调色板”模式

“调色板”面板和“混合器”面板基本相似，但它比“混合器”面板多了“淡色”滑块，“组件”值只显示目前所选色彩的数值但不能被自由编辑。在“名称”下拉列表中还为用户提供了不少的颜色样式，如图 5–61 所示。

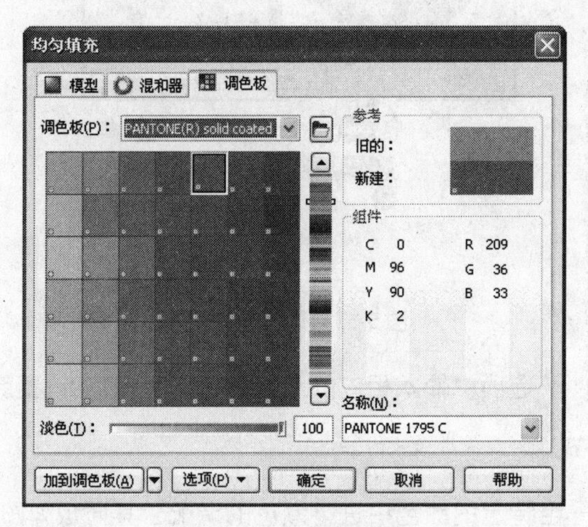

图 5-61　“调色板”面板

5.6.3　渐变填充

■ 任务导读

渐变填充是给对象增加深度感的两种或者多种颜色的平滑渐进。渐变填充包含 4 种类型：线性渐变、射线渐变、圆锥渐变和方角渐变。

线性渐变填充沿着对象作直线流动；射线渐变填充从对象的中心向外辐射；圆锥渐变填充产生光线落在圆锥上的效果；而方角渐变填充则是以同心方形的形式从对象的中心向外扩散。

■ 任务驱动

使用“渐变填充”的操作步骤如下。

01 选择一个尚未填充的图形对象，如图 5–62 所示。

02 在填充工具组中选择“渐变填充”■，弹出 “渐变填充”对话框，如图 5–63 所示。

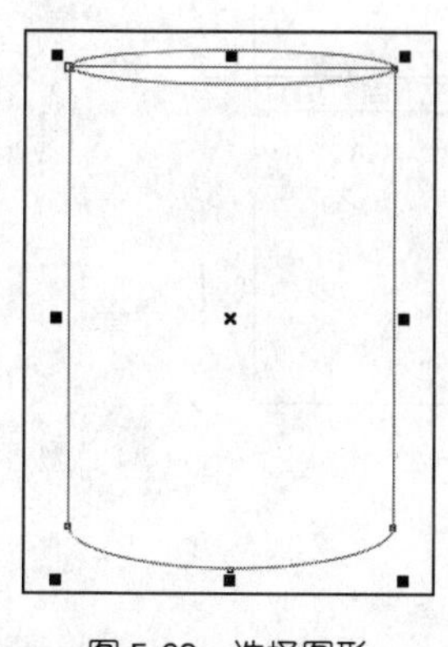

图 5-62 选择图形

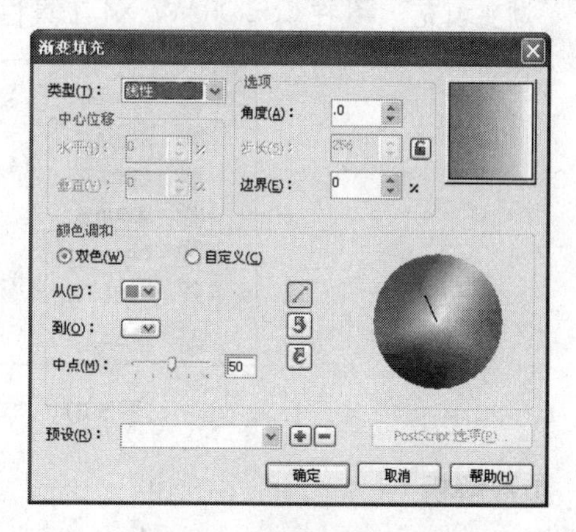

图 5-63 “渐变填充”对话框

03 在弹出的“渐变填充”对话框中进行如图 5–64 所示的设置，设置完毕后，单击“确定”按钮，最终效果如图 5–65 所示。

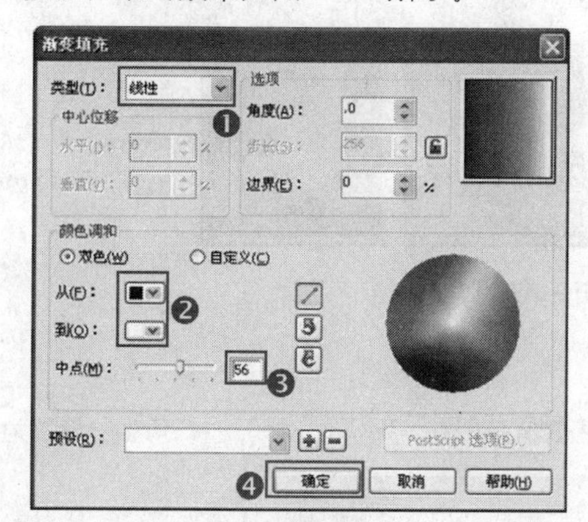

图 5-64 设置“渐变填充”对话框

图 5-65 渐变填充的图形

04 同理来填充顶部的圆形，效果如图 5–66 所示。

图 5-66 填充顶部圆形

■ 应用工具

"渐变填充" 在 CorelDRAW X4 工具栏的位置如图 5–67 所示。

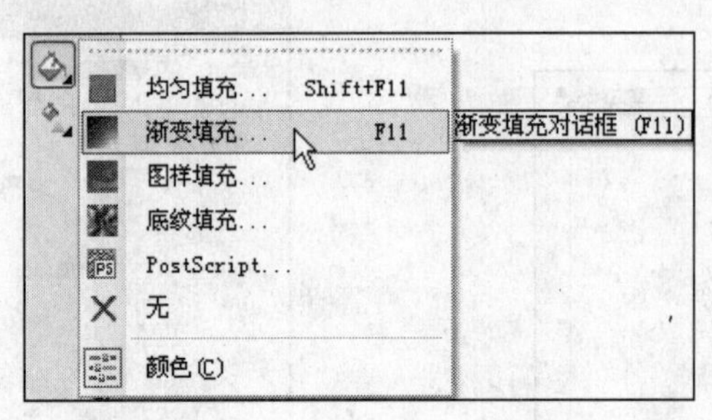

图 5-67 "渐变填充"的位置

■ 参数解析

"渐变填充" 对话框的各个选项功能如下。

(1) 在 "类型" 下拉列表框中有 4 个用于设置渐变填充方式的选项，依次为线性、射线、圆锥及方角，如图 5–68 所示。

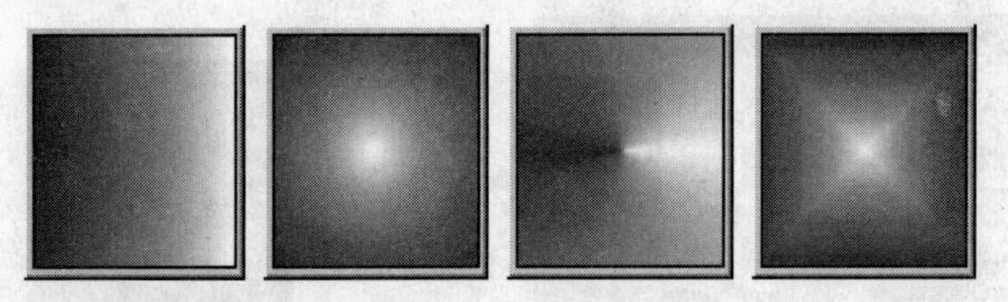

图 5-68 4 种渐变填充方式

该对话框中各个选项的功能如下。

- "角度" 参数框：用于选择分界线的角度，取值范围在 –360° ～360° 。"角度" 设置为 45 度和 90 度时的效果如图 5–69 所示。

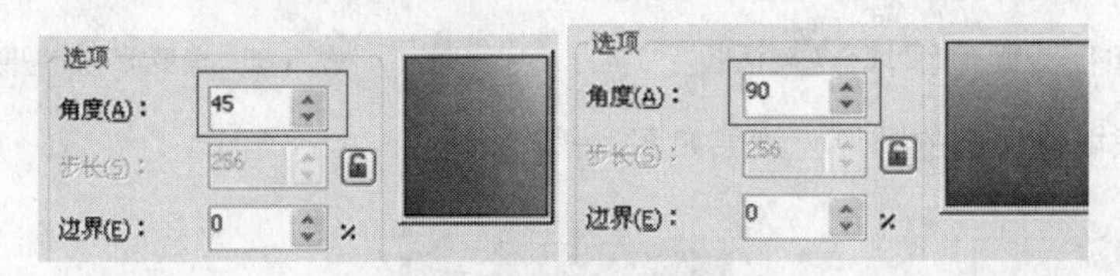

图 5-69 不同"角度"的设置

- "步长" 参数框：用于设置渐变的阶层数，默认设置为 256，数值越大渐变的层次越多，表现得越细腻。"步长" 为 145 和 20 时的效果如图 5–70 所示。

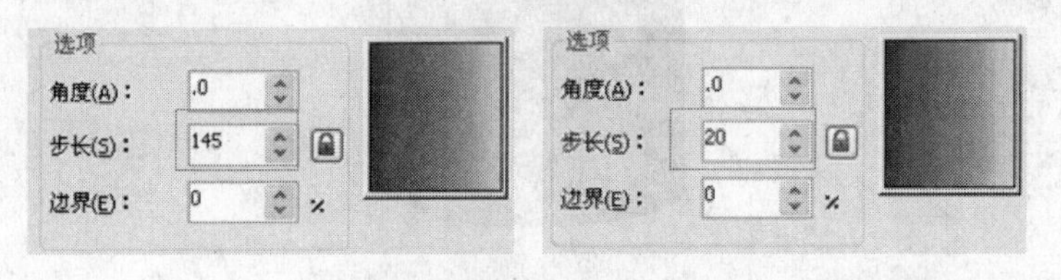

图 5-70 不同"步长"的设置

● "边界"参数框：用于设置边缘的宽度，取值范围在0~49，数值越大每一种颜色相邻的边缘就越清晰。"边界"为10和49时的效果如图5-71所示。

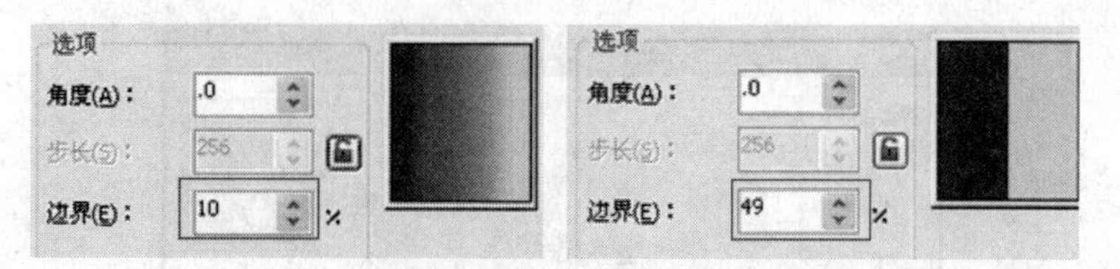

图5-71 不同"边界"的设置

(2)"中心位移"设置区：在使用射线、圆锥和方角等有填充中心点的方式进行渐变填充时，可以通过"中心位移"设置区来改变渐变的色彩中心点的水平、垂直位置。如图5-72所示依次是负值的中心位移效果及改变数字的中心位移的效果。

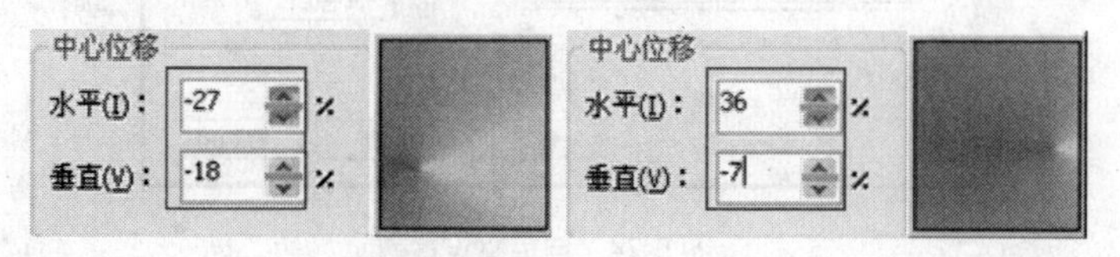

图5-72 设置不同的"中心位移"

(3)"颜色调和"设置区："颜色调和"设置区中"双色"选项中的"从"和"到"分别用于选择渐变的两种基本色，"中点"用于设置两种颜色的中心点位置。设置"中点"为14及99时的填充效果如图5-73所示。

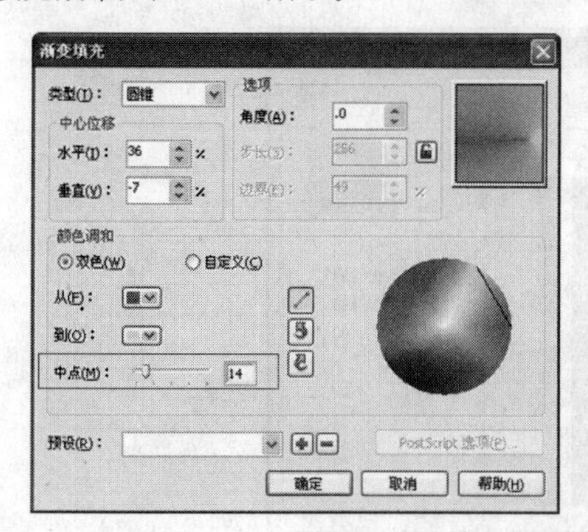

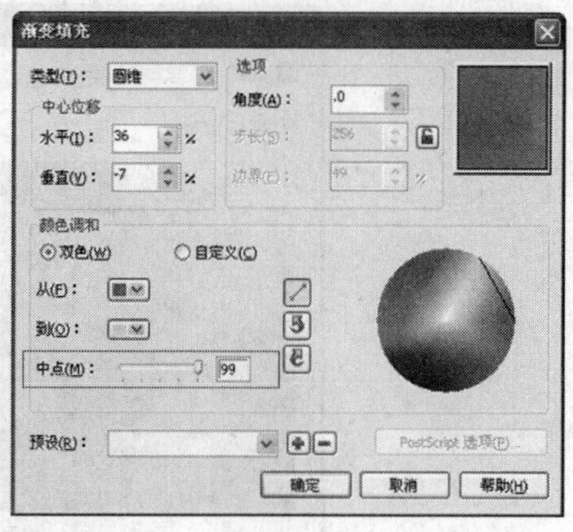

图5-73 设置不同的"中点"

在"颜色调和"设置区中的"双色"选项中还为用户提供了选择颜色线形变化方式的3个按钮，渐变中的取色方式将由线条曲线经过色彩路径决定。

- ：单击此按钮，在"双色"渐变中两种颜色在色轮上以直线方向渐变。
- ：单击此按钮，在"双色"渐变中两种颜色在色轮上以逆时针方向渐变。
- ：单击此按钮，在"双色"渐变中两种颜色在色轮上以顺时针方向渐变。

高手指点：选择一个交互式向量手柄，按下Ctrl键，然后单击调色板中的一种颜色，可以在"双色"渐变填充中混合颜色。

（4）自定义渐变填充。

自定义渐变填充可以包含两种或者两种以上的颜色，如图 5–74 所示。

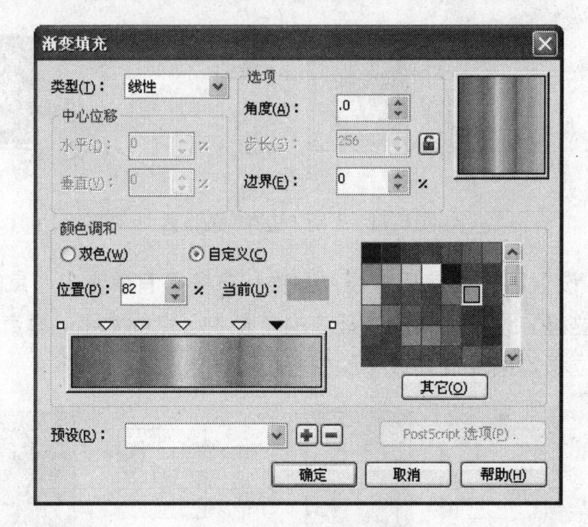

图 5-74　自定义设置

高手指点：创建自定义渐变填充之后，可以将其保存为预设。

在选择颜色时若标准填充栏没有需要的颜色，可以单击颜色框下方的“其他”按钮，在弹出的“选择颜色”对话框中选择所需的颜色，如图 5–75 所示，然后单击“确定”按钮即可。

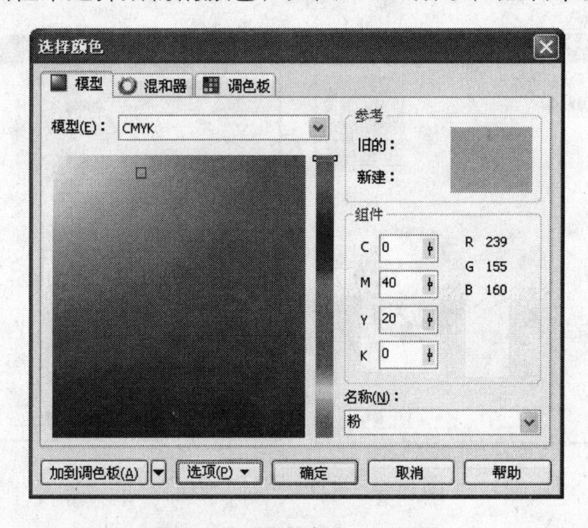

图 5-75　“选择颜色”对话框

创建自定义渐变填充之后可以将其保存为预设。在“渐变填充”对话框下方的“预设”下拉列表中可以选择 CorelDRAW X4 预先设置好的一些渐变填充样式，如图 5–76 所示。如果想把编辑的渐变颜色保留下来，可以在“预设”编辑框中输入名称，然后单击[+]按钮进行存储，也可以单击[−]按钮删除不需要的渐变颜色。

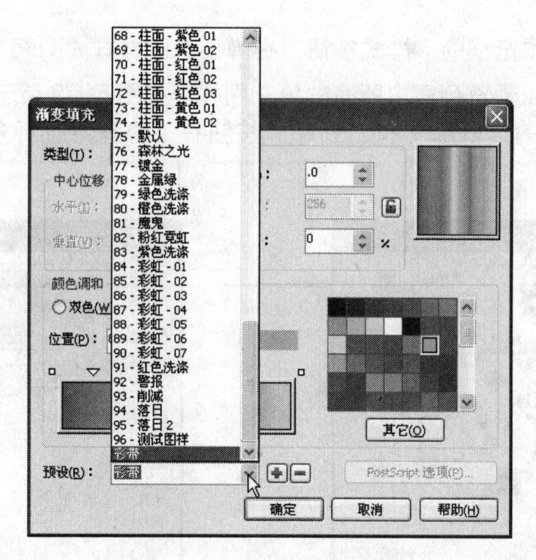

图 5-76 “预设”下拉列表

5.6.4 图样填充

■ 任务导读

CorelDRAW X4 提供有预设图案填充，可以直接应用于对象，也可以自行创建图样填充。例如可以使用双色、全色或者位图图案填充等来填充对象，也可以根据自己绘制的对象或者导入的图像来创建图案填充。

■ 任务驱动

应用图样填充的步骤如下。

01 选中需要填充图样的图形对象，如图 5–77 所示。

02 选择填充工具组中的“图样填充”，在打开的“图样填充”对话框中选中“双色”单选按钮，如图 5–78 所示。

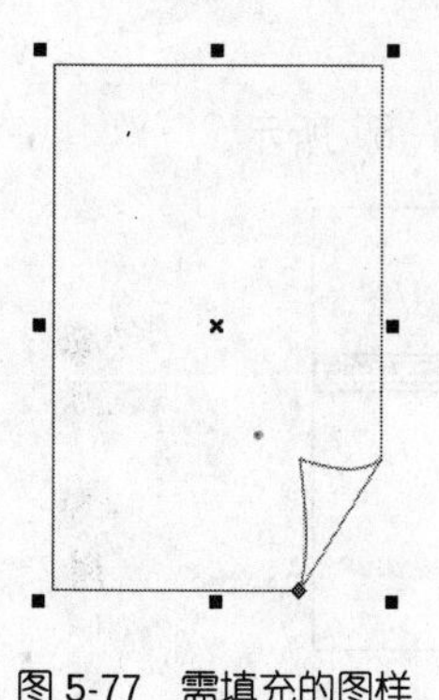

图 5-77 需填充的图样

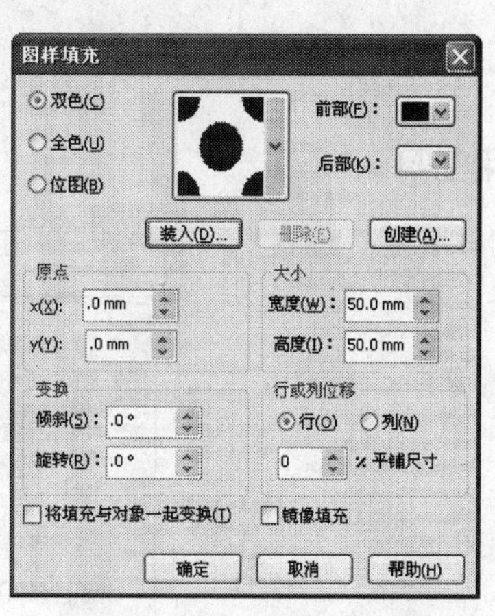

图 5-78 “图样填充”对话框

03 单击右侧图样预览框的下拉式按钮，在弹出的图样样式列表中选择需要的填充样式，拖曳列表右侧的滑块可以预览列表中所有的填充图样，如图 5–79 所示。

04 分别单击右侧的“前部”和“后部”按钮在下拉框中选择各自的颜色，如图 5–80 所示。

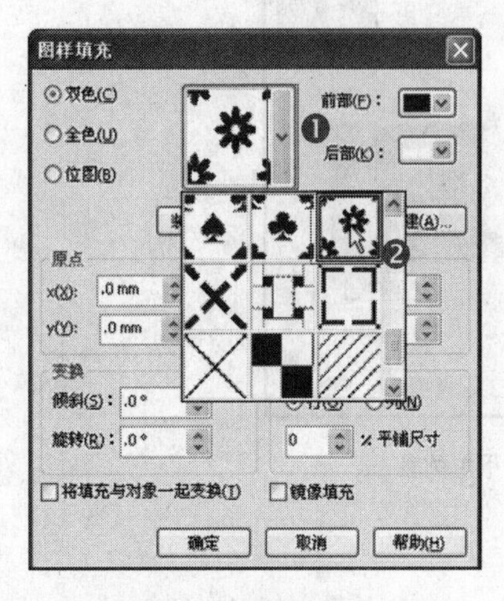

图 5-79　选择填充图样

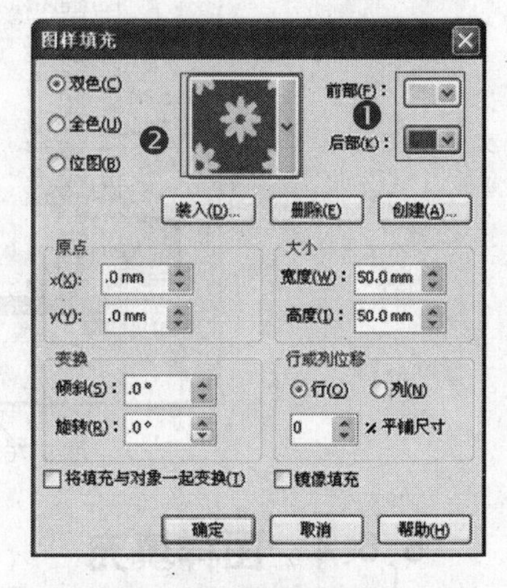

图 5-80　调整图样颜色

05 设置完成后单击“确定”按钮，选中的图形将会显示为所编辑的双色填充效果，如图 5–81 所示。

图 5-81　为图形填充双色图样

■ 应用工具

“图样填充” 在 CorelDRAW X4 工具栏的位置如图 5–82 所示。

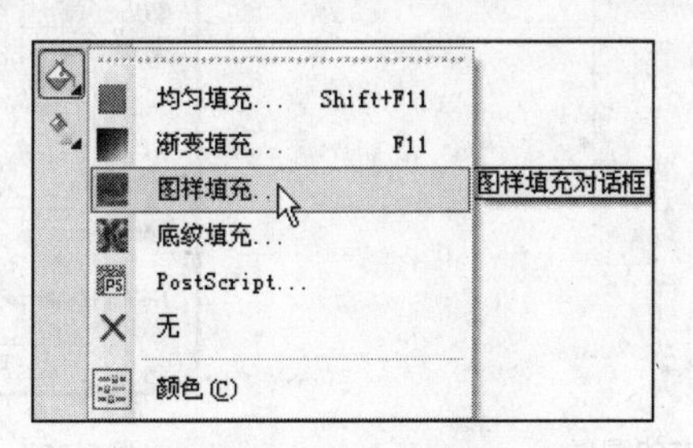

图 5-82　图样填充工具的位置

■ 使用技巧

应用全色填充、全色图样填充及位图填充的操作步骤和双色填充的操作方法类似就不再一一表述了。

1. 编辑图样填充

对图样进行填充后，还可以修改图样填充的平铺大小、长宽比，改变相对应的位置，成比例地缩放图样填充等。相对于对象顶部来调整第一个图样水平或者垂直位置时，则会影响其余的填充。

使用“交互式填充工具”编辑图样填充方法如下。

01 使用“交互式填充工具”在含有图样填充的图形上单击即会显示出图案编辑控制框，如图 5–83 所示。

02 使用鼠标拖曳矩形控制框中心的◇图标可以改变图案在图形中的相对位置，如图 5–84 所示。

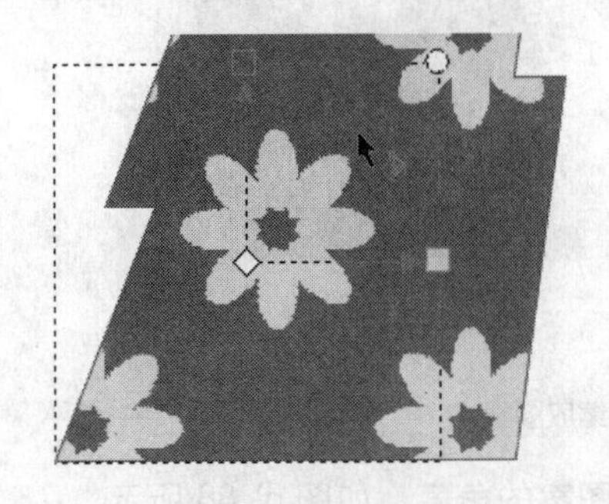

图 5-83 图案编辑控制框

图 5-84 移动图案的位置

03 水平和垂直拖曳两个箭头顶部的两个矩形可以改变图案的长宽比，如图 5–85 所示。

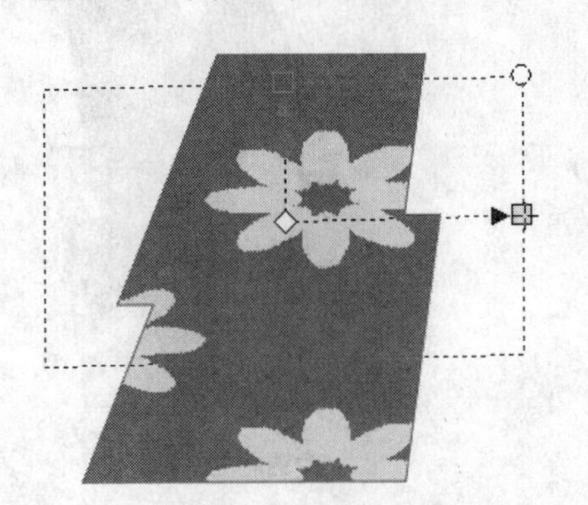

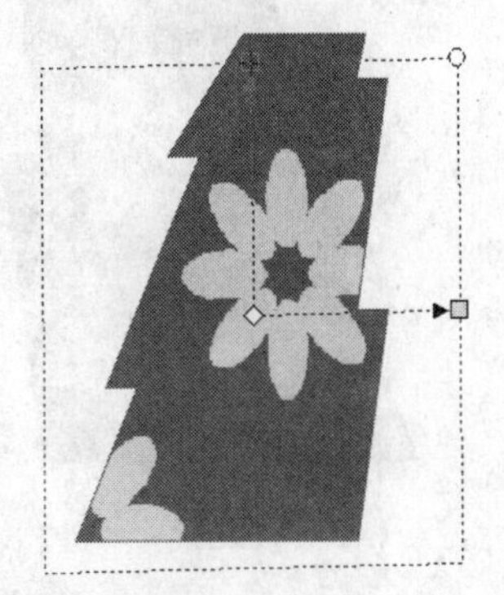

图 5-85 改变图案的长宽比

04 任意倾斜两个箭头顶部的两个矩形可以倾斜图案，如图 5–86 所示。

05 任意拖曳矩形框右上方的空心圆形图标可以成比例地缩放图案，如图 5–87 所示。

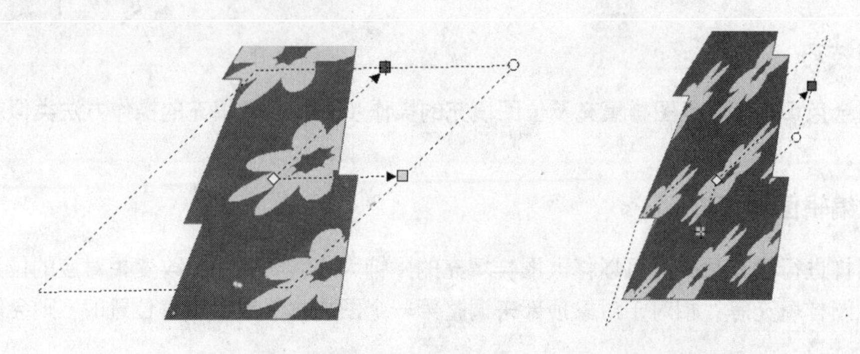

图 5-86　倾斜图案

缩小图案

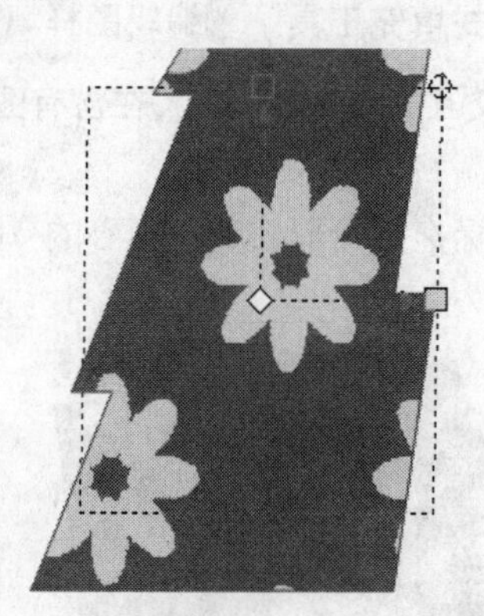

放大图案

图 5-87　成比例地缩放图案

06 任意旋转右上方的空心圆形图标可以旋转图案的角度，如图 5—88 所示。

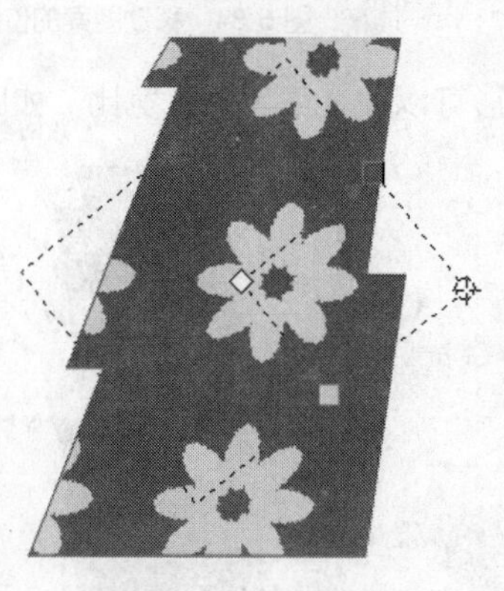

原图

旋转后的图案

图 5-88　旋转图案的角度

2．使用“属性”栏编辑图案

使用“属性”栏也可以对图案进行编辑。选中一个图形对象，然后选取工具箱中的“交互式填充工具”，单击“属性”栏中的填充类型下拉按钮，在弹出的下拉列表中任意选择“双色图样”、“全色图样”或者“位图图样”选项，如图 5—89 所示。

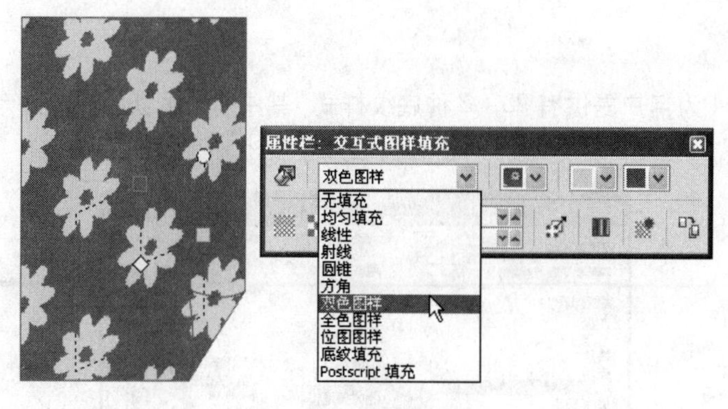

图 5-89 选择图样类型

"属性"栏中各个选项的功能如下。

- 单击按钮，在弹出的图样列表中可以选择需要的图样样式。
- 单击按钮和按钮，在弹出的颜色列表中可以设置所选图样的前景和背景颜色。
- 单击按钮可以设置图样填充的拼接大小，如图 5–90 所示。

图 5-90 小型、中型和大型 3 种图样拼接方式

- 在"编辑图案平铺"设置框中可以精确地控制图样填充的大小。
- 单击按钮对对象进行变换操作时，对象中的图案填充也会随着对象的变形而变形。
- 单击按钮，填充图案将会出现镜像效果。
- 单击按钮，可以根据已填充图案创建出新的图案。

5.6.5 底纹填充

基本概念 （路径：光盘\MP3\什么是底纹填充）

底纹填充也叫纹理填充，它是随机生成的填充，可用来赋予对象自然的外观。用户可以将模拟的各种材料底纹、材质或者纹理填充到对象中，同时还可以修改、编辑这些纹理的属性。

CorelDRAW X4 提供有预设的底纹，而且每一种底纹均有一组可以更改的选项。可以使用任意一个颜色模式或者调色板中的颜色来自定义底纹填充。底纹填充只能包含 RGB 颜色，但是可以使用其他的颜色模型和调色板作为参考来选择颜色。

■ 任务导读

CorelDRAW X4 为用户提供有 300 多种底纹样式，其中有水彩类、石材类等图案，如图 5-91 所示。每一种样式又有不同的选项，调整参数后又能生出一种新的图案。

图 5-91 “底纹填充”对话框

■ 任务驱动

使用底纹填充的操作步骤如下。

01 使用矩形工具绘制一个矩形，如图 5-92 所示。

02 在填充工具组中选择“底纹填充”打开“底纹填充”对话框，如图 5-93 所示。

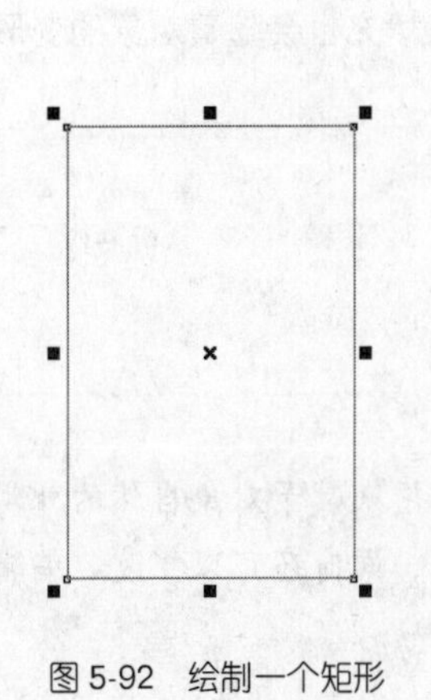

图 5-92 绘制一个矩形

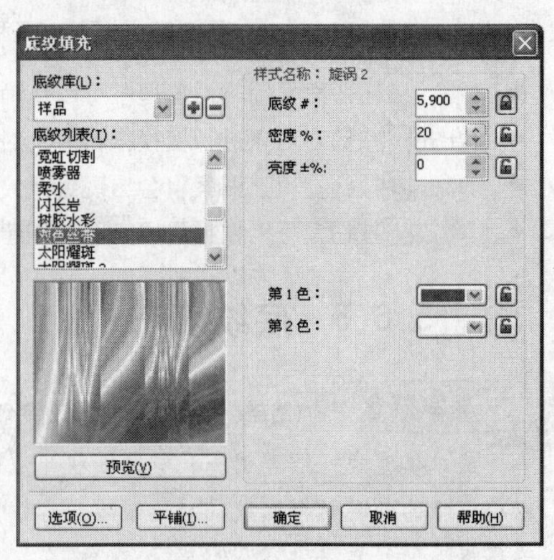

图 5-93 “底纹填充”对话框

03 在“底纹列表”列表框中选择需要的底纹样式。再在右侧中设置颜色，单击“预览”按钮，可以观看到效果，如图 5-94 所示。

04 单击“选项”按钮弹出“底纹选项”对话框，如图 5-95 所示。在此对话框中可以设置底纹的分辨率，分辨率越高纹理就显示得越清晰，但文件的尺寸也会增大，占用系统的内存也就越多。

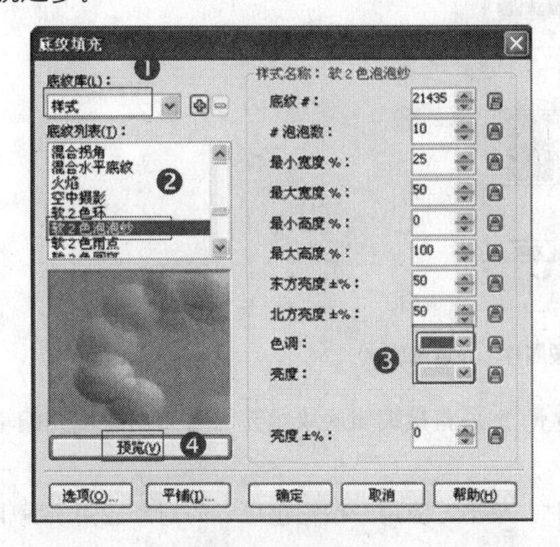

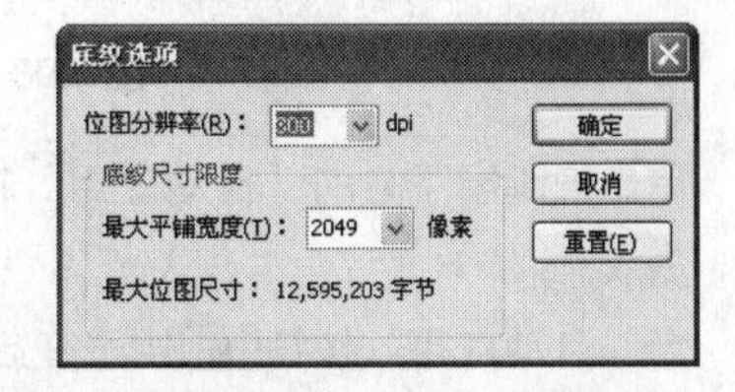

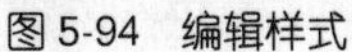

图 5-94 编辑样式　　图 5-95 “底纹选项”对话框

05 单击“平铺”按钮弹出“平铺”对话框，如图 5—96 所示。在该对话框中可以对底纹的位置和大小等属性进行编辑。其各个选项的设置方法与“图样填充”对话框中的相关选项的设置方法一样。设置完成后单击“确定”按钮返回“底纹填充”对话框。

06 设置完毕单击“确定”按钮即可，最终效果如图 5—97 所示。

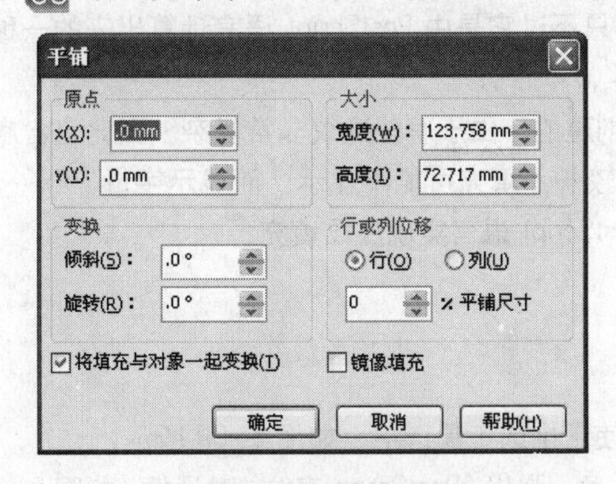

图 5-96 “平铺”对话框

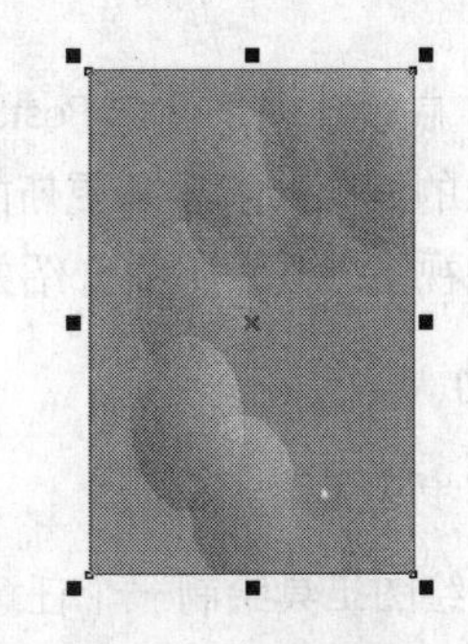

图 5-97 填充底纹

高手指点： 底纹填充实际上也是位图的填充，因此会形成比较大的文件，所以通常不宜在一个文件中过多地使用底纹填充。

■ 使用技巧

除了使用“底纹填充”对话框可以为对象应用底纹填充外，还可以使用泊坞窗为对象应用底纹填充。

选中图形对象，然后选择“窗口”→“泊坞窗”→“属性”命令，在弹出的“对象属性”泊坞窗中单击“填充”按钮，再单击“底纹填充”按钮，即可显示出如图 5—98 所示的“对象属性”设置选项。

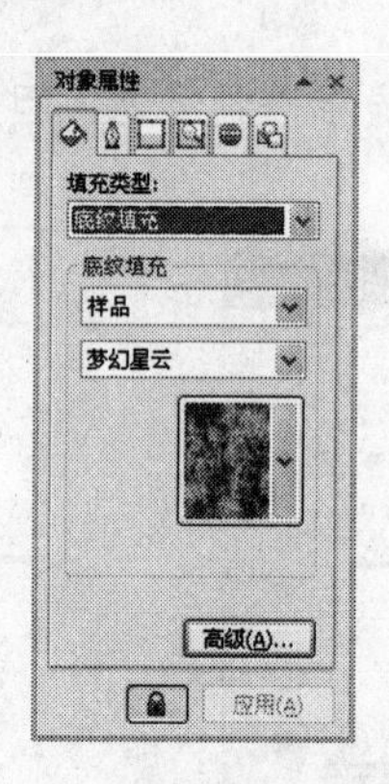

图 5-98 “对象属性”设置选项

- 单击泊坞窗下方的“自动应用”按钮，然后直接编辑底纹填充即可为对象填充编辑的底纹。
- 当“自动应用”按钮处于开启状态时，单击“应用”按钮也可以为对象应用所编辑的纹理填充。

5.6.6 PostScript 填充

■ 任务导读

PostScript 填充实际上也是一种底纹填充，只不过它是由 PostScript 语言计算出来的一种极为复杂的底纹。

PostScript 底纹填充是使用 PostScript 语言创建的。由于有些底纹非常复杂，因此包含底纹填充的大对象的打印或者屏幕更新的时间可能较长。填充可能不显示，而显示字母“PS”，这取决于使用的视图方式。下面介绍如何使用 PostScript 语言实现底纹填充。

■ 任务驱动

具体操作步骤如下。

01 使用绘图工具绘制一个任意图形，并使用挑选工具选中，如图 5–99 所示。

02 选择填充工具组中的“PostScript 填充”，弹出“PostScript 底纹”对话框，如图 5–100 所示。

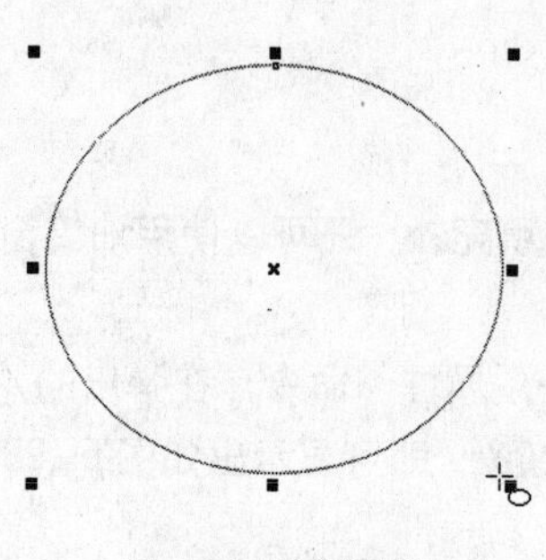

图 5-99 绘制图形

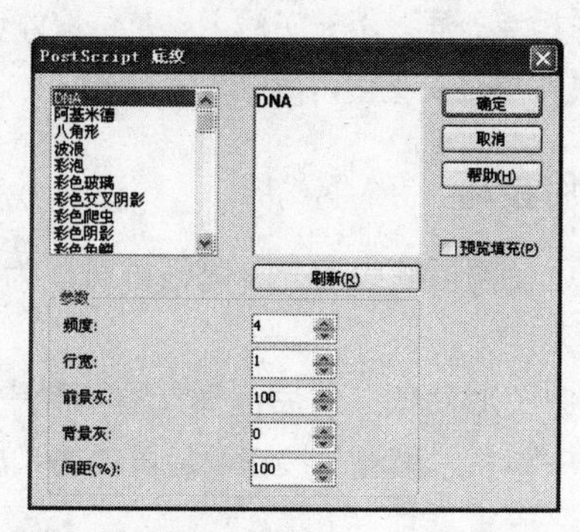

图 5-100 “PostScript 底纹”对话框

03 从列表中选择一种底纹，此时在右边的预览视窗中便会出现相应的底纹预览图，如图5-101所示。

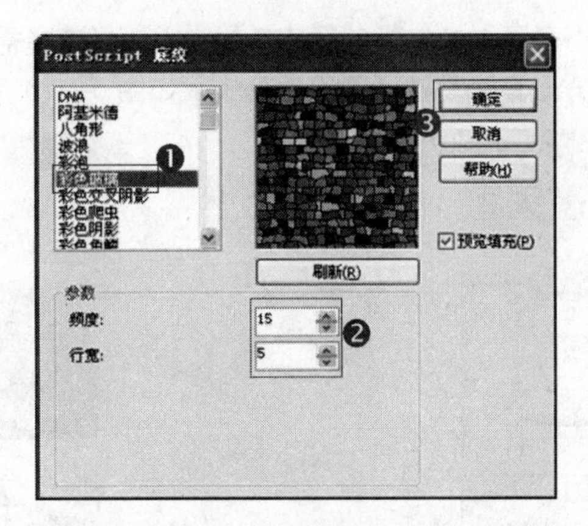

图 5-101　预览底纹视窗

【高手指点：选中对话框中的“预览填充”复选框即可预览底纹效果图案。】

04 设置完毕单击“确定”按钮即可，效果如图5-102所示。

图 5-102　PostScript 填充效果

5.6.7　使用泊坞窗填充颜色

■ 任务导读

除了使用标准填充方式为对象填充颜色外，还可以使用泊坞窗为对象填充颜色。

■ 任务驱动

具体操作步骤如下。

1. 使用“颜色”泊坞窗为对象填色

01 选中图形对象，然后选择“窗口”→“泊坞窗”→“颜色”命令打开“颜色”泊坞窗。

02 在此泊坞窗中单击“显示颜色滑块”按钮，然后单击“显示颜色”查看器的下拉按钮可以任意选择一种颜色模式。接下来可以拖曳颜色滑块调节出需要的颜色，也可以直接在色值参数框中输入颜色的色值，如图 5–103 所示。

03 单击“显示颜色查看器”按钮，然后单击“显示颜色查看器”的下拉按钮可以任意地选择一种颜色模式。接下来可以拖曳纵向颜色条的空心矩形选择需要的颜色区域，然后拖曳左侧方形颜色区域中的正方形精确地选择需要的颜色，如图 5–104 所示。

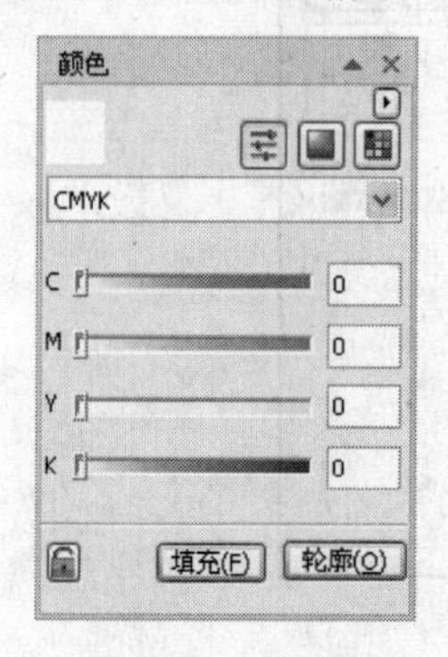

图 5-103 在“颜色滑块”模式下选择颜色

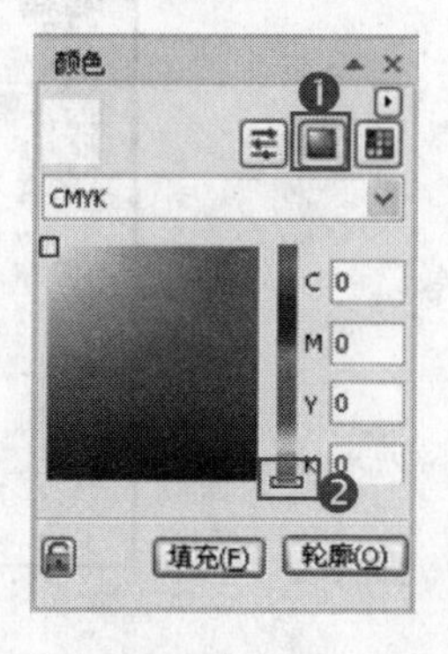

图 5-104 在“颜色查看器”模式下选择颜色

04 单击“显示调色板”按钮，然后单击“显示颜色查看器”的下拉按钮可以任意地选择一种颜色模式。接下来可以拖曳纵向颜色条中的空心矩形选择需要的颜色区域，在左侧的颜色列表中选择需要的颜色，然后可以拖曳下方的横向滑块设置颜色的亮度，如图 5–105 所示。

05 单击“填充”按钮可以将选择的颜色应用于对象的内部填充，单击“轮廓”按钮则可将选择的颜色应用于对象的轮廓线，如图 5–106 所示。

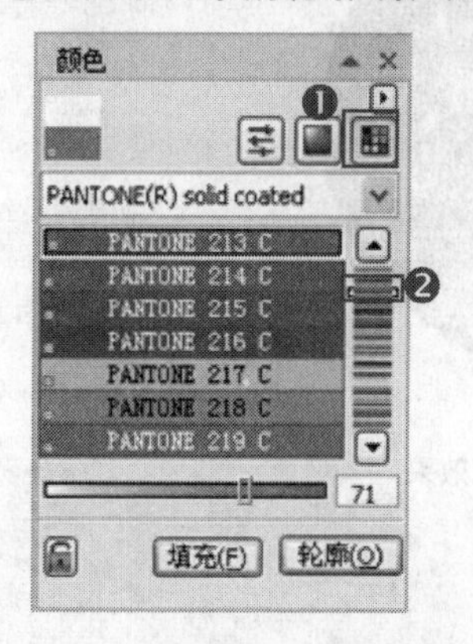

图 5-105 在“调色板”模式下选择颜色

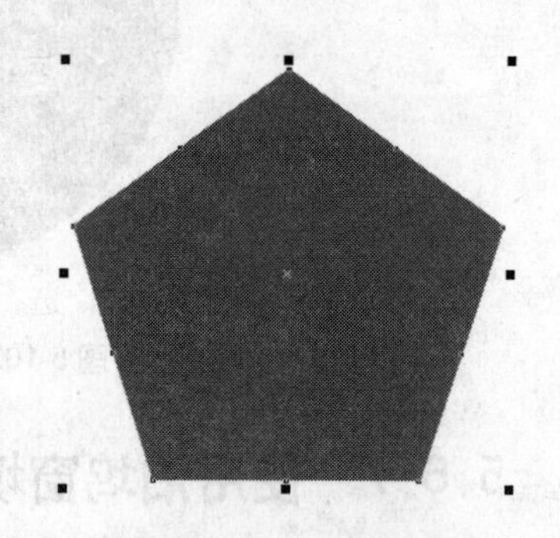

图 5-106 填充效果

2. 使用“对象属性”泊坞窗为对象填色

01 选中图形对象，然后选择“窗口”→“泊坞窗”→“属性”命令，在弹出的“对象属性”泊坞窗中单击“填充”标签。

02 在“填充类型”下拉列表框中选择“均匀填充”，即可显示出“均匀填充”设置选项，如图 5–107 所示。

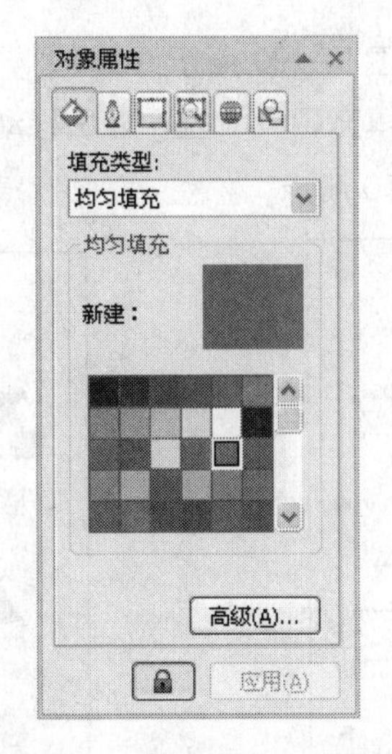

图 5-107 “均匀填充”设置选项

03 单击泊坞窗下方的“自动应用”按钮，然后使用鼠标直接单击颜色列表中需要的颜色即可为对象填充该颜色。

高手指点：当“自动应用”按钮处于开启状态时，选中颜色列表中的颜色，然后单击“应用”按钮即可为对象填充颜色。

5.7 | 使用交互式填充工具组

使用交互式填充工具组不仅可以进行交互式填充，而且可以改变填充对象的形状。无论对象填充的是单色、渐变色，还是图案或者纹理，都可以使用交互式填充工具改变其效果。交互式填充工具主要使用鼠标操作来控制填充，也可以通过属性栏中的各个选项进行控制。展开的交互式填充工具组如图 5–108 所示，组中的两个工具分别是“交互式填充”和“网状填充”，用户可以运用这两个工具为对象进行交互式颜色填充。

图 5-108 交互式填充工具组

5.7.1 交互式填充工具

■ 任务导读

使用交互式填充工具可以进行标准填充、双色图样填充、全色图样填充、位图图样填充、底纹填充和 PostScript 填充等。

■ 任务驱动

使用“交互式填充工具”的操作步骤如下。

01 绘制一个图形并选中，如图 5–109 所示。

02 选择工具箱中的“交互式填充工具”，然后移动鼠标指针到六边形的最左边，按住鼠标不放向右拖曳，效果如图 5–110 所示。

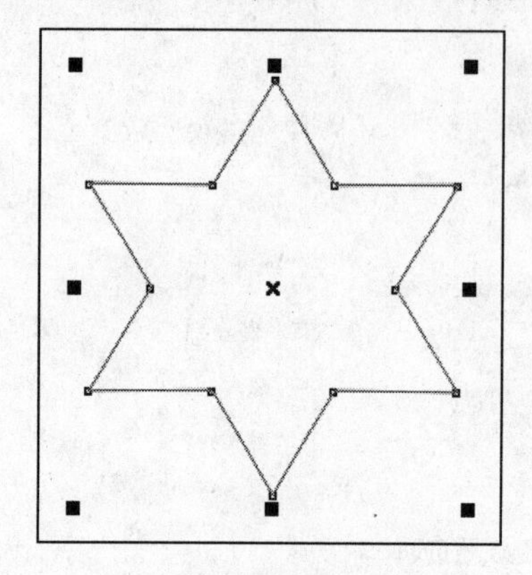

图 5-109 绘制图形并选中

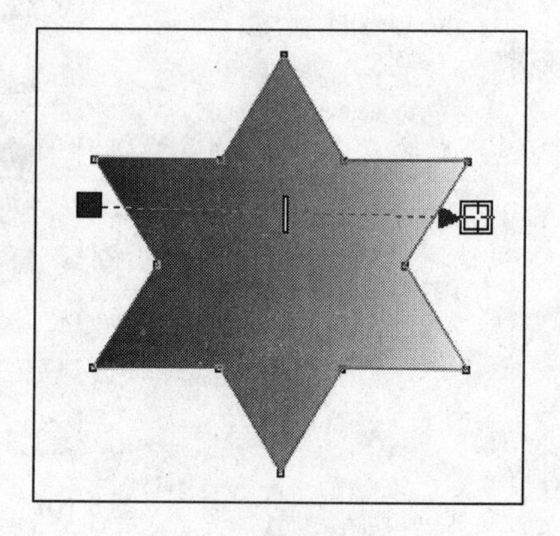

图 5-110 向右拖曳

03 单击属性栏中“填充下拉式”左侧的下拉按钮，然后从弹出的下拉选取器中选择橘红色，如图 5–111 所示。

04 此时对象的起点填充颜色就会变成橘红色，如图 5–112 所示。

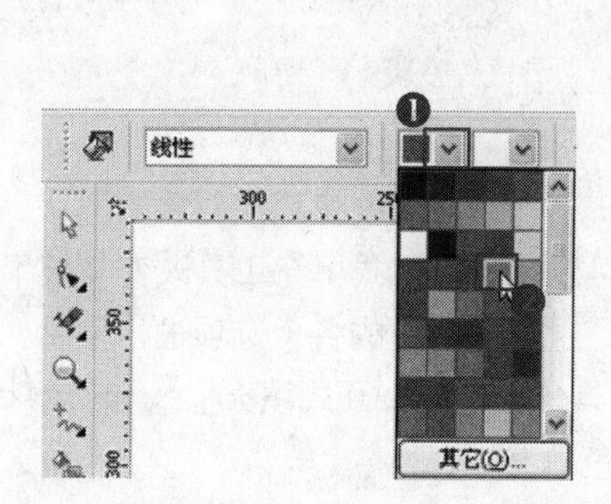

图 5-111 选择橘红色

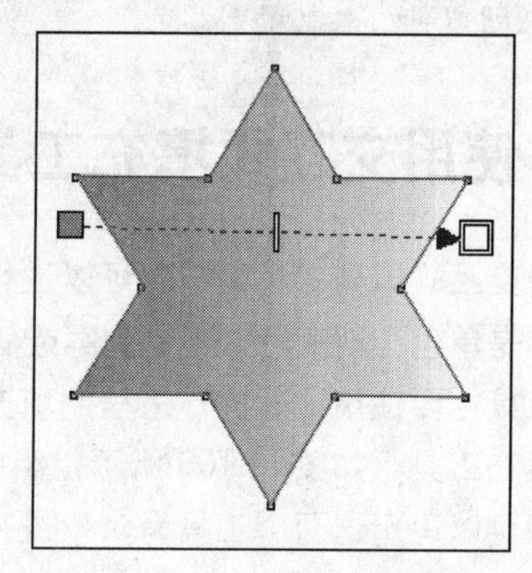

图 5-112 填充起点颜色

■ 应用工具

“交互式填充工具”在 CorelDRAW X4 工具栏的位置如图 5–113 所示。

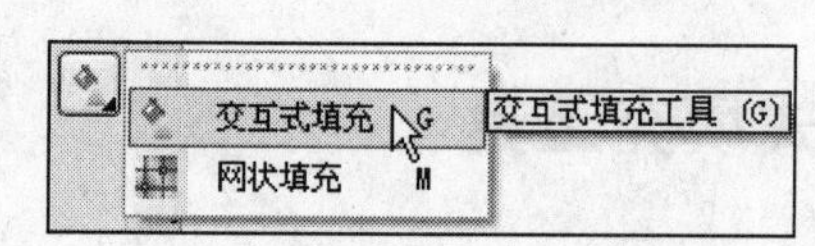

图 5-113 交互式填充工具的位置

■ 参数解析

选择“交互式填充工具”即可打开交互式填充工具属性栏，如图 5–114 所示。

图 5-114 交互式填充工具属性栏

(1) 在属性栏中选择的“填充类型”不同，属性栏中显示的选项也会有所不同。下面介绍几个通用的选项。

- “编辑填充”按钮：单击此按钮会打开当前填充类型的“编辑填充”对话框。
- “填充类型”下拉列表框：在此下拉列表框中可以选择预置的几种填充类型之一。
- “复制填充属性”按钮：单击此按钮可以把另一个有“交互式填充”对象的属性复制到当前的交互式填充对象上。

(2) 该属性栏中各个选项的功能如下。

- 填充下拉式：在此选项中可以为“交互式填充”的起始点更换颜色。
- 最终填充挑选器：在此选项中可以为“交互式填充”的终点更换颜色。
- 渐变填充中心点 50 %：在此选项中可以调整交互式填充滑块的中心位置。
- 渐变填充角和边衬：在此选项中可以调整“交互式填充”的角度和宽度。
- 渐变步长值 21：单击此选项后面的“小锁”按钮可以开启或者关闭此功能。渐变步长值设置的越大，渐变就越平滑，如图 5—115 所示。

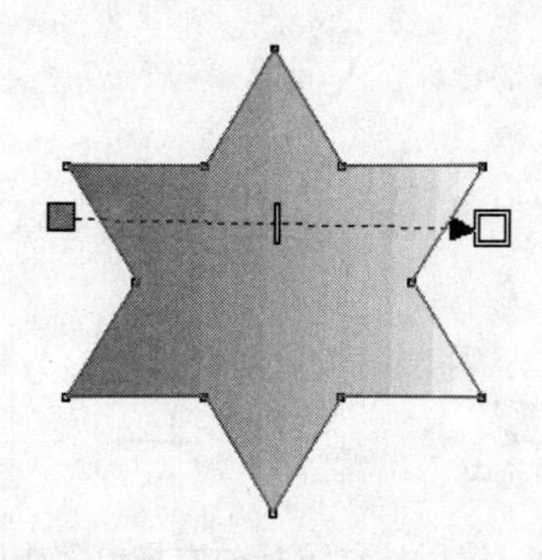

图 5-115 “渐变步长值”设置为 21 时的效果

高手指点：在交互式填充中可以将调色板中的颜色直接拖曳至渐变填充里面。方法是：按住色样，然后将它移到蓝色的虚线后面的色块上即可，如图 5-116 所示。

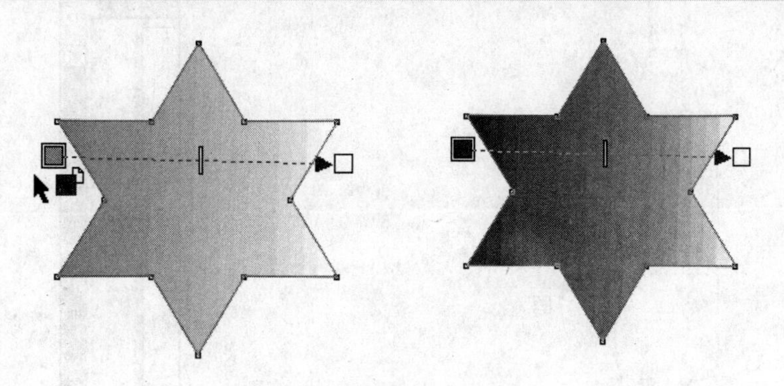

图 5-116 拖曳色样至色块上

5.7.2 网状填充工具

■ 任务导读

“网状填充工具” 是从 CorelDRAW 9 才开始增加的工具，使用它可以生成一种比较细腻的渐变效果，实现不同颜色之间的自然融合，更好地对图形进行变形和多样填色处理，从而可增强软件在色彩渲染上的能力。

■ 任务驱动

使用网状填充工具的具体步骤如下。

01 绘制一个图形并选中，如图 5–117 所示。

02 选择 “网状填充工具” ，此时对象上会出现交互式网格，如图 5–118 所示。

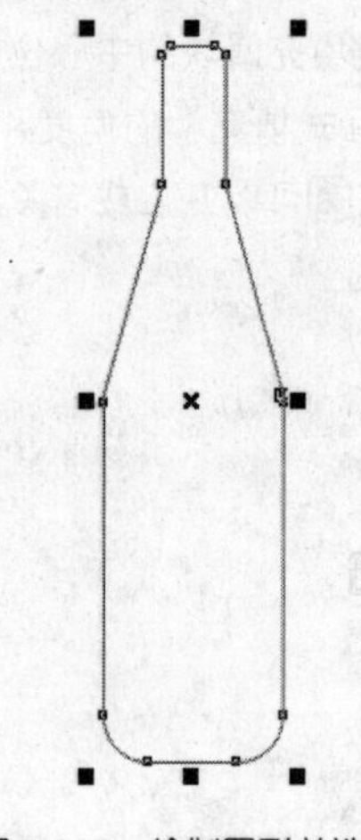

图 5-117　绘制图形并选中

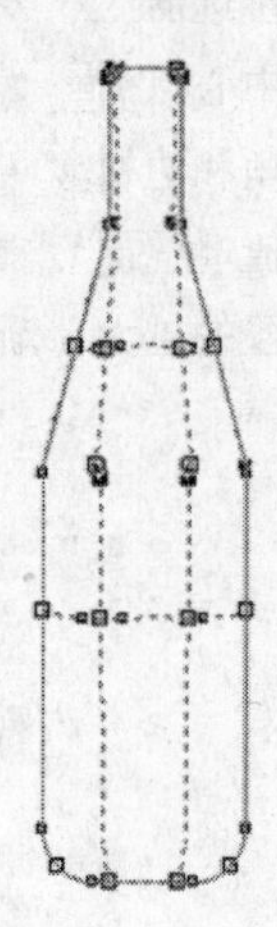

图 5-118　交互式网格

03 移动指针到对象的左边，然后按住鼠标向右拖曳将中间的一排节点选中，如图 5–119 所示。

04 移动指针到调色板中，选择紫色并单击，如图 5–120 所示。

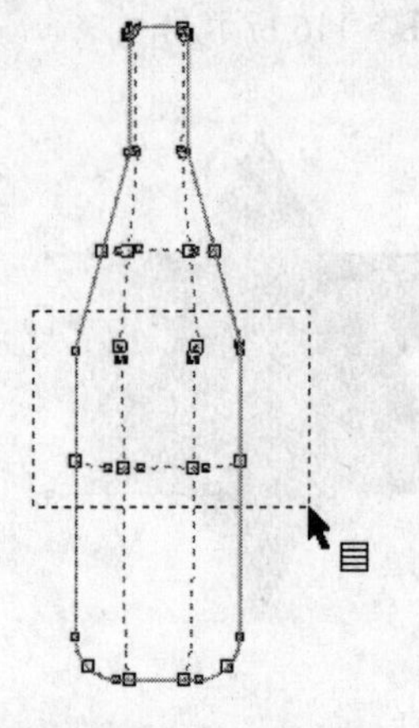

图 5-119　选取填充部位

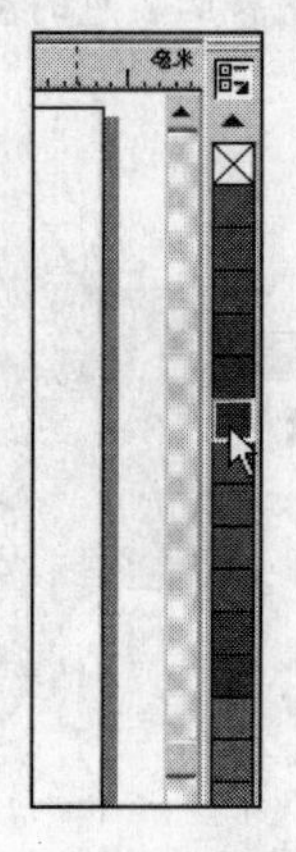

图 5-120　选取颜色

05 此时对象的填充效果如图 5–121 所示。

06 继续从调色板中拖入其他的颜色到对象的节点上，根据需要对一个完整的图形填充各种颜色，效果如图 5–122 所示。

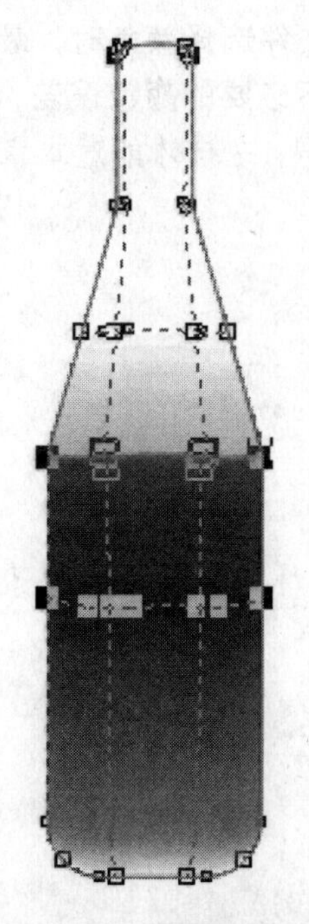

图 5-121 填充后的效果

图 5-122 绘制完成

【 **高手指点：使用网状填充工具渲染对象时，还可以配合属性栏中的选项进行编辑。** 】

■ 参数解析

网状填充工具属性栏中各个选项的功能如下。

- 网格大小：在此选项中可以改变网格的密度和数量。
- 添加交叉点：使用形状工具单击交互式网格中需要添加交叉点的位置，然后单击此按钮即可在此处添加交叉点。
- 删除节点：先单击需要删除的节点，然后单击此按钮即可删除此节点。
- 转换曲线为直线：单击此按钮可以将曲线转换为直线。
- 转换直线为曲线：单击此按钮可以将直线转换为曲线。
- 使节点成为尖突：单击此按钮可以将曲线上的节点转换为尖角节点进行编辑。
- 平滑节点：单击此按钮可以将尖角节点转换为平滑节点进行编辑。
- 生成对称节点：单击此按钮可以产生两个对称的控制柄，无论怎样编辑这两个控制柄始终保持对称。
- 曲线平滑度：在此选项中可以设置曲线的平滑程度。
- 复制网状填充属性自：单击此按钮可以把另一个对象的网格属性复制到当前的网格对象上。
- 清除网状：单击此按钮可以清除网格效果。

5.8 | 本章小结

颜色的填充包括轮廓线与对象颜色填充。CorelDRAW X4 可以使用各种标准的调色板、颜色混合器即颜色模式来选色并创建颜色。在为文件选择颜色时，最好参照国际标准色谱值来设定各种所需的颜色，以免在印刷时出现不必要的颜色误差。在学习本章前读者应首先掌握一些基本的印刷及色彩模式的基础知识，这样才能对本章讲解的内容有更深刻的了解。

06 图层及样式

本章知识点

- 图层管理器
- 使用图形和文本样式
- 应用颜色样式

图层功能是几乎所有的设计绘图软件的必备功能。使用图层可以有效地管理和控制复杂的绘图对象，应用样式则是将复杂的操作应用于其他的对象，从而可以简化操作步骤。图层和样式的使用可以使用户方便地管理和控制绘图页面中的图形对象。

6.1 图层管理器

在 CorelDRAW X4 中较为复杂的绘图作品，各个对象都有其特定的位置和次序。图层则记录了对象之间的层次关系。使用图层可以灵活地设置对象的层次关系。

6.1.1 新建和删除图层

■ 任务导读

对图层的操作是通过"对象管理器"来进行的。新建图层和删除图层直接在"对象管理器"上操作即可。

■ 任务驱动

新建图层的操作步骤如下。

01 使用绘图工具在绘图区域绘制几个图形，如图 6-1 所示。

02 选择"窗口"→"泊坞窗"→"对象管理器"命令打开"对象管理器"泊坞窗，如图 6-2 所示。

图 6-1　绘制图形

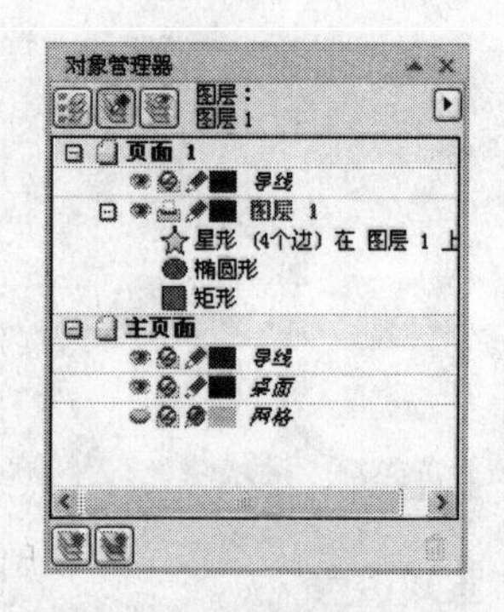

图 6-2　“对象管理器”泊坞窗

03 单击“新建图层”按钮即可新建一个图层，并且可以为图层命名，如图 6-3 所示。

04 在泊坞窗中右击，然后在弹出的菜单中选择“新建图层”选项也可以新建一个图层，如图 6-4 所示。

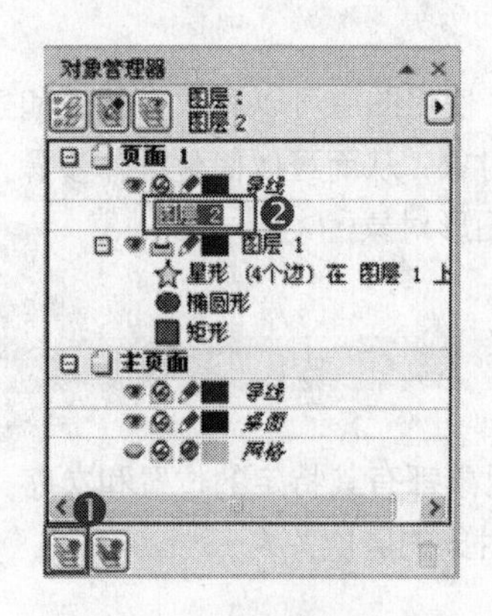

图 6-3　新建图层

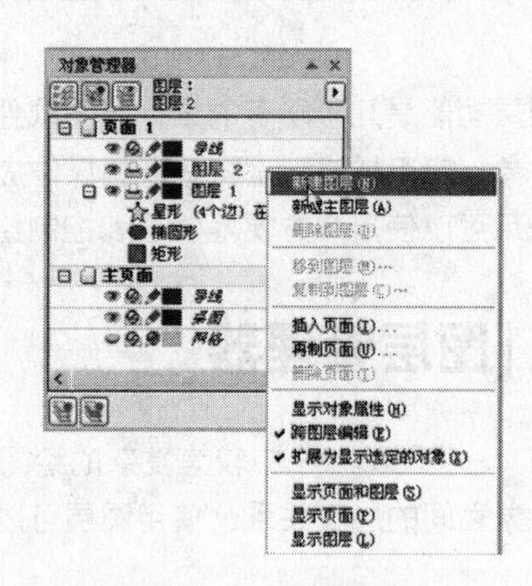

图 6-4　从菜单新建图层

05 选中要删除的图层，然后单击“删除”按钮即可删除图层。

06 在要删除的图层上右击，然后在弹出的菜单中选择“删除”命令也可以删除图层，如图 6-5 所示。

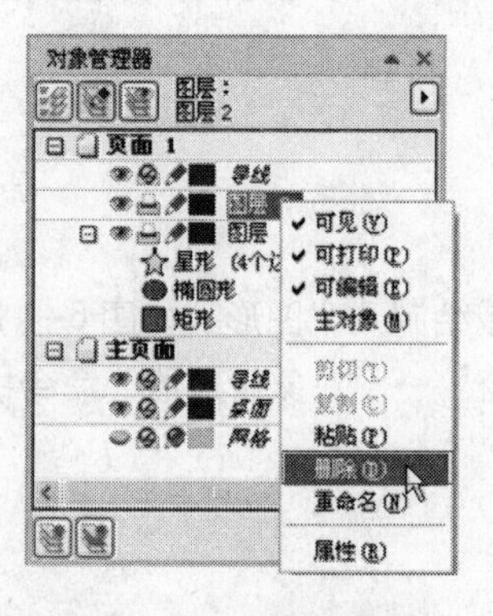

图 6-5　从菜单删除图层

高手指点：删除图层时，将同时删除该图层上的所有对象。如果想保留要删除的图层中的某一个对象，则应先将该对象移到其他的图层上。

■ 参数解析

在“对象管理器”泊坞窗中有一系列用于图层管理的按钮及图标，下面介绍一下它们的具体功能。

- “显示对象属性”按钮：用来显示或者隐藏图形对象的属性信息。
- “跨图层编辑”按钮：单击此按钮可以编辑所有的图层。
- “图层管理器视图”按钮：用来切换到“图层管理器”窗口，调出图层列表。
- 眼睛图标：用来控制对象的可见性。当眼睛图标为灰色时，图层中的图形对象就会被隐藏起来。
- 打印机图标：用来控制当前图层的对象打印与否。当图标显示为灰色时，当前图层中的对象就不会被打印出来。
- 铅笔图标：用来表示当前图层中的图形对象是否能被编辑。当图标显示为灰色时，当前图层中的对象就不能够编辑。
- “新建图层”按钮：单击该按钮可以在页面中新建一个图层。
- “新建主图层”按钮：单击该按钮可以在控制页面中添加一个新的控制层。
- “删除”按钮：用来删除被选中的图形对象、图层或者控制层。

6.1.2 排列图层

■ 任务导读

用户可以在“对象管理器”泊坞窗中根据需要随意地调整图层的顺序来更改图形的排列顺序。

■ 任务驱动

更改图层顺序的具体操作如下。

01 继续使用上例图形，在“对象管理器”泊坞窗中选择“矩形－填充”图层，如图 6-6 所示。

02 按住鼠标左键将“矩形”拖曳到“星形”的上面，在拖曳的时候会有一根黑色的线条跟随着鼠标指针移动，指示图层要插入的位置，如图 6-7 所示。

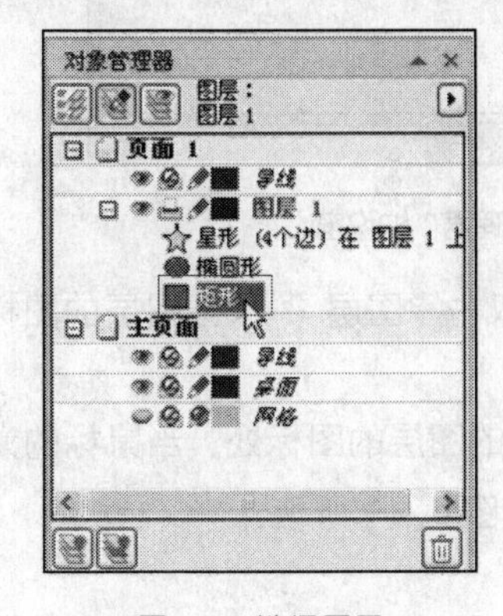

图 6-6　选择图层

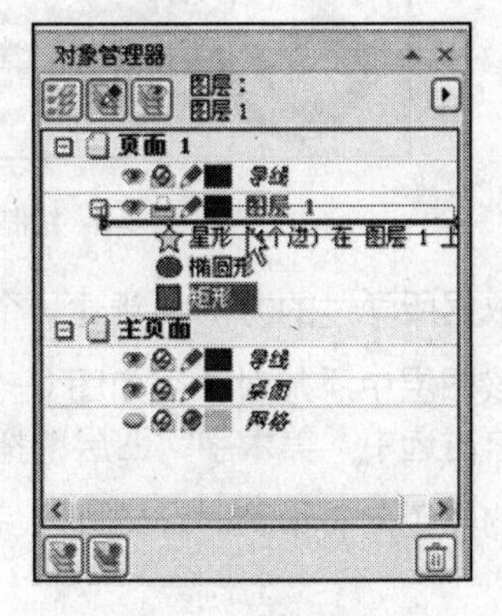

图 6-7　拖曳图层

03 在需要到达的位置释放鼠标即可改变图层的顺序，矩形图层就处在星形图层的上方了，如图 6-8 所示。

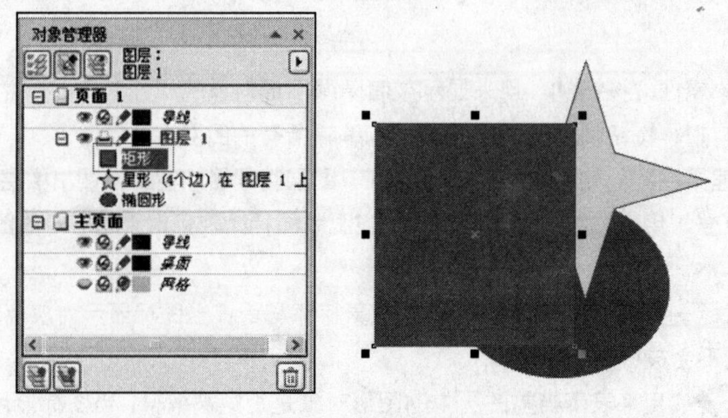

图 6-8 排列图层

6.1.3 编辑图层中的对象

■ 任务导读

在 CorelDRAW X4 中，用户可以通过“对象管理器”泊坞窗随意地将一个图层中的对象移动并添加到别的图层中，也可以在各个图层之间移动或者复制对象。

■ 任务驱动

移动或复制图层中的对象的具体操作如下。

01 随意绘制一组图形，并打开“对象管理器”泊坞窗，如图 6-9 所示。

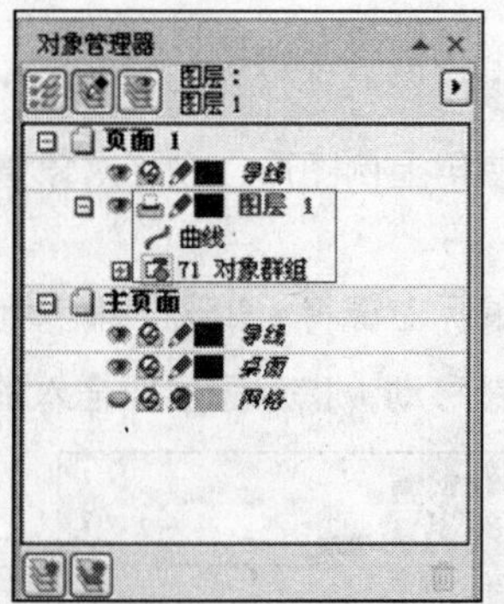

图 6-9 绘制图像和打开“对象管理器”泊坞窗

02 依据所学过的方法来新建一个“图层 2”，并双击“图层 2”，当图层的图标变成红色时即可在该图层中添加对象，如图 6-10 所示。

03 单击选中“美术字”图层，拖曳它到要添加到的图层的图标处，当鼠标的光标变成带页面标志的黑色向右箭头时释放即可完成添加操作，如图 6-11 所示。

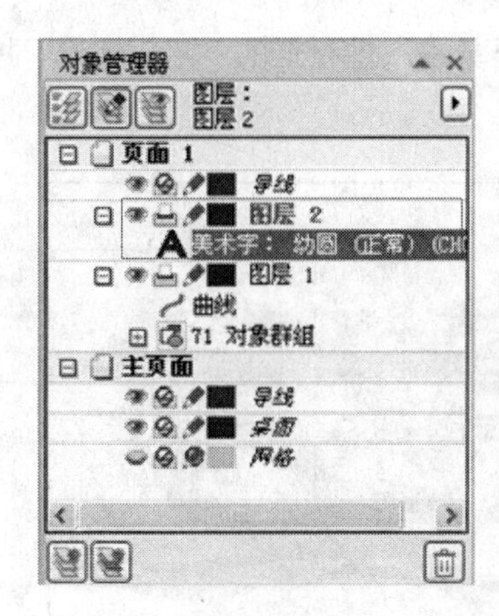

图 6-10 添加图层

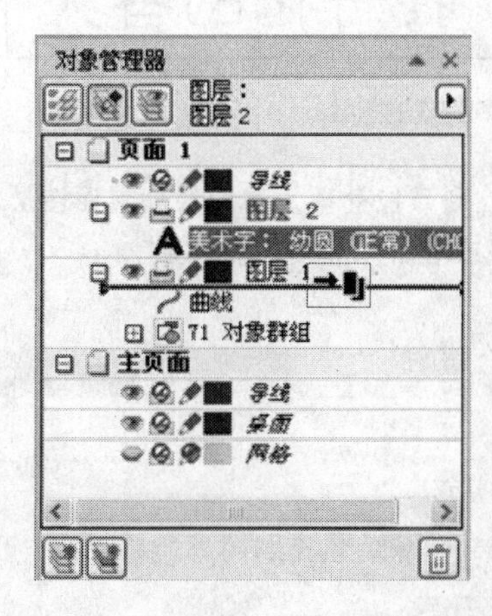

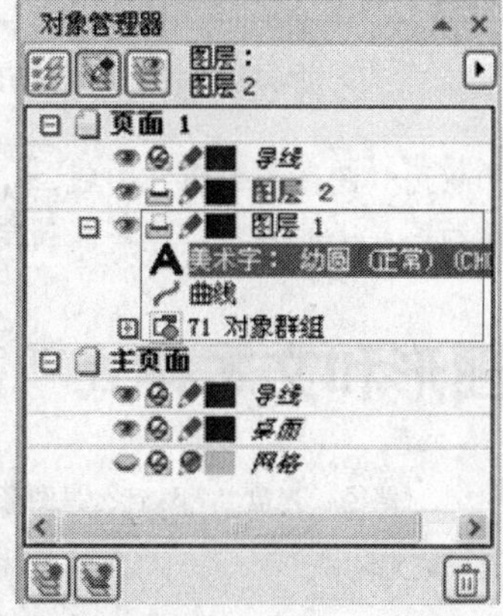

图 6-11 移动图层

04 在泊坞窗中选中“曲线”图层，然后单击泊坞窗右上角的黑色小三角，选择弹出菜单中的“复制到图层”选项，如图 6–12 所示。

05 当鼠标的光标变成带页面的箭头形状时，单击需要移动或者复制到的图层即可，如图 6–13 所示。

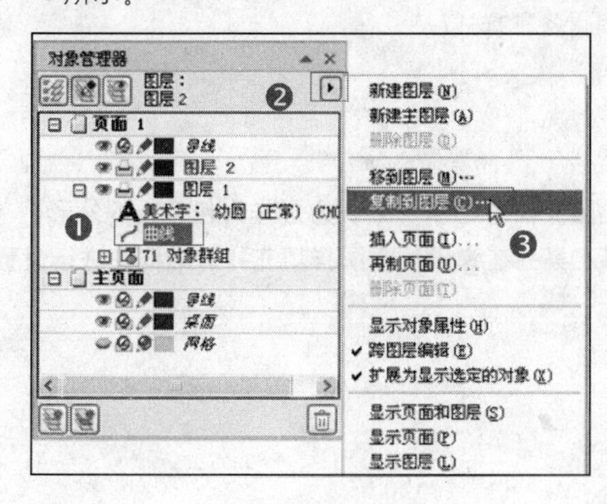

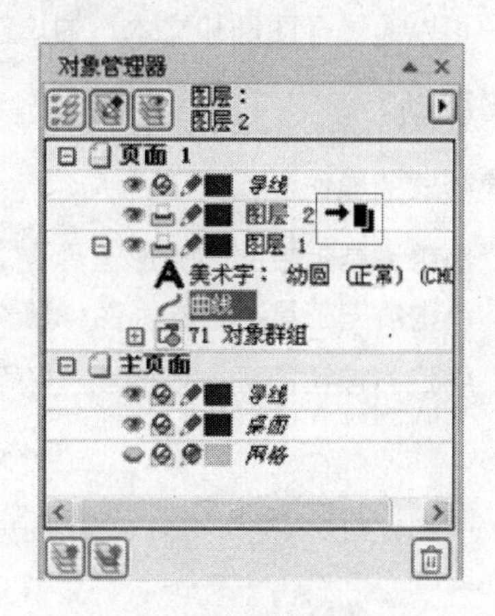

图 6-12 命令菜单

图 6-13 复制图层

06 使用“挑选工具”选择复制的图形，再单击属性栏上的“水平镜像”按钮将图形镜像，并调整位置，如图 6–14 所示。

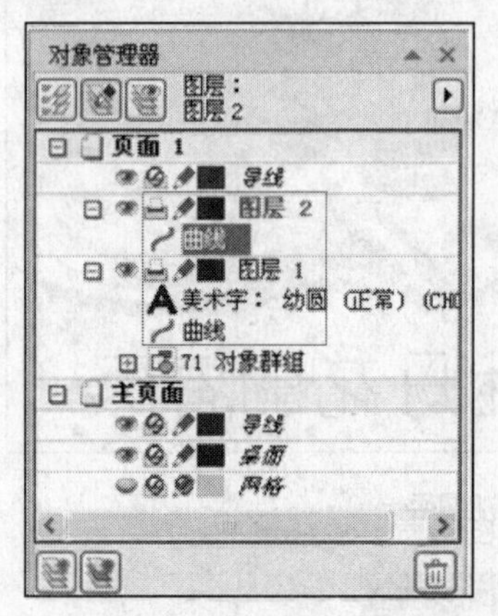

图 6-14　复制完成的图层

高手指点：如果禁用“跨图层编辑”按钮，则只能处理活动图层和桌面图层，而不能选择或者编辑非活动图层上的对象，也不能锁定或者解除锁定网格图层。

6.2 | 使用图形和文本样式

基本概念　（路径：光盘\MP3\什么是图形样式）

在 CorelDRAW X4 中，图形样式是用来描述对象的填充和轮廓的特性的，无填充效果和细黑色的轮廓线是 CorelDRAW X4 默认的图形样式。

6.2.1　新建样式

■ 任务导读

用户可以通过“图形和文本”泊坞窗来编辑各种样式。

■ 任务驱动

新建样式的操作步骤如下。

01 使用工具箱中的“矩形工具”在绘图页面中绘制一个长方形作为包装纸的外形。

02 单击填充工具组中的“图样填充”工具，在弹出的“图样填充”对话框中进行设置后单击“确定”按钮即可，如图 6–15 所示。

图 6-15 设置轮廓及填充属性

03 在图形对象上右击，然后在弹出的快捷菜单中选择“样式”→“保存样式属性”命令，如图 6–16 所示。

04 在弹出的“保存样式为”对话框中的“名称”文本框中输入样式名称，然后单击“确定”按钮即可保存新样式，如图 6–17 所示。

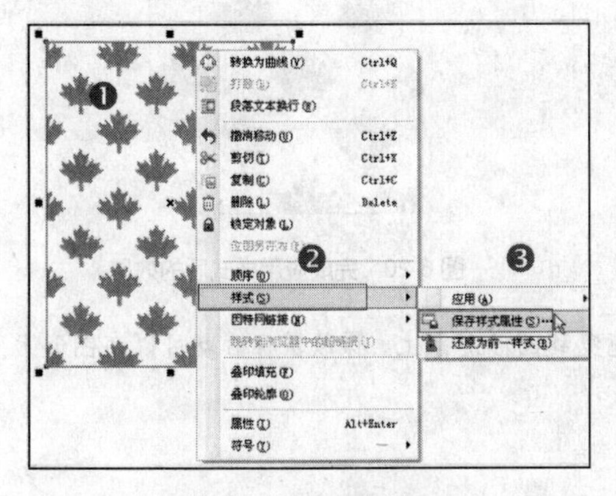

图 6-16 保存样式属性

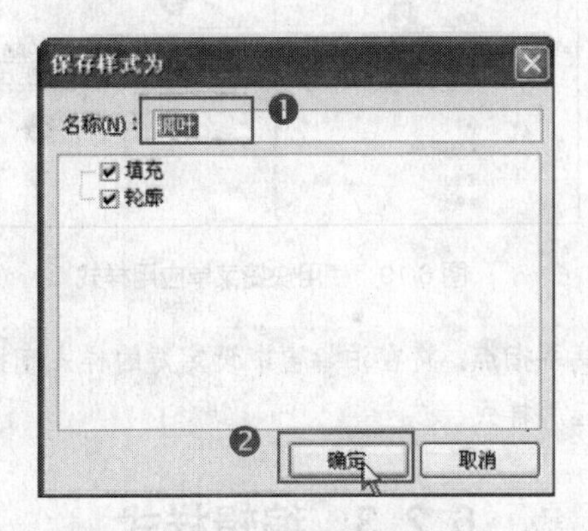

图 6-17 “保存样式为”对话框

【 **高手指点：**用户也可以将图形对象直接拖曳到泊坞窗中生成新样式。 】

05 选择“工具”→“图形和文本样式”命令，打开“图形和文本”泊坞窗，在这里用户可以看到刚保存的样式，如图 6–18 所示。

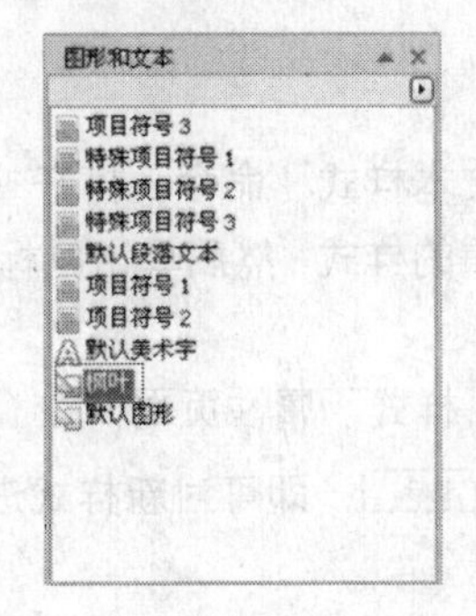

图 6-18 “图形和文本”泊坞窗

6.2.2 应用样式

■ 任务导读

用户要应用泊坞窗中的样式，可以通过以下的方法进行。

■ 任务驱动

应用样式的操作步骤如下。

01 使用工具箱中的绘图工具，绘制一任意图形。

02 在图形对象上右击，然后在弹出的快捷菜单中选择“样式”→“应用”→“枫叶”命令，即可在图形对象上添加选中的样式，如图 6–19 和图 6–20 所示。

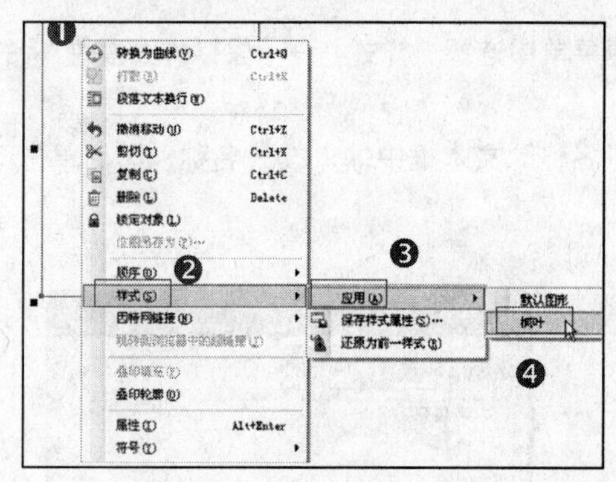

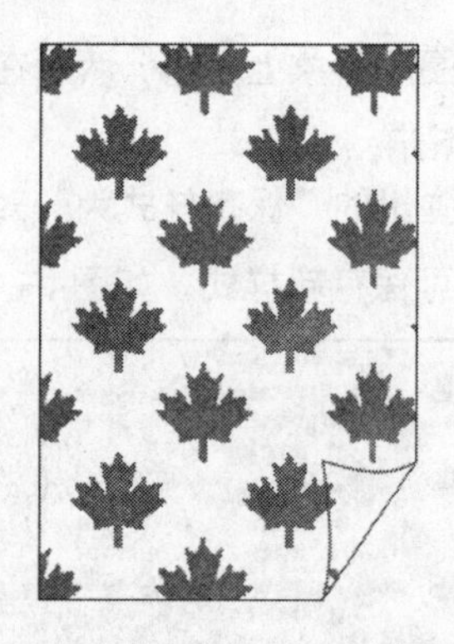

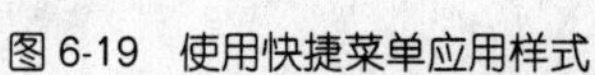

图 6-19 使用快捷菜单应用样式

图 6-20 完成应用样式后的效果

> **高手指点：将在泊坞窗中设定好的样式直接拖曳到图形对象上，释放鼠标后就可以在图形上应用样式。**

6.2.3 编辑样式

■ 任务导读

用户使用泊坞窗中的样式，若对样式不满意时还可进行重新修改或编辑样式。

■ 任务驱动

编辑样式的操作步骤如下。

01 选择“工具”→“图形和文本样式”命令，打开“图形和文本”泊坞窗。

02 在泊坞窗中选择要进行编辑的样式，然后单击鼠标右键，在弹出的菜单中选择“属性”菜单项，如图 6–21 所示。

03 弹出了“选项”对话框的“样式”属性页面，在“填充”的下拉列表中选择“图样填充”、然后单击右边的“编辑”按钮 编辑... ，即可对新样式进行编辑，如图 6–22 所示。

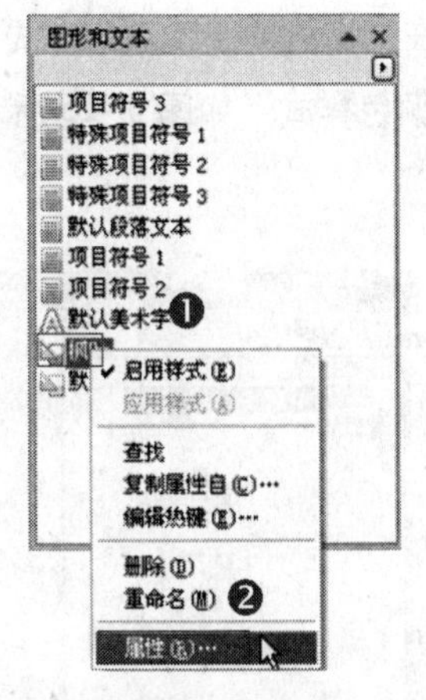

图 6-21 选择“属性”菜单项

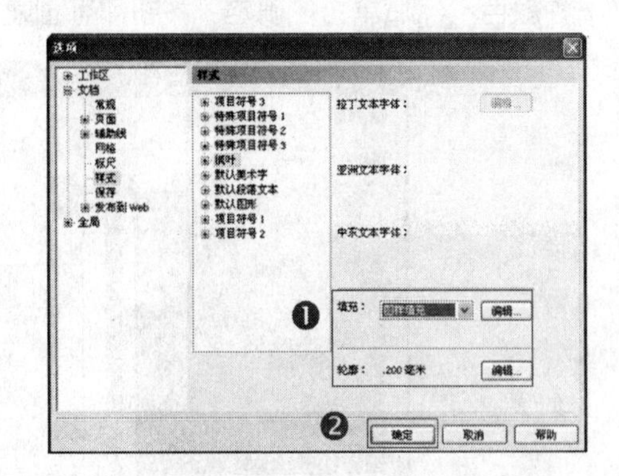

图 6-22 “选项”对话框

高手指点：样式被编辑并保存后，应用了该样式的对象就会自动地更新为应用编辑后的样式。

6.3 | 应用颜色样式

在 CorelDRAW X4 中，用户可以通过“颜色样式”泊坞窗创建自己的颜色样式调色板。如果用户更改了颜色样式，应用了该颜色样式的图形对象就会自动地更新为修改后的颜色样式。

6.3.1 新建颜色样式

■ 任务导读

“颜色样式”泊坞窗中提供了多种颜色样式可供使用，如果没有满意的颜色样式，也可以通过新建颜色样式来新建一个需要的颜色样式。

■ 任务驱动

新建颜色样式的操作步骤如下。

01 使用绘图工具随意绘制一个图形，并使用“挑选工具”选中图形对象，如图 6-23 所示。

02 然后选择“工具”→“颜色样式”命令调出“颜色样式”泊坞窗，如图 6-24 所示。

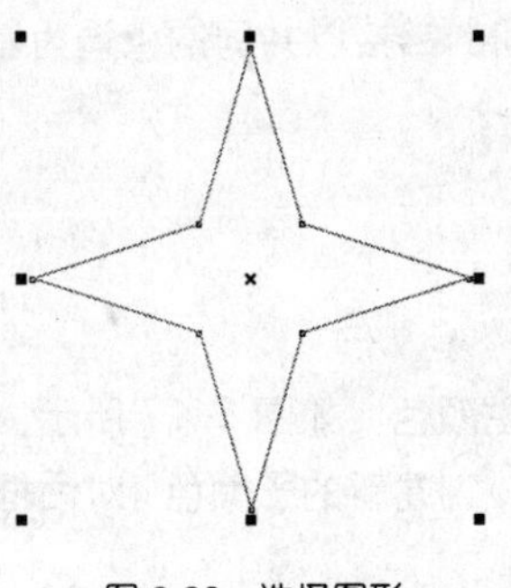

图 6-23 选择图形

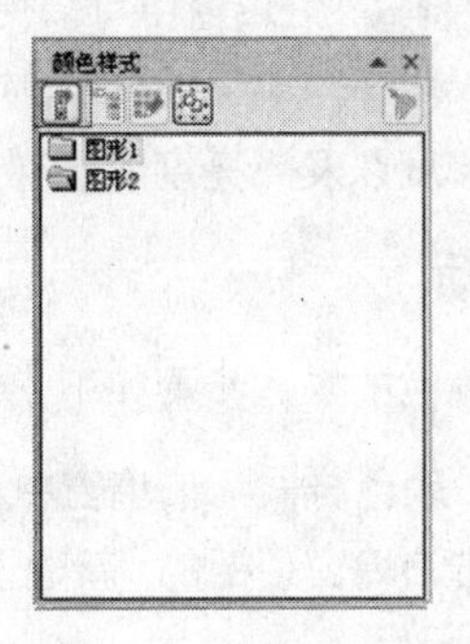

图 6-24 “颜色样式”泊坞窗

03 单击泊坞窗顶部的“新建颜色样式”按钮，在弹出的“新建颜色样式”对话框中选择一种颜色，然后单击“确定”按钮即可创建一个新的颜色样式，如图 6-25 所示。

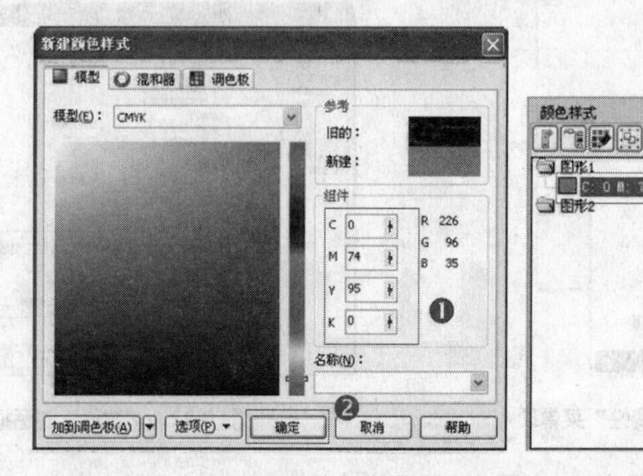

图 6-25 “颜色样式”泊坞窗

04 单击并选择新设置的颜色样式，按住鼠标左键拖曳到图形上，即可为图形填充新的颜色样式，如图 6-26 所示。

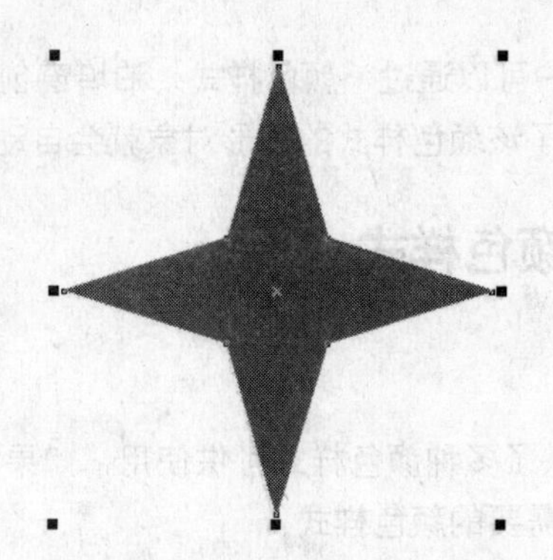

图 6-26 填充新的颜色样式

6.3.2 创建子颜色

■ 任务导读

在“颜色样式”泊坞窗中可以使用颜色样式将一些列的两个或多个相似的颜色链接在一起，以形成一个“父子”关系。“父”颜色与“子”颜色之间的链接以共同的色调为基础；还可以通过调节饱和度以及光亮度的层次来建立不同的阴影。

■ 任务驱动

创建子颜色的操作步骤如下。

01 在“颜色样式”泊坞窗中选中要添加子颜色的主颜色，如图 6-27 所示。

02 单击泊坞窗顶部的“新建子颜色”按钮，调出“创建新的子颜色”对话框，如图 6-28 所示。

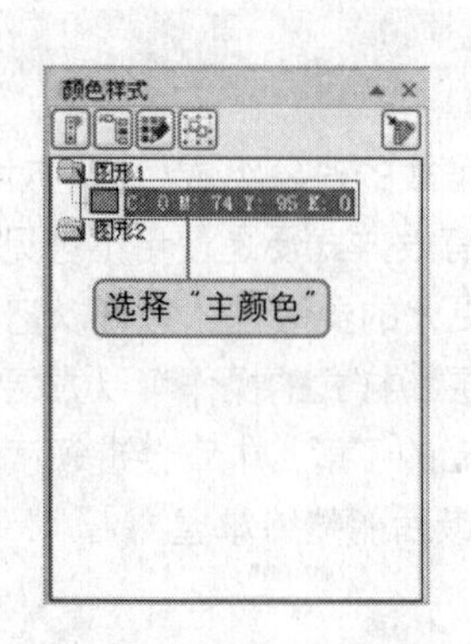

图 6-27　选择“主颜色”

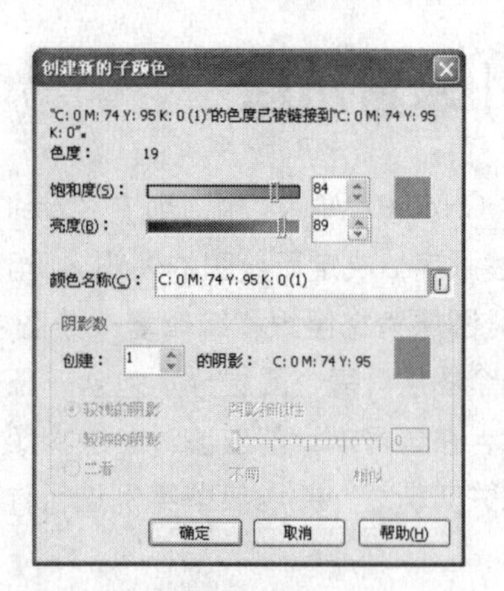

图 6-28　“创建新的子颜色”对话框

03 在该对话框中用户可以通过调节“饱和度”和“亮度”来指定一种子颜色，并且可以在“颜色名称”文本框中输入子颜色的名称，如图 6−29 所示。

04 用户还可以通过“阴影数”选项区设定一系列阴影的数值。在选项区中提供有“较浅的阴影”、“较深的阴影”和“二者”等 3 种阴影方式，如图 6−30 所示。

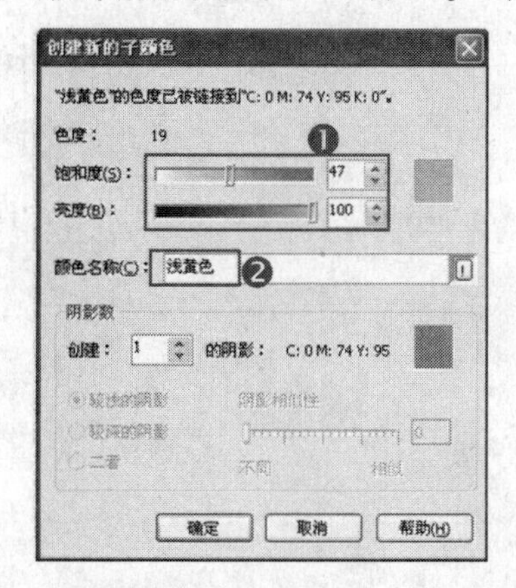

图 6-29　指定一种子颜色

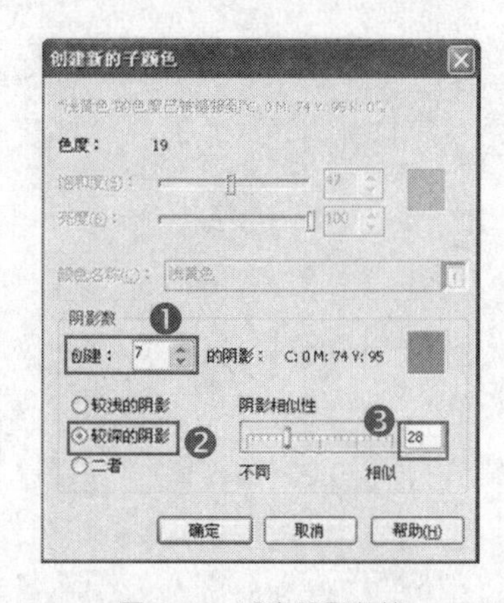

图 6-30　设定阴影数值

高手指点： 设置创建的阴影数值高于 1 即可激活“阴影数”选项区。

05 通过“阴影相似性”滑块可以调节阴影与主颜色之间的差异和类似值，设置完成后单击“确定”按钮即可，如图 6−31 所示。

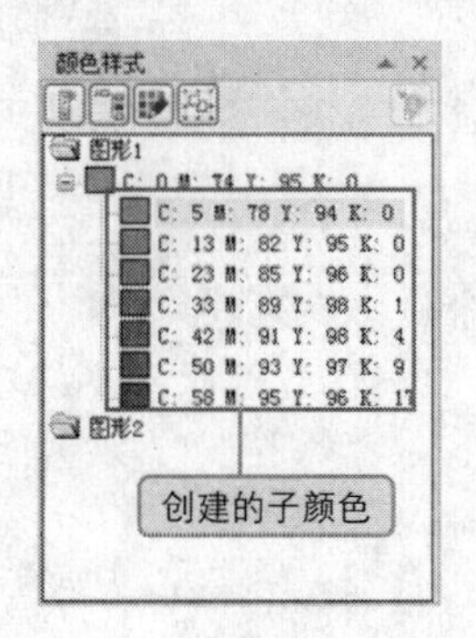

图 6-31　“颜色样式”泊坞窗

6.4 | 本章小结

在 CorelDRAW X4 中，所有 CorelDRAW 绘图都由堆栈的对象组成。这些对象的垂直顺序（即堆栈顺序）决定了绘图的外观。组织这些对象一个有效方式便是使用不可见的平面（称为图层）。图层为您组织和编辑复杂绘图中的对象提供了更大的灵活性。您可以把一个绘图划分成若干个图层，每个图层分别包含一部分绘图内容。图层和样式的操作可以方便用户进行对象的编辑。在学习本章前应该对图层、颜色样式有一个基础的了解，本章会带领读者循序渐进地学习相关知识点，并以典型实例进行详细的讲解，读者最后能熟练掌握。

Chapter 07 对象管理

本章知识点

- 安排对象的次序
- 对齐与分布对象
- 群组操作
- 结合与拆分
- 锁定操作

在使用 CorelDRAW X4 的过程中，特别是在对多个对象进行编辑时，时常需要使对象整齐地、有调理地排列或组织起来，这时就需要用到对齐、分布、排序和组织等命令。

7.1 | 安排对象的次序

应用 CorelDRAW X4 中的顺序功能可以把对象有条不紊地按照前后顺序排列起来，使绘制的对象有次序。一般最后创建的那个对象排在最前面，最早建立的对象则排在最后面。

选择“排列”→“顺序”命令会弹出其子菜单，如图 7-1 所示。

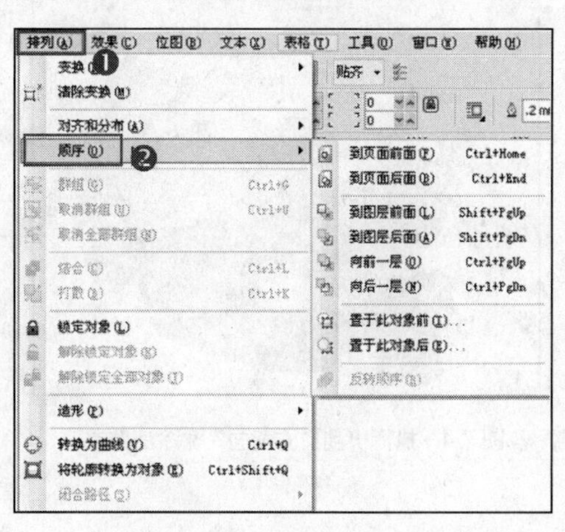

图 7-1 “排列”菜单

7.1.1 到页面前面

■ **任务导读**

选择“到页面前面”命令，可以将选定对象移到页面上所有其他对象的前面，快捷键是 Ctrl+Home。

■ 任务驱动

“到页面的前面”的具体操作步骤如下。

01 选择“文件”→“导入”命令，导入“光盘\素材\ch07\图 01 .psd”文件，如图 7–2 所示。

02 使用“挑选工具”选择最后面的香蕉图片，如图 7–3 所示。

图 7-2　打开的图形

图 7-3　选择香蕉图片

03 选择“排列”→“顺序”→“到页面前面”命令，文件夹图标就会移到所有对象的最前面，如图 7–4 所示。

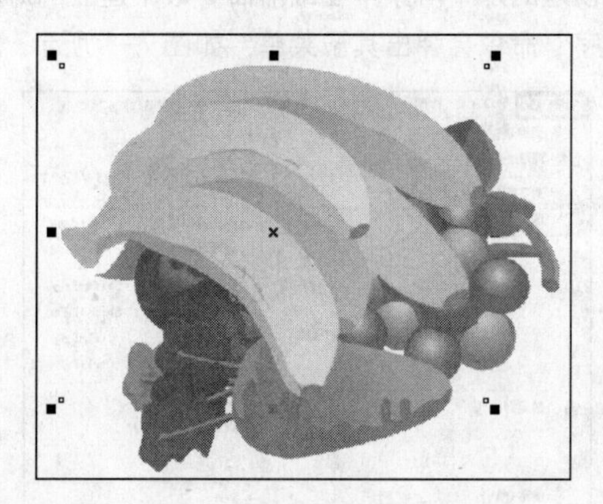

图 7-4　执行“到页面前面”命令的效果

■ 使用技巧

选择图像后，在图像上单击鼠标右键，在弹出的快捷菜单中选择“顺序”→“到页面前面”命令如图 7–5 所示，也可调整对象顺序。

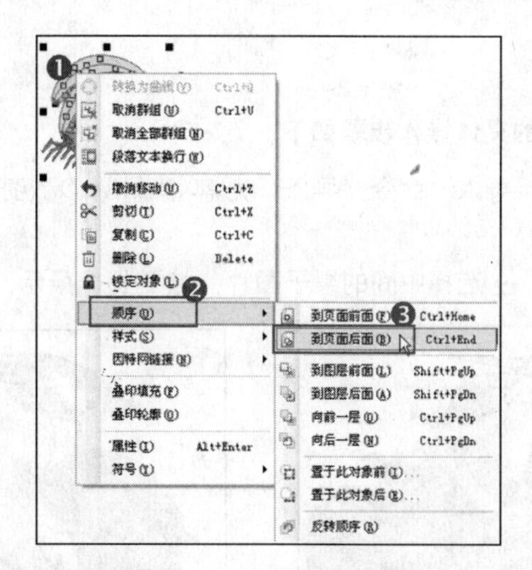

图 7-5 执行“顺序”命令

7.1.2 到页面后面

■ 任务导读

选择“到页面后面”命令可以将选定对象移到页面上所有对象的后面，快捷键是 Ctrl+End。

■ 任务驱动

使用“到页面后面”的具体操作步骤如下。

01 继续使用上述文件，然后用挑选工具将最上面的胡萝卜选中，如图 7–6 所示。

02 选择“排列”→“顺序”→“到页面后面”命令，胡萝卜就会被移到所有对象的后面，如图 7–7 所示。

图 7-6 选中胡萝卜

图 7-7 执行“到页面后面”命令

7.1.3 到图层前面

■ 任务导读

选择“到图层前面”命令可以将选定对象移到活动图层上所有对象的前面，快捷键是 Shift+Page Up。

■ 任务驱动

使用“到图层前面”的具体操作步骤如下。

01 选择“文件”→“导入”命令，导入“光盘\素材\ch07\图 02.psd”文件，如图 7–8 所示。

02 使用“挑选工具”选择中间的梨子图片，如图 7–9 所示。

图 7-8　打开的图形

图 7-9　选择梨子图片

03 选择“排列”→“顺序”→“到图层前面”命令，文件夹图标就会移到所有对象的最前面，如图 7–10 所示。

图 7-10　执行“到图层前面”命令的效果

高手指点： 直接单击属性栏中的“到图层前面”按钮，可以快速地移动对象到所有对象的最前面。

7.1.4　到图层后面

选择“到图层后面”命令，可以将选定对象移到活动图层上所有对象的后面，快捷键是 Shift+Page Down。其操作步骤和“到页面后面”的操作相似。

高手指点： 直接单击属性栏中的“到图层后面”按钮，可以快速地移动对象到所有对象的后面。

7.1.5 向前一层

■ **任务导读**

选择“向前一层”命令可以将选择对象的排列顺序向前移动一位，快捷键是 Ctrl+Page Up。

■ **任务驱动**

使用“向前一层”的具体操作步骤如下。

01 继续使用上述文件，然后用挑选工具将右边的苹果选中，如图 7-11 所示。

02 选择“排列”→“顺序”→“向前一层”命令，苹果就会被移到梨子的前面，如图 7-12 所示。

图 7-11 选中苹果图形

图 7-12 执行“向前一层”命令的效果

7.1.6 向后一层

选择“向后一层”命令可以使选择对象在排列顺序上向后移动一位，快捷键是 Ctrl+Page Down。其操作步骤和“向前一层”的操作相似。

7.1.7 置于此对象前

■ **任务导读**

选择“置于此对象前”命令可以将所选对象放在指定对象的前面。

■ **任务驱动**

具体的操作步骤如下。

01 选择“文件”→“打开”命令，打开“光盘\素材\ch07\图 03.cdr”文件，如图 7-13 所示。

02 使用“挑选工具”选择最下面的“贺春”图形，如图 7-14 所示。

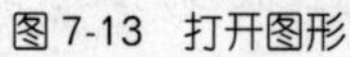
图 7-13　打开图形

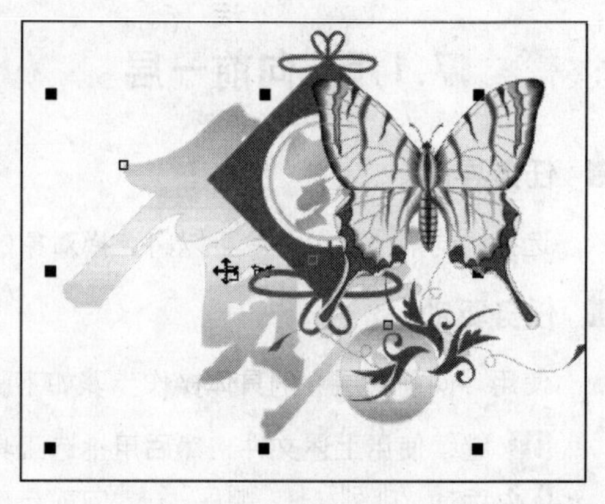

图 7-14　选择不规则形状

03 选择“排列”→“顺序”→“置于此对象前”命令，这时鼠标指针会变成➡形状，然后移动鼠标指针到“福”上，如图 7–15 所示。

04 在“福”上单击，此时不规则图形就会移到指定对象“福”的前面，如图 7–16 所示。

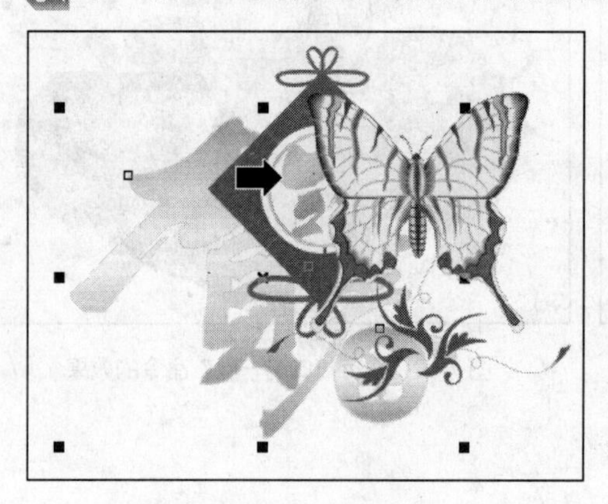

图 7-15　移动鼠标指“福”上

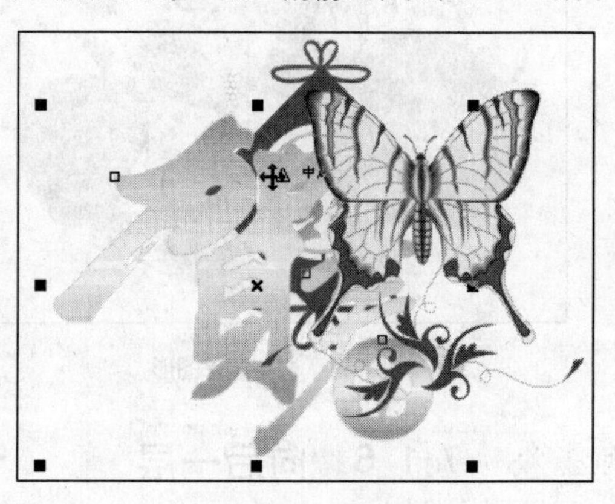

图 7-16　执行“置于此对象前”命令的效果

7.1.8　置于此对象后

选择“置于此对象后”命令可以将所选对象放到指定对象的后面，此功能正好与“置于此对象前”命令的作用相反。其操作步骤和“置于此对象前”的操作相似。

7.1.9　逆序

■ 任务导读

选择“反转顺序”命令可以将所选对象按照相反的顺序排列。

■ 任务驱动

具体的操作步骤如下。

01 继续使用上面的图形，然后按 Ctrl+A 组合键将所有的对象选中，如图 7–17 所示。

02 选择"排列"→"顺序"→"反转顺序"命令，此时得到的顺序结果与之前的排列顺序相反，如图 7–18 所示。

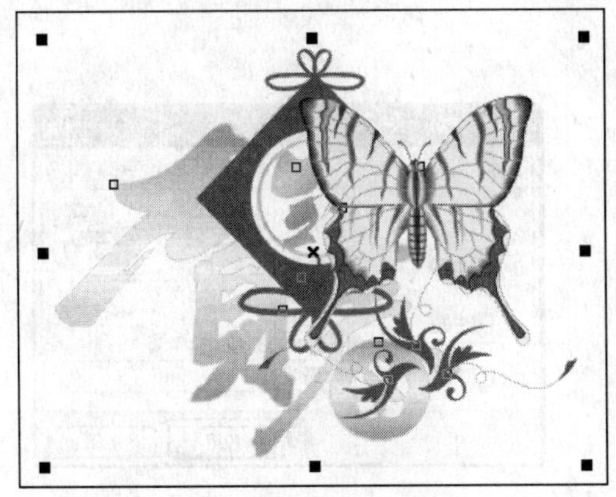

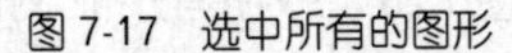

图 7-17 选中所有的图形

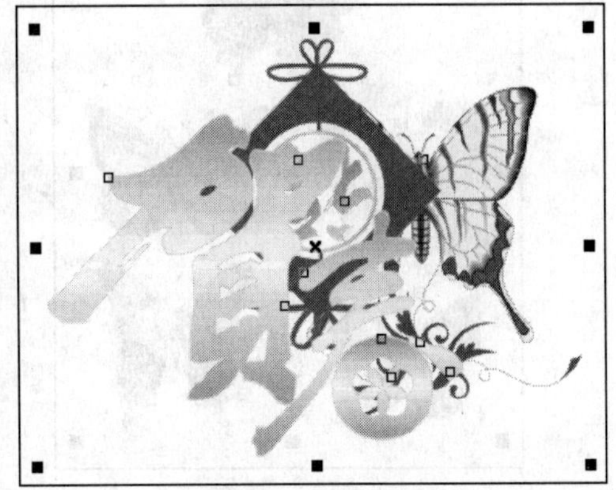

图 7-18 执行"反转顺序"命令的效果

7.2 | 对齐与分布对象

在绘制图形的时候，经常需要对某些图形对象按照一定的规则进行排列，以达到更好的视觉效果。在 CorelDRAW X4 中，可以将图形或者文本按照指定的方式排列，使它们按照中心或边缘对齐，或者按照中心或边缘均匀分布。

7.2.1 使用"对齐"

■ 任务导读

CorelDRAW X4 提供有对齐对象的功能，它可以将一系列的对象按照指定的方式排列，还可以将对象与网格或者辅助线对齐。

在对齐对象时，可以将所选的对象沿水平或者垂直方向对齐，也可以同时沿水平和垂直方向对齐。对齐对象时的参考点可以选择对象的中心或者边缘。

■ 任务驱动

使用对齐命令对齐对象的操作步骤如下。

01 选择"文件"→"打开"命令，打开"光盘\素材\ch07\图 04.cdr"文件，并框选所有的图形，如图 7–19 所示。

02 然后选择"排列"→"对齐和分布"命令，弹出"对齐与分布"对话框，并进行如图 7–20 所示的设置。

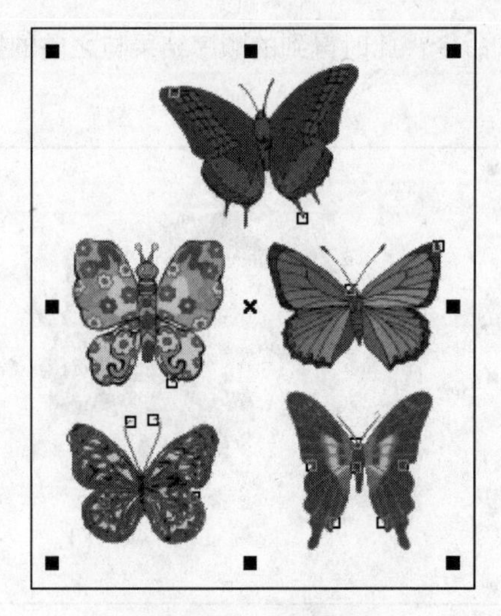

图 7-19　框选所有对象

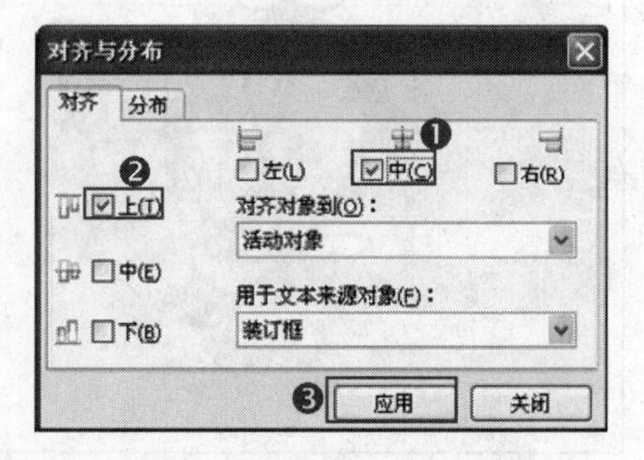

图 7-20　“对齐与分布”对话框

03 单击“应用”按钮即可将选择的对象按照指定的方式对齐，如图 7–21 所示。

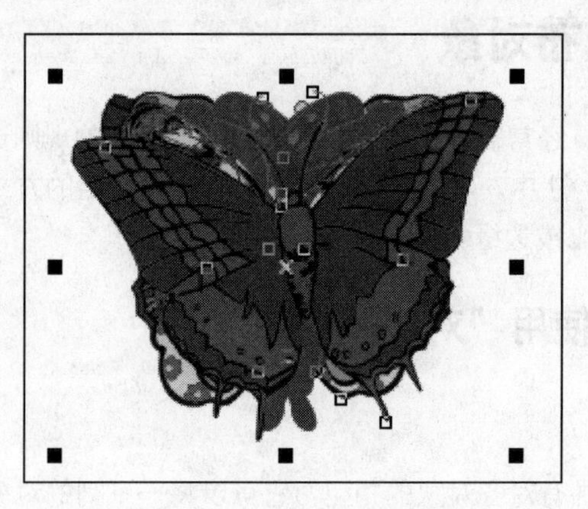

图 7-21　对齐操作的前（左图）后（右图）效果

■ 参数解析

“对齐与分布”对话框的各个选项的含义如下。

- “上”：上部对齐，使所选对象的顶端全部对齐在同一条水平线上。
- “中”：中心对齐，使所选对象的中心全部对齐在同一条水平线上。
- “下”：下部对齐，使所选对象的底端全部对齐在同一条水平线上。
- “左”：左部对齐，使所选对象的左边全部对齐在同一条垂直线上。
- “中”：中心对齐，使所选对象的中心全部对齐在同一条垂直线上。
- “右”：右部对齐，使所选对象的右边全部对齐在同一条垂直线上。

单击属性栏中的“贴齐”按钮，在弹出的下拉列表中选择“贴齐网格”命令，可以使对象按网格对齐。

选择“贴齐辅助线”，可以使对象按辅助线对齐。

选择“贴齐对象”，可以使对象按照特定的对象对齐。

高手指点： 用户也可以利用属性栏中的“对齐对象”按钮来设置对齐方式。不过只有在无选中的状态下，属性栏中的常用对齐按钮才可以使用。

7.2.2 使用“分布”

■ 任务导读

在 CorelDRAW X4 中，可以将所选的对象按照一定的规则分布在绘图页面中或者选定的区域中。在分布对象时可以让对象等间距排列，并且可以指定排列时的参考点，还可以将辅助线按照一定的间距进行分布。

■ 任务驱动

使用分布命令对齐对象的操作步骤如下。

01 继续使用上述文件，并且框选所有对象，如图 7–22 所示。

02 选择“排列”→“对齐和分布”命令，然后在弹出的“对齐与分布”对话框中选择“分布”选项卡，如图 7–23 所示。

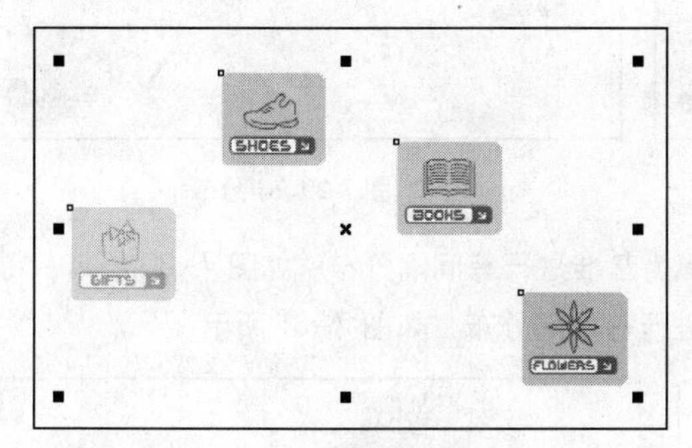

图 7-22 框选所有对象

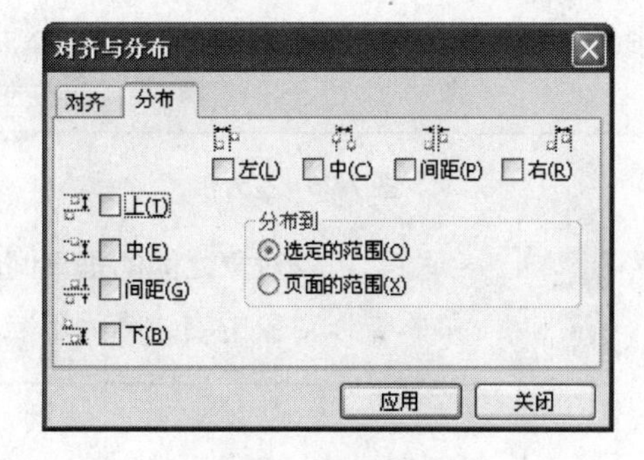

图 7-23 “分布”选项卡

03 “上”：以对象的顶端为基准进行等间隔分布，如图 7–24 所示。

04 “中”：以对象的水平中心为基准等间隔进行分布，如图 7–25 所示。

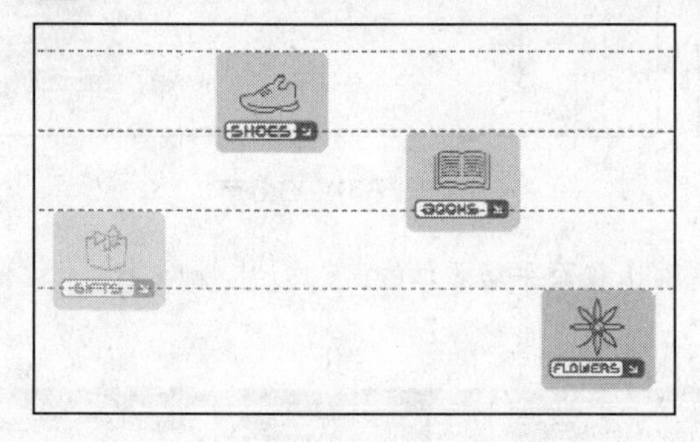

图 7-24 上分布

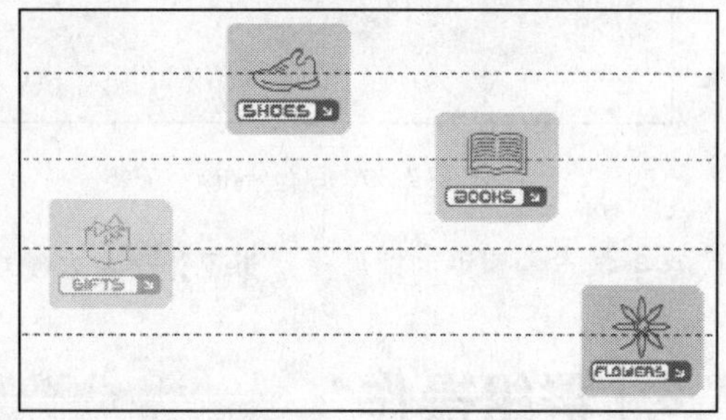

图 7-25 中分布

05 “间距”：按对象之间的水平间隔为基准进行等间隔分布，如图 7–26 所示。

06 “下”：按对象的底端为基准进行等间隔分布，如图 7–27 所示。

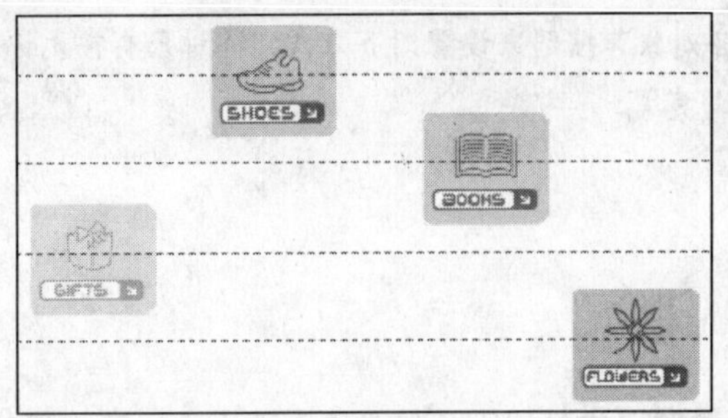

图 7-26 间距分布

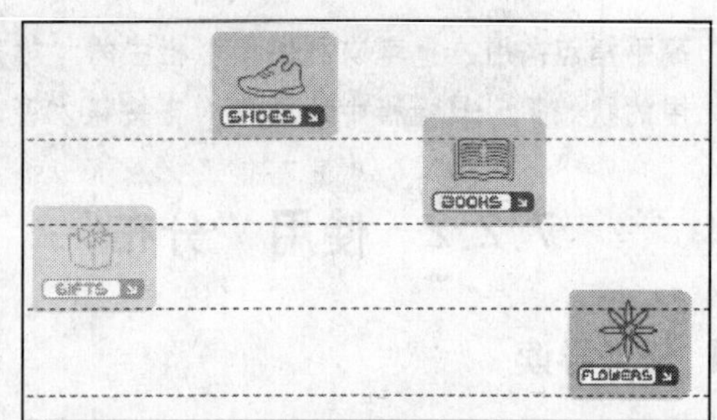

图 7-27 下分布

07 "左"：以对象的左边缘为基准进行等间隔分布，如图 7–28 所示。

08 "中"：以对象的垂直中心点为基准进行等间隔分布，如图 7–29 所示。

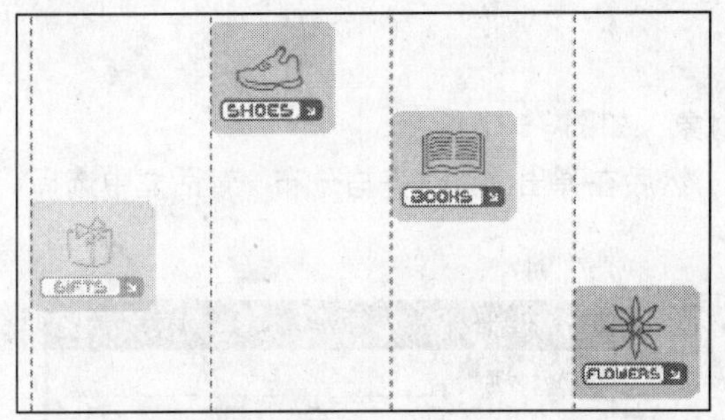

图 7-28 左分布

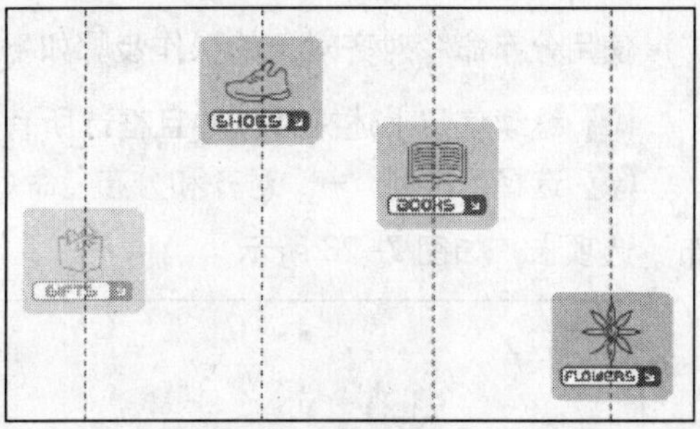

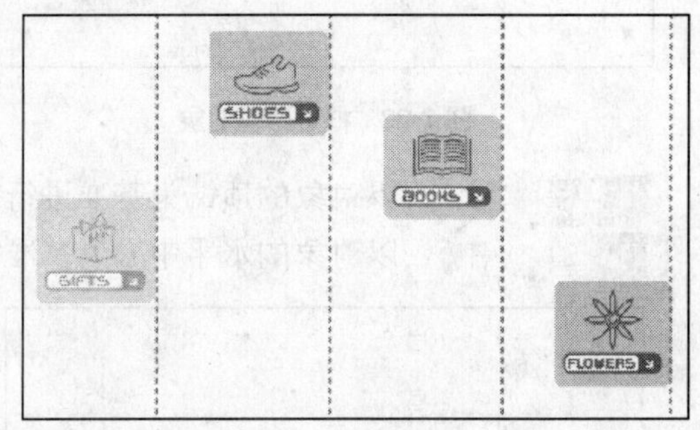

图 7-29 中分布

09 "间距"：以对象之间的垂直间隔为基准进行等间隔分布，如图 7–30 所示。

10 "右"：以对象的右边缘为基准进行等间隔分布，如图 7–31 所示。

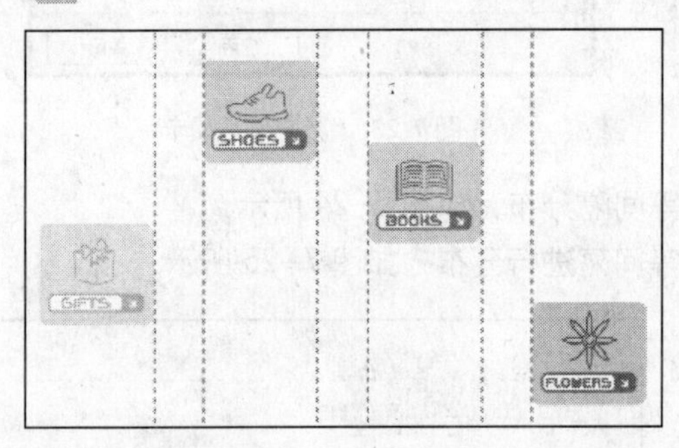

图 7-30 间距分布

图 7-31 右分布

【高手指点：图中的辅助线是为了让读者方便观察比较而手动添加的。】

7.3 | 群组操作

■ 任务导读

用户如果需要对多个对象进行相同的操作，可以考虑将这些对象组合为一个整体。对象被组合后，群组中的每个对象仍然保持其原始属性。移动群组对象时各个对象之间的相对位置保持不变。

在群组对象时，除了可以选择单独的对象外，还可以选择已经群组过的对象再进行群组。对象群组后，组内各个对象之间的相互关系不会发生改变，例如位置关系、前后顺序等，用户可以像处理一个对象一样处理群组对象。

■ 任务驱动

群组操作的具体步骤如下。

01 框选需要群组的各个对象，如图 7–32 所示。

02 选择“排列”→“群组”命令或者单击属性栏中的“群组”按钮，即可将多个对象群组，效果如图 7–33 所示。

图 7-32 框选群组对象

图 7-33 对象群组后的状态

【 **高手指点：** 同样可以使用 Ctrl+G 组合键来完成群组。】

03 选择“挑选工具”在群组中的任意对象上单击即可选中整个群组对象，并且可以对群组对象执行移动、缩放、旋转等操作。此时群组对象已经成为一个整体，如图 7–34 所示。

04 选择“排列”→“取消群组”命令，或者单击工具属性栏中的“取消群组”按钮。使用挑选工具即可单独移动一个对象，如图 7–35 所示。

图 7-34 对群组对象进行旋转操作

图 7-35 取消群组

【 高手指点：此方法只能取消目前所选择的这一个群组。 】

■ 使用技巧

要取消多次群组形成的群组对象，可选择“排列”→“取消全部群组”命令或者在属性栏中单击“取消全部组合”按钮，就能够取消目前所选对象内的所有群组。

7.4 结合与拆分

■ 任务导读

使用“结合”命令可以将选中的多个对象合并为一个对象，对象被合并后具有相同的轮廓和填充属性。如果合并时的原始对象是重叠的，那么合并后的重叠区域将会出现透明的状态。要拆分结合的对象直接使用拆分命令即可。

■ 任务驱动

结合与拆分的具体操作如下。

01 选中需要结合的各个对象，如图 7–36 所示。

02 选择“排列”→“结合”命令或者直接单击属性栏中的“结合”按钮，即可将对象结合在一起，如图 7–37 所示。

图 7-36　选中要结合的对象

图 7-37　结合对象

03 选中需要拆分的对象，如图 7–38 所示。

04 选择“排列”→“拆分”命令或者单击属性栏中的“拆分”按钮（快捷键为 Ctrl+K），即可将结合的对象拆分，如图 7–39 所示。

图 7-38　选中要拆分的对象

图 7-39　拆分对象

7.5 | 锁定操作

■ 任务导读

如果要将页面中暂时不需要修改的对象固定在一个特定的位置，使其不能被移动、变换或者进行其他的编辑操作，可以考虑将该对象锁定。将对象锁定后可以避免无意中对对象进行移动等修改操作。

■ 任务驱动

01 选中需要锁定的一个或者多个对象，如图 7–40 所示。

02 选择“排列”→“锁定对象”命令，或者用鼠标右键单击对象，在弹出的快捷菜单中选择“锁定对象”命令即可将对象锁定。

02 对象被锁定后，在对象的四周会出现 8 个小锁图标，表示当前处于不可编辑状态，如图 7–41 所示。

图 7-40 选择要锁定的对象

图 7-41 锁定对象后出现的锁形图标

■ 使用技巧

1. 为单个对象解锁

选中需要解锁的对象，然后选择“排列”→“解除锁定对象”命令，或者用鼠标右键单击对象，然后在弹出的快捷菜单中执行“解除锁定对象”命令即可，效果如图 7–42 所示。

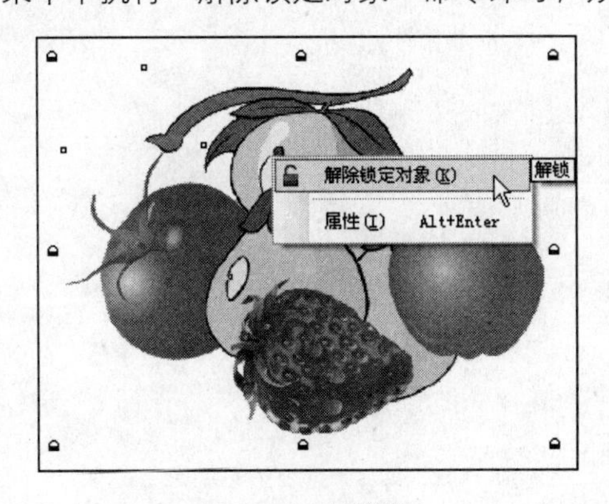

图 7-42 对象解锁

【 **高手指点：**使用框选方法无法选中锁定对象，也无法同时选中锁定和未锁定的对象。 】

2. 为多个对象解锁

按住 Shift 键依次选中需要解除锁定的对象，然后选择“排列”→“对象解锁”命令即可将选中的锁定对象全部解锁。

7.6 | 本章小结

本章主要介绍了多个对象的排列、对齐与分布方法以及对象的群组和解散、结合与拆分方法等。本章知识点较多，建议在操作过程中总结归纳重点命令的运用，以提高学习的效率。

CorelDRAW X4 允许用户在绘图中准确地对齐和分布对象。可以使对象互相对齐，也可以使对象与绘图页面的各个部分对齐，如中心、边缘和网格。互相对齐对象时，可以按对象的中心或边缘对齐排列。

用户通过将对象发送到前面或后面，或发送到其他对象的后面或前面，可以更改图层或页面上对象的堆叠顺序。还可以将对象按堆叠顺序精确定位，并且可以反转多个对象的堆叠顺序。

Chapter

08 创建文字

本章知识点

- 美术文字
- 段落文本
- “导入”文本
- 编辑文本
- 插入符号和图形对象
- 文本链接

CorelDRAW X4 不仅对图形具有强大的处理功能，而且对文字也有很强的编排能力。它可以对文字进行各种特殊的处理，这两者的完美结合是其他的图形处理软件无法比拟的。

CorelDRAW X4 的文字分为美术文字和段落文本两种类型，将文本工具和键盘相结合即可完成理想的方案。

8.1 | 美术文字

美术文字是一种特殊的图形对象。用户既可以对它进行图形对象方面的操作，也可以进行文本对象方面的处理操作，例如进行渐变、立体化、阴影、封套及透镜等特殊效果的处理。

8.1.1 输入美术文字

■ 任务导读

在 CorelDRAW X4 中输入美术文字比较自由，操作的步骤也比较简单。

■ 任务驱动

具体操作步骤如下。

01 选取工具箱中的“文本工具”字，此时鼠标变成 ⁺A 状。

02 在页面中需要输入文字的地方单击，光标变成闪烁的 I 状时，输入文字即可，如图 8–1 所示。

2008 加油中国！

图 8-1 输入文字

【 高手指点：美术文字不能自动换行，要想进行换行，按下回车键即可。 】

■ **应用工具**

“文本工具” 字在 CorelDRAW X4 工具栏的位置如图 8–2 所示。

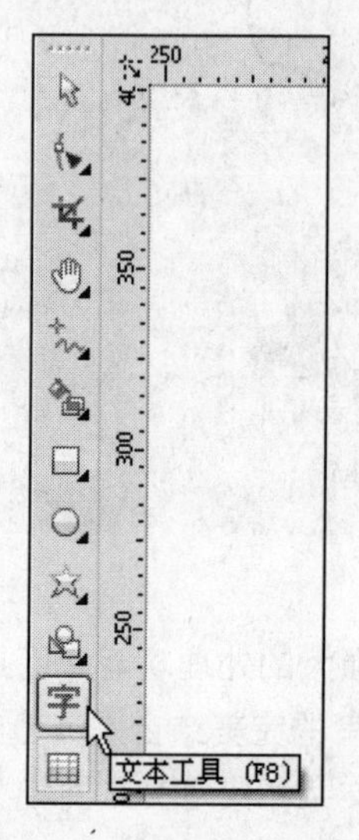

图 8-2 文本工具的位置

8.1.2 选择字体和字号

■ **任务导读**

通过属性栏、泊坞窗等可任意地改变文字的字体和字号。

■ **任务驱动**

具体的操作步骤如下。

01 选择“文本工具” 字输入一段文字，然后拖曳文本工具将文字选中（或者按 Ctrl+A 组合键选中文字），如图 8–3 所示。

2008 加油中国！

图 8-3 选中文字

02 在属性栏中的“字体列表”下拉列表中选择一种字体，在“字体大小”下拉列表中选择一个合适大小的选项，如图 8–4 所示。

03 设置后的效果如图 8–5 所示。

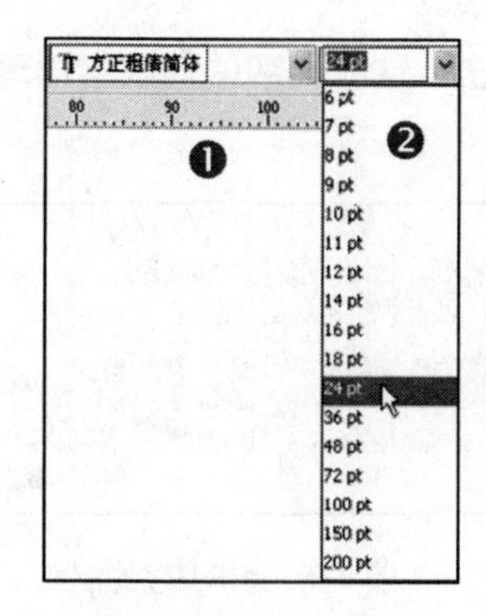

图 8-4　选择字体和字号

2008 加油中国!

图 8-5　选择字体大小后的效果

■ 参数解析

选择工具箱中的“文本工具”字即可出现文本工具属性栏，如图 8–6 所示。

图 8-6　文本工具属性栏

文本工具属性栏中各个选项的功能如下。

- “字体”下拉列表框：在此下拉列表框中可以选择不同的字体。
- “字体大小”下拉列表框：在此下拉列表框中可以选择或者输入数值来改变字体的大小。
- “粗体”按钮：单击此按钮可以将文字变成粗体。
- “斜体”按钮：单击此按钮可以将文字变成斜体。
- “下划线”按钮：单击此按钮可以在文字的下面加下划线。
- “水平对齐”按钮：单击此按钮，然后从弹出的下拉菜单中可以选择不同的对齐方式。
- “字符格式化”按钮：单击此按钮可以打开格式化文本对话框编辑文本。
- “显示/隐藏项目符号”按钮：单击此按钮可以显示或者隐藏项目符号。
- “显示/隐藏首字下沉”按钮：单击此按钮可以显示或者隐藏首字下沉。
- “编辑文本”按钮：单击此按钮可以在打开的对话框中编辑文本。
- “将文本更改为水平方向”按钮：单击此按钮可以在水平方向输入文本。
- “将文本更改为垂直方向”按钮：单击此按钮可以在垂直方向输入文本。

8.1.3　改变美术文字的字距和行距

■ 任务导读

通过工具箱中的“形状工具”可以快速地改变美术文字的字距和行距。

■ 任务驱动

具体操作步骤如下。

01　输入两行文字后调整字体和大小，如图 8–7 所示。

02 选择工具箱中的“形状工具”，在文字上单击，这时文字的周围会出现美术文字的控制点，如图 8–8 所示。

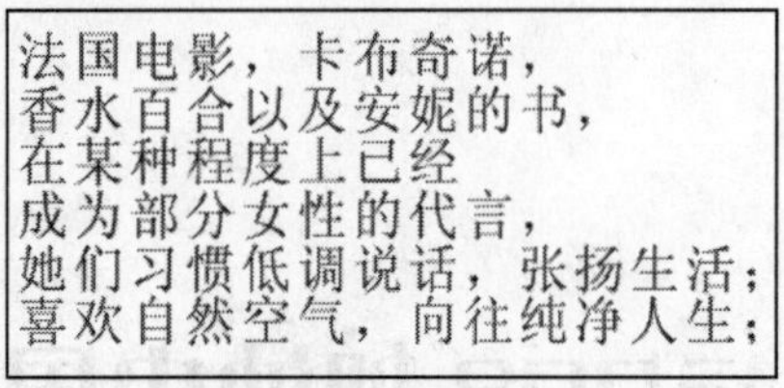

法国电影，卡布奇诺，
香水百合以及安妮的书，
在某种程度上已经
成为部分女性的代言，
她们习惯低调说话，张扬生活；
喜欢自然空气，向往纯净人生；
图 8-7　美术文字

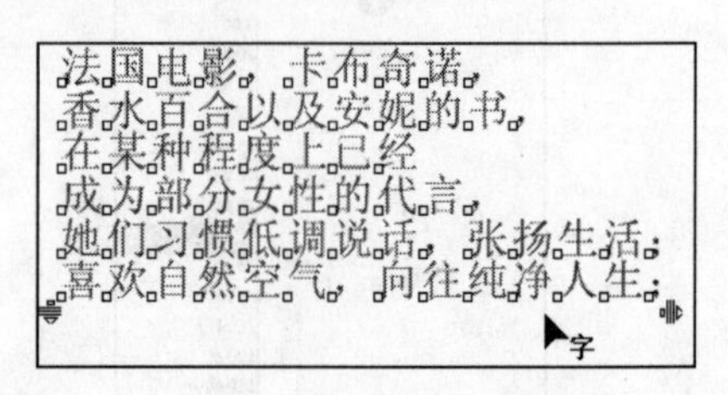

法国电影，卡布奇诺，
香水百合以及安妮的书，
在某种程度上已经
成为部分女性的代言，
她们习惯低调说话，张扬生活；
喜欢自然空气，向往纯净人生；
字
图 8-8　美术文字控制点

03 移动鼠标指针到字距控制点上，按住向左右拖曳即可改变美术文字的字距，如图 8–9 所示。

04 移动鼠标指针到行距控制点上，按住上下拖曳即可改变美术文字的行距，如图 8–10 所示。

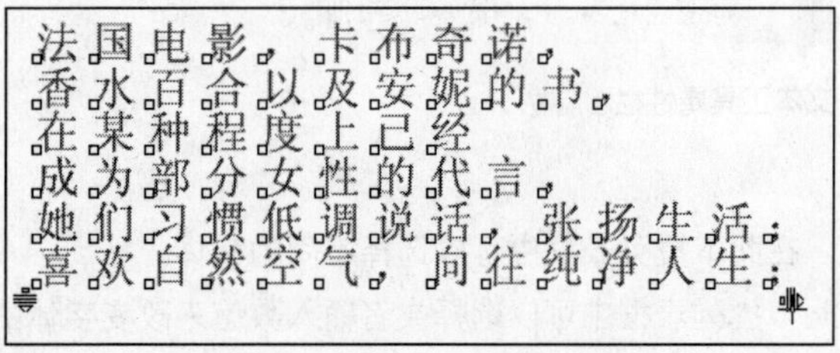

法国电影，卡布奇诺，
香水百合以及安妮的书，
在某种程度上已经
成为部分女性的代言，
她们习惯低调说话，张扬生活；
喜欢自然空气，向往纯净人生；
图 8-9　调整字距

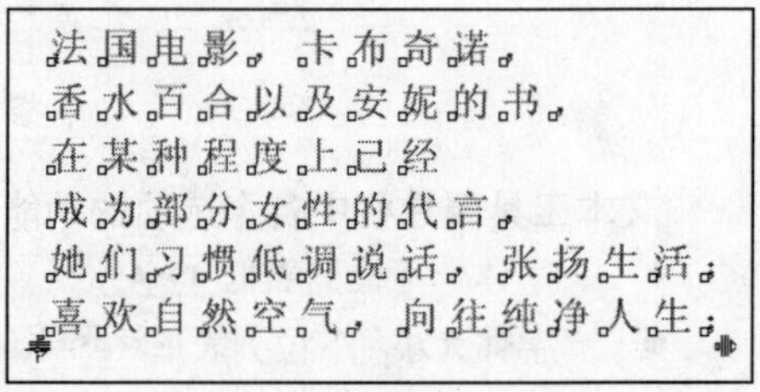

法国电影，卡布奇诺，
香水百合以及安妮的书，
在某种程度上已经
成为部分女性的代言，
她们习惯低调说话，张扬生活；
喜欢自然空气，向往纯净人生；
图 8-10　调整行距

8.1.4　字元控制点的使用

■ 任务导读

利用字元控制点可以对单个或者多个文字进行旋转及填充等编辑。

■ 任务驱动

编辑单个文字的操作步骤如下。

01 输入一段文字，然后选择工具箱中的“形状工具”，此时在每个文字的左下角都会有一个小方块，这就是字元控制点，如图 8–11 所示。

02 移动指针到左下角的小方块上单击，使其变为黑色的小方块，然后在属性栏中即可对所选的字元进行旋转、缩放及移动等操作，如图 8–12 所示。

张扬生活
字元控制点
图 8-11　字元控制点

属性栏：调整文字间距
华文行楷
105.898 pt
8 %
-113 %
25.0 °
字符角度
张 活
扬 生
图 8-12　移动和旋转文字

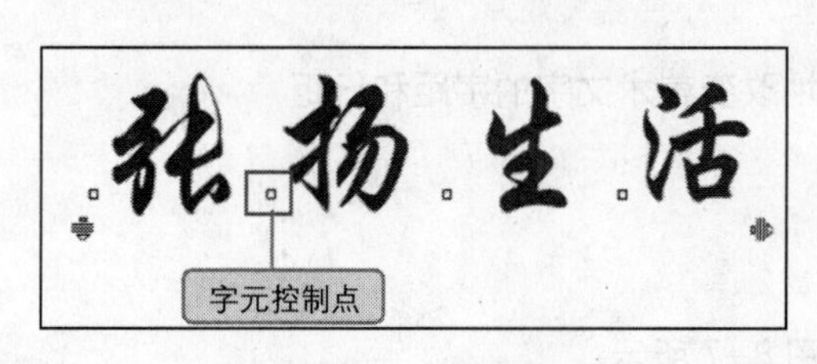

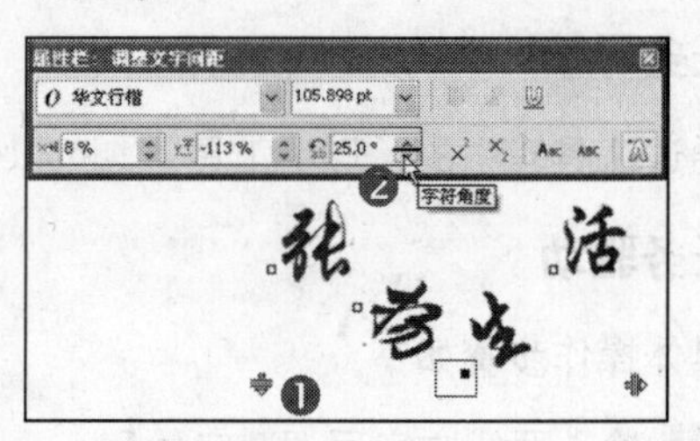

03 假如要改变部分文字的颜色，使用形状工具将需要改变的文字的字元控制点选中，然后单击调色板中的颜色即可，效果如图 8–13 所示。

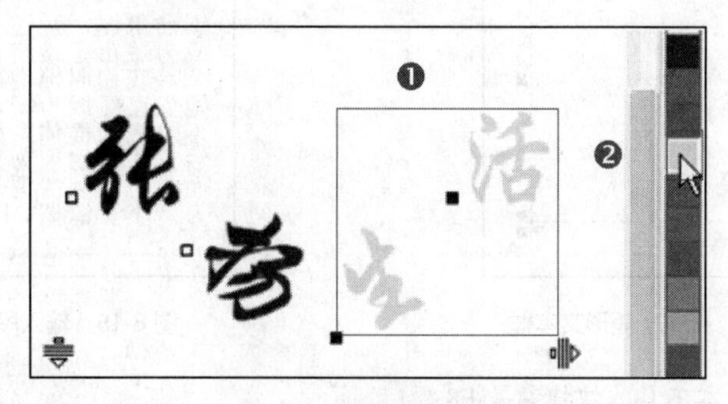

图 8-13 设置文字颜色

【高手指点：如果要选择多个字元控制点，可采用框选的方法或者按住 Shift 键进行选择。】

8.2 | 段落文本

为了适应编排各种复杂版面的需要，CorelDRAW X4 中的段落文本应用了排版系统的框架理念，可以任意地缩放、移动文字框架，并且 CorelDRAW X4 引入了活动文本格式，从而使用户能够先预览文本格式选项，然后再将其应用于文档。通过这种省时的功能，用户现在可以预览许多不同的格式设置选项（包括字体、字体大小和对齐方式），从而免除了通常在设计过程进行的“反复试验”。

美术文字与段落文本的主要区别在于：美术文字是以字元为最小单位，而段落文本则是以句子为最小单位。不过，美术文字和段落文本之间可以相互转换。

8.2.1 段落文本的输入

■ 任务导读

输入段落文本和美术文字有些类似，只是在输入段落文本之前必须先画一个段落文本框。段落文本框可以是一个任意大小的矩形虚线框，输入的文本受文本框大小的限制。输入段落文本时如果文字超过了文本框的宽度，文字将自动换行，这和美术文字的换行有所区别。如果输入的文字量超过了文本框所能容纳的大小，那么超出的部分将会隐藏起来。

■ 任务驱动

输入段落文本的具体步骤如下。

01 选择工具箱中的“文本工具”字，移动鼠标指针到页面上的适当位置，按住鼠标左键拖曳出一个矩形框，然后释放鼠标，这时在文本框的左上角将显示一个文本光标，如图 8–14 所示。

02 输入所需要的文本，在此框内输入的文本即为段落文本，如图 8–15 所示。

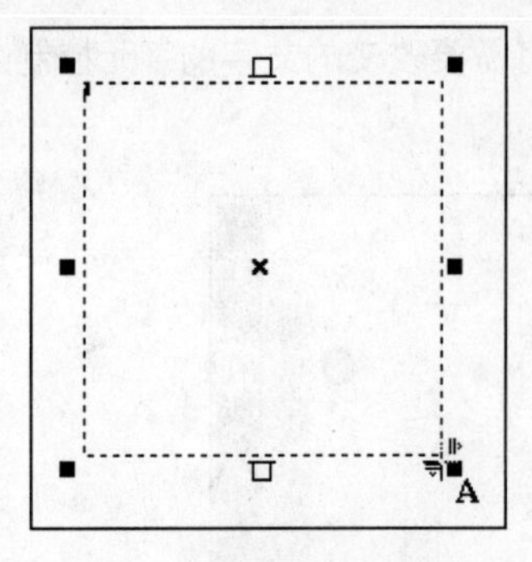

图 8-14　拖曳出矩形文本框

图 8-15　输入段落文本

高手指点：选择文本工具的快捷键是 F8。

03 选择工具箱中的“挑选工具”，然后在页面的空白位置单击即可结束段落文本的操作，如图 8-16 所示。

图 8-16　结束操作

8.2.2　段落文本框架的调整

■ 任务导读

如果创建的文本框架不能容纳所输入的文字内容，则可通过调整文本框架来解决。

■ 任务驱动

具体的操作步骤如下（继续上面的例子）。

01 选择挑选工具，单击段落文本，将文本的框架范围和控制点显示出来。

02 按住文本框架上方的控制点 □ 上下拖曳，即可增加或者缩短框架的长度，也可以拖曳其他的控制点来调节文本框架的大小，如图 8-17 所示。

03 如果文本框架下方正中的控制点变成为 ▼ 形状，则表示文本框架中的文字没有完全显示出来；若框架正下方的控制点呈 □ 形状，则表示文本框架内的文字已全部显示出来，如图 8-18 所示。

图 8-17 缩小文本框

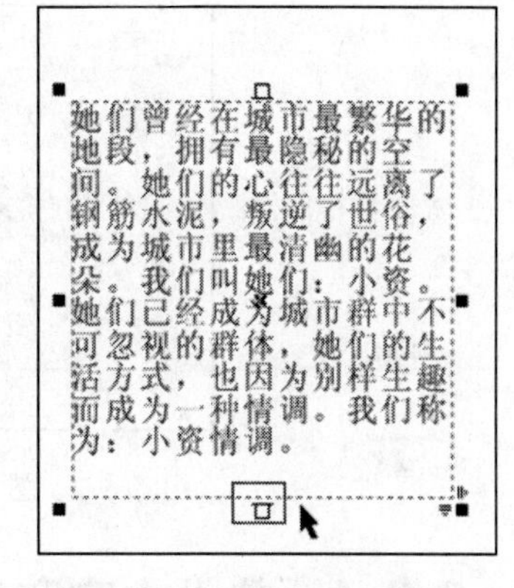

图 8-18 显示全部的段落文本

8.2.3 框架间文字的连接

■ 任务导读

在编辑文字或者排版时，很多时候都需要将一个框架中的段落文本放到另一个框架中以适合编辑或排版的需要。

■ 任务驱动

转入框架的具体步骤如下。

01 输入一段段落文本，并使文本框架无法一次将文字显示完整，如图 8–19 所示。

02 选择“挑选工具”，在文本框架正下方的控制点上单击，等光标变成横格纸形状后，在页面的适当位置按下鼠标左键拖曳出一个矩形，如图 8–20 所示。

图 8-19 输入段落文本

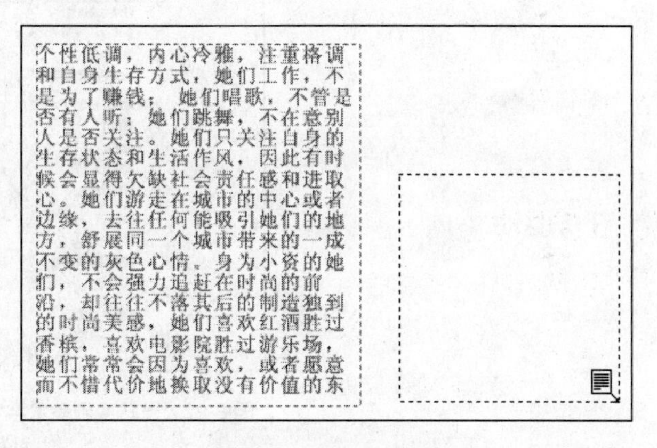

图 8-20 绘制出文本框

03 松开鼠标，这时会出现另一个文本框架，未显示完的文字会自动地流向新的框架，如图 8–21 所示。

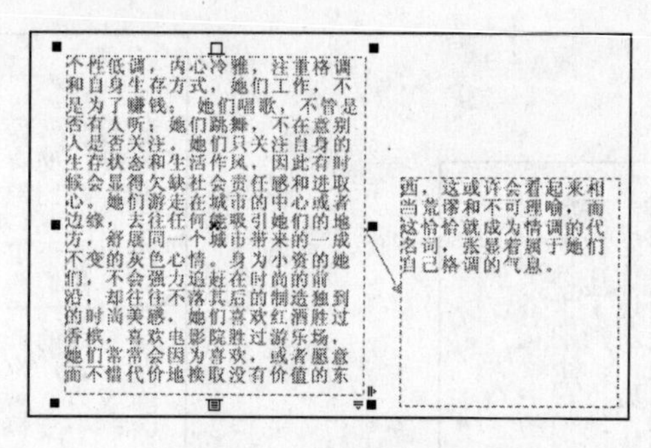

图 8-21　文本显示完整

8.2.4　美术文字和段落文本的转换

■ 任务导读

美术文字和段落文本之间是可以相互转换的。

■ 任务驱动

相互转换的操作步骤如下。

01 用“挑选工具”选取一段美术文字或者段落文本。

02 选择“文本”→“转换到美术字”命令即可将美术文字和段落文本相互转换，如图 8–22 所示。

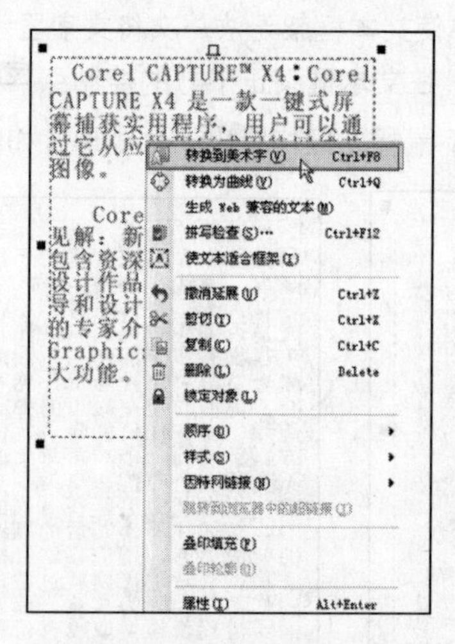

图 8-22　“转换到美术字”命令

> **高手指点：**①转换美术文字和段落文本的快捷键是 Ctrl+F8；②段落文本被文本框架连接后不能转换为美术文字。

8.3 | “导入”文本

在 CorelDRAW X4 中，用户除了可以通过输入文字直接创建文本对象外，还可以通过字处理软件将已经输入完成的大段文字导入到工作区中。这样既方便快捷，又可以避免输入文字的麻烦。

8.3.1 从剪贴板中获得文本

■ 任务导读

在 CorelDRAW X4 中，导入文本有多种方式，下面来学习从剪贴板中获得文本的方法。

■ 任务驱动

从剪贴板中获得文本的操作步骤如下。

01 在记事本或者 Word 等应用程序中选择要添加到 CorelDRAW X4 中的文本，然后选择应用程序中的“编辑”→“复制”命令，将所选择的文本复制到 Windows 的剪贴板中。

02 在 CorelDRAW X4 中选择工具箱中的“文本工具”字，然后移动鼠标指针到工作区的合适位置按住鼠标并拖曳，创建一个如图 8-23 所示的段落文本框。

03 选择 CorelDRAW X4 中的“编辑”→“粘贴”命令打开“导入/粘贴文本”对话框，如图 8-24 所示。

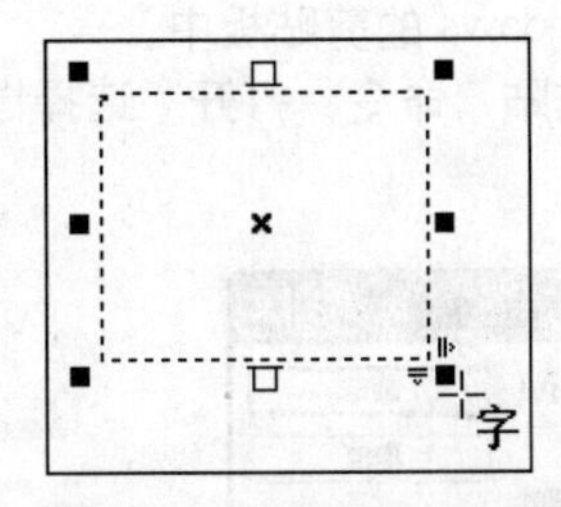

图 8-23 创建段落文本框

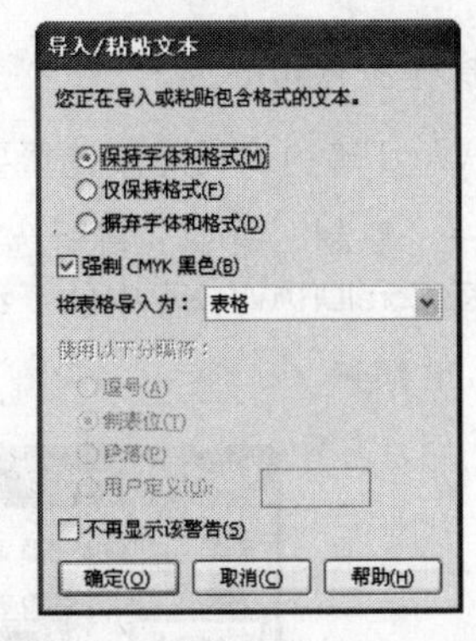

图 8-24 “导入/粘贴文本”对话框

04 “在导入/粘贴文本”对话框中选中所需的单选按钮，然后单击“确定”按钮即可将文本粘贴到段落文本框中，如图 8-25 所示。

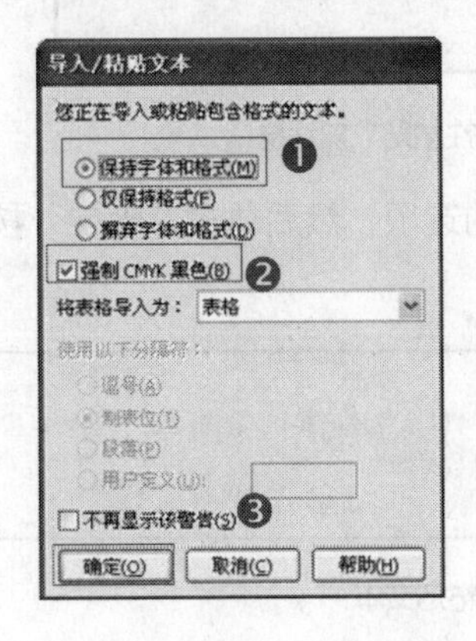

图 8-25 粘贴文本

■ **参数解析**

“导入/粘贴文本”对话框中各个选项的功能如下。

- “保持字体和格式”单选按钮：选中此单选按钮，表示在粘贴时保留文本文字的字体和段落格式。
- “仅保持格式”单选按钮：选中此单选按钮，表示粘贴时仅保留文本文字的段落格式。
- “摒弃字体和格式”单选按钮：选中此单选按钮，表示不保留文本文字的字体和段落格式。
- “将表格导入为”单选按钮：在其下拉列表中可选择把要导入的表格导入为表格或是文本。

8.3.2 选择性粘贴

■ **任务导读**

使用 CorelDRAW X4 中的“选择性粘贴”命令可以按图片形式导入当前文件，也可以按纯文本等格式导入文本，这样做比起“粘贴”命令更具灵活性。

■ **任务驱动**

具体的操作步骤如下。

01 在 Word 等应用程序中选择要添加到 CorelDRAW X4 中的文件，然后选择应用程序中的“编辑”→“复制”命令，将所选择的文件复制到 Windows 的剪贴板中。

02 选择 CorelDRAW X4 中的“编辑”→“选择性粘贴”命令，打开“选择性粘贴”对话框，如图 8-26 所示。

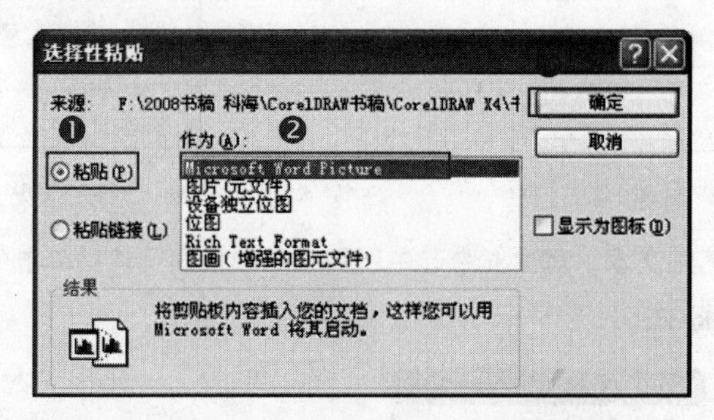

图 8-26 “选择性粘贴”对话框

03 在“选择性粘贴”对话框中选择所需的选项，然后单击“确定”按钮即可将所需的内容粘贴到文件中，如图 8-27 所示。

使用 CorelDRAW 中的“选择性粘贴”命令可以按图片形式导入当前文件，也可以按纯文本等格式导入文本，这样做比起“粘贴”命令更具灵活性。

图 8-27 粘贴文本

8.3.3 使用“导入”命令导入文本

■ 任务导读

在 CorelDRAW X4 中还可以使用像导入图片类似的方法来导入文本。

■ 任务驱动

使用“导入”命令导入文本的操作步骤如下。

01 选择“文件”→“导入”命令打开“导入”对话框，从中选择一个文本文件，如图 8-28 所示。

02 单击“导入”按钮打开“导入/粘贴文本”对话框，如图 8-29 所示。

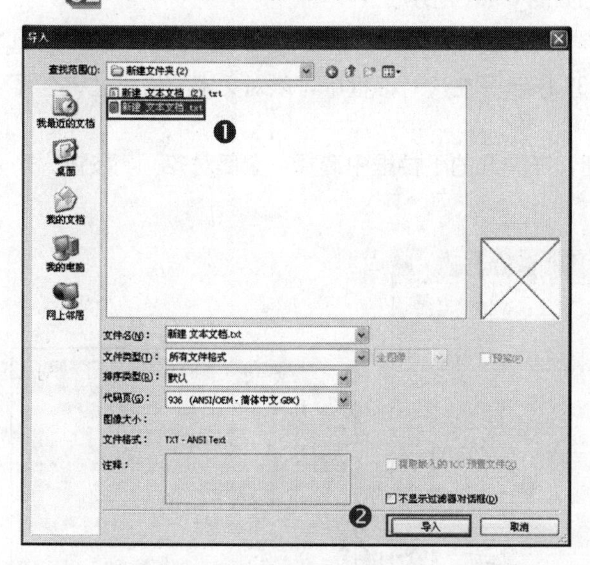

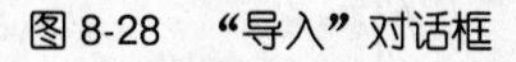

图 8-28 “导入”对话框

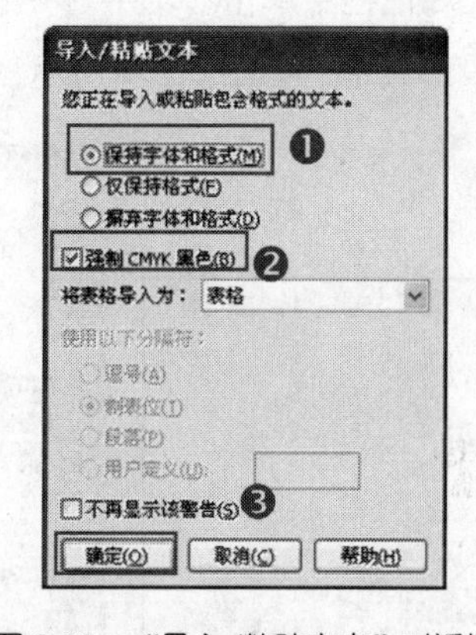

图 8-29 “导入/粘贴文本”对话框

03 在“导入/粘贴文本”对话框中选择所需的选项，然后单击“确定”按钮，此时鼠标指针将呈现导入文本的状态。按住鼠标创建一个文本框如图 8-30 所示，之后松开鼠标即可将文本导入进来，如图 8-31 所示。

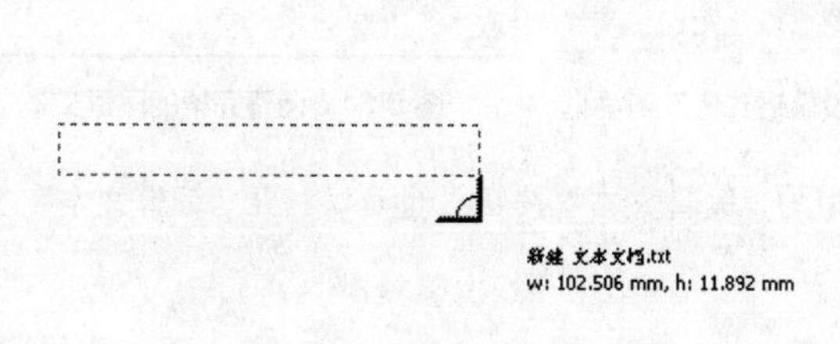

图 8-30 拖曳段落框

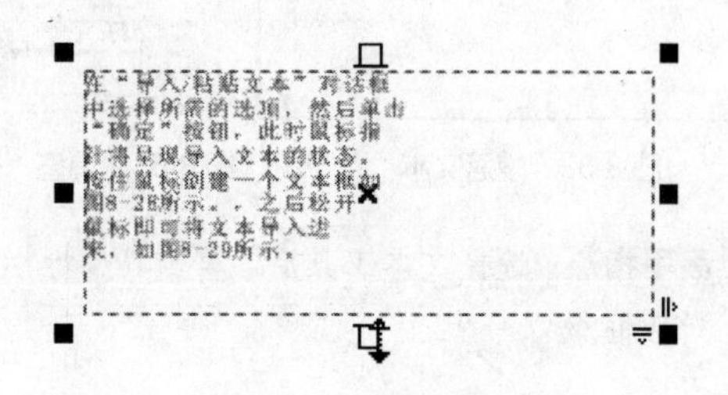

图 8-31 导入文本

【 **高手指点：** 文本被导入时，将被指定为默认的段落文本，用户在导入后可以进行调整。 】

8.4 | 编辑文本

在 CorelDRAW X4 中可以对美术文字和段落文本对象进行文本格式编排，例如设置字体、字号、缩进以及分栏等。可以在“字符格式化”对话框中设置文本格式。

■ 任务导读

在输入一段文字时，并不完全符合设计或版式的需要，这时就需要调整字距或者段落等。

■ 任务驱动

编辑文本的具体操作如下。

01 使用挑选工具选择一段段落文本，如图 8–32 所示。

02 选择“文本”→“段落格式化”命令，或者单击文字属性栏中的“段落格式化”按钮即可打开“段落格式化”对话框，如图 8–33 所示。在该对话框中可以对文本的格式进行全面的调整。

03 在属性栏中单击“水平对齐”按钮，在弹开的下拉框中选择“全部对齐”按钮，来全部对齐段落文本，如图 8–34 所示。

本书是著名青年女作家安妮宝贝小说散文新作集。

在这本书里，安妮宝贝以文字探索呈现自我与外在环境及内心世界的关系，以及与之保持的疏离感。这种疏离感使她得以对照记忆与真实之间细微层次，谈论身世，家庭，童年，南方，流失，生命的客观性。作者沉潜剥离个人回忆在时间中的内核，将它的黑暗与光亮，呈现在多年新旧读者的面前，是一场清淡的形式。书中另一部分属于思省的层面，坦率讨论写作和作品，涉及天分，交际，孤立，圈子，争议，价值观，读书，世相，人情，个性……风格清淡洗练，观点直率深入。

《月棠记》中安妮宝贝细腻描绘了一个女子面对婚姻和孩子的选择与态度，孩子的意象多次在小说中出现，这在她的创作历程中还是第一次。安妮表示，早期的作品，比如《告别薇安》、《八月未央》、《彼岸花》，都是由内心的孩童所写。它们所要展示的，是一个女童的激烈极端，与自我和外界的无法和解。但是从《蔷薇岛屿》开始，这个女童的困惑，已经获得一种试图与自我和解的洁净。“《素年锦时》里出现了婚姻和孩子，也只是其中一条水流。这是我们每一个人的生活里都会面对的内容。它们与亲情、生命一样，都是为了融汇大海之中的支流。《月棠记》是万花筒一样有着暖彩碎片的小说，本质上更接近一个童话。它讲述成人的故事，属于孩子的心。”安妮说。

图 8-32 段落文本

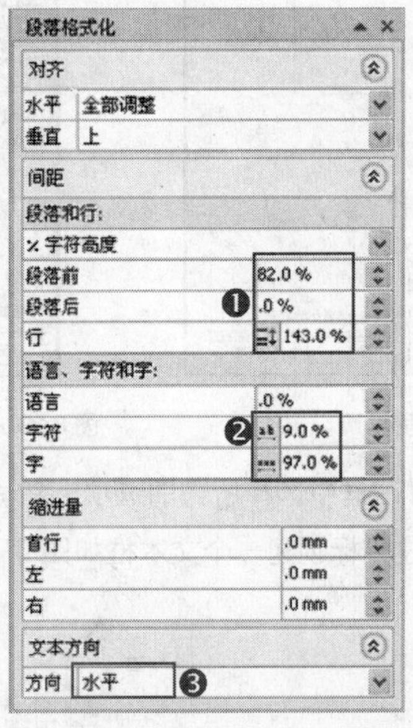

图 8-33 调整“段落格式化”对话框

图 8-34 调整完毕的段落文本

高手指点：选择文本工具后，单击其属性栏中的“编辑文本”按钮也可以打开“编辑文本”对话框。

■ 使用技巧

对于段落较少的文本对象，用户可以直接在 CorelDRAW X4 的工作区进行编排等操作，如果需要编辑较多段落的文本对象，则可以选择“文本”→“编辑文本”命令，对文本进行编辑的操作步骤如下。

01 选择工具箱中的挑选工具或者文本工具，然后选择需要编辑的文本。

02 选择"文本"→"编辑文本"命令打开"编辑文本"对话框，如图 8-35 所示。在该对话框中用户可以对文本的字体、字号和对齐方式等进行设置。

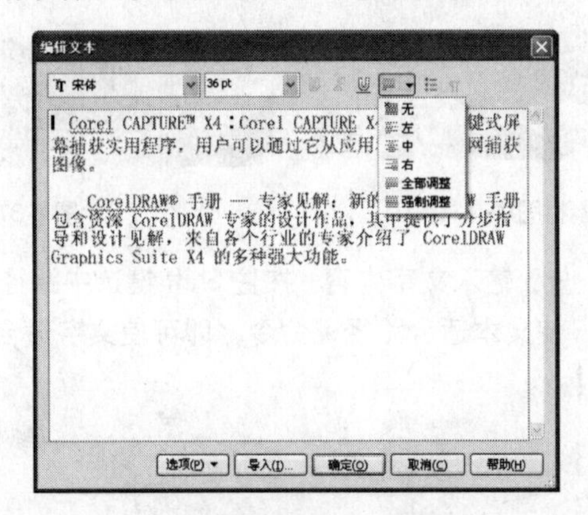

图 8-35 "编辑文本"对话框

03 设置完成后单击"确定"按钮即可应用编辑的文本效果。

■ 参数解析

"编辑文本"对话框中各个选项的功能如下。

- "无"按钮：单击此按钮不做任何对齐操作。
- "左"按钮：单击此按钮可以使文字靠左对齐。
- "中"按钮：单击此按钮可以使文字居中对齐。
- "右"按钮：单击此按钮可以使文字靠右对齐。
- "全部调整"按钮：单击此按钮可以使文字两端对齐。
- "强制调整"按钮：单击此按钮可以使文字全部强制性对齐。

8.4.1 使文本适合路径

■ 任务导读

使用 CorelDRAW X4 中的文本适合路径功能，可以将文本对象嵌入到不同类型的路径中，使文字具有更多变化的外观。此外，还可以设定文字排列的方式、文字的走向及位置等。

■ 任务驱动

使文本适合路径的操作步骤如下。

01 选择"文件"→"导入"命令，导入"光盘\素材\ch08\图 01.jpg"图像，如图 8-36 所示。

02 选择"贝塞尔工具"，在贝壳上绘制一条路径，如图 8-37 所示。

图 8-36　素材图片

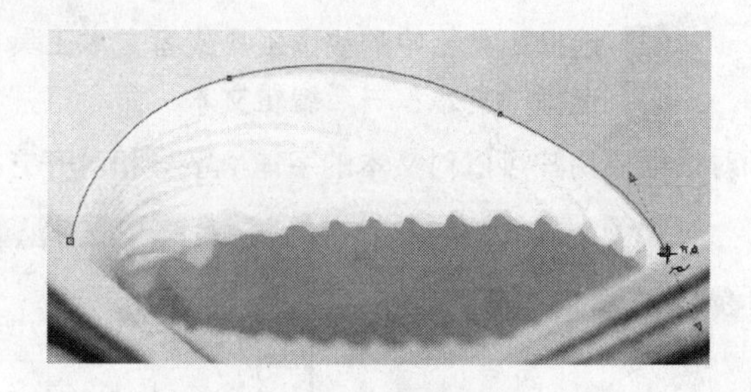

图 8-37　绘制路径

03 选择“文本工具”字，输入文字内容，按住 Shift 键选中路径和文字，如图 8–38 所示。

04 选择“文本”→“使文本适合路径”命令，即可使文字适合路径，如图 8–39 所示。

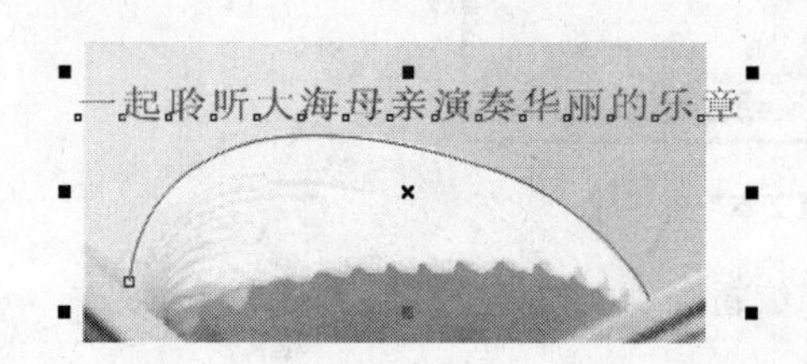

图 8-38　选中文字和路径

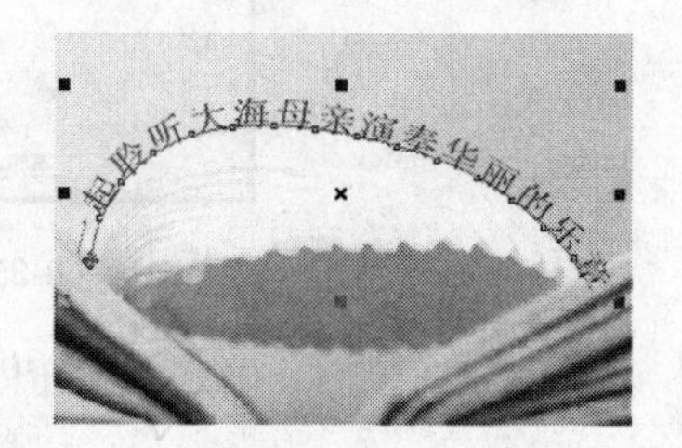

图 8-39　使文字适合路径

05 选择“排列”→“打散在一路上的文本”命令拆分文字和图形对象，选择路径，按 Delete 键即可删除路径，如图 8–40 所示。

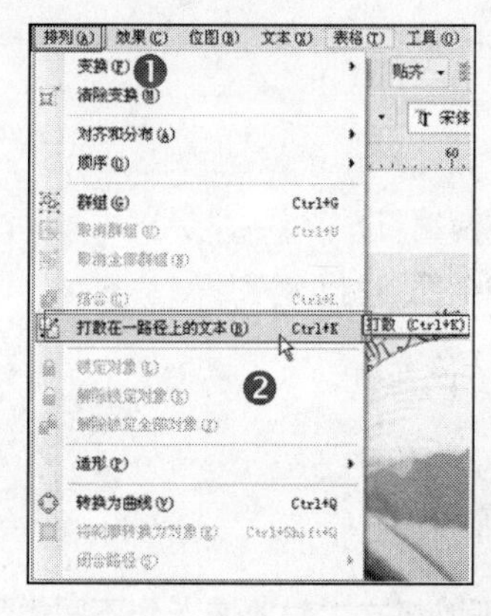

图 8-40　删除路径

8.4.2　将美术文字转换为曲线

■ 任务导读

将美术文字转换为曲线之后，文字的外形上并无区别，只是其属性发生了根本的变化，即不再具有文本的任何属性，而是具有了曲线的全部属性。将美术文字转换为曲线后，可以通过删除节点、增加节点、拖曳节点的位置以及将节点间的线段进行曲直变化等操作改变美术文字的形状，从而完成从文字到图形的转变。

■ 任务驱动

具体的操作步骤如下。

01 用“挑选工具”选定需要转换的美术字后单击右键，在弹出的快捷菜单中选择“转换为曲线”命令或者按下 Ctrl+Q 组合键，即可将选定的文本转换为曲线，如图 8-41 所示。

02 选择“形状工具”进入节点编辑状态即可调整曲线中的相应节点，调整后的效果如图 8-42 所示。

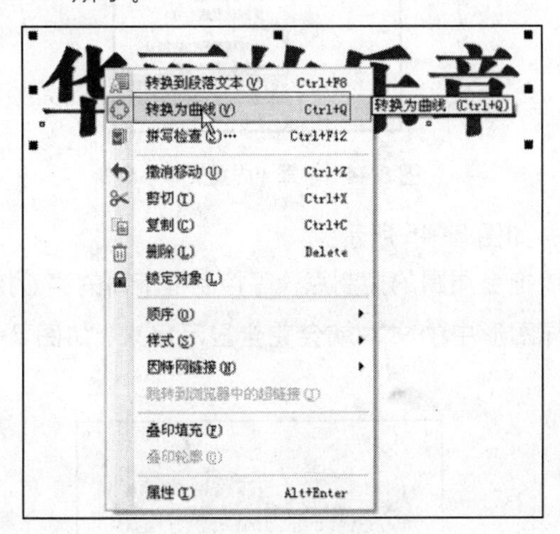

图 8-41 转换为曲线

图 8-42 调整节点

> 高手指点：将文字转换为曲线后，文字的周围会出现节点。文本中符号的大小是由该文本中的文字大小决定的。如果要更改符号的大小，在属性栏中改变字体大小即可。

8.4.3 文本适配图文框

■ 任务导读

将段落文本置入对象中，就是将段落文本嵌入到封闭的图形对象中，将图形对象作为段落文本使用，这样可以使文字的编排更加灵活多样。在图形对象中输入的文本对象，其属性和其他的文本对象一样。

■ 任务驱动

具体的操作步骤如下。

01 选择“手绘工具”绘制一个图形对象，然后用文字工具输入一段段落文本，如图 8-43 所示。

02 移动鼠标指针到文本对象上，按住鼠标右键将文本对象拖曳到绘制的图形对象上，等光标变为十字环状后释放鼠标，然后从弹出的快捷菜单中选择“内置文本”命令，如图 8-44 所示。

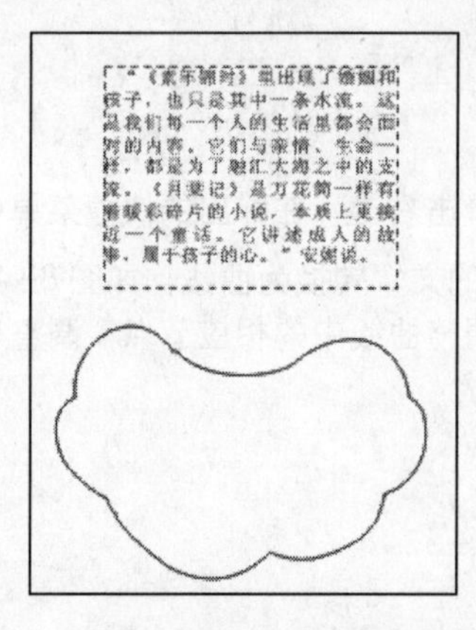

图 8-43　输入段落文本和绘制图形对象

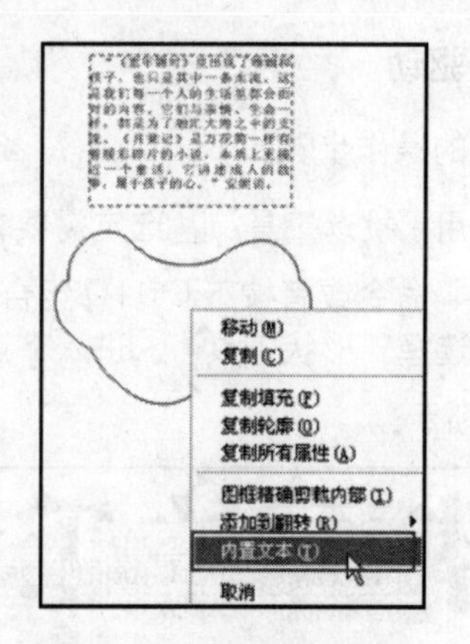

图 8-44　选择“内置文本”命令

03 此时段落文本便会置入到图形对象中，如图 8–45 所示。

04 其中的文本并没有完全显示出来，可以拖曳周围的控制点，等控制框下面的实心控制点▣变成空心控制点☐时松开鼠标左键，这样图形中的文本就会完全显示出来，如图 8–46 所示。

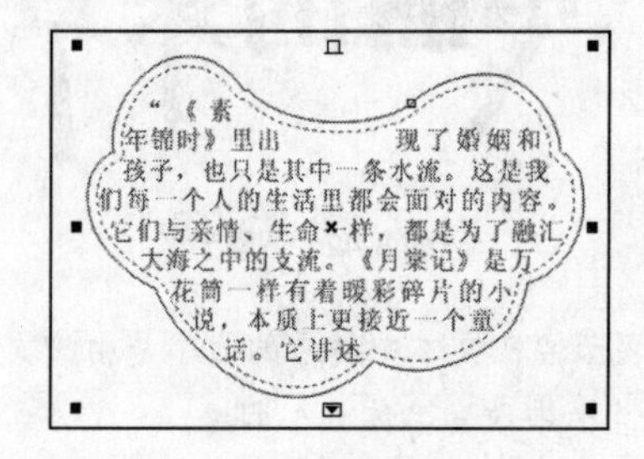

图 8-45　置入文本

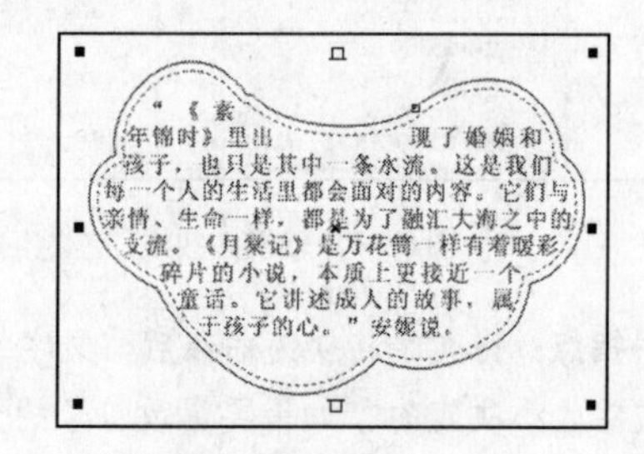

图 8-46　全显文本

8.5 | 插入符号和图形对象

在 CorelDRAW X4 中提供有大量的符号。符号是一种特殊的字符，它可以作为图形或字符添加到绘图页面中。在 CorelDRAW X4 中还可以将创建的图形对象插入到文本文件中，这样可使图文的编排更加丰富多彩。

8.5.1　在文本中插入符号

■ **任务导读**

使用符号能够快速地将符号对象添加到文件中，从而实现一些特殊的编排效果。在 CorelDRAW X4 中提供有大量精美的黑白符号，使用时可通过“插入字符”泊坞窗调出。

■ **任务驱动**

具体的操作步骤如下。

01 选择工具箱中的文本工具，按住鼠标左键在页面中拖曳出一个段落文本框。在文本框中输入文字，然后在需要插入符号的地方单击鼠标。将光标插入到此处，如图 8–47 所示。

02 选择“文本”→“插入符号字符”命令打开“插入字符”泊坞窗，然后在“字体”下拉列表中选择 Arial Black 字体，在“代码页”下拉列表框中选择“所有字符”选项，如图 8–48 所示。

《月棠记》中安妮宝贝细腻描绘了一个女子面对婚姻和孩子的选择与态度，孩子的意象多次在小说中出现，这在她的创作历程中还是第一次。安妮表示，早期的作品，比如《告别薇安》、《八月未央》、《彼岸花》，都是由内心的孩童所写。它们所要展示的，是一个女童的激烈极端，与自我和外界的无法和解。但是从《蔷薇岛屿》开始，这个女童的困惑，已经获得一种试图与自我和解的洁净。“《素年锦时》里出现了婚姻和孩子，也只是其中一条水流。这是我们每一个人的生活里都会面对的内容。它们与亲情、生命一样，都是为了融汇大海之中的支流。《月棠记》是万花筒一样有着暖彩碎片的小说，本质上更接近一个童话。它讲述成人的故事，属于孩子的心。”安妮说。

图 8-47 输入文本

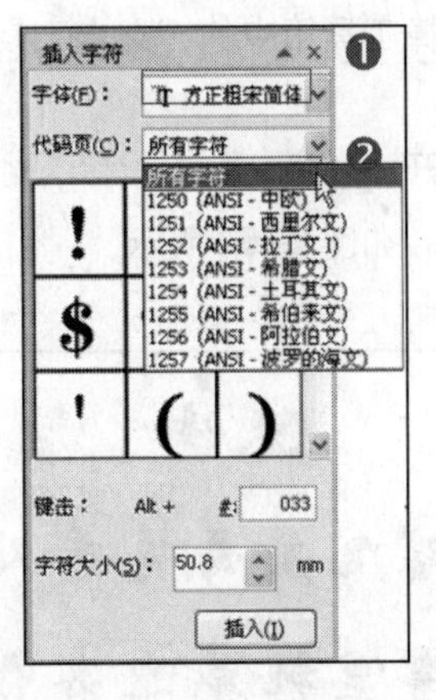

图 8-48 “插入字符”泊坞窗

03 在泊坞窗的预览窗口中选择需要插入的符号，如图 8–49 所示。

04 单击泊坞窗下面的“插入”按钮即可将符号插入到文本中。插入符号的效果如图 8–50 所示。

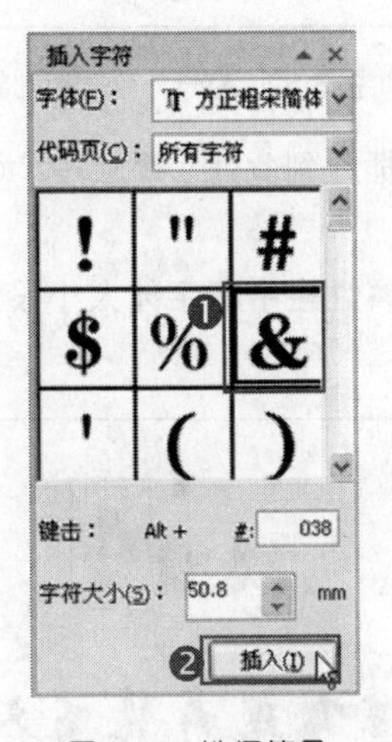

图 8-49 选择符号

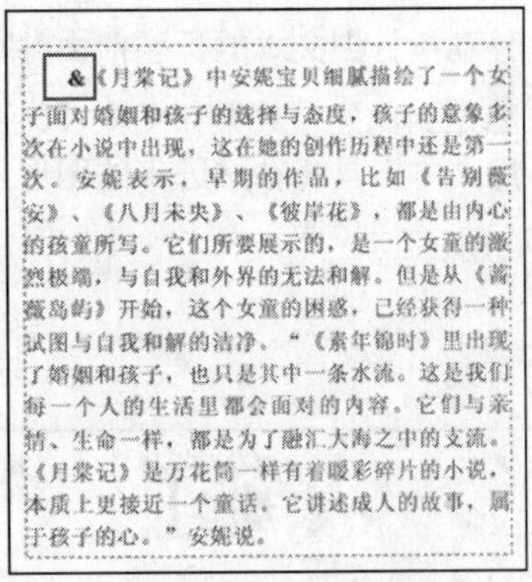

&《月棠记》中安妮宝贝细腻描绘了一个女子面对婚姻和孩子的选择与态度，孩子的意象多次在小说中出现，这在她的创作历程中还是第一次。安妮表示，早期的作品，比如《告别薇安》、《八月未央》、《彼岸花》，都是由内心的孩童所写。它们所要展示的，是一个女童的激烈极端，与自我和外界的无法和解。但是从《蔷薇岛屿》开始，这个女童的困惑，已经获得一种试图与自我和解的洁净。“《素年锦时》里出现了婚姻和孩子，也只是其中一条水流。这是我们每一个人的生活里都会面对的内容。它们与亲情、生命一样，都是为了融汇大海之中的支流。《月棠记》是万花筒一样有着暖彩碎片的小说，本质上更接近一个童话。它讲述成人的故事，属于孩子的心。”安妮说。

图 8-50 插入字符

高手指点： 文本中符号的大小是由该文本中的文字大小决定的。如果要更改符号的大小，在属性栏中改变字体大小即可。

8.5.2 在文本中插入图形

■ 任务导读

在文本中插入的图形既可以是简单的线条，也可以是复杂的图形对象。不但可以插入到美术字文本中，而且可以插入到段落文本中。

■ 任务驱动

具体的操作步骤如下。

01 选择工具箱中的“文本工具”在页面中单击一下，然后输入一段美术字文本，如图8–51 所示。

02 打开“光盘\素材\ch08\蝴蝶.cdr”图像，使用挑选工具选中，然后按下 Ctrl+C 组合键复制对象，如图 8–52 所示。

图 8-51　输入美术字文本

图 8-52　打开一个图形对象

03 移动指针到文本的标题前面并单击，将输入光标插入到此处，然后按 Ctrl+V 组合键将图形对象粘贴到此处，效果如图 8–53 所示。

04 用文本工具将粘贴进来的图形对象选中，然后在属性栏中将字体大小设置为 50，效果如图 8–54 所示。

图 8-53　粘贴图形

图 8-54　调整图形大小

8.5.3 文本绕图排列

■ 任务导读

文本环绕图形的排列方式被广泛地应用于报纸、杂志等版面的设计中。在 CorelDRAW X4 中，文本可以围绕图形对象的轮廓进行排列，从而对创建的文本对象应用图文混排，增强图形的视觉显示效果。

■ 任务驱动

具体的操作步骤如下。

01 打开"光盘\素材\ch08\花.cdr"图像，使用挑选工具选中，如图 8-55 所示。

02 选择"窗口"→"泊坞窗"→"属性"命令打开"对象属性"泊坞窗，然后单击"对象属性"泊坞窗中的"常规"标签□，打开"常规"选项卡，如图 8-56 所示。

图 8-55 打开一个图形对象

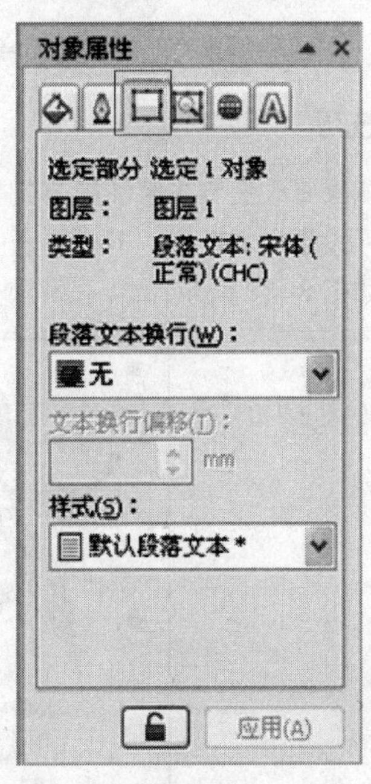

图 8-56 "对象属性"泊坞窗

03 在"常规"选项卡中选择"段落文本换行"下拉列表中的"正方形-跨式文本"选项，设置完成后单击"应用"按钮，图形对象便拥有了文本绕图的属性，如图 8-57 所示。

04 选择工具箱中的文本工具，按住鼠标在图形对象上拖曳出一个段落文本框。此时在文本框中输入文字，所输入的文本就会自动地环绕图形对象排列，如图 8-58 所示。

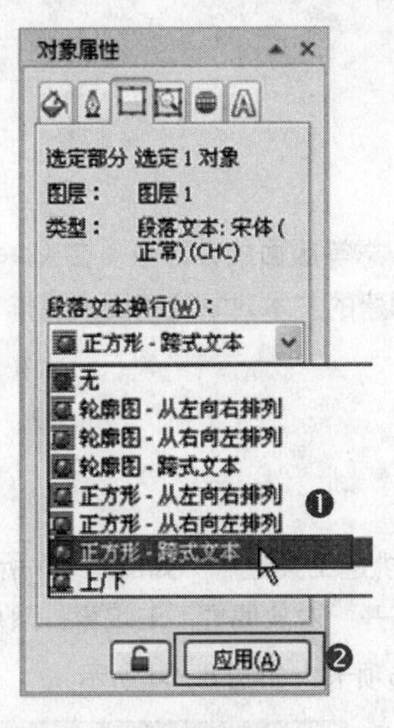

图 8-57　设置“对象属性”泊坞窗

图 8-58　文本自动环绕图形排列

■ 使用技巧

这时如果要改变文本绕图的方式，可以按住 Alt 键单击图形对象将图形对象选中，然后在泊坞窗的“段落文本换行”下拉列表中选择所需的环绕方式，设置完成后单击“应用”按钮即可，效果如图 8-59 所示。

图 8-59　改变文本绕图方式

8.6 | 文本链接

在前面已经介绍过使文本适配图文框的方法，这样可以将文本框中的文字完全显示出来。用户还可以将文本框中没有显示的内容链接到另一个文本框中或者图形对象中，将文本对象完全显示出来。

8.6.1 将段落文本框与图形对象链接

■ 任务导读

文本对象的链接不只限于段落文本框之间，段落文本框和图形对象之间也可以进行链接。当段落文本框的文本与未闭合路径的图形对象链接时，文本对象将会沿路径进行链接；当段落文本框中的文本内容与闭合路径的图形对象链接时，则会将图形对象作为文本框使用。

■ 任务驱动

具体的操作步骤如下。

01 选择“文本工具”字在页面中创建一个段落文本框，然后输入文字并使文本内容超出文本框的显示范围，如图 8–60 所示。

02 使用“贝塞尔工具”和“基本形状工具”分别在页面中绘制一条曲线和一个图形，如图 8–61 所示。

图 8-60 创建一个段落文本

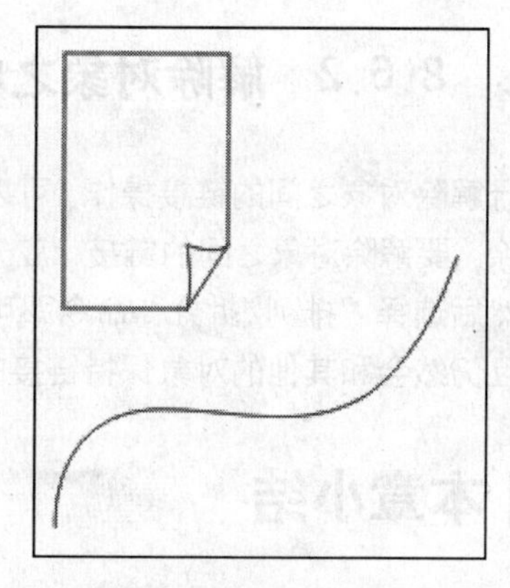

图 8-61 绘制曲线和图形

03 单击文本框底部的“实心”按钮，这时光标将变成插入链接状态，然后移动鼠标指针到“图形”对象内，此时指针将变成黑色箭头，如图 8–62 所示。

04 在“图形”对象内单击一下，隐藏的文件内容就会流向图形中，并会用一个箭头表示它们之间的链接方向，如图 8–63 所示。

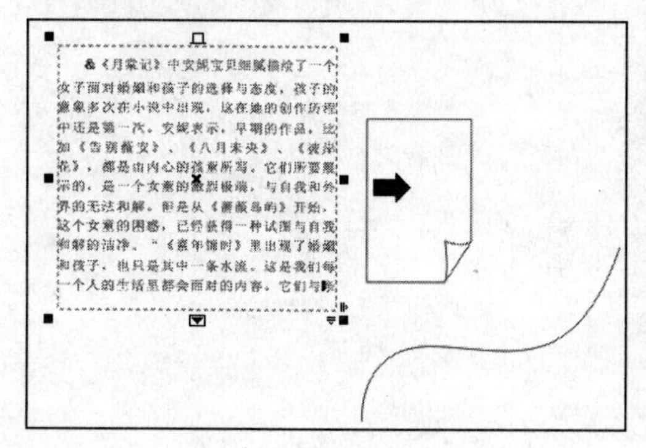

图 8-62 插入链接状态

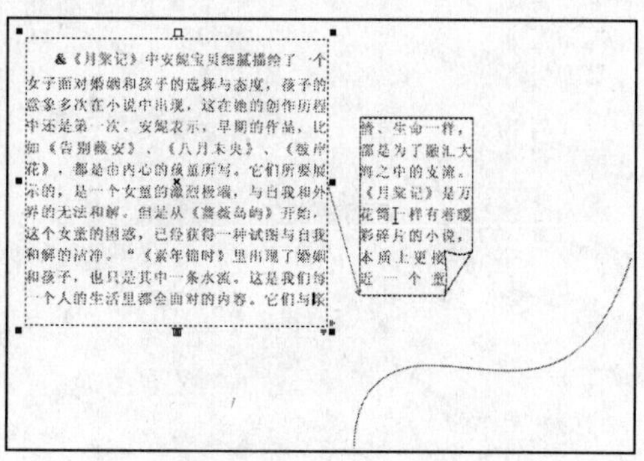

图 8-63 隐藏的文字内容流向图形中

05 使用同样的方法单击“图形”对象底部的实心按钮，移动指针到未闭合的路径上，等指针变成黑色箭头时单击鼠标左键即可将“图形”对象中的文字内容流向未闭合的路径上，效果如图 8-64 所示。

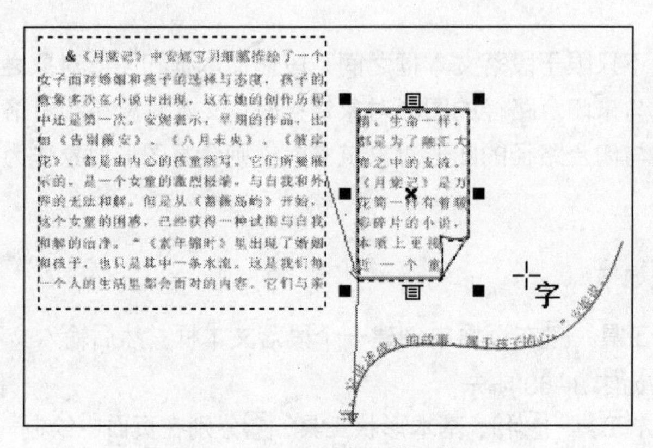

图 8-64　文字内容流向未闭合的路径上

8.6.2　解除对象之间的链接

进行解除对象之间的链接操作，可以将段落文本框之间或者段落文本框和图形对象之间的链接解除。要解除对象之间的链接，应先使用挑选工具选中要进行解除的段落文本框或者图形对象，然后选择“排列/拆分”命令即可。解除链接对象后，文本内容会自动流向其他的链接中，并且仍然会和其他的对象保持链接的关系。

8.7 | 本章小结

在 CorelDRAW X4 中新增了文本的预览功能，在使用文本段落格式化时，用户在编辑文本的同时就能看到更详细的字体类型改变、字距、行距等的改变，使得文本的编辑变得更加直观、随意。用户可以如控制图形一样轻松地编辑文本。读者在学习编辑文本方法的同时，可以充分发挥自己的创造力。

Chapter

09 图形特效

本章知识点

- 变形效果
- 阴影效果
- 透明与透镜效果
- 图框精确剪裁

CorelDRAW X4 不仅可以绘制出漂亮的图形，而且可以为图形添加各种特殊的效果。例如：变形效果、阴影效果和透镜效果等，同时还可以添加其他的一些效果。

9.1 | 变形效果

使用 CorelDRAW X4 中的交互式变形工具可以为对象创建变形效果。变形效果主要分为 3 种，分别是推拉变形、拉链变形和扭曲变形。这 3 种变形效果可以应用到图形或者文本对象中。本节介绍这 3 种变形的应用方法。

9.1.1 应用与编辑变形

■ 任务导读

下面来学习用推拉变形、拉链变形和扭曲变形绘制不同的变形效果。

■ 任务驱动

使用推拉变形等工具的操作步骤如下。

1. 推拉变形

所谓推拉变形是指通过推拉对象的节点产生不同的变形效果，具体的操作步骤如下。

01 使用矩形工具绘制一个矩形，在工具栏中选择"交互式变形工具"，如图 9-1 所示。

02 在属性栏中单击"推拉变形"按钮，鼠标会变成形状，然后在对象上的某一点处单击，单击的位置即变形的中心点。接着在对象上按下鼠标左键左右拖曳即可为对象创建推拉变形效果，如图 9-2 所示。

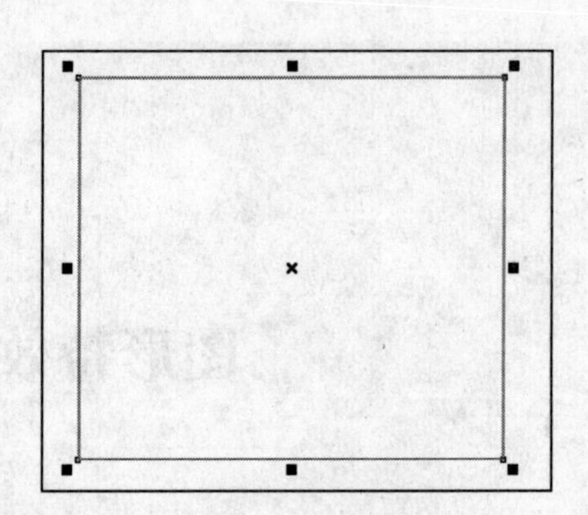

图 9-1　绘制矩形

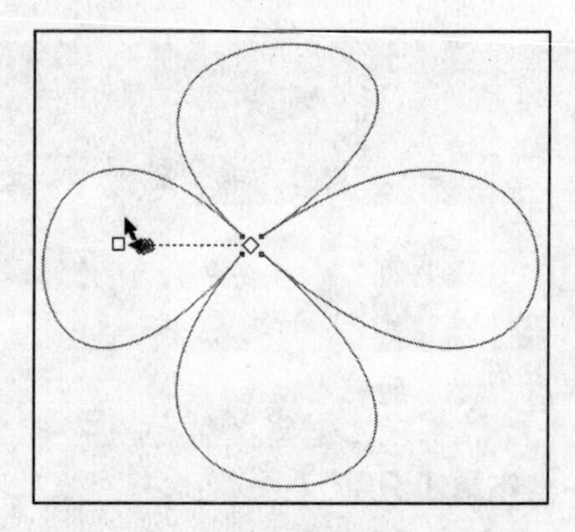

图 9-2　创建推拉变形效果

03 在属性栏中的"推拉失真振幅"文本框 10 中输入数值可以设置推拉变形的程度，如图 9–3 所示。

【高手指点：用鼠标拖曳箭头所指的小方块即可手动控制对象变形的程度。】

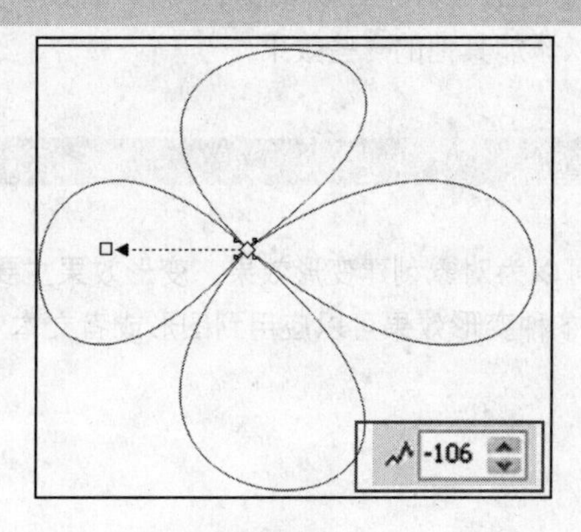

变形图形

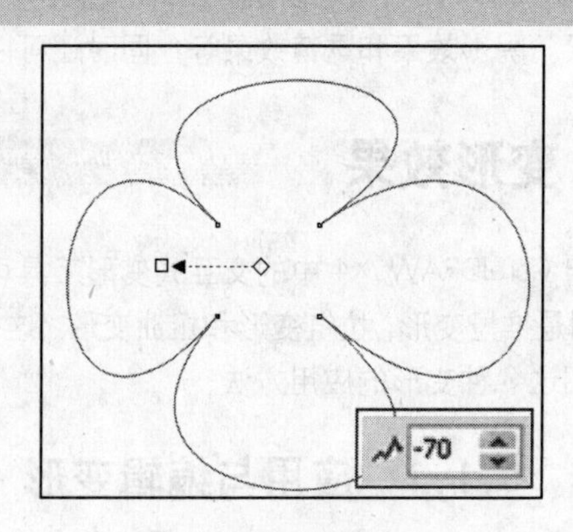

改变设置后的变形图形

图 9-3　设置对象的变形程度

04 用鼠标拖曳变形中心处的菱形可以手动设置对象的变形中心，如图 9–4 所示。

05 单击属性栏中的"中心变形"按钮即可把变形的中心点定位到对象的中心位置，如图 9–5 所示。

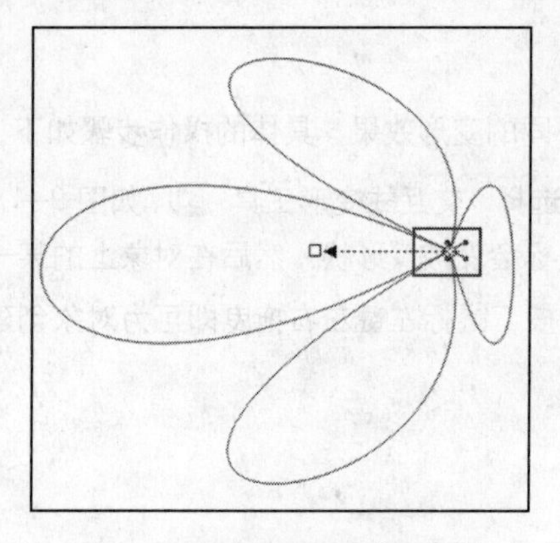

图 9-4　手动设置对象的变形中心

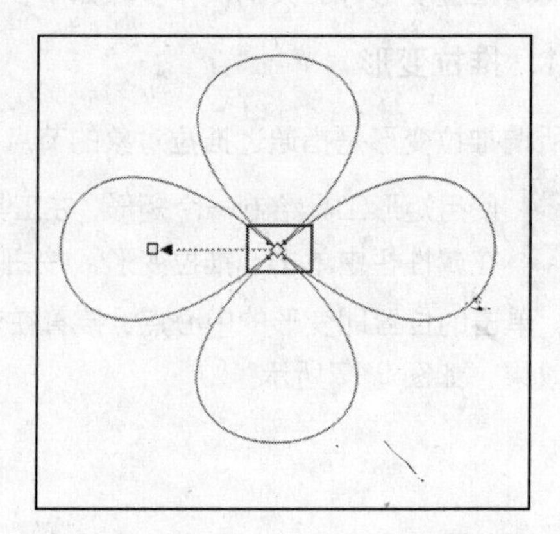

图 9-5　将变形的中心移动到对象的中心

2. 拉链变形

拉链变形能在对象的内侧和外侧产生节点，使对象的轮廓变成锯齿状的效果。具体的操作步骤如下。

01 选中对象后选择"交互式变形工具"，在属性栏中单击"拉链变形"按钮。在图形上方按下鼠标左键不放，然后向任意方向拖曳，对象就会以鼠标单击点为中心点创建出拉链变形后的效果，如图 9-6 所示。

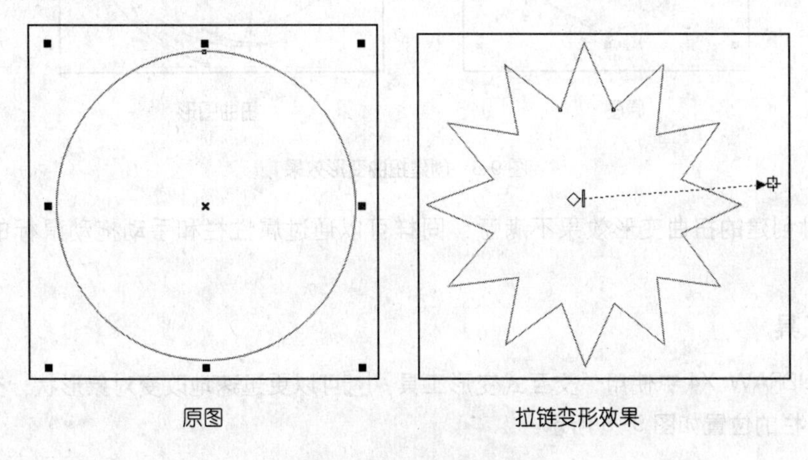

图 9-6 创建拉链变形效果

02 在属性栏中的"拉链失真振幅"文本框中输入数值（取值范围在 0～100 之间），数值越大，拉链的变形效果越明显，如图 9-7 所示。

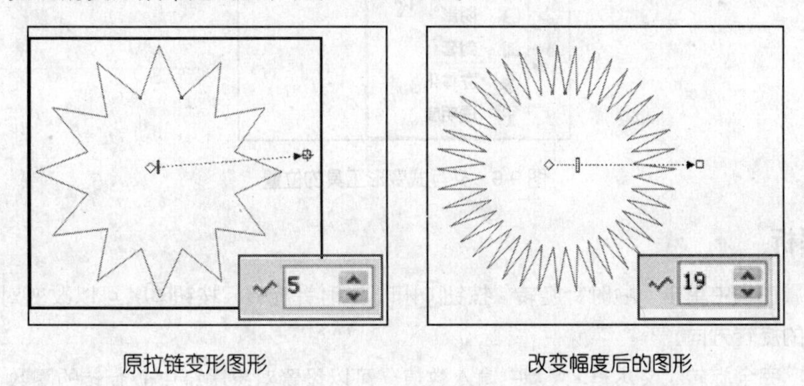

图 9-7 设置拉链变形的幅度

【高手指点：用鼠标拖曳箭头所指向的小方块即可手动设置拉链变形的幅度。】

3. 扭曲变形

用户可以为对象添加扭曲变形效果。所谓扭曲变形是指对象围绕自身旋转形成螺旋效果。

选中图形对象后单击"交互式变形工具"，在属性栏中单击"扭曲变形"按钮。然后在对象上按下鼠标左键不放并按顺时针或者逆时针方向旋转，即可创建出如图 9-8 所示的扭曲变形效果。

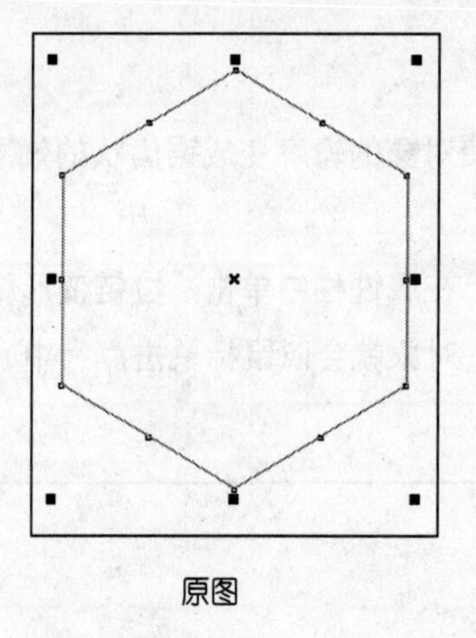

原图

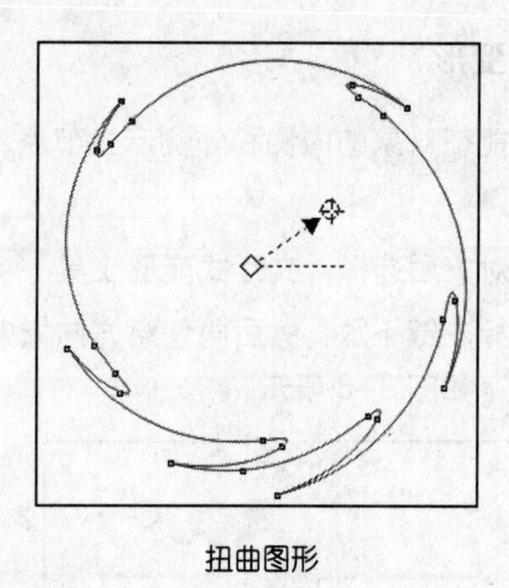

扭曲图形

图 9-8　创建扭曲变形效果

如果对创建的扭曲变形效果不满意，同样可以通过属性栏和手动拖动鼠标的矩形滑块来调整。

■ 应用工具

在 CorelDRAW X4 中使用“交互式变形工具”可以更迅速地改变对象形状，交互式变形工具在工具栏的位置如图 9-9 所示。

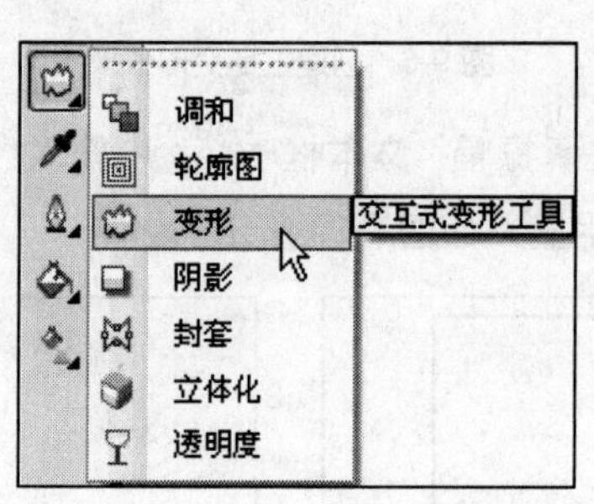

图 9-9　交互式变形工具的位置

■ 参数解析

- 在属性栏中单击“顺时针旋转”按钮和“逆时针旋转”按钮，可以改变对象扭曲变形时的旋转方向。
- 在“完全旋转”文本框中输入数值，可以设置对象围绕中心旋转的圈数。
- 在“附加角度”文本框中输入数值，可以设置图形所要旋转的角度。
- 用鼠标拖曳扭曲变形中心处的菱形◇，可以设置对象变形中心。
- 在属性栏中单击“中心变形”按钮，可以将变形的中心点定位到对象的中心位置。

用户也可以在属性栏中设置拉链变形的方式。拉链变形的方式主要有 3 种，如图 9-10 所示。通过单击属性栏中的以下按钮之一可以设置拉链的变形方式。

图 9-10　属性栏

- 随机变形：根据默认方式进行随机变形。
- 平滑变形：使图形拉链变形所产生的尖角变得平滑。
- 局部变形：使图形的局部产生拉链变形。

图 9–11 为 3 种不同的拉链变形方式所产生的效果。

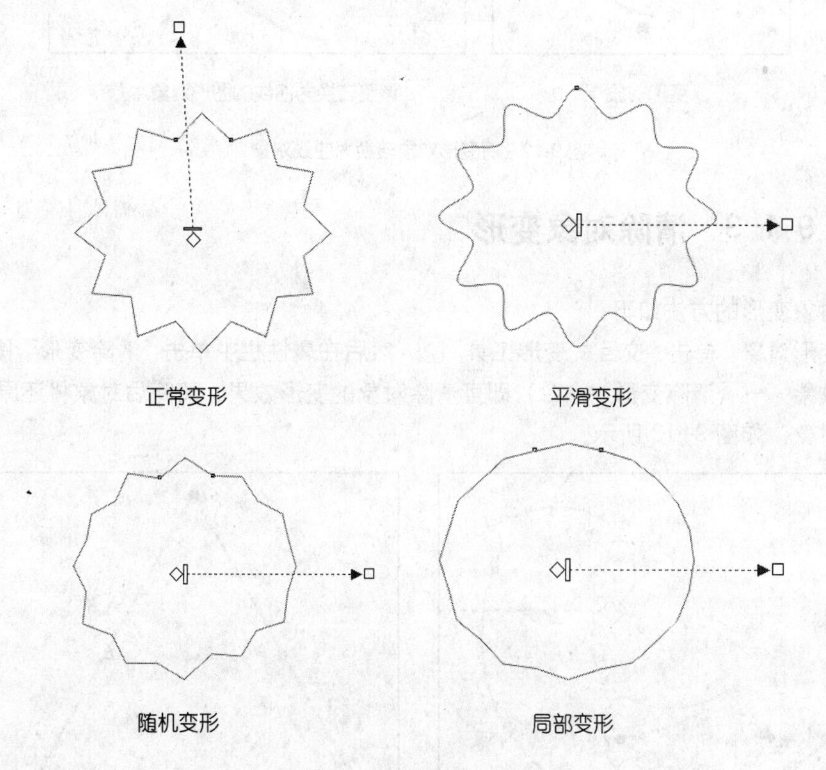

图 9-11　拉链的变形方式

高手指点：用户还可以为对象同时应用随机变形、平滑变形和局部变形效果。用鼠标拖动拉链变形中心处的菱形◇可以设置对象变形的中心，单击属性栏中的“中心变形”按钮可以把变形的中心点定位到对象的中心位置。

9.1.2　将变形对象转换为曲线

将变形对象转换为曲线的方法有以下两种。

- 选中变形对象后，在属性栏中单击“转换为曲线”按钮。
- 选中变形对象，然后选择“排列”→“转换为曲线”命令。

当变形对象转换成曲线后，就可以使用“形状工具”来调整变形图形的形状，如图 9–12 所示。

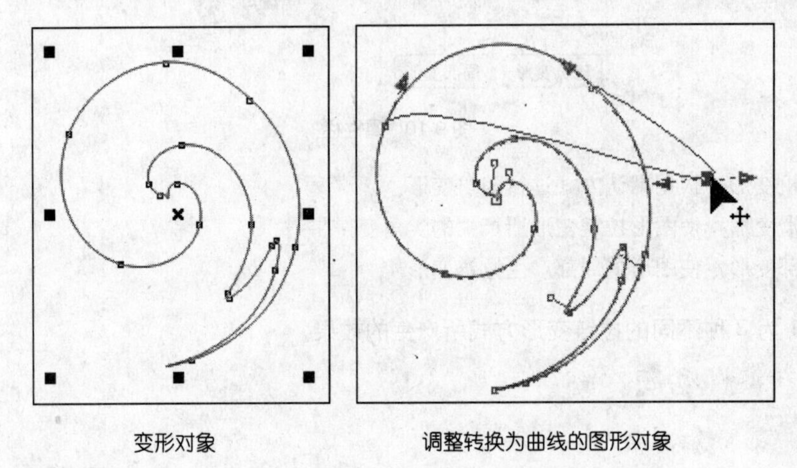

图 9-12　将变形对象转换为曲线对象

9.1.3　清除对象变形

清除对象变形的方法如下。

选中变形对象，单击“交互式变形工具”，然后在属性栏中单击“清除变形”按钮（或者选择“效果”→“清除变形”命令）即可清除对象的变形效果。清除后对象将还原到变形前的原图形对象，如图 9–13 所示。

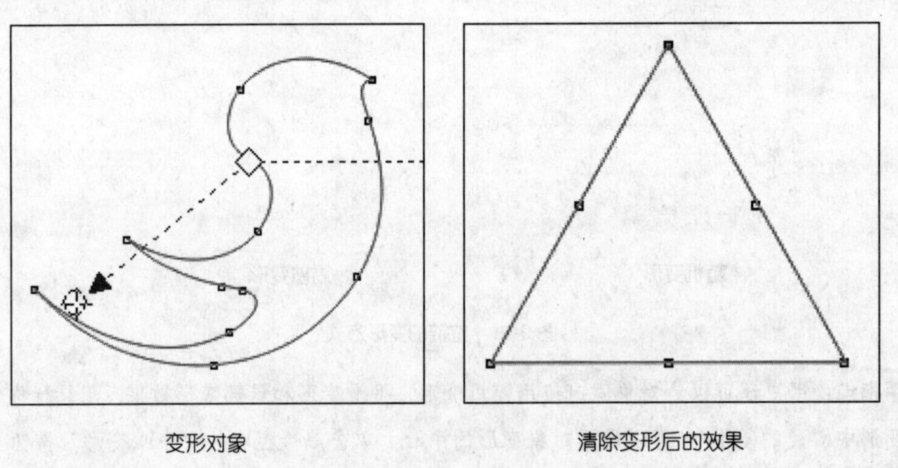

图 9-13　清除对象变形

9.1.4　复制变形

■ 任务导读

当为对象创建了变形效果后，还可以将这种变形效果应用于其他的对象。

■ **任务驱动**

具体的操作方法与复制调和效果及轮廓图效果的方法类似。

01 用“挑选工具”选中要复制变形效果的图形对象，然后单击工具箱中的“交互式变形工具”，如图 9-14 所示。

02 在属性栏中单击“复制属性”按钮（或者选择“效果”→“复制效果”→“变形自”命令），这时光标会变成➡状态，然后用➡单击需要复制的变形对象即可，如图 9-15 所示。

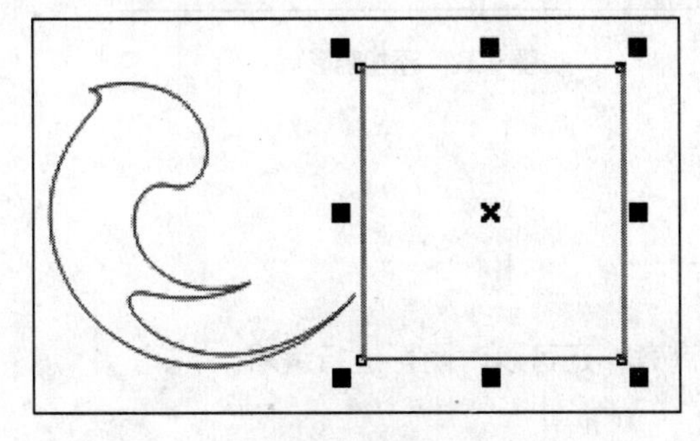

图 9-14 选中要复制变形效果的图形对象

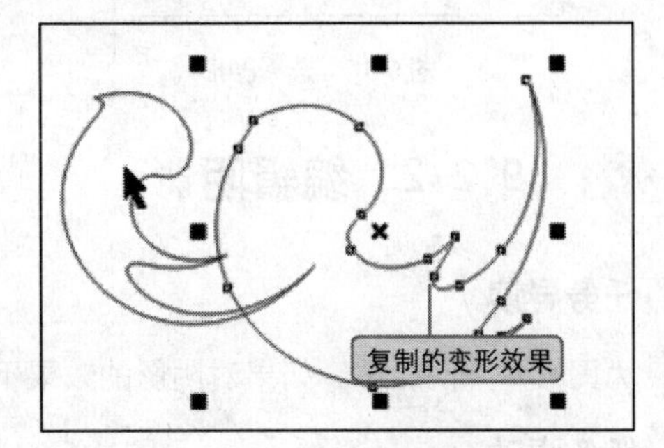

图 9-15 复制变形效果

9.2 | 阴影效果

使用交互式阴影工具可以很好地增加对象的逼真程度，增强对象的纵深感，而且在色调上富有层次感，是绘图中不可或缺的绘制工具。使用此工具可以为段落文本、美术文本、位图以及群组对象等创建阴影效果。

9.2.1 创建阴影效果

■ **任务导读**

在绘制图形的时候，要使图形具有立体效果时，最简洁的方法就是添加投影效果了。

■ **任务驱动**

为图形对象创建阴影效果的具体步骤如下。

01 使用“挑选工具”选择要添加阴影的图形，在工具箱中单击“交互式阴影工具”，如图 9-16 所示。

02 使用“交互式阴影工具”在图形上单击选中图形，然后按下鼠标左键不放，拖曳鼠标到合适的位置，松开鼠标左键即可看到为对象创建的阴影效果，如图 9-17 所示。

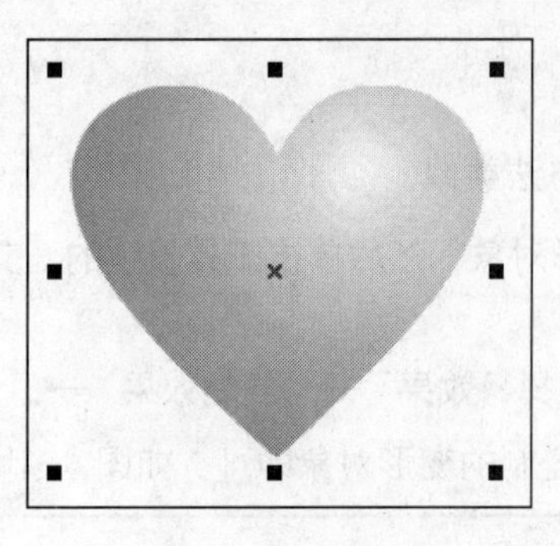

图 9-16　选择图形

图 9-17　添加阴影

9.2.2　编辑阴影

■ 任务导读

为图形添加阴影后，如果对阴影的效果不满意，还可以对阴影进行编辑。

■ 任务驱动

对于阴影与对象的距离，可以在属性栏中精确地进行设置，也可以通过手动进行大概的设置。使用属性栏进行精确设置的具体步骤如下。

01 继续上图的操作，单击工具箱中的"交互式阴影工具"将阴影对象选中，如图 9–18 所示。

02 在属性栏中的"阴影偏移"文本框中输入数值，X 值为 30、Y 值为 10，效果如图 9–19 所示。

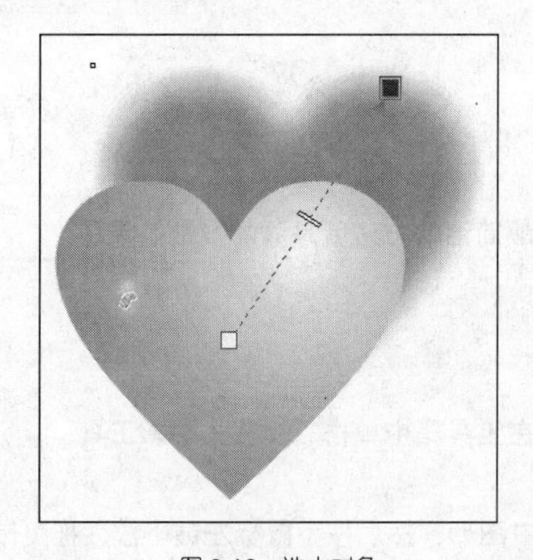

图 9-18　选中对象

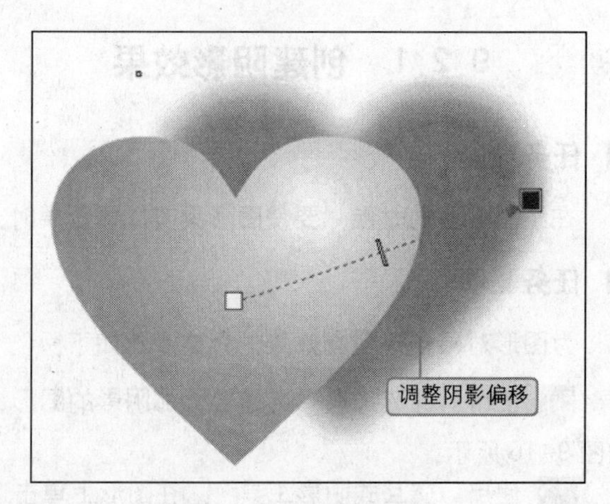

图 9-19　调整阴影的偏移度

高手指点："控制对象中心"必须位于图形中心上，才可以在"阴影偏移"文本框中输入数值。

03 在属性栏的"阴影不透明"文本框中输入数值 30，效果如图 9–20 所示。

04 在属性栏中的"阴影羽化"文本框中输入数值 30，效果如图 9–21 所示。

图 9-20 设置阴影的透明程度

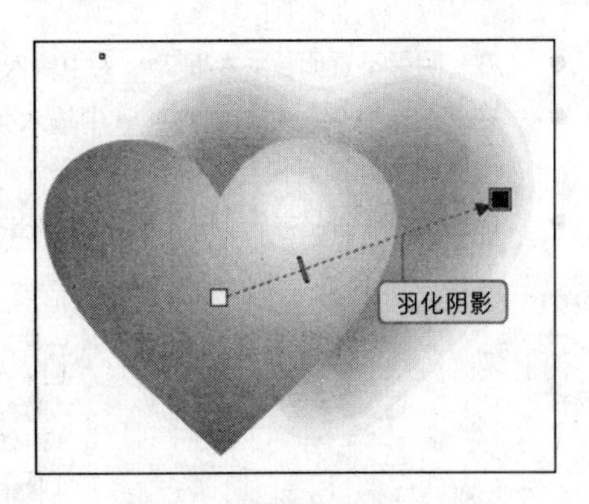

图 9-21 设置阴影的羽化程度

05 单击属性栏中的“阴影羽化方向”按钮，可以在弹出的选项中选择“向内”，效果如图 9–22 所示。

06 在属性栏中单击“阴影颜色”按钮，然后在弹出的颜色列表中为当前对象的阴影选择蓝色，效果如图 9–23 所示。

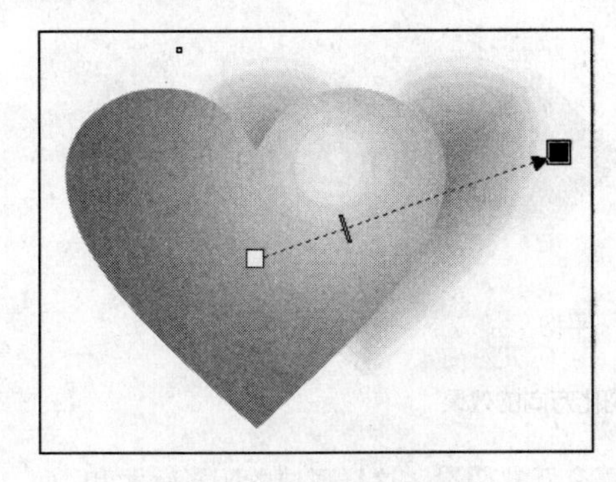

图 9-22 应用阴影羽化方向

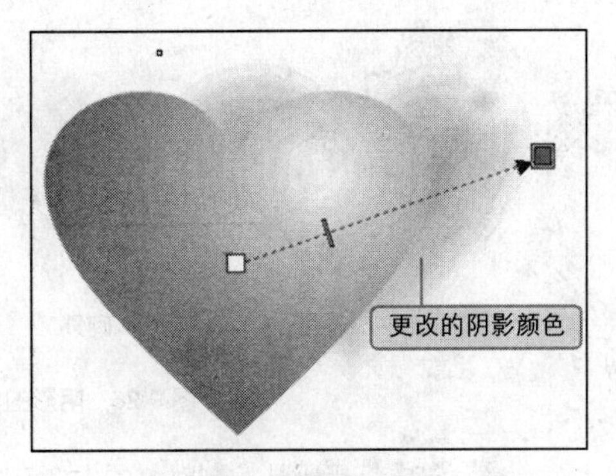

图 9-23 设置阴影颜色

■ 应用工具

“交互式阴影工具”可以快速地为图形添加立体效果，交互式阴影工具在工具栏的位置如图 9–24 所示。

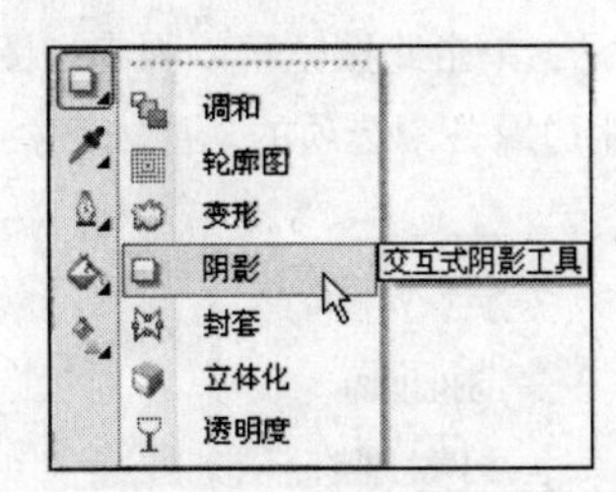

图 9-24 交互式阴影工具的位置

■ 参数解析

- 在“阴影偏移”文本框中输入数值，即可设置阴影与图形之间的距离，输入正值代表向上或者向右移动，输入负值代表向左或者向下移动。
- 在“阴影角度”文本框中输入数值以设置阴影的角度。

- 在"阴影不透明"文本框中输入数值即可设置阴影的不透明度，数值越大，阴影就越深。
- 在"阴影羽化"文本框中输入数值，这样就可以设置阴影的羽化程度，从而使阴影产生比较柔和或者锐利的效果。
- 单击"阴影羽化方向"按钮可以弹出如图 9–25 所示的选项，从中可以选择阴影的羽化方向。羽化方向各个选项的功能如下，所呈现的效果如图 9–26 所示。

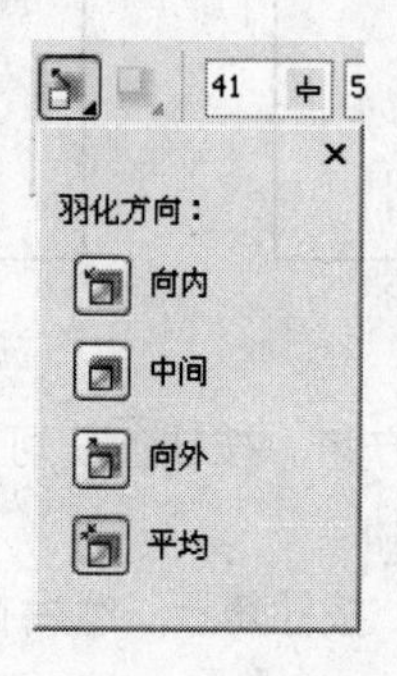

图 9-25　羽化方向选项

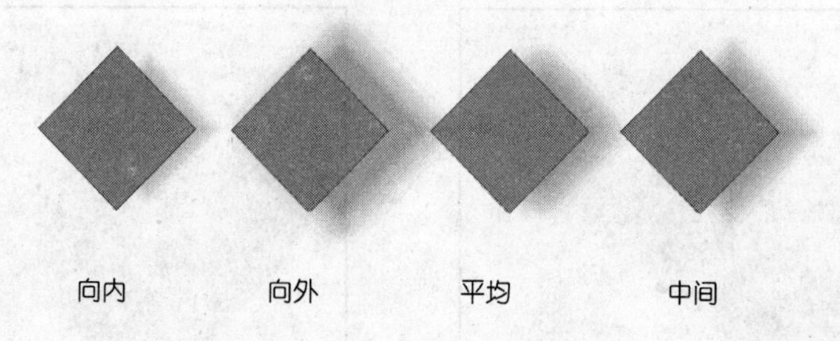

图 9-26　阴影的 4 种羽化方向的效果

  - 向内：用于从控制对象的内侧开始计算交互式阴影，这样形成的阴影较柔和。
  - 向外：用于从控制对象的外部开始计算交互式阴影，这样形成的阴影较柔和而又清晰。
  - 中间：用于从控制对象的中心开始计算交互式阴影，这样形成的阴影是模糊的。
  - 平均：这是程序默认的阴影羽化方式，即从控制对象的内侧和外侧之间计算交互式阴影。

- "阴影边缘"按钮将被激活。单击此按钮可以弹出如图 9–27 所示的选项，从中可以选择阴影的边缘羽化效果。羽化边缘各个选项的功能如下，所呈现的效果如图 9–28 所示。

图 9-27　羽化边缘选项

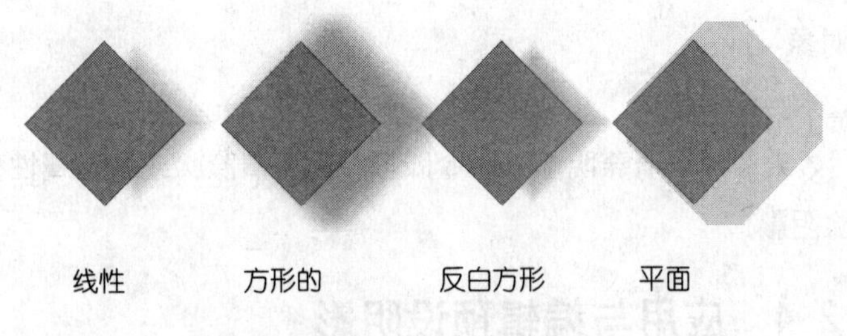

图 9-28　阴影的 4 种羽化边缘效果

- ➢ 线性：生成的阴影边缘较柔和。
- ➢ 方形的：在边缘之外稍加以柔化。
- ➢ 反白方形：在边缘之外稍加以突出。
- ➢ 平面：生成的阴影效果不透明、没有羽化效果。

- 在“淡出”文本框50中输入数值可以设置阴影颜色的淡化效果。
- 在“阴影延展”文本框50中输入数值可以设置阴影的拉伸距离，数值越大阴影的长度就越长。
- 单击“阴影颜色”按钮，然后在弹出的颜色列表中为当前对象的阴影选择一种颜色即可。

9.2.3　拆分和清除阴影

■ 任务导读

根据需要，用户可以对已经创建的阴影对象的阴影进行拆分或者清除。

■ 任务驱动

拆分或者清除阴影对象的操作步骤如下。

1. 拆分阴影和对象

01 使用挑选工具选择阴影对象图像，如图 9–29 所示。

02 选择“排列”→“打散阴影群组”命令即可拆分阴影和主题，再用移动工具将阴影移开即可，如图 9–30 所示。

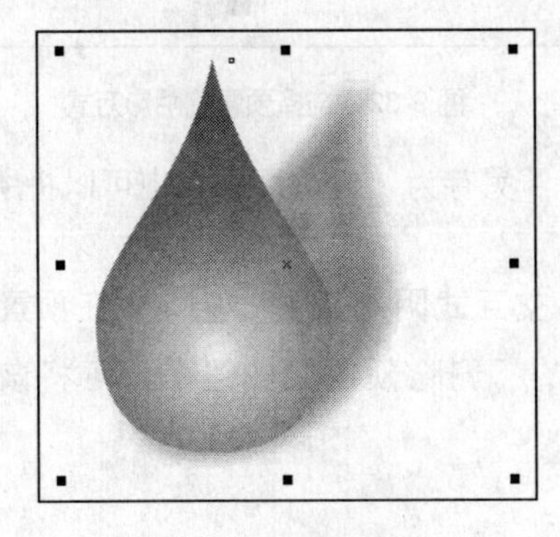

图 9-29　选择图像

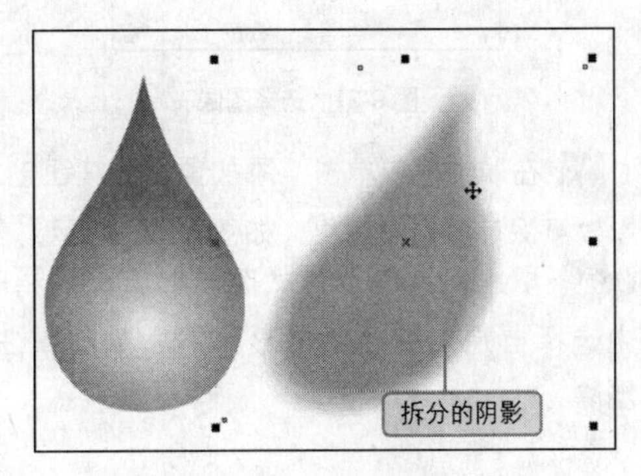

图 9-30　拆分阴影

2. 清除对象

01 选择整个阴影对象。

02 选择“效果”→“清除阴影”命令即可将阴影清除，或者在属性栏中单击“清除”按钮，也可清除阴影。

9.2.4 应用与编辑预设阴影

默认的情况下 CorelDRAW X4 提供有 11 种预设阴影方式。用户可以对图形直接添加预设阴影效果，也可以将新的阴影效果设置为自定义的阴影，或者删除添加的自定义阴影效果。

■ 任务导读

在为对象添加阴影效果时，可以使用 CorelDRAW X4 提供的预设阴影，并且还可编辑预设的阴影。

■ 任务驱动

应用与编辑预设阴影的操作步骤如下。

01 选择要添加阴影的图像，单击工具箱中的“交互式阴影工具”，如图 9-31 所示。

02 在属性栏的“预设”下拉列表中选择一种预设阴影的方式，即可为图形添加上预置的阴影效果，如图 9-32 所示。

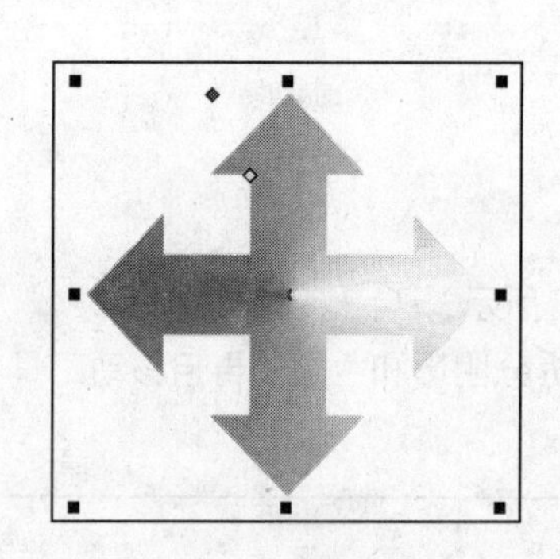

图 9-31 选择图像

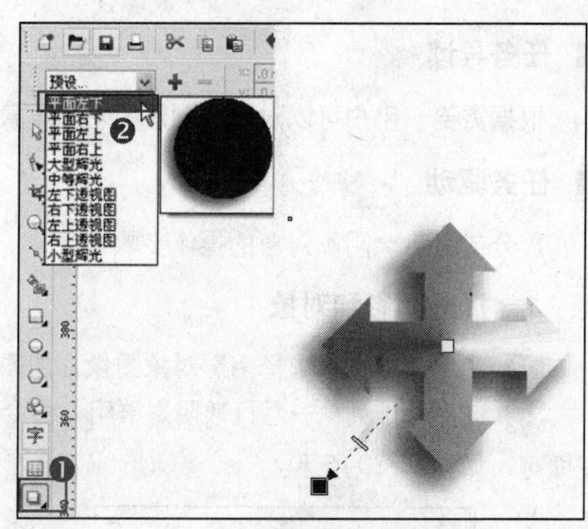

图 9-32 选择预置的阴影方式

03 在属性栏中单击“添加预设”按钮，打开“另存为”对话框，从中可以将所选择的阴影效果保存为预设效果，如图 9-33 所示。

04 取消对象的选择状态，单击工具箱中的“交互式阴影工具”，并在预置下拉列表中选择自定义的预置阴影，然后单击属性栏中的“删除预设”按钮即可将该预置效果删除。

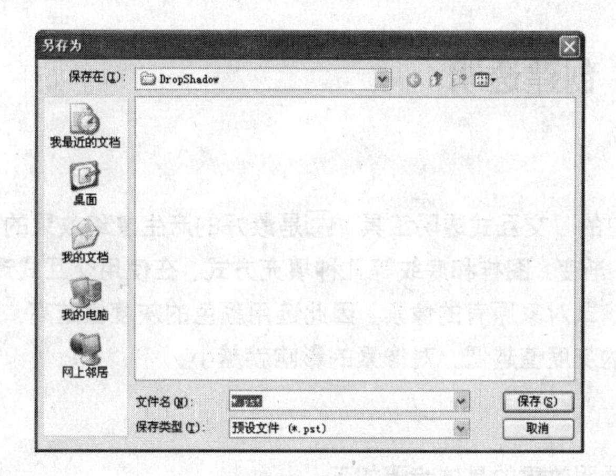

图 9-33 保存预设效果

9.2.5 复制阴影

■ **任务导读**

在 CorelDRAW X4 中可以利用复制功能将一个对象的阴影效果复制到另外的对象上。

■ **任务驱动**

具体的操作步骤如下。

01 选中一个图形对象，单击工具箱中的"交互式阴影工具"，如图 9–34 所示。

02 选择"效果"→"复制效果"→"阴影自"命令，这时光标会变成➡状态，然后单击需要复制的阴影对象即可将阴影效果复制到选中的图形上，如图 9–35 所示。

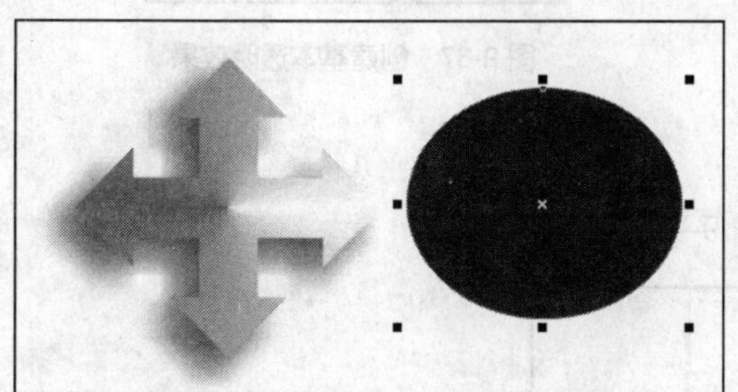

图 9-34 选择图形

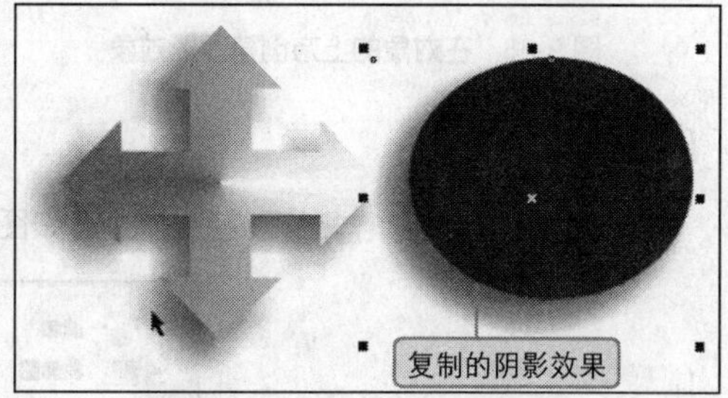

图 9-35 复制的阴影效果

9.3 | 透明与透镜效果

在 CorelDRAW X4 中可以将透明度应用于对象上，从而显示出后面的所有对象。通过 CorelDRAW X4 应用程序，也可以指定透明对象的颜色如何与其下方对象的颜色组合。

使用透镜能为对象增添各种创造性的效果，可以更改对象的外观而不实际改变对象。对矢量图形应用透镜时，透镜本身会变成矢量图像；同样如果将透镜置于位图上，透镜也会变成位图。

9.3.1 创建透明

■ 任务导读

CorelDRAW X4 中的“交互式透明工具”是最好的产生梦幻效果的工具。与交互式填充工具一样，它有均匀、渐变、图样和底纹等几种填充方式。在使用交互式透明工具填充颜色时，是用颜色的灰度值来遮罩对象原有的像素。因此选用颜色的灰度值越高，对象被遮住的像素就越多；反之选用颜色的灰度值越低，对像素的影响就越小。

■ 任务驱动

对图形对象创建透明效果的具体步骤如下。

01 使用工具箱中的绘图工具在某个对象的上方创建一个图形对象，如图 9–36 所示。

02 单击工具箱中的“交互式透明工具”，将创建的图形对象选中，按住鼠标左键不放，向某一个方向拖曳，然后释放鼠标即可创建出透明效果，如图 9–37 所示。

图 9-36　在对象的上方创建图形对象

图 9-37　创建基本透明效果

■ 应用工具

“交互式透明工具”在工具栏的位置如图 9–38 所示。

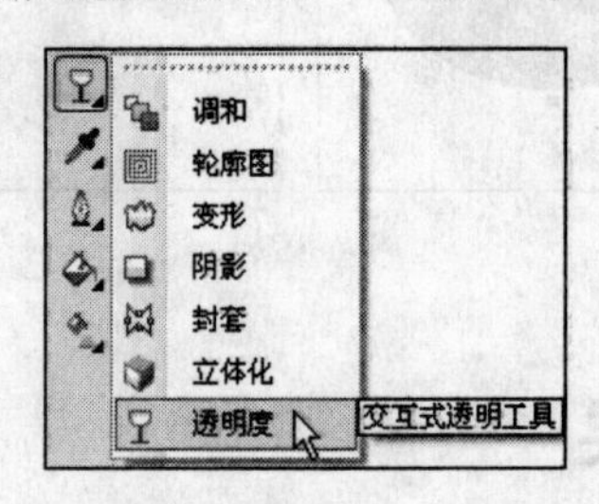

图 9-38　交互式透明工具的位置

9.3.2 复制与清除透明

■ 任务导读

根据需要，用户可以把一个对象的透明属性应用到其他的对象上，即复制透明效果，也可以根据需要清除透明效果。

■ 任务驱动

具体的操作步骤如下。

01 选中一个图形对象，单击工具箱中的“交互式透明工具”，如图 9–39 所示。

02 在属性栏中单击“复制透明度属性”按钮，此时光标会变成➡状态，然后用➡单击需要复制的透明对象即可看到菱形的透明效果复制到了心形上，如图 9–40 所示。

图 9-39 选择需要复制透明效果的对象

图 9-40 复制透明属性

03 选择要删除的透明效果图像，如图 9–41 所示。

04 在属性栏的“透明度类型”下拉列表中选择“无”选项或者在属性栏中单击“清除透明度”按钮，即可清除透明效果，如图 9–42 所示。

图 9-41 选中图形

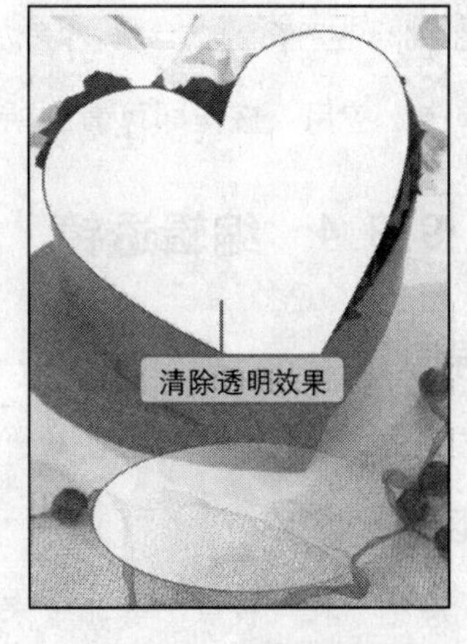

图 9-42 清除透明效果

9.3.3 使用透镜

■ 任务导读

透镜可以改变其下方对象区域的外观，而不能改变对象的实际特性和属性。透镜可以对任何矢量对象（如矩形、椭圆、闭合路径或多边形）应用透镜，也可以更改美术字和位图的外观。对矢量对象应用透镜时，透镜本身会变成矢量图像。同样，如果将透镜置于位图上，透镜也会变成位图。

■ 任务驱动

为对象创建基本的透镜效果的具体步骤如下。

01 导入任意一幅位图到页面中（也可以是矢量图形），然后用“基本形状工具”在图像（或者矢量图形）上绘制一个多边形，如图 9-43 所示。

02 选择多边形，然后选择“效果”→“透镜”命令或者“窗口”→“泊坞窗”→“透镜”命令弹出“透镜”泊坞窗。

03 在“透镜类型”下拉列表中选择一种透镜的效果，例如选择“色彩限度”，如图 9-44 所示。

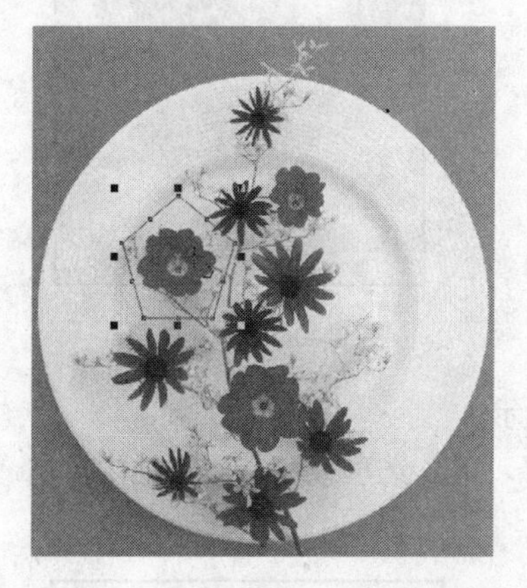

图 9-43 在图像的上方绘制一个多边形

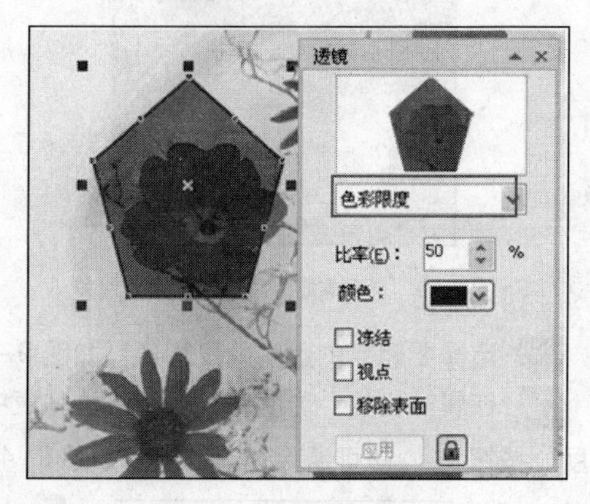

图 9-44 “透镜”泊坞窗

04 单击“应用”按钮即可看到所选透镜的效果。

9.3.4 编辑透镜

■ 任务导读

使用透镜后，在泊坞窗内还可以通过“冻结”、“视点”和“移动表面”等来编辑透镜效果。

■ 任务驱动

使用“冻结”和“视点”等命令来编辑透镜的操作步骤如下。

01 使用“挑选工具”选中需要冻结的透镜，如图 9-45 所示。

02 在“透镜”泊坞窗中选中“冻结”复选框，然后单击泊坞窗中的“应用”按钮即可。此时如果移动透镜，将会发现透镜中的内容保持不变，如图 9-46 所示。

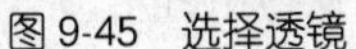

图 9-45 选择透镜

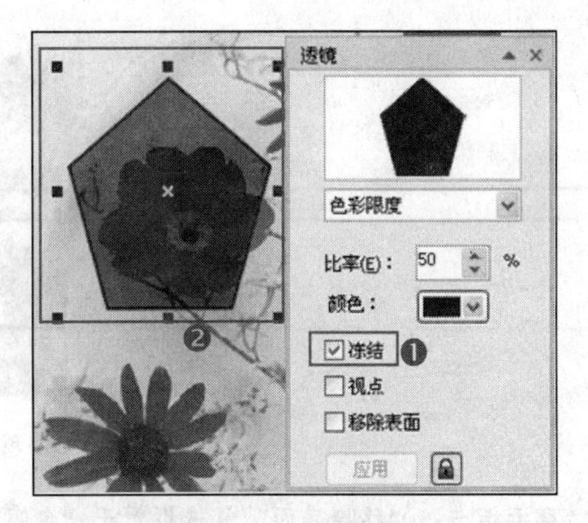

图 9-46 冻结透镜

03 在“透镜”泊坞窗，选中“视点”复选框，然后单击右侧的“编辑”按钮，如图 9-47 所示。

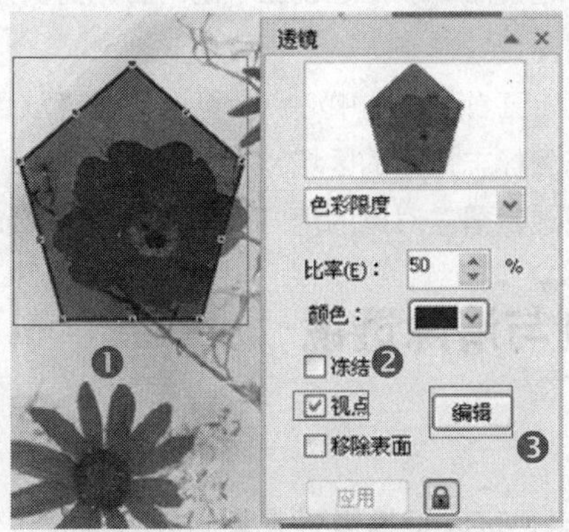

图 9-47 选中“视点”复选框

04 在弹出的泊坞窗中可以更改透镜视点的坐标位置，单击“末端”按钮可以结束对视点的编辑，然后单击“应用”按钮即可改变透镜视点，如图 9-48 所示。

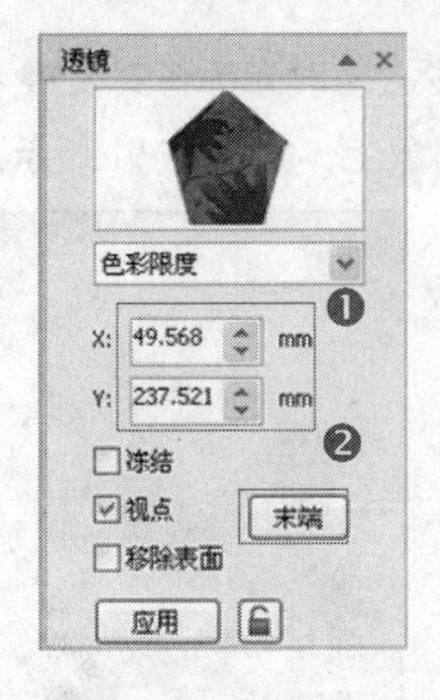

图 9-48 更改视点

05 在“透镜”泊坞窗中选中“移除表面”复选框。

06 单击“应用”按钮即可看到创建的移除表面效果，如图 9-49 所示。

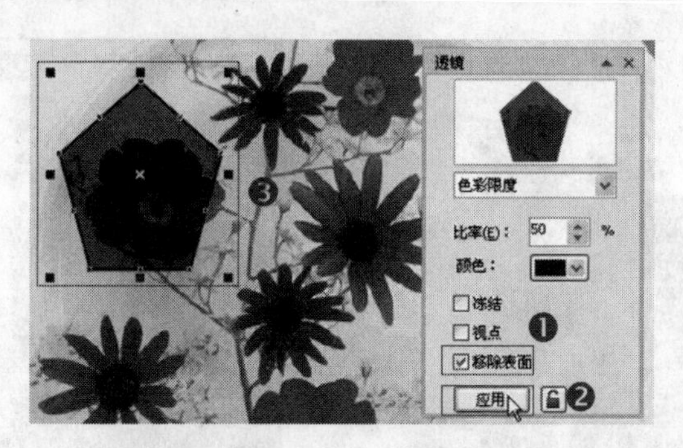

图 9-49　移除表面设置参数

【高手指点：“移除表面”复选框对于“鱼眼”和“放大”透镜都不可用。】

■ 参数解析

- 冻结透镜：可以移动透镜而不改变透镜显示的内容。需要注意的是：对透镜下方区域所做的改动不会影响视图。
- 视点：表示通过透镜所查看对象的中心点。可以将透镜放置在绘图窗口中的任何位置，但是透镜总是显示其视点标志周围的区域。
- 移除表面：可以只在透镜覆盖对象的地方显示透镜效果，而在空白处不显示透镜效果。

9.3.5　复制与清除透镜

■ 任务导读

在使用了透镜效果后，用户可以根据需要来复制或者清除透镜。

■ 任务驱动

具体操作方法如下。

01 选中一个图形对象，如图 9–50 所示。

02 选择“效果”→“复制效果”→“透镜自”命令，这时光标将变成➡状态，然后单击需要复制的透镜对象就可以将透镜效果复制到选中的对象上，如图 9–51 所示。

图 9-50　选择需要复制透镜的对象

图 9-51　复制的透镜效果

03 将需要清除的透镜选中，打开“透镜”泊坞窗，然后在“透镜类型”下拉列表中选择“无透镜效果”选项，如图 9-52 所示。

04 单击“应用”按钮即可清除透镜效果，如图 9-53 所示。

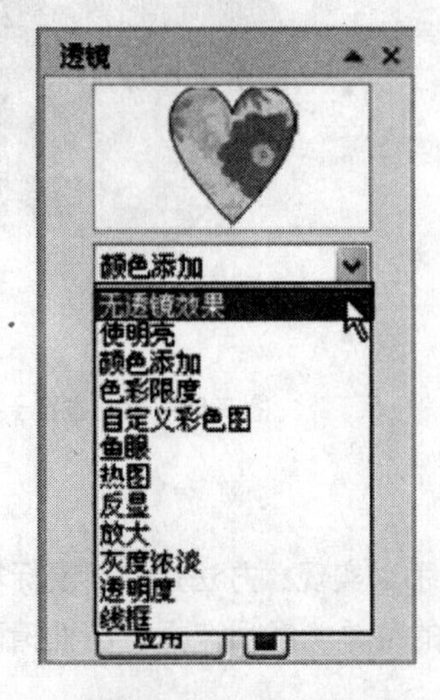

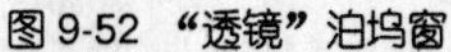

图 9-52 “透镜”泊坞窗　　图 9-53 清除透镜效果

9.4 图框精确剪裁

CorelDRAW X4 允许用户在其他对象或者容器内放置矢量对象和位图，例如相片。容器可以是任何对象，例如美术字或者矩形。

9.4.1 将对象置于容器内

■ 任务导读

应用“放置在容器中”命令可以将图像放置到指定的容器中，但容器的对象必须是封闭的路径。

■ 任务驱动

将对象置于容器内的方法有以下两种。

1. 使用菜单命令创建图框精确剪裁效果

01 选择一个对象（例如图片）作为内置的对象，如图 9-54 所示，然后在页面中绘制一个图形（例如心形）作为容器。

02 选择“效果”→“图框精确剪裁”→“置于容器内”命令，光标会变成➡状态，然后用➡单击容器（心形）对象，图片对象就会自动地内置于另外的一个容器内，如图 9-55 所示。

图 9-54　选择内置对象

图 9-55　将对象置于容器内

■ 使用技巧

除了使用命令得到剪裁效果外，用户还可以手动实现。方法是：用鼠标右键拖曳内置对象置于容器对象上，释放鼠标弹出如图 9-56 所示的菜单，然后选择“图框精确剪裁内部”命令即可创建图框精确剪裁效果。

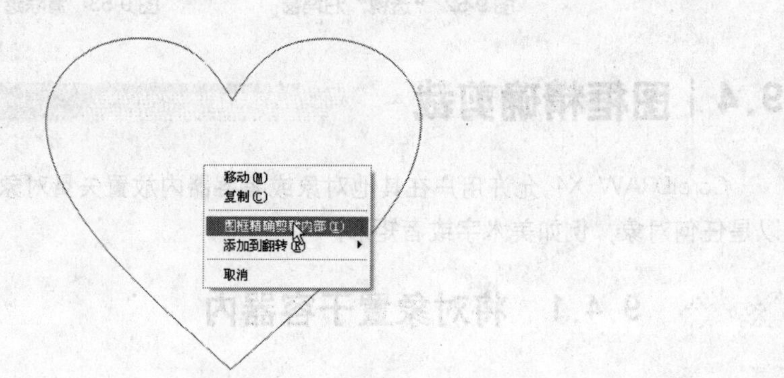

图 9-56　选择“图框精确剪裁内部”命令

9.4.2　编辑内容

■ 任务导读

应用“图框精确剪裁”后，经过剪裁的图像位置不尽如人意时，可以通过“编辑内容”命令进行编辑剪裁图像。

■ 任务驱动

编辑内容的操作步骤如下。

01 选中具有图框精确剪裁效果的对象，如图 9-57 所示。

02 然后选择“效果”→“图框精确剪裁”→“编辑内容”命令，容器对象会变成浅色的轮廓，内置的对象会被完整地显示出来，如图 9-58 所示。

图 9-57 选中图框精确剪裁对象

图 9-58 编辑内置对象时的显示

03 放大对象，并使小孩的脸部居于心形中间，然后选择“效果”→“图框精确剪裁”→“完成编辑这一级”命令，即可结束对内置对象的编辑操作，效果如图 9-59 所示。

图 9-59 修改后的剪裁对象

9.4.3 复制内置对象

■ 任务导读

用户可以使用复制内置对象功能，将一个图框精确剪裁对象的内置内容应用到另外的一个容器中。

■ 任务驱动

具体操作方法如下。

01 选中一个图形作为容器，如图 9-60 所示。

02 选择“效果”→“复制效果”→“图框精确剪裁自”命令，这时光标会变成➡状态，然后单击希望复制的图框精确剪裁对象，即可完成内置对象的复制，如图 9-61 所示。

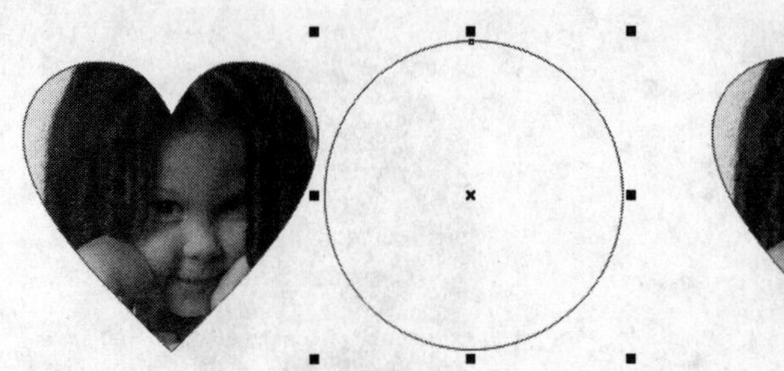

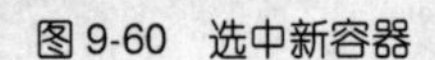
图 9-60　选中新容器

图 9-61　复制内置对象

9.4.4　锁定内置对象

■ 任务导读

根据需要，用户可以将图框精确剪裁对象的内置对象锁定，这样可以控制内置对象与容器的交互作用。

■ 任务驱动

锁定和解锁的具体操作如下。

01 用鼠标右键单击“图框精确剪裁对象”，然后在弹出的快捷菜单中选择“锁定图框精确剪裁的内容”命令即可，如图 9–62 所示。

02 锁定后，当移动、旋转、缩放和倾斜图框精确剪裁对象时，内置对象也会做同样的修改，如图 9–63 所示。

图 9-62　锁定内置对象命令

图 9-63　锁定内置对象

03 用鼠标右键单击“图框精确剪裁对象”，然后在弹出的快捷菜单中选择“锁定图框精确剪裁内容”命令，使该命令前面的图标呈弹起状态即可。解锁后，移动、旋转、缩放和倾斜图框精确剪裁对象时，内置对象则保持不变。

9.4.5　提取内置对象

■ **任务导读**

用户可以将图框精确剪裁对象的内置对象从容器中提取出来，以成为独立的对象。

■ **任务驱动**

具体操作步骤如下。

01 选中需要提取内置对象的图框精确剪裁对象，如图 9–64 所示。

02 选择“效果”→“图框精确剪裁”→“提取内容”命令即可将内置对象提取出来，如图 9–65 所示。

图 9-64　选择图框精确剪裁对象

图 9-65　提取内置对象

9.5 | 本章小结

CorelDRAW X4 中拥有大量的特殊效果，掌握了这些效果的使用技巧，读者在今后的绘图过程中不仅能够节省大量的时间，而且能得到更加贴切、更具个性化的设计作品。本章制作效果较多，建议读者在操作实例时注意对比效果的不同。

另外，读者需要了解透镜只能应用于封闭路径及艺术字对象，而不能应用于开放路径、位图或段落文本对象，也不能应用于已经建立了动态链接效果的对象（如立体化、轮廓图等效果的对象）。

Chapter

10 位图的处理

本章知识点

- 位图颜色模式
- 导入位图图像
- 转换矢量图和位图
- 调整位图图像颜色

CorelDRAW X4 不仅仅是一款出色的矢量图形处理软件，同时还具有强大的位图处理功能。用户可以利用 CorelDRAW X4 的位图功能菜单，简单、快捷地调整位图的颜色及添加各种效果等，其功能之强大不亚于专业的位图处理软件。

10.1 | 位图颜色模式

使用不同的颜色模式会得到不同的图像效果，同时不同的颜色模式也适用于不同的场合。用户如果需要重新定义位图的色彩模式，可以选择“位图”→“模式”命令。在此命令下有 8 种颜色模式供用户选择，如图 10–1 所示。

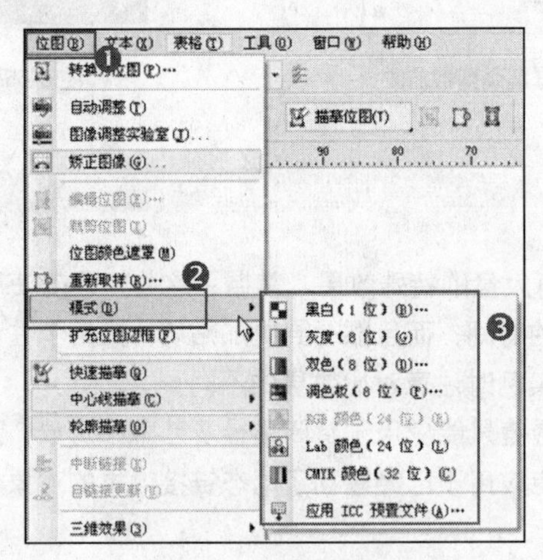

图 10-1 “模式”命令

10.1.1 黑白模式

■ **任务导读**

应用黑白模式可以把位图转换成黑白（1 位）模式。这种模式在图像中只保存两种颜色：

白色和黑色，中间没有灰度层次。

■ 任务驱动

具体的操作步骤如下。

01 按下 Ctrl+I 组合键打开“导入”对话框，然后导入“光盘\素材\ch10\图 05.jpg”并用挑选工具选中，如图 10-2 所示。

02 选择“位图”→“模式”→“黑白”命令打开“转换为 1 位”对话框。

03 在“转换方法”下拉列表中可以选择黑白位图的类型，里面包括线条图、半色调、顺序等几种方式，在这里选择“顺序”方式，然后拖动“选项”下面的“强度”滑块可以调节所选类型的强度，如图 10-3 所示。

图 10-2　导入位图

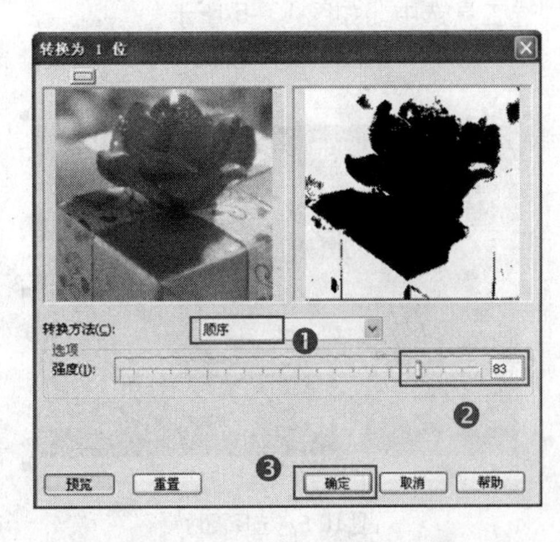

图 10-3　“转换为 1 位”对话框

高手指点： 单击对话框上部的“预览显示窗口”按钮、，可以在单预览窗口和双预览窗口之间来回切换。

04 设置完成后单击“确定”按钮即可，效果如图 10-4 所示。

图 10-4　黑白模式

10.1.2 灰度模式

■ 任务导读

应用该模式可以将位图转换成灰度模式，此模式的效果类似于黑白照片的效果。要将位图转换成灰度模式，首先需要选取要转换模式的位图。

■ 任务驱动

具体的操作步骤如下。

01 按下 Ctrl+I 组合键打开“导入”对话框，然后导入“光盘\素材\ch10\图 06.jpg”并用挑选工具选中，如图 10-5 所示。

02 选择“位图”→“模式”→“灰度”命令即可，设置的效果如图 10-6 所示。

图 10-5 选择图片

图 10-6 转换成灰度模式

10.1.3 双色模式

■ 任务导读

选择双色模式可以将位图转换为 8 位双色套印色彩色位图。

■ 任务驱动

具体的操作步骤如下。

01 按下 Ctrl+I 组合键打开“导入”对话框，然后导入“光盘\素材\ch10\图 06.jpg”，并用挑选工具选中，如图 10-7 所示。

02 选择“位图”→“模式”→“双色”命令，打开“双色调”对话框，并进行如图 10-8 所示的设置。

图 10-7　选择图片

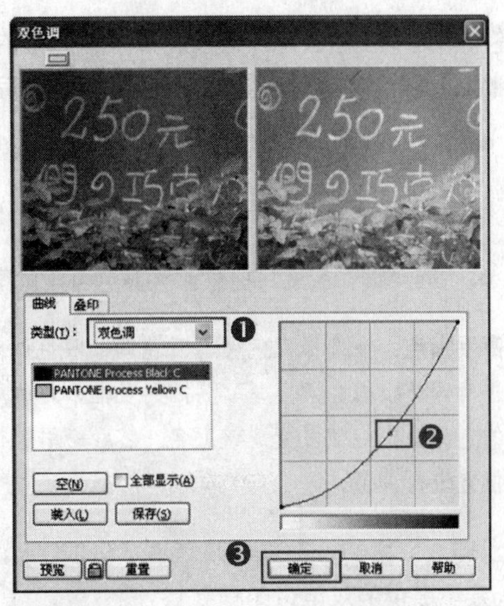

图 10-8　“双色调”对话框

03 设置完成后单击“确定”按钮即可，效果如图 10-9 所示。

图 10-9　“双色调”模式

■ 参数解析

“双色调”对话框中各个选项的含义如下。

在“类型”下拉列表中有单色调、双色调、三色调及四色调等 4 种颜色类型供选择。选择好类型后，用户可以通过调节颜色调节框中的色泽曲线得到不同效果的位图图像。这 4 种颜色类型的功能如下。

- 单色调：相当于灰度图像，主要由黑、白两种颜色构成。用户可以通过调节对话框右侧的色泽曲线来调节对象的黑白程度和分布。曲线的形状不同，黑白渐变线条就不同，位图的效果也就不同。
- 双色调：是用两种墨水创建的图像。一般情况下一种为黑墨水，另一种为颜色墨水。用户可以通过调节对话框右侧的色泽曲线来调节位图的效果。

如果用户对系统所提供的颜色不满意，可以单击“叠印”标签，然后用鼠标双击设置区中的颜色块打开“选取颜色”对话框，从中为双色调位图选择一种颜色，设置完成后在“叠印”

标签中勾选“使用套印”选项，即可将选中的颜色应用于对象中。单击“重叠当前的”按钮可以回到设置以前的状态重新进行设置，调整完毕单击“确定”按钮即可。

- 三色调：是用 3 种墨水创建图像，也就是在双色调的基础上再添加 1 种颜色。系统将提供 3 种颜色给位图，但是对这 3 种颜色也可以重新设置，方法与双色调的颜色设置方法相同，这里不再赘述。
- 四色调：系统将提供 4 种颜色渲染位图，方法与双色调、三色调相同，这里不再赘述。

高手指点：在选择双色调、三色调、四色调时，用户可以根据自己的需要对系统提供的颜色进行调节。当在“类型”下拉列表框下方的颜色列表框中选中需要的颜色时，颜色调节框中的色泽曲线将随之变成该颜色，然后使用鼠标调节色泽曲线即可对该颜色在位图中的分布和位置进行调节。

“装入”按钮：在选择双色调类型时，除了可以在“颜色”调节框中调节颜色外，还可以载入系统提供的双色位图样式。

在视窗内选中要编辑的位图，在“双色调”对话框中单击“装入”按钮打开“加载双色调文件”对话框，如图 10-10 所示。在列表框中选择合适的样式，然后单击“打开”按钮即可将选择的样式载入。预览满意后单击“确定”按钮即可使选择的双色调样式载入所选的位图。

保存编辑的双色调位图，如果对调节的双色调效果很满意，希望将它保存起来成为新的双色调图样本，可以单击“双色调”对话框中的“保存”按钮打开“保存双色调文件”对话框，如图 10-11 所示。在“文件名”下拉列表框中输入文件的名称，然后单击“保存”按钮即可。

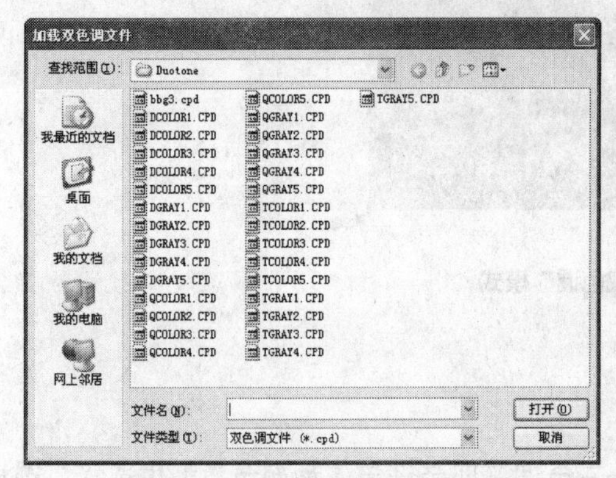

图 10-10 “加载双色调文件”对话框

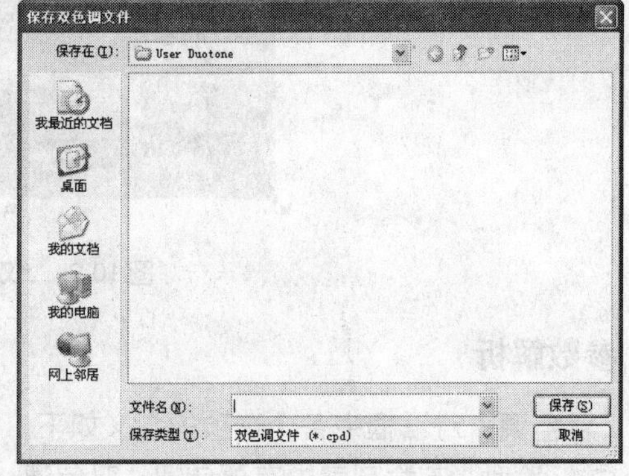

图 10-11 “保存双色调文件”对话框

10.1.4 调色板模式

■ 任务导读

在“调色板”模式中可以使用 256 种颜色来保存和显示位图，它可以将复杂的图像转换成调色的模式，以减小文件。

■ 任务驱动

具体的操作步骤如下。

01 按下 Ctrl+I 组合键打开“导入”对话框，然后导入“光盘\素材\ch10\图 03.jpg”并用挑选工具选中，如图 10-12 所示。

02 选择“位图”→“模式”→“调色板”命令打开“转换至调色板色”对话框，如图 10-13 所示。用户可以根据需要在该对话框中进行相应的设置。

图 10-12 选择图片

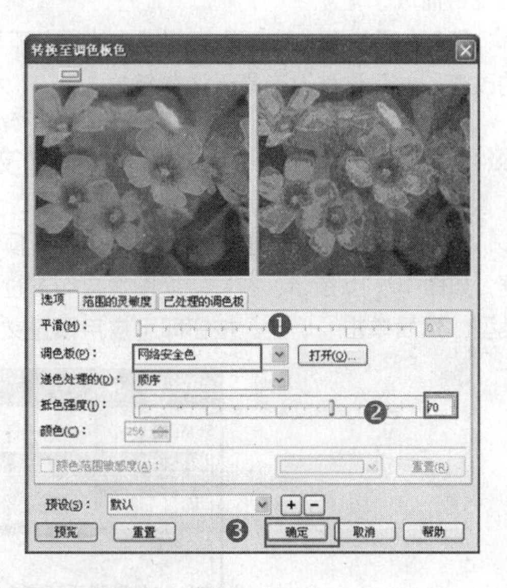

图 10-13 “转换至调色板色”对话框

03 设置完成后单击“确定”按钮即可，效果如图 10-14 所示。

图 10-14 完成后的效果

10.1.5 转换为 RGB 模式

RGB 模式是计算机显示器用来显示颜色的模式，它主要由红、绿及蓝三原色混合来创建颜色的。

10.1.6 转换为 Lab 模式

Lab 模式所包含的颜色很广泛，它包含了 RGB 颜色模式和 CMYK 颜色模式的色谱。

10.1.7 转换为 CMYK 模式

CMYK 颜色模式是印刷打印的标准颜色模式，对象颜色主要由青、洋红、黄和黑等 4 种颜色混合而成。

CMYK 颜色模式与 RGB 颜色模式的原色不同，所以 CMYK 模式转换为 RGB 模式时会有显著的改变，并且这种改变是无法恢复的。

10.1.8 应用 ICC 预置文件

选择“位图”→“模式”→“应用 ICC 预置文件”命令，打开“应用 ICC 预置文件”对话框，如图 10-15 所示。在“转换图像自”下拉列表框中显示的 ICC 标准颜色类型中选择所需的类型，然后单击“确定”按钮即可应用预置文件。

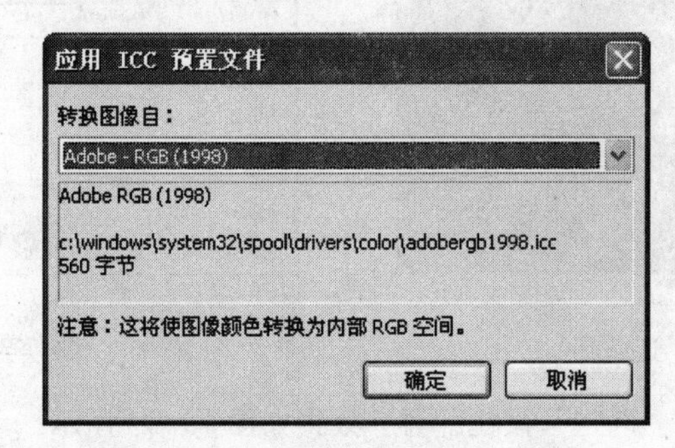

图 10-15 “应用 ICC 预置文件”对话框

10.2 | 导入位图图像

要使用位图图像，可以通过扫描仪、数码相机等设备将位图照片图像传输至 CorelDRAW X4 中。由于在 CorelDRAW X4 中不能直接打开位图图像，因此在实际操作中，用户需要使用导入位图图像的方法进行操作。在导入位图图像的过程中，用户还可以对图像进行裁剪、重新取样等操作。

10.2.1 导入位图图像

■ 任务导读

导入位图图像时，可以导入整幅图像，也可以在导入时对图像进行裁剪，或者重新取样图像。导入整幅位图图像时，图像将保持原分辨率原封不动地导入到 CorelDRAW X4 中，并且在导入的时候还可以一次导入多幅图像。

■ 任务驱动

导入位图图像具体的操作步骤如下。

01 选择“文件”→“新建”命令创建一个图形文件。

02 选择“文件”→“导入”命令打开“导入”对话框。在“文件类型”下拉列表中选择相应的图像文件类型，并在其右侧的下拉列表中选择“全图像”选项，在最上面的“查找范围”下拉列表中选择要导入的位图图像所在的驱动器和文件夹，接着在下面的文件列表中选择相应的图像文件，如图 10–16 所示。

03 单击 “导入”按钮，这时指针会变成如图 10–17 所示的形状，然后在页面的适当位置单击即可将所选图像导入。

图 10-16　“导入”对话框

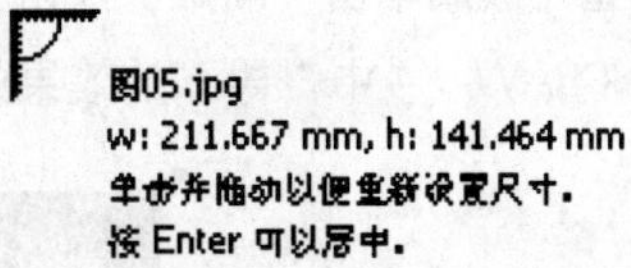

图05.jpg
w: 211.667 mm, h: 141.464 mm
单击并拖动以便重新设置尺寸。
按 Enter 可以居中。

图 10-17　单击“导入”按钮时指针的形状

高手指点：在指针右下方显示的是所要导入文件的名称、宽、高、大小设置方法以及操作提示，按下 Enter 键可以将图像摆放在页面的中心位置。

10.2.2　导入位图前裁剪图像

■ 任务导读

在将位图图像导入 CorelDRAW X4 之前，可以根据需要对位图图像进行裁剪，以适合绘制或者设计的需要，并且在使用“裁剪图像”对话框裁剪位图图像时，将只导入裁剪框内的图像。

■ 任务驱动

具体的操作步骤如下。

01 选择“文件”→“导入”命令打开“导入”对话框。选择任意一个位图文件，在最上面的“查找范围”下拉列表中选择要导入的位图图像所在的驱动器和文件夹，接着在下面的文件列表中选择相应的图像文件，然后在“文件类型”下拉列表中选择相应的图像文件类型，并在其右侧的下拉列表中选择“裁剪”选项，如图 10–18 所示。

02 设置完成后单击“导入”按钮打开“裁剪图像”对话框。

03 在“裁剪图像”对话框的图像显示窗口中移动指针到控制框的控制点上，等指针变成双向箭头时按住鼠标拖曳即可调整图像中要保留的区域。调整的效果如图 10-19 所示。

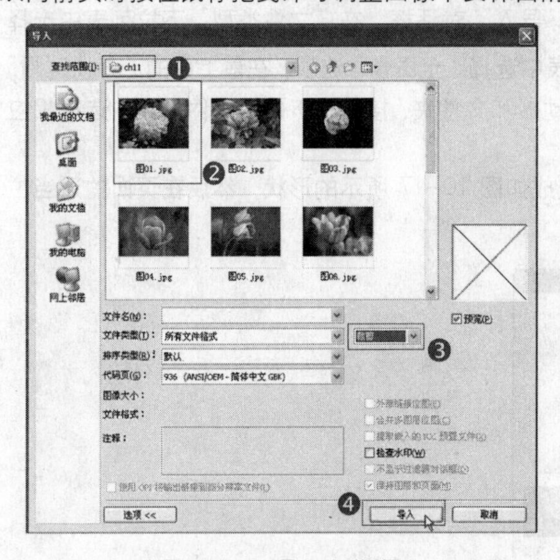
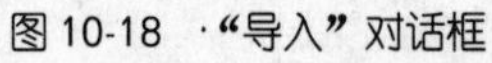

图 10-18 “导入”对话框

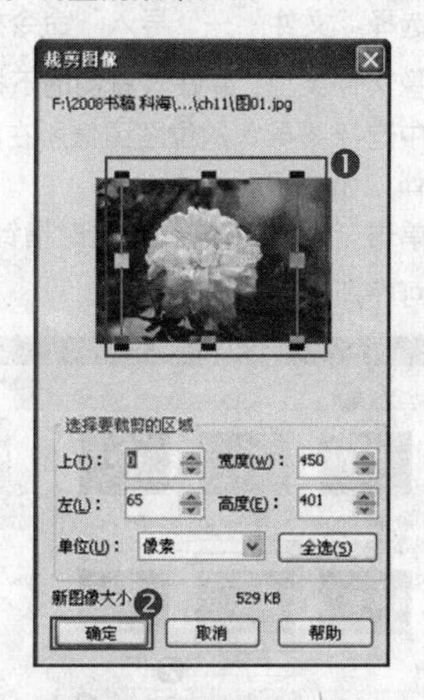

图 10-19 “裁剪图像”对话框

04 调整完成后单击“确定”按钮，然后在页面上的合适位置单击即可将裁剪的位图图像导入到 CorelDRAW X4 中，导入的效果如图 10-20 所示。

图 10-20 导入图片

■ **参数解析**

“裁剪图像”对话框中各个选项的功能如下。

- “上”、“宽度”、“左”和“高度”参数框：分别用来控制控制框上下左右的距离宽度。
- “单位”下拉列表框：用于选择不同的单位。
- “全选”按钮：单击此按钮可以将整个图像全部选中。

10.3 | 转换矢量图和位图

在 CorelDRAW X4 中，除了可以从外部获得位图图像以外，还可以通过 CorelDRAW X4 中的相关命令将矢量图形转换为位图图像使用，也可以将位图图像转换为矢量图形进行编辑处理。

10.3.1 将矢量图转换成位图

■ **任务导读**

下面来学习如何将矢量图转化为位图。

■ **任务驱动**

将矢量图形转换为位图图像具体的操作步骤如下。

01 打开“光盘\素材\ch10\图 01.cdr”文件，选中其中的娃娃图形，如图 10–21 所示。

02 选择“位图”→“转换为位图”命令，打开“转换为位图”对话框，从中可以根据自己的需要设置各项参数，如图 10–22 所示。

图 10-21 打开一幅矢量图

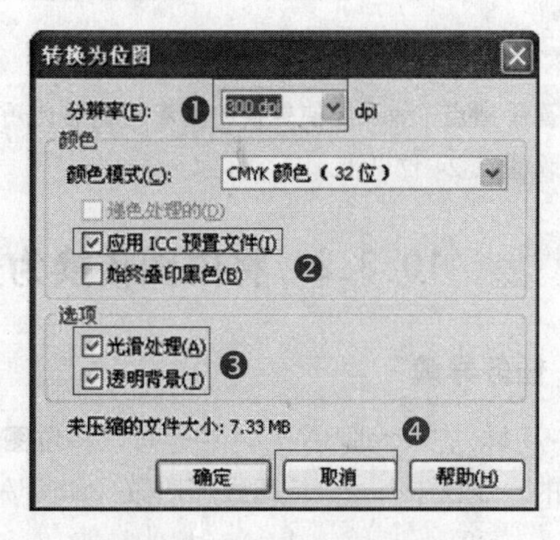

图 10-22 “转换为位图”对话框

03 单击“确定”按钮，选择“位图”→“艺术效果”→“炭笔画”命令，打开“炭笔画”对话框，然后按照如图 10–23 所示设置参数。

04 单击“确定”按钮即可为一幅矢量图形应用位图效果，如图 10–24 所示。

图 10-23 “炭笔画”对话框

图 10-24 炭笔画效果

高手指点： 将矢量图转换为位图后，可以选择“位图”→“编辑位图”命令打开用于编辑修改位图的 CorelPHOTO-PAI NT 应用程序。在该程序中融入了更强大的位图处理工具，可以在其中对位图进行编辑。

■ 参数解析

“转换为位图”对话框中各个选项的功能如下。

- “颜色模式”下拉列表框：可以选择矢量图转换为位图所需的色彩模式。
- “分辨率”下拉列表框：可以选择矢量图形转换为位图后所需的分辨率。
- “光滑处理”复选框：选中此复选框，可以使矢量图在转换为位图后边缘更平滑。
- “递色处理的” 复选框：此复选框决定是否用颜色抖动的办法产生过渡颜色。
- “透明背景”复选框：选中此复选框，可以使转换后的位图图像使用透明背景。
- “应用 ICC 预置文件” 复选框：选中此复选框，可以应用当前的 ICC 预置文件将矢量图形转换为位图图像。

高手指点： 如果要使转换的矢量图能够使用各种位图效果，那么在转换的时候必须将“颜色”设置在 24 位以上。

10.3.2 将位图转换为矢量图

■ 任务导读

同样，在 CorelDRAW X4 中也可以将位图图像转换为矢量图形进行编辑处理。在 CorelDRAW X4 的软件包中有一个应用程序叫做 CorelTRACE，应用它就可以将位图图像转换为矢量图形。

■ 任务驱动

将位图转换为矢量图请执行以下步骤。

01 按 Ctrl+I 组合键打开“导入”对话框，然后导入“光盘\素材\ch10\图 02.jpg”，并用“挑选工具”选中，如图 10-25 所示。

图 10-25 导入位图

02 选择“位图”→“描摹位图”命令，此时这个位图图像即被载入 CorelTRACE 程序中。将右侧的“平滑”滑块移动到 85 的位置，再将“细节”滑块移动到如图 10-26 所示的位置。

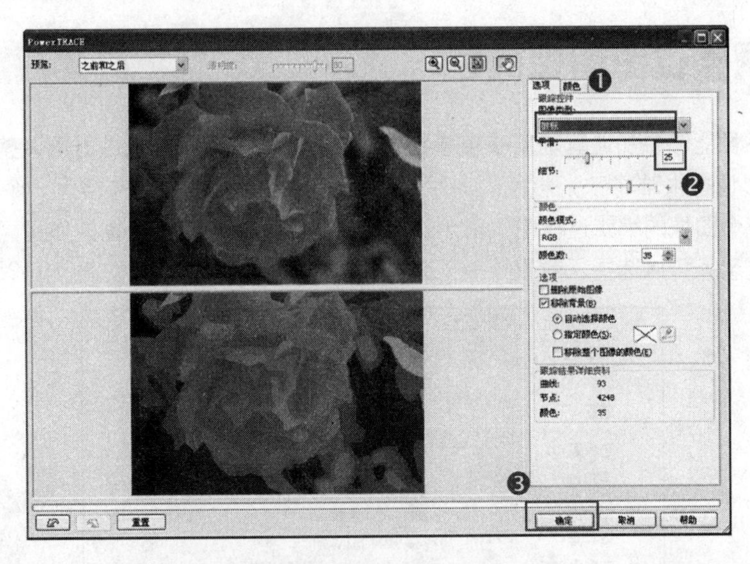

图 10-26 CorelTRACE 程序

高手指点： 如果用户对转换的结果不满意，可以用工具箱中的“挑选工具”在跟踪结果的窗口内单击，然后选择“编辑”→“全部清除”命令即可将该窗口内的所有图像清除。

03 确认调整完毕关闭 CorelTRACE 应用程序，然后单击“确定”按钮，此时页面上的位图即被转换成矢量图形，如图 10–27 所示。

04 用“挑选工具”选择转换后的图形，然后选择“排列”→“取消群组”命令将其群组解散，之后即可像编辑矢量图形一样进行编辑，如图 10–28 所示。

图 10-27 转换成矢量图形

图 10-28 编辑矢量图形

■ 使用技巧

要启用 CorelTRACE 应用程序，可以在 Windows 桌面的“所有程序”中直接启动，也可以在 CorelDRAW X4 中单击标准工具栏中的“应用程序启动器”按钮启动，如图 10–29 所示。

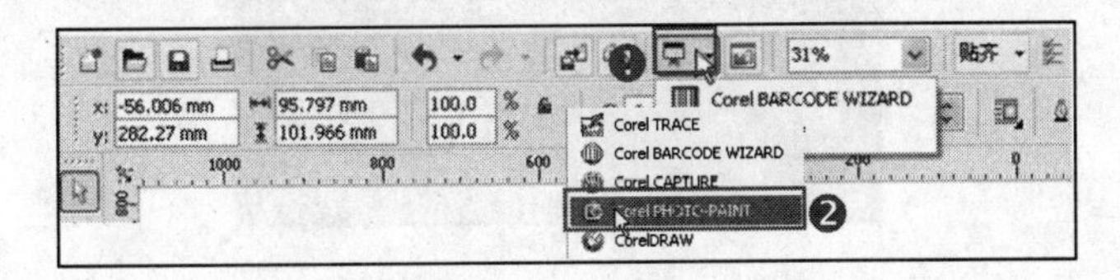

图 10-29 单击“应用程序启动器”按钮

10.4 | 调整位图图像颜色

为了使图像能够更加逼真地反映出事物的原貌，常常需要对图像进行再调整编辑处理。由于不经过色彩调整很难将一张彩色的原始照片或者扫描的彩色图片转换为一个较为完美的图像，因此在整个图像的编辑过程中，对色彩与色调的调整起着举足轻重的作用。要对位图图像的颜色进行调整，可以选择“效果”→“调整”菜单下的命令进行，如图 10-30 所示。

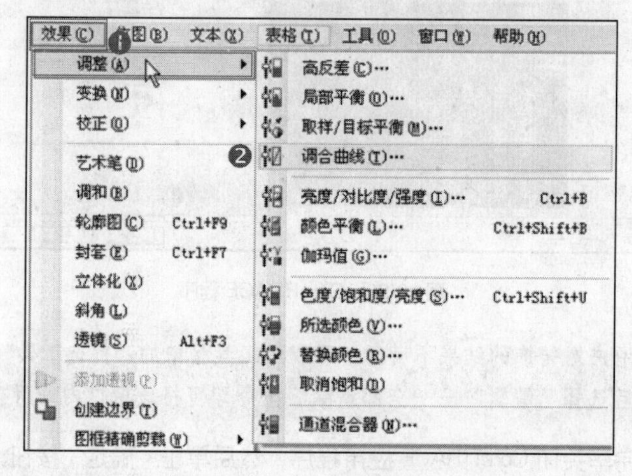

图 10-30 “调整”菜单

10.4.1 使用“高反差”调整对比度

■ 任务导读

高反差是指通过调整图像的色阶来增强图像的对比度，利用“高反差”命令可以精确地对图像中的某一种色调进行调整。

■ 任务驱动

具体的操作步骤如下。

01 按 Ctrl+I 组合键打开“导入”对话框，导入“光盘\素材\ch10\图 03.jpg”并用挑选工具选中，如图 10-31 所示。

图 10-31 选择图片

02 选择"效果"→"调整"→"高反差"命令，打开"高反差"对话框，单击按钮展开对话框，再单击"预览"按钮右侧的按钮，然后选中"自动调整"复选框。

03 在"输入值剪裁"右边的文本框中输入参数为180，或者拖曳其下面的滑块，如图10-32所示。

图10-32 "高反差"对话框

04 调整完毕后单击"确定"按钮即可。

■ 参数解析

"高反差"对话框中各个选项的功能如下。

- "黑色吸管工具"：单击此按钮，移动指针到图像上单击可以设置图像的暗调。
- "白色吸管工具"：单击此按钮，移动指针到图像上单击可以设置图像的亮调。
- "滴管取样"区域：用于设置滴管工具的取样类别。
- "色频"下拉列表框：用于设置所要进行调整的色彩通道的类型。选中"自动调整"复选框可以自动地对所选择的色彩通道进行调整。单击"选项"按钮可以打开"自动调整范围"对话框，从中可以设置自动调整的色调范围。
- "柱状图显示剪裁"区域：用于设置色调柱状图的显示。
- "输入值剪裁"参数框：左边的文本框用于设置图像的最暗处，右边的文本框用于设置图像的最亮处。
- "伽玛值调整"：拖曳滑块或者在文本框中输入数值，可以调整视图中的图像细节。

10.4.2 使用"亮度/对比度/强度"更改亮度和对比度

■ 任务导读

在 CorelDRAW X4 中，亮度、对比度与强度可以应用于图像色彩的 3 个不同的属性设置中。

■ 任务驱动

具体的操作步骤如下。

01 导入"光盘\素材\ch10\图 03.jpg"文件，并用挑选工具选中。

02 选择"效果"→"调整"→"亮度/对比度/强度"命令，打开"亮度/对比度/强度"对话框。拖曳"亮度"滑块，将参数调整为 11，同样设置"对比度"为 50、"强度"为 1，如图 10–33 所示。

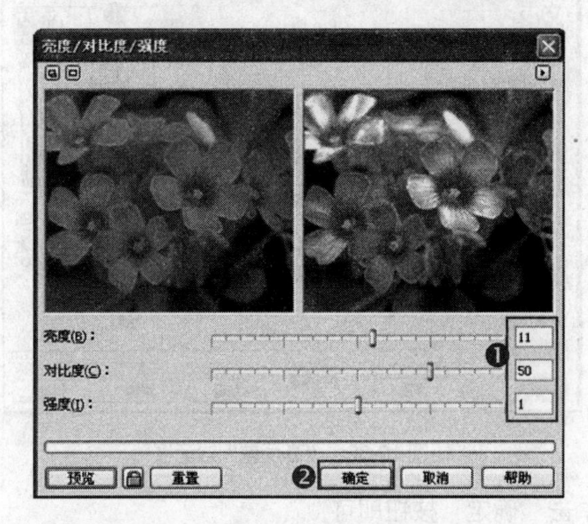

图 10-33 "亮度/对比度/强度"对话框

03 调整完毕单击"确定"按钮，图像的效果就会得到明显的改善。

■ 参数解析

"亮度/对比度/强度"对话框中各个选项的功能如下。

- "亮度"：拖曳滑块或者在其文本框中输入数值，可以调整图像中色彩的亮度。该选项可以将所有色彩的"亮度"值在色调范围内升高或者降低，使图像中所有的色彩同等地变浅或者变深。
- "对比度"：拖曳滑块或者在其文本框中输入数值，可以调整图像的色彩对比度。增强对比度可以增强图像中的浅色区域的色彩。
- "强度"：拖曳滑块或者在其文本框中输入数值，可以调整图像的色彩强度。调整色彩强度可以增大或者减小图像中最浅和最深色彩之间的差异。

10.4.3 使用“颜色平衡”调整色彩平衡

■ 任务导读

执行“颜色平衡”命令可以对图像中的“阴影”、“中间色调”和“高光”等部分进行调整，以使图像的颜色达到平衡。

■ 任务驱动

具体的操作步骤如下。

01 导入“光盘\素材\ch10\图04.jpg”文件，并用挑选工具选中，如图10–34所示。

图10-34 选择图片

02 选择“效果”→“调整”→“颜色平衡”命令打开“颜色平衡”对话框。

03 在“颜色平衡”对话框中选择颜色范围后拖曳“色频通道”选项中的滑块，设置“青—红”为–37，“品红—绿”为4，“黄—蓝”为–13，如图10–35所示。

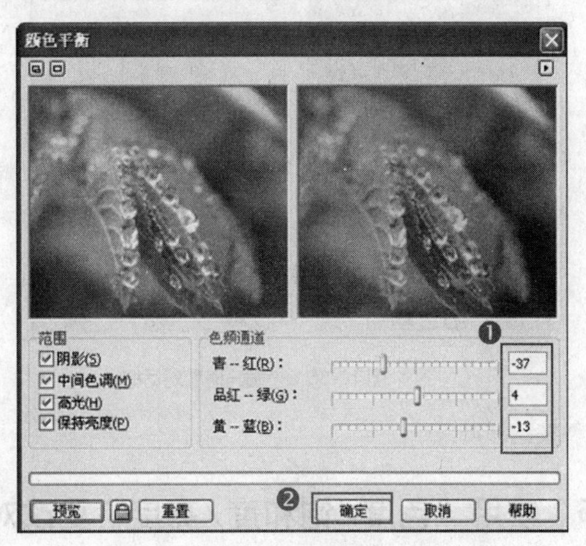

图10-35 “颜色平衡”对话框

04 设置完成后单击“确定”按钮即可完成图像颜色的调整。

■ 参数解析

“颜色平衡”对话框中各个选项的功能如下。

- “范围”选项区域：包括“阴影”、“中间色调”、“高光”和“保持亮度”等4个复选框。分别选中这些复选框后，可以使“色频通道”选项区域中设置的参数作用于选中的范围。
- “青一红”：拖曳滑块或者在文本框中输入数值，可以调整图像中青色和红色的平衡。
- “品红一绿”：拖曳滑块或者在文本框中输入数值，可以调整图像中品红和绿色的平衡。
- “黄一蓝”：拖曳滑块或者在文本框中输入数值，可以调整图像中黄色和蓝色的平衡。

10.4.4 使用“伽玛值”调整图像颜色细节

■ 任务导读

执行“伽玛值”命令能够对图像整体的阴影和高光进行调整，特别是对低对比度图像中的细节能够有较大的改善。伽玛值是基于色阶曲线中进行调整的，因此图像色调的变化主要趋向于中间色调。

■ 任务驱动

具体的操作步骤如下。

01 导入“光盘\素材\ch10\图05.jpg”文件，并用挑选工具选中。

02 选择“效果”→“调整”→“伽玛值”命令打开“伽玛值”对话框，然后拖曳“伽玛值”滑块到4.94的位置，如图10-36所示。

图10-36 “伽玛值”对话框

03 单击“确定”按钮即可。

10.4.5 使用“色度/饱和度/亮度”更改对象颜色

■ 任务导读

执行“色度/饱和度/亮度”命令可以对图像中的色度、饱和度和明亮程度进行调整。

■ 任务驱动

具体的操作步骤如下。

01 导入“光盘\素材\ch10\图06.jpg”文件，并用挑选工具选中。

02 选择“效果”→“调整”→“色度/饱和度/亮度”命令，打开“色度/饱和度/亮度”对话框。选中“绿”通道单选按钮，然后拖曳“色度”滑块到95、“饱和度”滑块到60和“亮度”滑块到-1的位置，如图10-37所示。

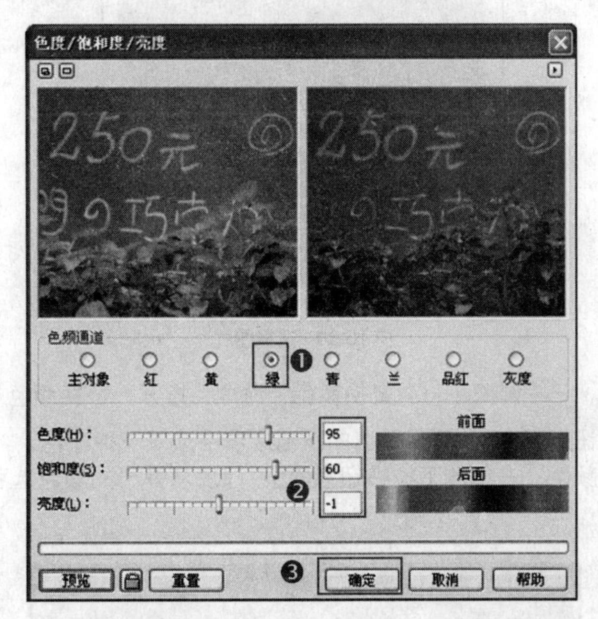

图10-37 “色度/饱和度/亮度”对话框

03 单击“确定”按钮，此时可以看到图像中颜色发生了强烈变化。

■ 参数解析

“色度/饱和度/亮度”对话框中各个选项的功能如下。

- “色频通道”选项区域：此区域用于选择图像中要调整的颜色范围。
- “色度”：拖曳其滑块或者输入数值可以调节红、黄、绿、蓝和洋红等颜色，范围在-180～+180。
- “饱和度”：拖曳其滑块或者输入数值，可以增强或者减弱颜色的饱和度。向左调节滑块图像颜色的饱和度减弱，向右调节滑块图像颜色的饱和度增强，范围在-100～+100。
- “亮度”：拖曳其滑块或者输入数值，可以调整图像颜色的明亮程度。向左拖曳图像的颜色变暗，向右拖曳图像的颜色变亮，范围在-100～+100。

10.4.6 使用“替换颜色”更改对象颜色

■ 任务导读

执行“替换颜色”命令可以对图像中的颜色进行替换。在替换的过程中不仅可以对颜色的

“色度”、“饱和度”和“亮度”等进行控制，而且可以对替换的范围进行灵活的控制。

■ 任务驱动

具体的操作步骤如下。

01 导入“光盘\素材\ch10\图02.jpg”文件，并用挑选工具选中，如图10-38所示。

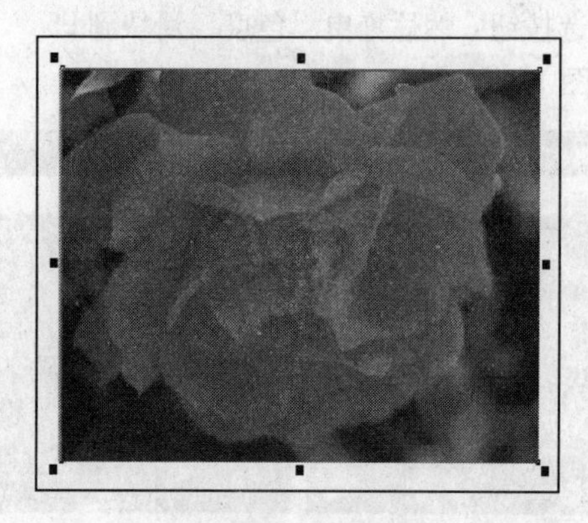

图10-38 选择图片

02 选择“效果”→“调整”→“替换颜色”命令，打开“替换颜色”对话框。单击“原颜色”右面的下拉按钮，然后从弹出的颜色选项中选择一种红色。

03 单击“新建颜色”右侧的下拉按钮，然后从弹出的颜色选项中选择一种黄色，如图10-39所示。

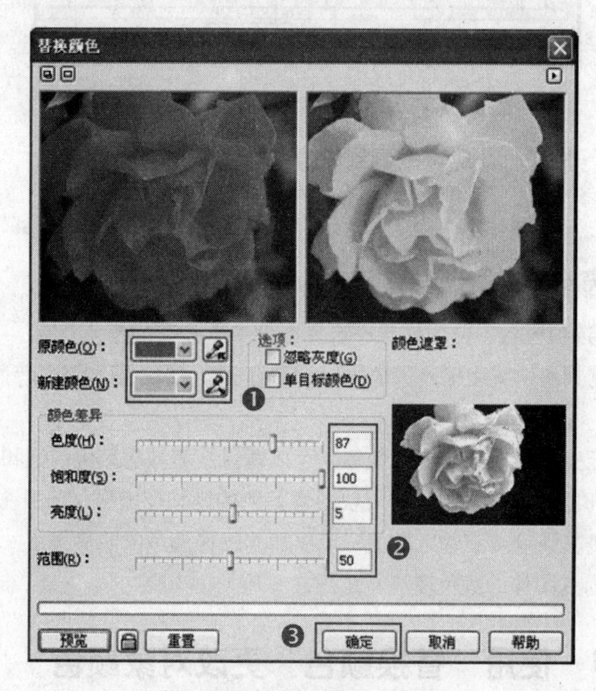

图10-39 “替换颜色”对话框

04 单击“确定”按钮，图像中的红色即可被黄色所替代。

■ **参数解析**

“替换颜色”对话框中各个选项的功能如下。

- “原颜色”下拉列表框：在此可以选择原图像中的颜色。
- “新建颜色”下拉列表框：在此可以选择用来替换的颜色。
- “忽略灰度”复选框：选中此复选框将忽略图像中的灰度色阶不计。
- “单目标颜色”复选框：选中此复选框将只显示替换的颜色。
- “色度”：在此可以调整颜色的色相。
- “饱和度”：在此可以调整颜色的饱和度，范围在－100～+100。
- “亮度”：在此可以调整颜色的明亮程度，范围在－100～+100。
- “范围”：在此可以调整替换颜色的范围。

10.4.7　使用“通道混合器”改变图像颜色

■ **任务导读**

在 CorelDRAW X4 中，利用“通道混合器”可以对所选图像中的各个单色通道进行调整，这是一种更为高级的调整色彩平衡的工具。

■ **任务驱动**

具体的操作步骤如下。

01 导入“光盘\素材\ch10\图 03.jpg”文件，并用挑选工具选中。

02 选择“效果”→“调整”→“通道混合器”命令，打开“通道混合器”对话框，如图 10-40 所示。

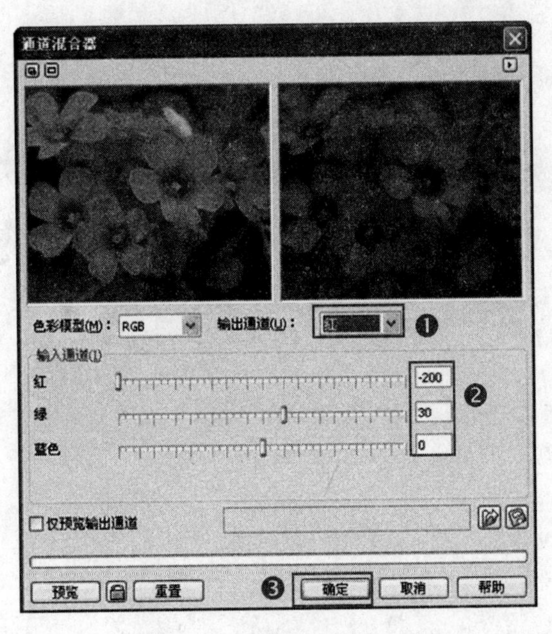

图 10-40　“通道混合器”对话框

■ **参数解析**

"通道混合器"对话框中各个选项的含义如下。

- "色彩模型"下拉列表框：在此下拉列表中可以选择要处理位图图像的色彩模式。
- "输出通道"下拉列表框：在此下拉列表中可以选择所要调整的色彩通道。
- "输入通道"区域：在此可以调整所选色彩模式中各个输入色彩通道的参数。
- "仅预览输出通道"复选框：选中此复选框，在预览窗口中将只显示输出色彩通道的颜色信息。

10.5 | 本章小结

在 CorelDRAW X4 中，不仅可以绘制各种效果的矢量图形，还可以通过处理各种位图图像制作出图像效果。本章的内容比较简单易懂，可以按照实例步骤进行操作，也可以导入自己喜欢的图片进行编辑处理。

CorelDRAW X4 不但可以在导入时对位图进行修剪（在前面的章节中已经介绍过），而且其在导入后修剪位图的功能也非常强大。用户不仅可以对导入的位图进行缩放、修剪处理，还可以使用各种图像处理工具将位图编辑成任意形状。

使用 CorelDRAW X4"效果"菜单中的调整、变换及校正功能，通过调整其均衡性、色调、亮度、对比度、强度、色相、饱和度及伽玛值等颜色特性，可以方便地调整位图图形的色彩效果。

Chapter

11

滤镜特效

本章知识点

- 三维效果
- 艺术笔触效果
- 模糊效果
- 颜色变换效果
- 轮廓图效果
- 创造性效果
- 扭曲效果
- 杂点效果
- 鲜明化效果
- 绘制邮票

利用位图滤镜可以迅速地改变位图对象的外观效果，在 CorelDRAW X4 中有 80 多种不同特性的效果滤镜，每一种滤镜都有自己的特性。在“位图”菜单中有 10 类位图处理滤镜，在每一类的级联菜单中都包含了多个滤镜效果，用户可以使用这些滤镜方便地进行修正、修复图像，也可以生成抽象的色彩效果。

11.1 | 三维效果

三维效果就是把平面的图像处理成不同的立体感觉。在“三维效果”滤镜组中包含有浮雕、卷页、透视、挤远/挤近及球面等艺术效果。

■ 任务导读

下面来学习用浮雕、卷页、透视、挤远/挤近等滤镜绘制不同的立体效果。

■ 任务驱动

使用“三维效果”滤镜组中的浮雕等命令的操作步骤如下。

1. 浮雕

01 按 Ctrl+I 组合键打开“导入”对话框，从中打开“光盘\素材\ch11\图 09.jpg”。

02 使用挑选工具选中，选择“位图”→“三维效果”→“浮雕”命令打开“浮雕”对话框，单击回按钮展开对话框，然后按照图 11-1 所示设置参数。

03 单击“确定”按钮即可。

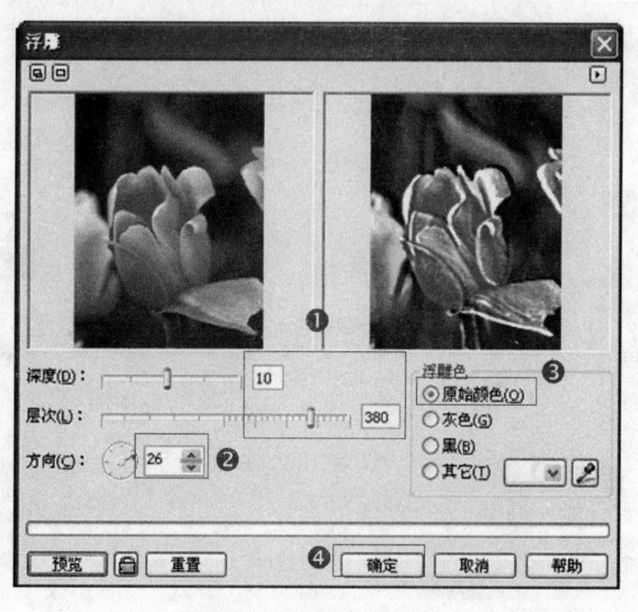

图 11-1 “浮雕”对话框

2．卷页

执行“卷页”命令可以使选择的位图产生各种类型的卷页效果，此效果常用来对照片进行修饰，具体的操作步骤如下。

01 导入“光盘\素材\ch11\图 07.jpg”文件，并用挑选工具选中。

02 选择“位图”→“三维效果”→“卷页”命令打开“卷页”对话框，单击按钮展开对话框，然后按照如图 11-2 所示设置参数。

03 单击“确定”按钮即可形成卷页效果。

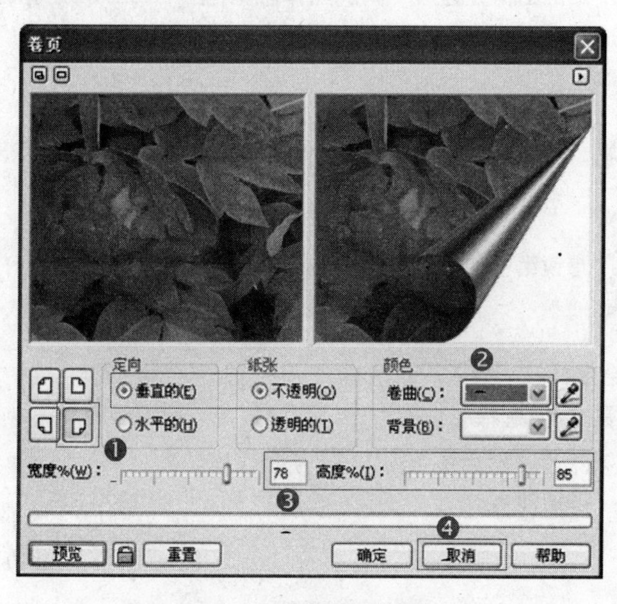

图 11-2 “卷页”对话框

3. 透视

执行"透视"命令可以使对象产生一种三维深度，具体的操作步骤如下。

01 导入"光盘\素材\ch11\图11.jpg"文件，并用挑选工具选中。

02 选择"位图"→"三维效果"→"透视"命令打开"透视"对话框，移动指针到左边的控制框内，然后拖曳节点至如图11-3所示的位置。

03 单击"确定"按钮后即可产生透视效果。

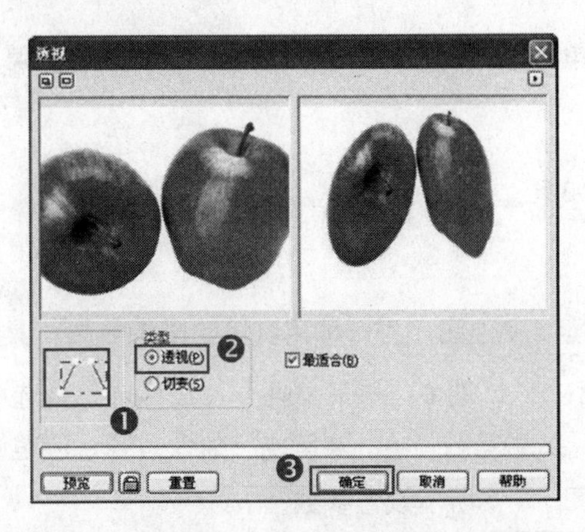

图11-3 "透视"对话框

4. 球面

执行"球面"命令可以使位图产生一种贴在球体上的球化感觉。在"球面"对话框中进行参数的设置可以产生更多的效果，具体的操作步骤如下。

01 导入"光盘\素材\ch11\图04.jpg"文件，并用挑选工具选中。

02 选择"位图"→"三维效果"→"球面"命令打开"球面"对话框，单击回按钮展开对话框，然后按照如图11-4所示设置参数。

03 单击"确定"按钮即可产生球面效果。

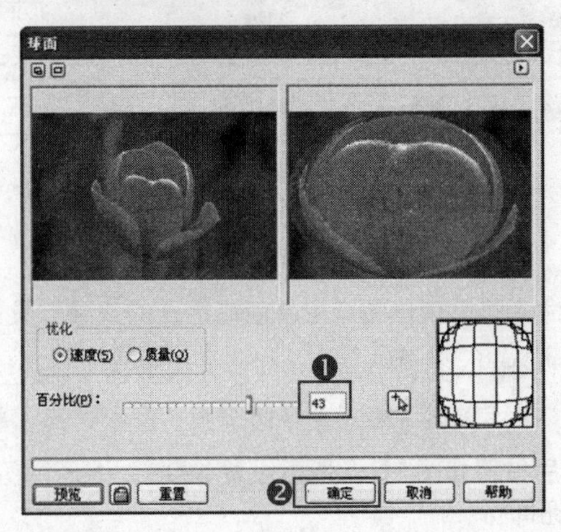

图11-4 "球面"对话框

11.2 | 艺术笔触效果

艺术笔触中包含有炭笔画、单色蜡笔画、蜡笔画、立体派、印象派、调色刀、彩色蜡笔画、钢笔画、点彩派、木版画、素描、水彩画、水印画和波纹纸画等 14 种艺术笔触，通过使用这些笔触滤镜可以模拟出各种画笔绘画的效果。

■ 任务导读

下面来学习炭笔画、单色蜡笔画、钢笔画、点彩派、木版画等滤镜绘制不同的画笔效果。

■ 任务驱动

使用滤镜的操作步骤如下。

1. 炭笔画

执行“炭笔画”命令可以使位图产生一种用炭笔绘画的效果，具体的操作步骤如下。

01 导入“光盘\素材\ch11\图 02.jpg”文件，并用挑选工具选中。

02 选择“位图”→“艺术笔触”→“炭笔画”命令打开“炭笔画”对话框，单击按钮展开对话框，然后按照如图 11-5 所示设置参数。

03 单击“确定”按钮即可。

图 11-5 “炭笔画”对话框

2. 单色蜡笔画

执行“单色蜡笔画”命令可以使位图产生单色蜡笔画的效果，具体的操作步骤如下。

01 导入“光盘\素材\ch11\图 08.jpg”文件，并用挑选工具选中。

02 选择“位图”→“艺术笔触”→“单色蜡笔画”命令打开“单色蜡笔画”对话框，单击按钮展开对话框，然后按照如图 11-6 所示设置参数。

03 单击“确定”按钮即可。

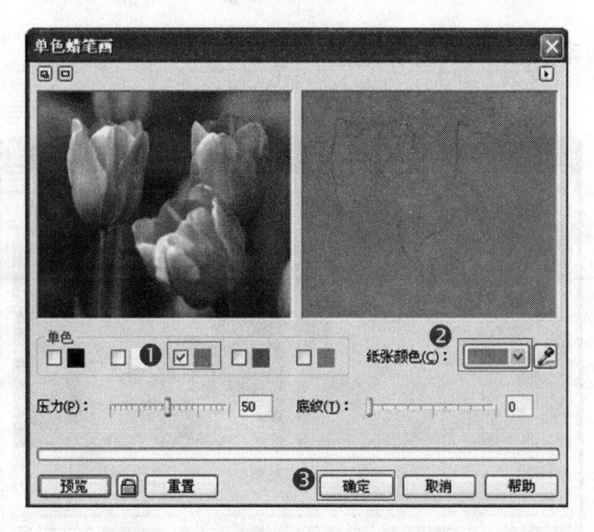

图 11-6 “单色蜡笔画”对话框

3. 钢笔画

执行“钢笔画”命令可以使图像产生用钢笔素描的感觉，具体的操作步骤如下。

01 导入“光盘\素材\ch11\图 08.jpg”文件，并用挑选工具选中。

02 选择“位图”→“艺术笔触”→“钢笔画”命令打开“钢笔画”对话框，单击回按钮展开对话框，然后按照如图 11-7 所示设置参数。

03 单击“确定”按钮后即可。

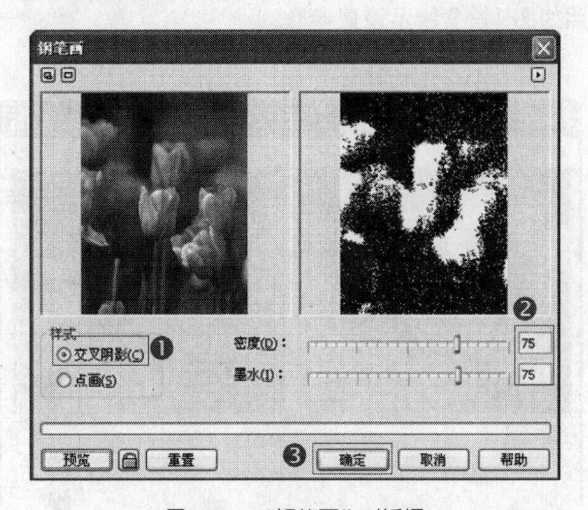

图 11-7 “钢笔画”对话框

4. 点彩派

执行“点彩派”命令可以将所选位图的主要颜色分解并转换为像素点，再用这些像素点勾绘出一幅点彩画，具体的操作步骤如下。

01 导入“光盘\素材\ch11\图 01.jpg”文件，并用挑选工具选中。

02 选择“位图”→“艺术笔触”→“点彩派”命令打开“点彩派”对话框，单击回按钮展开对话框，然后按照如图 11–8 所示设置参数。

03 单击“确定”按钮即可创建“点彩派”效果。

图 11-8 “点彩派”对话框

5. 木版画

执行“木版画”命令可以创造出具有刮痕效果的图像，具体的操作步骤如下。

01 导入“光盘\素材\ch11\图 06.jpg”文件，并用挑选工具选中。

02 选择“位图”→“艺术笔触”→“木版画”命令打开“木版画”对话框，单击按钮展开对话框，然后按照如图 11–9 所示设置参数。

03 单击“确定”按钮即可。

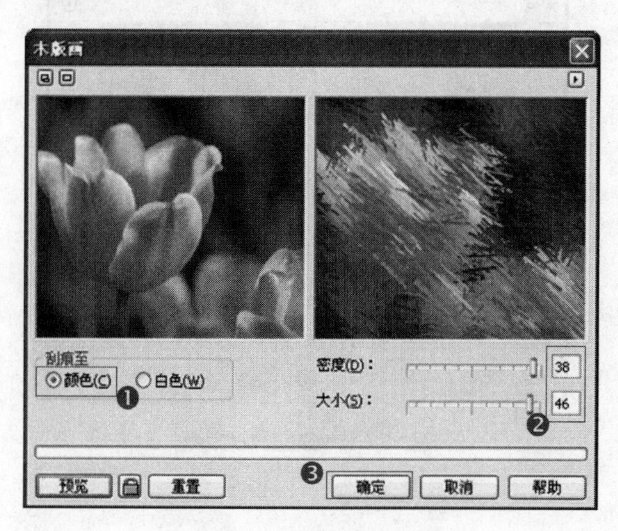

图 11-9 “木版画”对话框

6. 水彩画

执行“水彩画”命令可以使图像产生水彩画的效果，具体的操作步骤如下。

01 导入“光盘\素材\ch11\图 01.jpg”文件，并用挑选工具选中。

02 选择“位图”→“艺术笔触”→“水彩画”命令打开“水彩画”对话框，单击▣按钮展开对话框，然后按照如图 11-10 所示设置参数。

03 单击“确定”按钮即可形成“水彩画”效果。

图 11-10　“水彩画”对话框

11.3 | 模糊效果

使用模糊效果可以使图像的画面柔化，边缘平滑。“模糊”滤镜组中包含有定向平滑、高斯式模糊、锯齿状模糊、动态模糊和放射式模糊等。

■ 任务导读

下面来学习高斯模糊、放射状模糊和缩放等滤镜绘制不同的模糊效果。

■ 任务驱动

使用模糊效果滤镜组中的各种命令的操作步骤如下。

1. 高斯式模糊

执行“高斯式模糊”命令可以使位图中的像素点呈高斯分布，从而使位图产生一种有薄雾笼罩的高斯雾化效果，具体的操作步骤如下。

01 导入“光盘\素材\ch11\图 03.jpg”文件，并用挑选工具选中。

02 选择“位图”→“模糊”→“高斯式模糊”命令打开“高斯式模糊”对话框，单击▣按钮展开对话框，然后按照如图 11-11 所示设置参数。

03 单击“确定”按钮即可模糊图像。

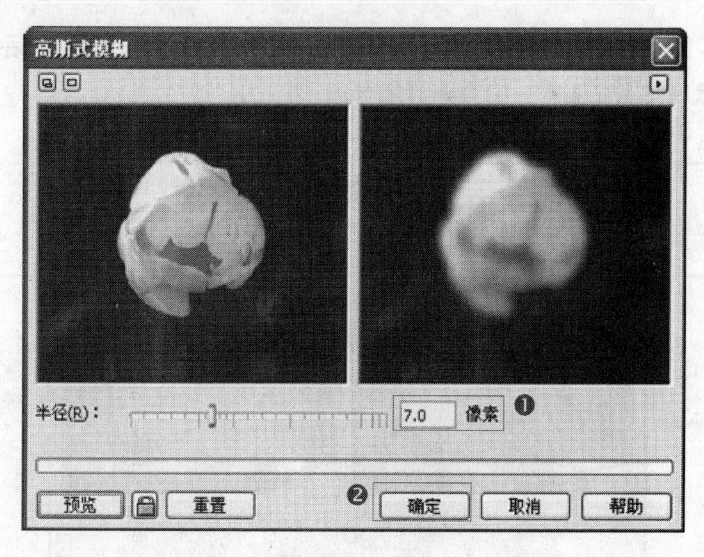

图 11-11 “高斯式模糊”对话框

2．放射状模糊

执行“放射状模糊”命令可以创造一种从图像中心呈放射状模糊的效果，从而产生模糊的感觉，具体的操作步骤如下。

01 导入“光盘\素材\ch11\图 03.jpg”文件，并用挑选工具选中。

02 选择“位图”→“模糊”→“放射状模糊”命令打开“放射状模糊”对话框，单击按钮展开对话框，然后按照如图 11-12 所示设置参数。

03 单击“确定”按钮即可。

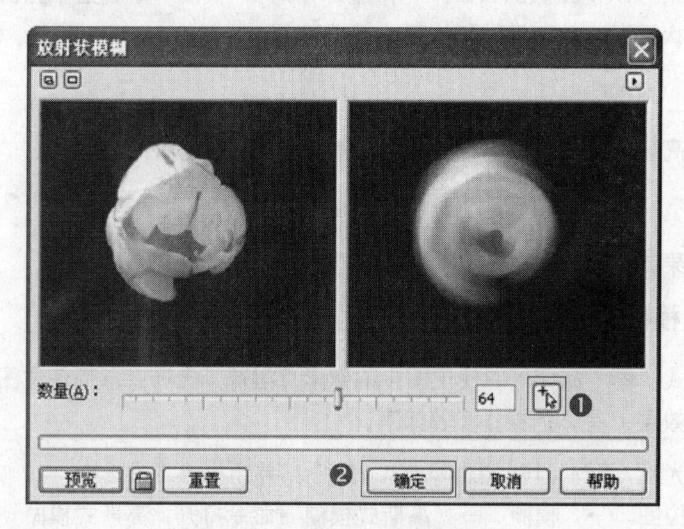

图 11-12 “放射状模糊”对话框

3．缩放

执行“缩放”命令可以使位图的像素变得模糊，并产生一种由中心向外发散的效果，给人以前冲的感觉，具体的操作步骤如下。

01 导入“光盘\素材\ch11\图 09.jpg”文件，并用挑选工具选中。

02 选择“位图”→“模糊”→“缩放”命令打开“缩放”对话框，单击回按钮展开对话框，然后按照如图 11-13 所示设置参数。

03 单击“确定”按钮即可。

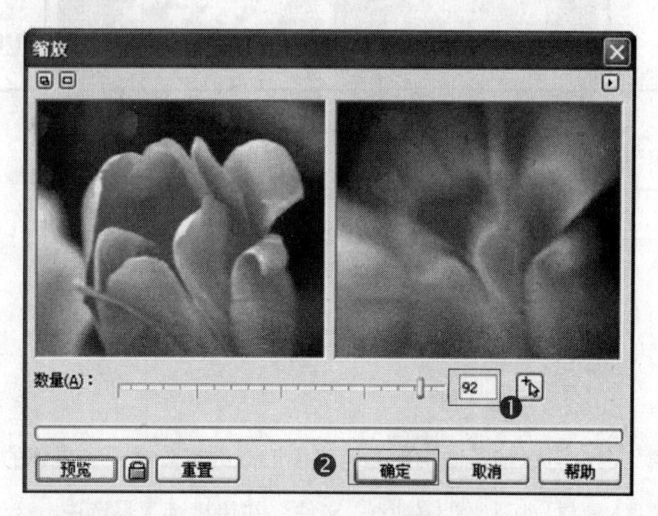

图 11-13 “缩放”对话框

11.4 | 颜色变换效果

“颜色变换”滤镜主要用来转换位图中的颜色，其中包括 4 种效果，分别是“位平面”、“半色调”、“梦幻色调”和“曝光”，下面分别进行介绍。

■ 任务导读

下面来学习用“位平面”、“半色调”、“梦幻色调”和“曝光”等滤镜绘制不同的颜色变换效果。

■ 任务驱动

使用颜色变换效果滤镜组中的“位平面”等命令的操作步骤如下。

1. 位平面

执行“位平面”命令可以将位图图像中的颜色转换为 RGB 颜色模式，并用纯色来表示位图中颜色的变化，具体的操作步骤如下。

01 导入“光盘\素材\ch11\图 02.jpg”文件，并用挑选工具选中。

02 选择“位图”→“颜色变换”→“位平面”命令打开“位平面”对话框，单击回按钮展开对话框，然后按照如图 11-14 所示设置参数。

03 单击“确定”按钮即可产生“位平面”效果。

图 11-14 “位平面”对话框

2. 半色调

执行“半色调”命令可以使图像产生套色印刷形成的点阵效果，具体的操作步骤如下。

01 导入“光盘\素材\ch11\图 07.jpg”文件，并用挑选工具选中。

02 选择“位图”→“颜色变换”→“半色调”命令打开“半色调”对话框，单击按钮展开对话框，然后按照如图 11–15 所示设置参数。

03 单击“确定”按钮即可。

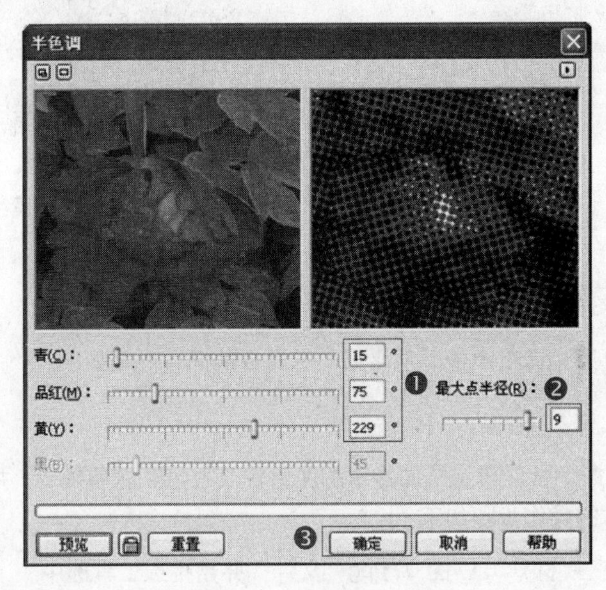

图 11-15 “半色调”对话框

3. 曝光

执行“曝光”命令可以创建曝光位图，使位图产生相片底片的效果，具体的操作步骤如下。

01 导入“光盘\素材\ch11\图 05.jpg”文件，并用挑选工具选中。

02 选择“位图”→“颜色变换”→“曝光”命令打开“曝光”对话框，单击按钮展开对话框，然后按照如图 11-16 所示设置参数。

03 单击“确定”按钮即可。

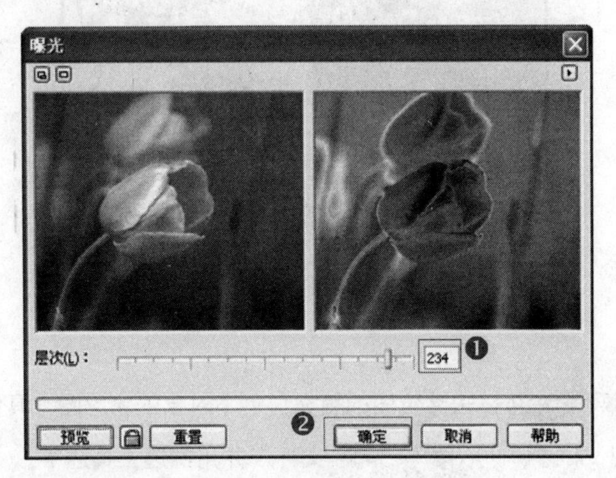

图 11-16　“曝光”对话框

高手指点： 调节“层次”滑块或者在文本框中输入参数值可以调节图像曝光的层次，数值越大，曝光的强度越大。

11.5 | 轮廓图效果

使用“轮廓图”滤镜组可以把位图按照其他的边缘线勾勒出来，从而显示出一种素描的效果。该滤镜组中共包含有“边缘检测”、“查找边缘”和“描摹轮廓”等 3 种效果，下面分别进行介绍。

■ 任务导读

下面来学习用查找边缘、描摹轮廓等滤镜绘制不同的轮廓效果。

■ 任务驱动

使用“轮廓图”效果滤镜组中的“查找边缘”等命令的操作步骤如下。

1. 查找边缘

执行“查找边缘”命令，系统将自动地寻找位图的边缘并将其边缘以较亮的色彩显示出来。具体的操作步骤如下。

01 导入“光盘\素材\ch11\图 12.jpg”文件并用挑选工具选中。

02 选择“位图”→“轮廓图”→“查找边缘”命令，打开“查找边缘”对话框，单击按钮展开对话框，然后按照如图 11-17 所示设置参数。

03 单击“确定”按钮即可。

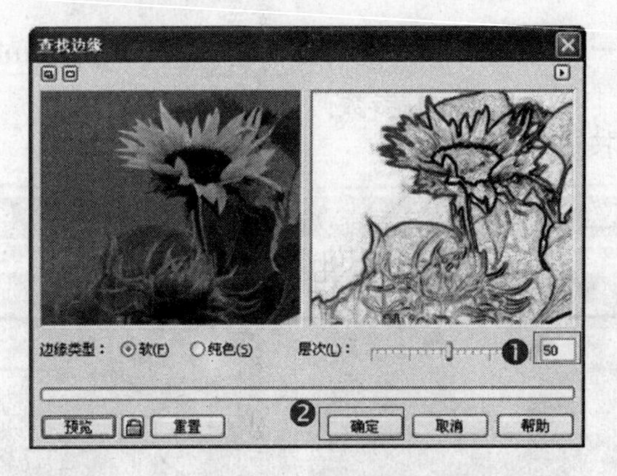

图 11-17 “查找边缘”对话框

2. 描摹轮廓

执行“描摹轮廓”命令可以去除位图的填充，剩下对象的轮廓图，具体的操作步骤如下。

01 导入“光盘\素材\ch11\图 12.jpg”文件，并用挑选工具选中。

02 选择“位图”→“轮廓图”→“描摹轮廓”命令打开“描摹轮廓”对话框，单击按钮展开对话框，然后按照如图 11-18 所示设置参数。

03 单击“确定”按钮即可。

图 11-18 “描摹轮廓”对话框

11.6 | 创造性效果

“创造性”工具滤镜组包括工艺、晶体化、织物、框架、玻璃砖、儿童游戏、马赛克、粒子、散开、茶色玻璃、彩色玻璃、虚光、漩涡及天气 14 种效果。

■ 任务导读

下面来学习用工艺、晶体化、玻璃砖等滤镜绘制不同的立体效果。

■ 任务驱动

使用三维效果滤镜组中的“晶体化”等命令的操作步骤如下。

1．工艺

执行"工艺"命令可以将位图转换为工艺效果的图像，具体的操作步骤如下。

01 导入"光盘\素材\ch11\图 10.jpg"文件，并用挑选工具选中。

02 选择"位图"→"创造性"→"工艺"命令打开"工艺"对话框，单击按钮展开对话框，然后按照如图 11-19 所示设置参数。

03 单击"确定"按钮即可。

图 11-19　"工艺"对话框

2．晶体化

执行"晶体化"命令可以产生水晶破碎的效果，具体的操作步骤如下。

01 导入"光盘\素材\ch11\图 13.jpg"文件，并用挑选工具选中。

02 选择"位图"→"创造性"→"晶体化"命令打开"晶体化"对话框，单击按钮展开对话框，然后按照如图 11-20 所示设置参数。

03 单击"确定"按钮即可。

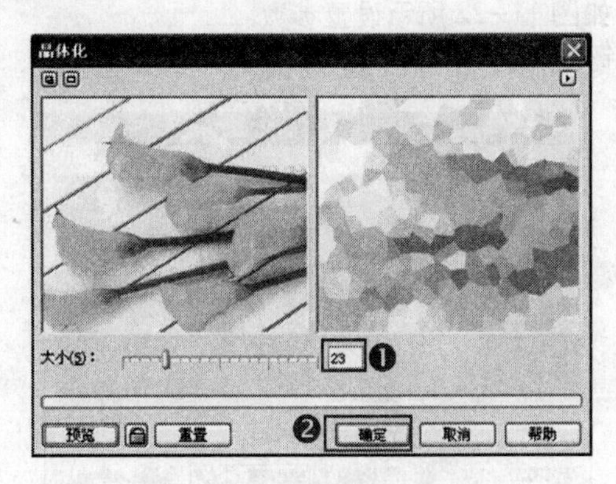

图 11-20　"晶体化"对话框

高手指点：拖曳"大小"滑块或者输入参数值可以调节水晶破碎的大小，数值越大，水晶就越大。

3．玻璃砖

执行“玻璃砖”命令可以使位图产生被砖状玻璃遮罩的效果，具体的操作步骤如下。

01 导入“光盘\素材\ch11\图09.jpg”文件，并用挑选工具选中。

02 选择“位图”→“创造性”→“玻璃砖”命令打开“玻璃砖”对话框，单击回按钮展开对话框，然后按照如图11-21所示设置参数。

03 单击“确定”按钮即可。

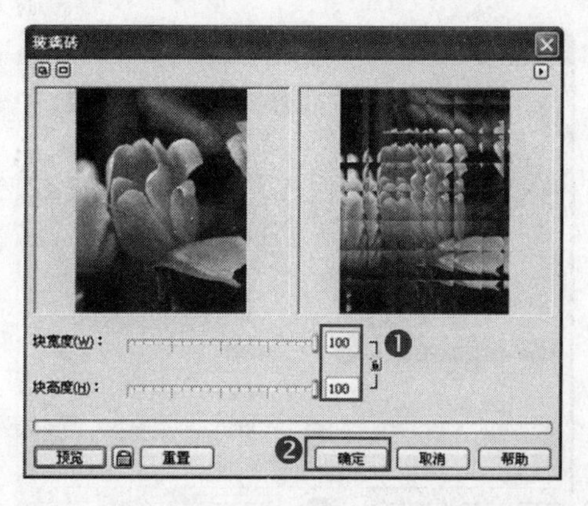

图11-21 “玻璃砖”对话框

【高手指点：通过调节“块宽度”和“块高度”滑块或者输入参数值可以调节砖的宽度和高度。】

4．彩色玻璃

执行“彩色玻璃”命令可以使位图产生一种被破碎的彩色玻璃笼罩的效果，具体的操作步骤如下。

01 导入“光盘\素材\ch11\图08.jpg”文件，并用挑选工具选中。

02 选择“位图”→“创造性”→“彩色玻璃”命令打开“彩色玻璃”对话框，单击回按钮展开对话框，然后按照如图11-22所示设置参数。

03 单击“确定”按钮即可。

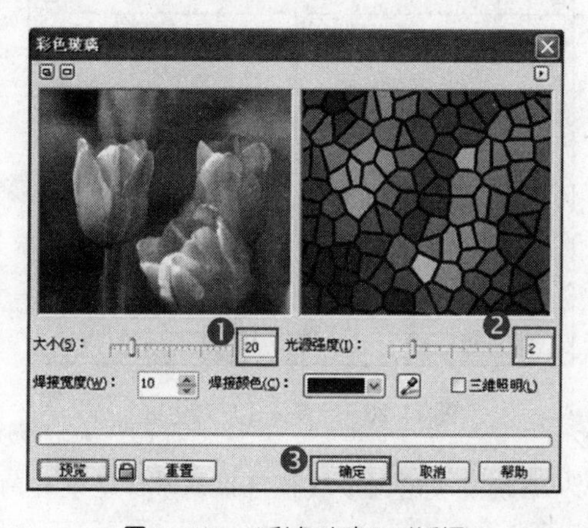

图11-22 “彩色玻璃”对话框

5．虚光

执行“虚光”命令可以在位图的周围加入“椭圆”、“圆形”、“矩形”和“正方形”等4种不同外形的虚光效果，具体的操作步骤如下。

01 导入“光盘\素材\ch11\图03.jpg”文件，并用挑选工具选中。

02 选择“位图”→“创造性”→“虚光”命令打开“虚光”对话框，单击回按钮展开对话框，然后按照如图11–23所示设置参数。

03 单击“确定”按钮即可。

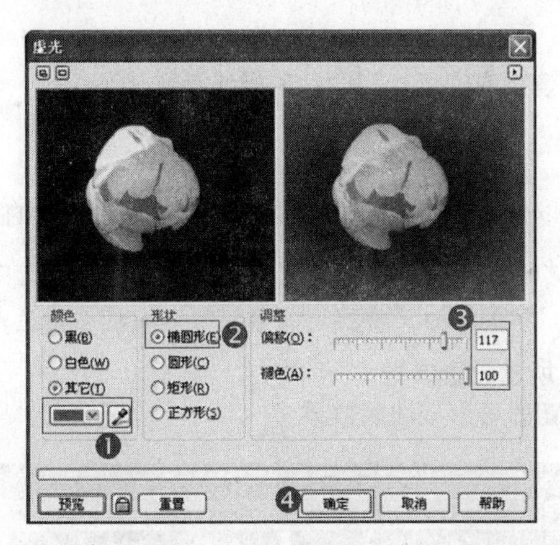

图11-23　“虚光”对话框

6．天气

执行“天气”命令可以使位图产生天气景观的效果，具体的操作步骤如下。

01 导入“光盘\素材\ch11\图12.jpg”文件，并用挑选工具选中。

02 选择“位图”→“创造性”→“天气”命令打开“天气”对话框，单击回按钮展开对话框，然后按照如图11–24所示设置参数。

03 单击“确定”按钮即可。

图11-24　“天气”对话框

11.7 | 扭曲效果

"扭曲"滤镜组包括块状、置换、偏移、像素、龟纹、涡流、平铺、湿笔画以及风吹 9 种效果。使用"扭曲"滤镜组中的各种滤镜可以创建图像扭曲变形的效果。

■ 任务导读

下面来学习用块状、像素、涡流滤镜绘制不同的扭曲效果。

■ 任务驱动

使用"扭曲效果"滤镜组中的块状等命令的操作步骤如下。

1. 块状

执行"块状"命令可以使位图产生不同的块状扭曲效果，具体的操作步骤如下。

01 导入"光盘\素材\ch11\图 04.jpg"文件，并用挑选工具选中。

02 选择"位图"→"扭曲"→"块状"命令打开"块状"对话框，单击回按钮展开对话框，然后按照如图 11-25 所示设置参数。

03 单击"确定"按钮即可形成块状效果。

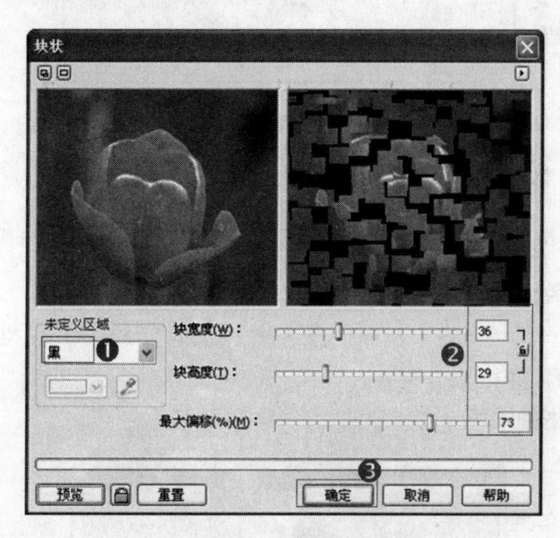

图 11-25 "块状"对话框

2. 偏移

执行"偏移"命令可以使位图产生偏移的效果，具体的操作步骤如下。

01 导入"光盘\素材\ch11\图 10.jpg"文件，并用挑选工具选中。

02 选择"位图"→"扭曲"→"偏移"命令打开"偏移"对话框，单击回按钮展开对话框，然后按照如图 11-26 所示设置参数。

03 单击"确定"按钮即可。

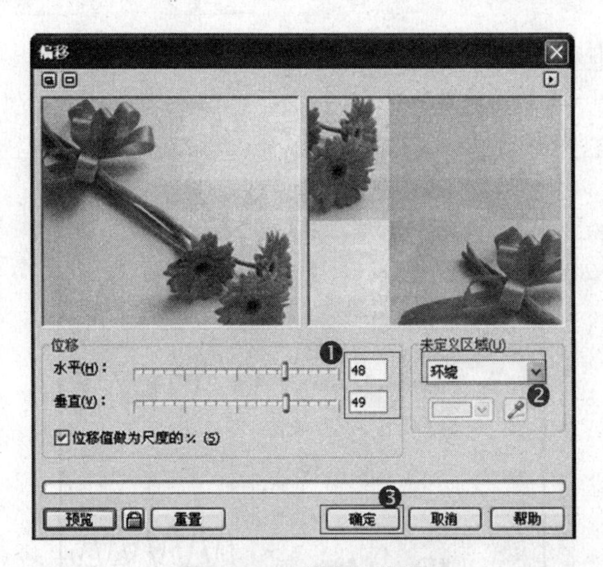

图 11-26 “偏移”对话框

3. 像素

执行“像素”命令可以使位图产生类似像素化的格状外观，具体的操作步骤如下。

01 导入“光盘\素材\ch11\图 01.jpg”文件，并用挑选工具选中。

02 选择“位图”→“扭曲”→“像素”命令打开“像素”对话框，单击回按钮展开对话框，然后按照如图 11–27 所示设置参数。

03 单击“确定”按钮即可。

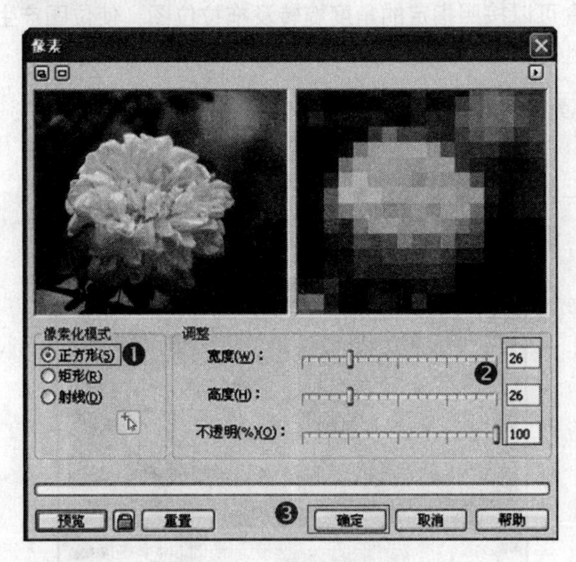

图 11-27 “像素”对话框

4. 龟纹

执行“龟纹”命令可以使位图产生波纹效果，具体的操作步骤如下。

01 导入“光盘\素材\ch11\图 13.jpg”文件，并用挑选工具选中。

02 选择“位图”→“扭曲”→“龟纹”命令打开“龟纹”对话框，单击回按钮展开对话框，然后按照如图 11–28 所示设置参数。

03 单击“确定”按钮即可。

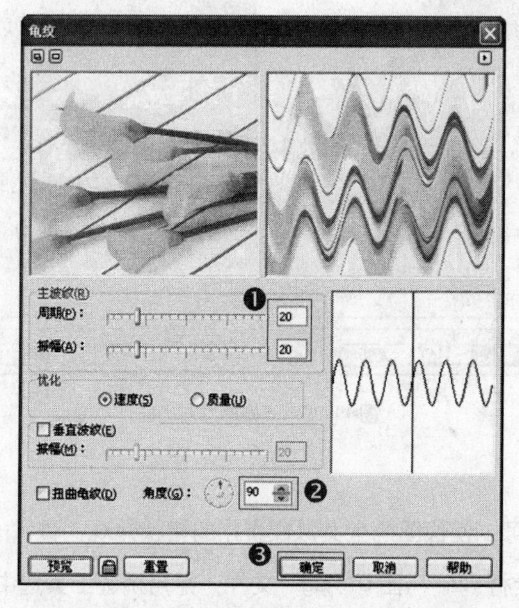

图 11-28 “龟纹”对话框

5. 涡流

执行“涡流”命令可以按照指定的角度旋转及拖拉位图，使位图产生漩涡的效果，具体的操作步骤如下。

01 导入“光盘\素材\ch11\图 02.jpg”文件，并用挑选工具选中。

02 选择“位图”→“扭曲”→“涡流”命令打开“涡流”对话框，单击回按钮展开对话框，然后按照如图 11–29 所示设置参数。

03 单击“确定”按钮即可。

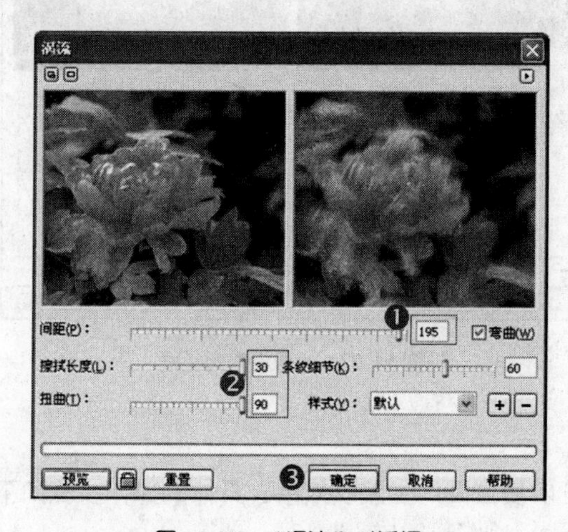

图 11-29 “涡流”对话框

11.8 | 杂点效果

"杂点" 滤镜组包含添加杂点、最大值、中值、最小、去除龟纹及去除杂点等 6 种效果。使用 "杂点" 滤镜组中的各种滤镜可以对位图图像进行添加、消除杂点等操作。本节介绍最小的效果。

■ 任务导读

下面来学习最小滤镜绘制杂点效果。

■ 任务驱动

执行 "最小" 命令，系统将根据位图最小值颜色附近的像素颜色值来调整像素的颜色以移除杂点，具体的操作步骤如下。

01 导入 "光盘\素材\ch11\图 05.jpg" 并用挑选工具选中。

02 选择 "位图" → "杂点" → "最小" 命令打开 "最小" 对话框，单击按钮展开对话框，然后按照如图 11-30 所示设置参数。

03 单击 "确定" 按钮即可。

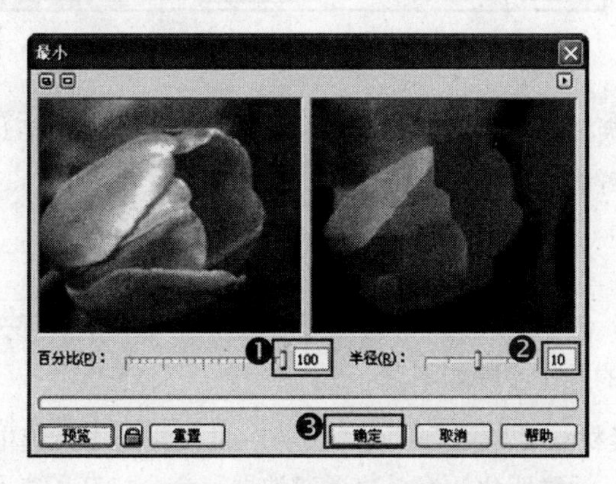

图 11-30 "最小" 对话框

11.9 | 鲜明化效果

"鲜明化" 滤镜组包括适应非鲜明化、定向柔化、高频通行、鲜明化及非鲜明化遮罩 5 种效果。

■ 任务导读

下面来学习适应非鲜明化、高频通行、鲜明化等滤镜绘制不同的鲜明效果。

■ 任务驱动

使用 "鲜明化" 滤镜组中的 "适应非鲜明化" 等命令的操作步骤如下。

1. 适应非鲜明化

执行 "适应非鲜明化" 命令，系统将根据位图边缘像素的颜色值来加重边框的颜色，以使边框更加鲜明，具体的操作步骤如下。

01 导入"光盘\素材\ch11\图08.jpg"文件，并用挑选工具选中。

02 选择"位图"→"鲜明化"→"适应非鲜明化"命令打开"适应非鲜明化"对话框。单击左上角的"双预览窗口"按钮，然后拖曳"百分比"滑块到95的位置，如图11-31所示。

03 单击"确定"按钮即可。

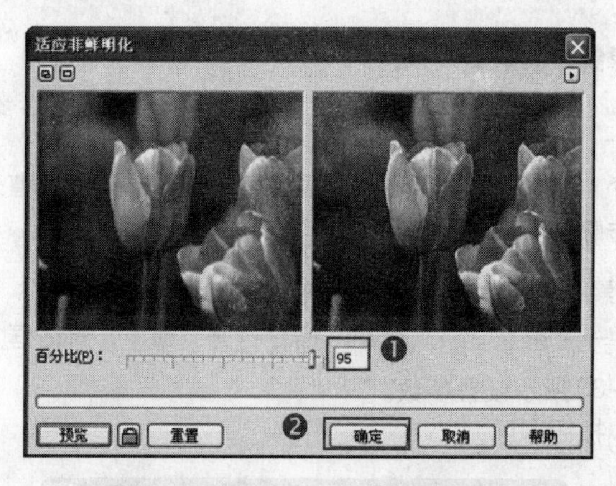

图11-31 "适应非鲜明化"对话框

高手指点：用户可以调节"百分比"滑块或者输入参数值来改变位图边缘的鲜明度，数值越大，位图的边缘就越鲜明。

2．高通滤波器

执行"高通滤波器"命令，系统可以使位图的低分辨率和阴影部分消除，从而使位图产生灰色朦胧的效果，具体的操作步骤如下。

01 导入"光盘\素材\ch11\图08.jpg"文件，并用挑选工具选中。

02 选择"位图"→"鲜明化"→"高通滤波器"命令打开"高通滤波器"对话框，单击按钮展开对话框，然后按照如图11-32所示设置参数。

03 单击"确定"按钮。

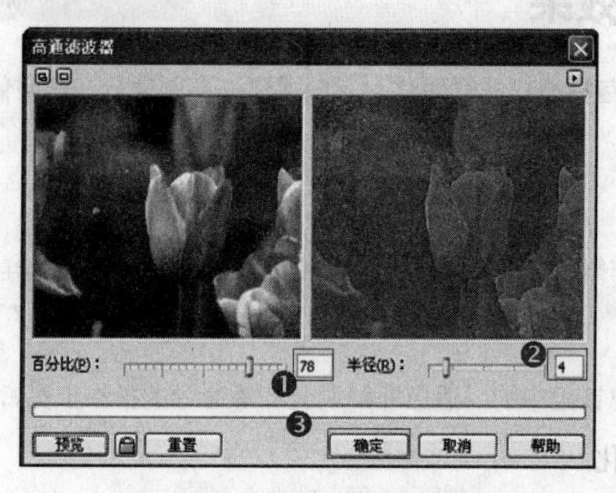

图11-32 "高通滤波器"对话框

3．鲜明化

执行“鲜明化”命令可以应用旋转锐化效果提高位图或者定义区域的分辨率，具体的操作步骤如下。

01 导入“光盘\素材\ch11\图02.jpg”文件，并用挑选工具选中。

02 选择“位图”→“鲜明化”→“鲜明化”命令打开“鲜明化”对话框，单击按钮展开对话框，然后按照如图11-33所示设置参数。

03 单击“确定”按钮即可。

图11-33　“鲜明化”对话框

4．非鲜明化遮罩

执行“非鲜明化遮罩”命令可以凸显位图边缘的细节以及锐化平滑的区域，具体的操作步骤如下。

01 导入“光盘\素材\ch11\图02.jpg”文件，并用挑选工具选中。

02 选择“位图”→“鲜明化”→“非鲜明化遮罩”命令打开“非鲜明化遮罩”对话框，单击按钮展开对话框，然后按照如图11-34所示设置参数。

03 单击“确定”按钮即可形成非鲜明化遮罩效果。

图11-34　“非鲜明化遮罩”对话框

11.10 | 本章实例：绘制邮票

使用各种图形绘制工具及滤镜特效制作邮票效果的操作步骤如下。

01 新建一个文件（快捷键为 Ctrl+N）。

02 然后选择“矩形工具”绘制一个 35mm×23mm 的矩形，如图 11–35 所示。

03 选择“椭圆工具”，按 Ctrl+Shift 组合键以矩形左上角的点为中心绘制一个直径为 2mm 的圆形，同样以矩形右上角的点为中心再绘制一个直径为 2mm 的圆形。

04 选择“交互式调和工具”，在第一个圆形上单击鼠标左键，拖曳到矩形右上角的圆形上，使两个圆形进行调和。

05 在属性栏中设置“步数或调和形状之间的偏移量”为 12。在调和后的圆形上单击鼠标右键，在弹出的快捷菜单中选择“拆分调和群组”选项将圆形拆分开，效果如图 11–36 所示。

图 11-35　绘制矩形

图 11-36　绘制相同大小的圆

06 按 Shift 键依次选择 12 个小圆形和矩形，在属性栏中单击“修剪”按钮将矩形剪切为邮票边缘的形状。

07 拖曳 12 个小圆形到矩形下面的边上，使圆形的直径与边相重合。同时选中圆形和矩形，在属性栏中单击“修剪”按钮完成另一边的裁切，效果如图 11–37 所示。

08 用同样的方法绘制 8 个直径为 2mm 的圆形，对矩形的左右两边进行裁切，效果如图 11–38 所示。

图 11-37　剪切边缘

图 11-38　剪切边缘

09 在调色板中将裁剪好的图形填充为白色，右击调色板上方的图标☒去掉图形轮廓线。

10 然后在工具箱中选择“交互式阴影工具”在图形中进行拖曳，在“预设”下拉菜单中选择“中等辉光”效果，设置阴影不透明值为 50、阴影羽化值为 15，如图 11–39 所示，阴影效果如图 11–40 所示。

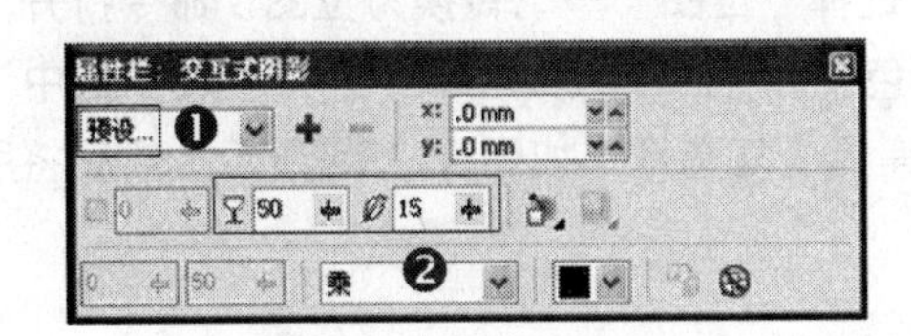

图 11-39 参数设置

图 11-40 添加边缘阴影

11 导入“光盘\素材\ch11\图 14.jpg”文件，适当地调整位图的大小。

12 按“Shift”键依次选中位图和矩形，然后选择“排列”→“对齐和分布”命令打开“对齐与分布”对话框，从中选择“中、中”对齐，效果如图 11–41 所示。

13 选择位图图像，选择“位图”→“创造性”→“天气”命令打开“天气”对话框。设置“预报”为“雨”、“浓度”为 10、“大小”为 5、“随机化”为 1、“方向”为 300，然后单击“确定”按钮即可，效果如图 11–42 所示。

图 11-41 导入位图

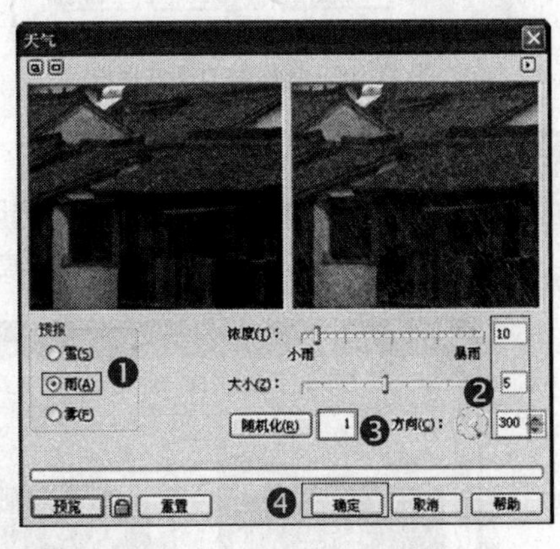

图 11-42 “天气”对话框

14 选择“位图”→“杂点”→“添加杂点”命令打开“添加杂点”对话框。设置“杂点类型”为“高斯式”，“层次”为 76，“密度”为 24，“颜色模式”为“强度”，然后单击“确定”按钮为图像添加杂点，效果如图 11–43 所示。

15 选择“文本工具”字在图中输入文字“20 分”，字体为“宋体”，大小为 10 和 7，颜色为“黑色”，并适当地调整它们的位置，效果如图 11–44 所示。

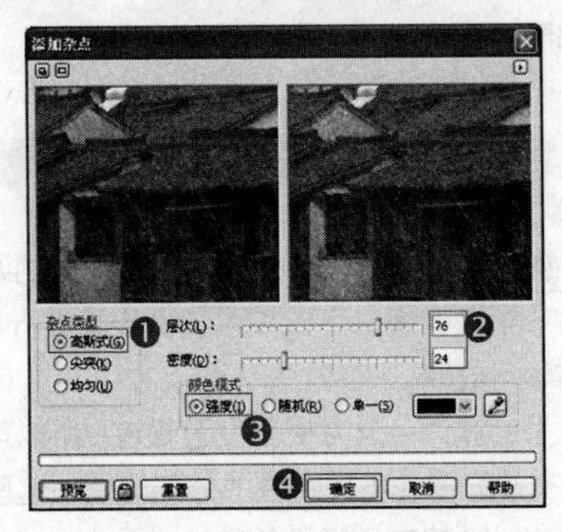

图 11-43 “添加杂点”对话框

图 11-44 调整位图添加文字

16 选择“挑选工具”框选所有的图形，选择“位图”→“转换为位图”命令打开“转换为位图”对话框。设置“颜色”为“CMYK 颜色（32 位）”，“分辨率”为 300dpi，选中“光滑处理”、“透明背景”、“应用 ICC 预置文件”等 3 个复选框，如图 11-45 所示，然后将所有的图形转换为位图图形，效果如图 11-46 所示。

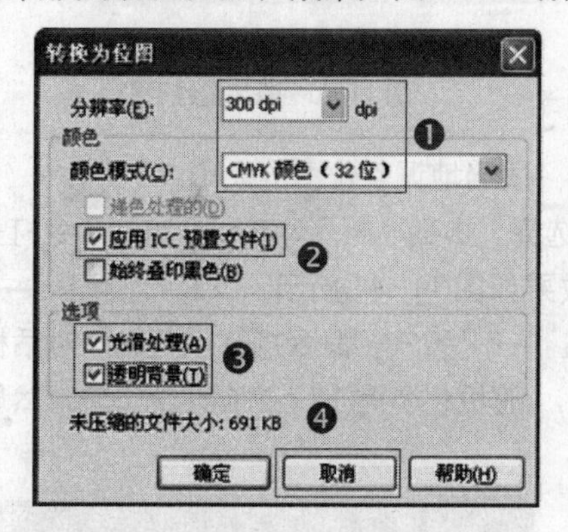

图 11-45 转换为位图对话框

图 11-46 转换为位图

17 选择“位图”→“三维效果”→“卷页”命令打开“卷页”对话框。设置“右下角卷页”，定向为“垂直的”，纸张为“不透明的”，颜色卷曲为“灰色”，宽度为“91”，高度为“73”，为邮票添加卷页效果。至此整个邮票的设计就全部完成了，最终效果如图 11-47 所示。

图 11-47 完成邮票的制作

11.11 本章小结

在 CorelDRAW X4 中，有 10 大类位图处理滤镜，每一种滤镜又提供了多种细分的滤镜效果，为用户处理位图提供了极大的方便。本章的内容丰富有趣，可以按照实例步骤进行制作，建议打开光盘提供的素材文件进行对照学习，提高学习效率。

位图滤镜的使用可能是位图处理过程中最具魅力的操作。因为使用位图滤镜，所以可以迅速地改变位图对象的外观效果。CorelDRAW X4 带有 80 多种不同特性的效果滤镜，这些滤镜与其他专业位图处理软件相比毫不逊色，而且系统还支持第三方提供的滤镜。

Chapter 12 作品输出

本章知识点

- 发送文件
- 打印前的设置
- 设置打印机
- 打印预览
- 设置输出选项

对于一个电脑使用者来说，为了让自己的作品（文字或图片）或是网络上取得的一些文件能够见诸于纸张，最简单的方式就是打印了，本章就具体来学习打印的方法。

12.1 | 发送文件

■ 任务导读

在 CorelDRAW X4 中利用“发送”命令可以把作品发送到“我的文档”或者“软盘”中。

■ 任务驱动

发送文件的操作步骤如下。

01 选择“文件”→“发送到”命令将出现如图 12-1 所示的子菜单，在子菜单中可以选择需要发送的目的地。

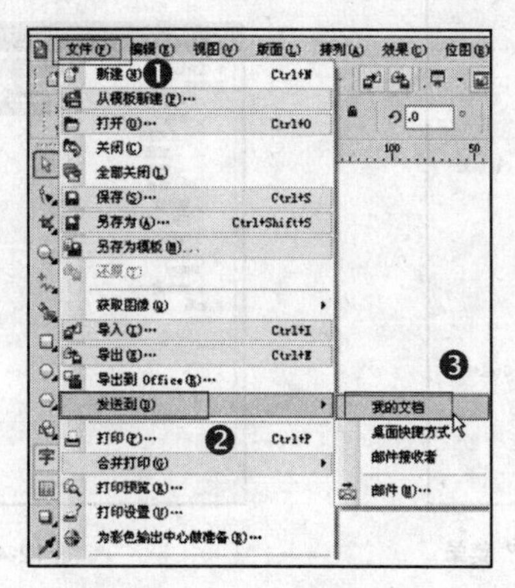

图 12-1 “发送到”子菜单

02 如果在没有保存文件的情况下发送文档，程序会弹出提示对话框，如图 12-2 所示，询问用户是否对该文档进行保存。单击 是(Y) 按钮可以保存文件，单击 否(N) 按钮则可将文件直接发送到“我的文档”或“桌面快捷方式”。

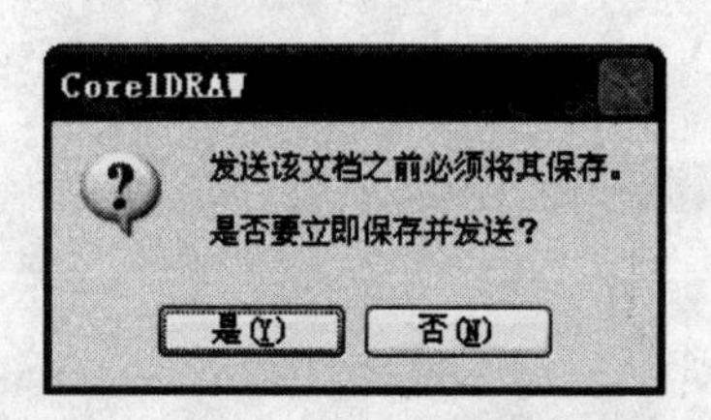

图 12-2　提示对话框

12.2 | 打印前的设置

当所有的设计工作都已经完成，需要将作品打印出来供自己和他人欣赏时，在打印之前还需要对所输出的版面和相关的参数进行调整设置，以确保更好地打印作品，更准确地表达设计的意图。

12.2.1　设置页面大小

■ **任务导读**

页面大小也就是页面的尺寸大小，用户在进行打印之前应该根据需要设定适合于打印的页面尺寸。

■ **任务驱动**

设置页面大小的操作步骤如下。

01 选择“工具”→“选项”命令，打开“选项”对话框，如图 12-3 和图 12-4 所示。

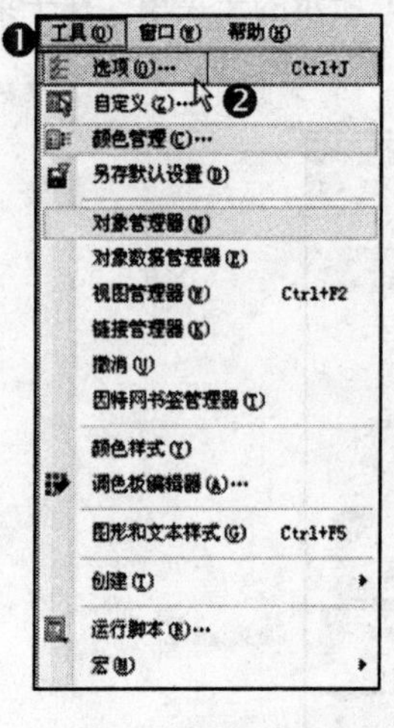

图 12-3　“工具”菜单

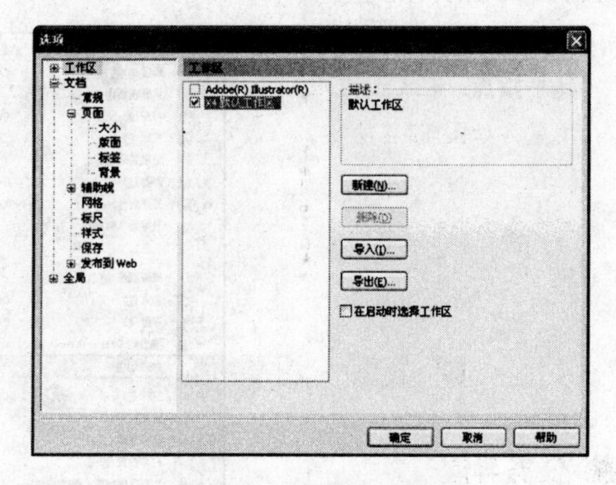

图 12-4　“选项”对话框

高手指点：在 CorelDRAW X4 中，用户可以直接在属性栏上单击“选项”按钮来打开“选项”对话框，或者按 Ctrl + J 组合键来打开“选项”对话框。

02 找到左侧列表框中的“文档”下面的“页面”，单击“+”号，在弹出的下级目录中选中“大小”选项，这时对话框右侧会显示“大小”选项，如图 12–5 所示。

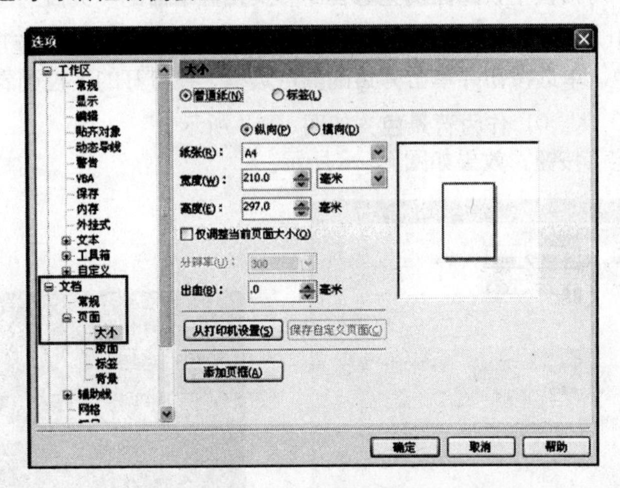

图 12-5 “选项”对话框

03 设置好参数后，单击“确定”按钮即设置好了页面大小。

■ 参数解析

- 选中“纵向”或者“横向”单选按钮，可以将页面设定为纵向或者横向的。
- 在“纸张”下拉列表框中选择需要的页面尺寸。
- “宽度”及“高度”参数框中显示的是当前页面的实际尺寸，并可根据需要设定度量单位。
- 在“出血”参数框中可以指定出血的宽度。“出血”是印刷工艺中的一个术语，它的作用是避免印刷品在裁切后页面的四周漏白而设定的边缘，一般情况下四周各保留 3mm 即可。
- 选中“仅调整当前页面大小”复选框，只是设定当前的页面尺寸。
- 单击“从打印机设置”按钮，系统会按照打印机来自动地设置页面的大小。
- 单击“添加页框”按钮，可以在页面中添加一个页面大小的边线。

高手指点：在 CorelDRAW X4 中，用户可以使用“挑选工具”属性栏来进行页面大小的设置，如图 12-6 所示。

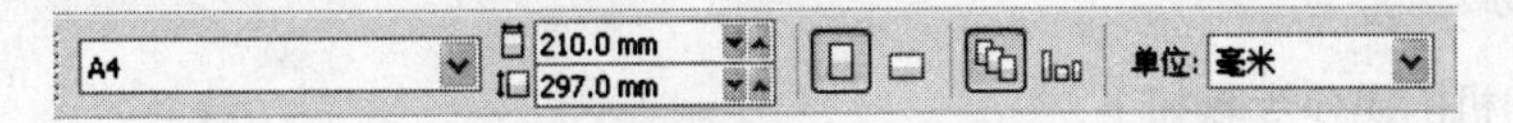

图 12-6 在属性栏中设置页面大小

12.2.2 设置页面背景

■ 任务导读

用户在打印时还可以为页面添加背景颜色及图案。

任务驱动

设置页面背景的具体操作步骤如下。

01 选择“工具”→“选项”命令，打开“选项”对话框。

02 在“选项”对话框中找到左侧列表框中“文档”下面的“页面”，单击“+”号，在弹出的下级目录中选中“背景”选项，这时对话框的右侧会显示“背景”选项。

03 选中“纯色”单选按钮并单击旁边的颜色选框，在打开的下拉列表框中选择红色（C：0，M：100，Y：100，K：0）作为背景色，如图 12–7 所示。

04 单击“确定”按钮，效果如图 12–8 所示。

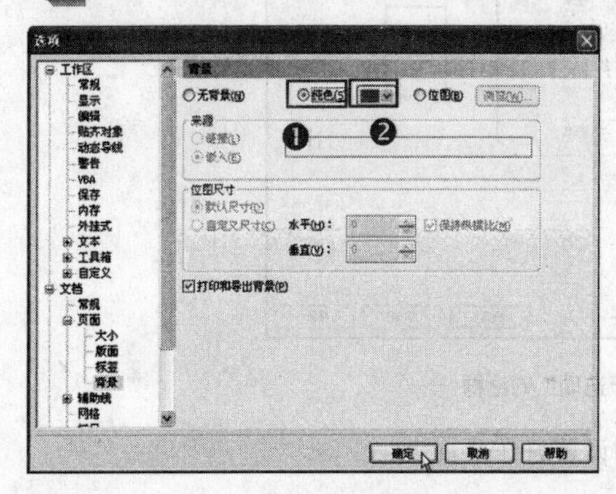

图 12-7 “背景”选项

图 12-8 应用“纯色”背景效果

参数解析

- 选中“无背景”单选按钮背景为透明。
- 选中“纯色”单选按钮可以在下拉列表框中选择一种颜色作为背景色。
- 选中“位图”单选按钮可以指定位图作为背景。

12.3 | 设置打印机

任务导读

在进行打印之前还应该检查好打印设备并设置打印设备的属性。

任务驱动

设置打印机的操作步骤如下。

01 选择“文件”→“打印设置”命令调出“打印设置”对话框，如图 12–9 所示。

02 在“名称”下拉列表框中选择合适的打印机，然后单击“属性”按钮，在弹出的对话框中进行打印机属性的设置，如图 12–10 所示（“属性”对话框会因打印机型号的不同而有所差异），用户可以参考打印机的使用手册进行纸张大小、纸张来源、纸张类型等选项的设置。

03 完成后单击“确定”按钮即可。

图 12-9 “打印设置”对话框

图 12-10 打印机“属性”对话框

12.4 | 打印预览

用户设置好页面并完成图形的绘制后，接下来就要考虑打印输出文件。在正式打印之前，预览一下图形文件的打印情况是非常有必要的。

12.4.1 打印预览窗口

■ **任务导读**

打印预览可以在打印前观察打印页面内的图像效果是否满意，要进行打印预览，可以执行以下步骤。

■ **任务驱动**

打印预览的操作步骤如下。

01 选择“文件”→“打印预览”菜单项调出“打印预览”窗口，如图 12–11 所示。

02 如果对预览窗口中对象打印预览很满意，单击“打印”按钮即可进行打印。

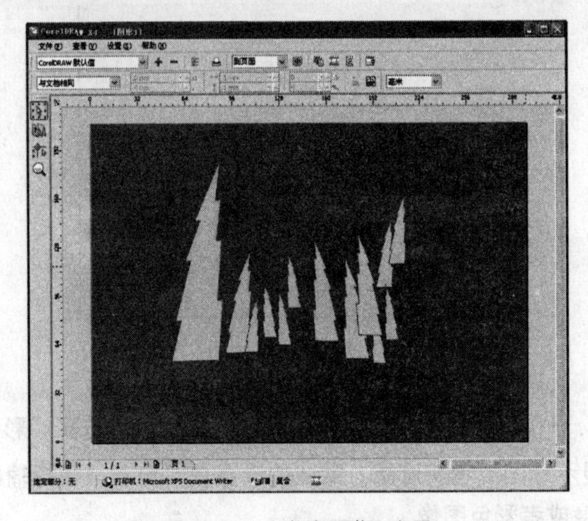

图 12-11 “打印预览”窗口

■ 参数解析

“打印预览”窗口中各个选项的功能如下。

- “选取工具”按钮：用来调整图形对象在页面中的位置。
- “版面布局工具”按钮：用来强制改变打印时的版面布局。单击预览页面中的箭头可以改变页面的布局方向。
- “标记布置工具”按钮：单击该按钮可以在属性栏中选择要添加的标记，然后可以通过鼠标拖曳边框线的方法为版面添加用于印刷、裁切和装订的标记。
- “缩放工具”按钮：用来放大或者缩小预览页面。
- “满屏”按钮：用来全屏显示打印页面，按下 Esc 键可以取消全屏显示。
- “启用分色”按钮：用来预览图形对象的分色页面。
- “反色”按钮：用来预览颜色反转后的页面效果。
- “镜像”按钮：用来预览镜像后的页面效果。
- “关闭打印预览”按钮：单击后便可退出预览窗口。

12.4.2 自定义打印预览

■ 任务导读

更改预览图像的质量可以加快打印预览的重绘速度，还可以指定预览的图像是彩色还是灰度。

■ 任务驱动

具体的操作步骤如下。

01 选择“文件”→“打印预览”命令进入选择打印预览窗口。

02 选择“查看”→“显示图像”命令，此时图像将由一个框来表示，如图 12-12 所示。

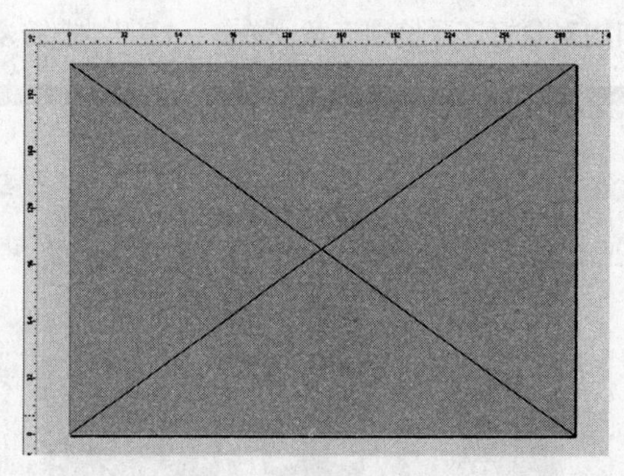

图 12-12 图像显示为灰框

03 选择“查看”→“颜色预览”命令，然后在其子菜单中选择“彩色”命令或者“灰度(G)”命令，图像即显示彩图或者灰度图。默认的设置是“自动（模拟输出）”，根据所用打印机的不同而显示为灰度或者彩色图像。

12.5 | 设置输出选项

CorelDRAW X4 为用户提供有用于专业出版的打印选项，用户可以根据需要对这些选项进行设置，从而打印出符合专业出版要求的文档。

12.5.1 常规设置

打开“打印选项”对话框，进入“常规”选项卡。在“名称”下拉列表框中选择合适的打印机，然后选中“打印到文件”复选框就可以将当前的文档打印到文件和通过打印机打印到纸张和胶片上，如图 12–13 所示。

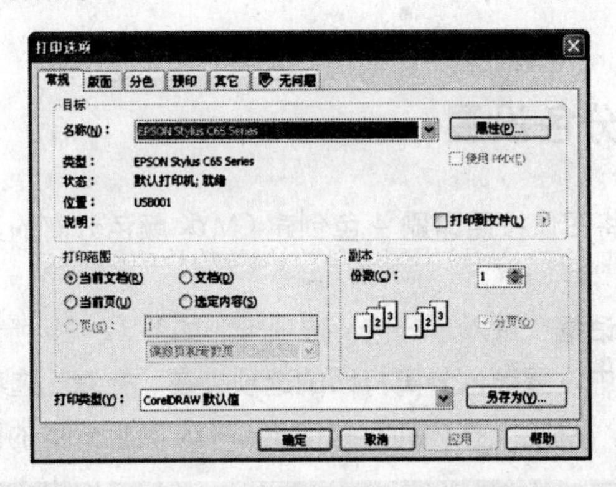

图 12-13 “常规”选项卡

“打印范围”选项区用来设定要打印的范围，有“当前页”、“当前文档”等单选按钮。选中“页”单选按钮可以在文本框中输入要打印的页码范围，并指定打印的页面为所有页面、奇数页或者偶数页。“副本”选项区用来设定要打印的份数。

用户可以在“打印类型”下拉列表框中选择系统设置的打印样式，单击“另存为”按钮可以将设置好的样式保存在“打印类型”下拉列表框中。

12.5.2 版面设置

用户可以通过版面设置来设定打印时图像的大小及位置，如图 12–14 所示。

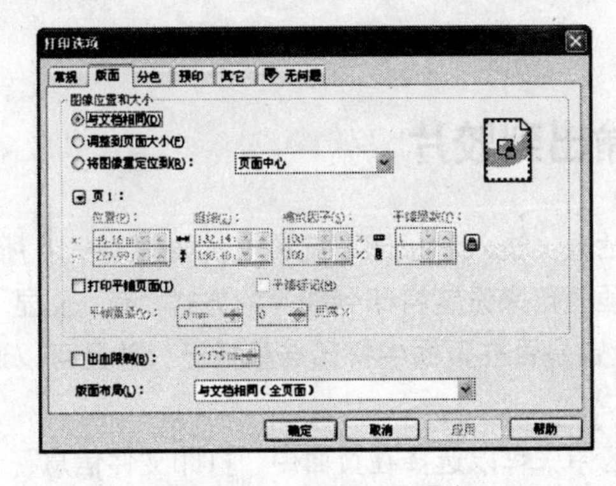

图 12-14 “版面”选项卡

打开“打印选项”对话框，进入“版面”选项卡。在“图像位置和大小”选项区中选中“与文档相同”单选按钮，打印出的图像位置就会与文件中的图像位置相同；选中“调整到页面大小”单选按钮，系统则会按比例自动缩放图像适应打印页面的大小；选中“将图像重定位到”单选按钮，则可在右侧的下拉列表中选择图像在打印页面中的位置。

用户可以在“位置”、“粗细”、“缩放因子”等增量框中输入数值，精确地控制图像在打印页面中的位置及大小比例。如果要将一个大的图像打印在多页纸张上并进行拼接，选中“打印平铺页面”复选框即可。在“平铺层数”增量框中设定需要拼接打印的纸张页数，然后选中“平铺标记”复选框就可以在页面中打印拼贴标记。“平铺重叠”增量框用来设定拼接页面相互交叠的尺寸。

选中“出血限制”复选框可以设置出血的尺寸。“版面布局”下拉列表框用来选择版面布局方案。

12.5.3 分色设置

CorelDRAW X4 可以将图像按照印刷 4 色创建 CMYK 颜色分离的页面文档，并且可以指定颜色分离的顺序。

打开“打印选项”对话框，进入“分色”选项卡，如图 12-15 所示。选中“打印分色”复选框，在“选项”选项区中设置颜色分离打印的选项，在“补漏”选项区中设置印刷时的补漏白功能。设置完成后单击“确定”按钮即可打印出 CMYK 颜色分离的图像。

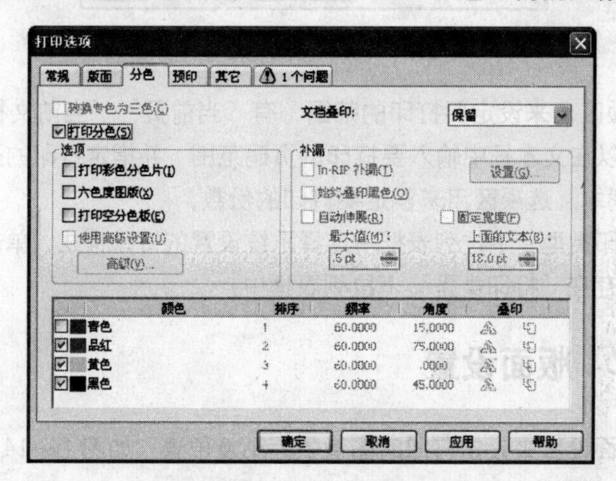

图 12-15 “分色”选项卡

12.5.4 输出到胶片

打开“打印选项”对话框，进入“预印”选项卡，如图 12-16 所示。

“纸张/胶片设置”选项区用来设定打印到胶片的方式，有“反显”和“镜像”两个复选框。“注册标记”选项区用来设定是否在页面中打印准星标记，并且可以通过“样式”下拉列表框选择标记的样式。

在“文件信息”选项区中，可以选择在页面中“打印文件信息”、“打印页码”及“在页面内的位置"。

"裁剪/折叠标记"选项区用来设定是否在页面中打印"裁剪/折叠标记"及"仅外部"。"调校栏"选项区用来设定"颜色调校栏"、"尺度比例"及"浓度"。

选中"对象标记"复选框即可打印出关于对象的标记。

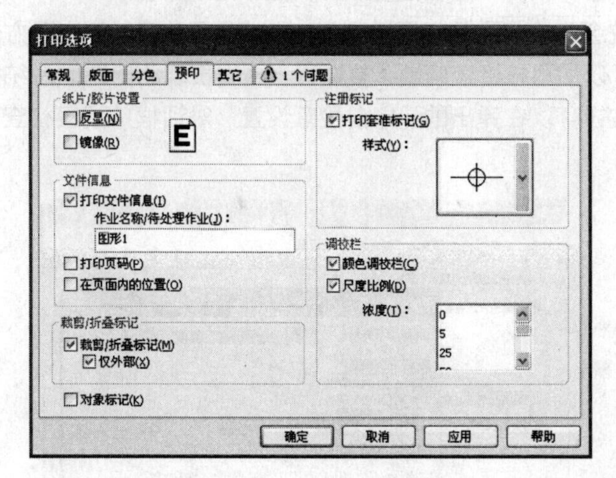

图 12-16 "预印"选项卡

12.5.5 其他设置

在"打印选项"对话框中，用户还可以在"其他"和"印前"选项卡中进行设置。

- 其他

打开"打印选项"对话框，进入"其他"选项卡，如图 12—17 所示。

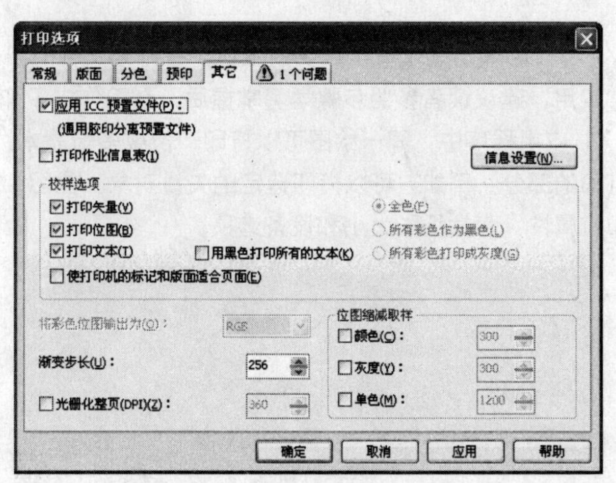

图 12-17 "其他"选项卡

选中"应用 ICC 预置文件"复选框，可以使用普通的 CMYK 印刷机按照 ICC 颜色精确地印刷颜色；选中"打印作业信息表"复选框，可以打印出相关的工作信息，如字体等。"校样选项"选项区用来设定需要校样的项目。

"将彩色位图输出为"下拉列表框用来选择彩色位图要输出的模式，有 RGB 和灰度两个模式。“位图缩减取样”选项区用来对位图进行颜色、灰度、单色的缩减取样，以便缩短打印输出的时间，提高工作的效率。

- 印前检查

打开“打印选项”对话框，单击选择“无问题”选项卡。

在此页面中系统会将检测到的问题以列表的形式显示出来，并在下方的列表框中提供解决问题的建议。选中“以后不检查该问题”复选框，再次出现此问题时系统则不再进行检查和提示。单击“设置”按钮可以在弹出的“印前检查设置”对话框中设置检查的项目，如图 12-18 所示。

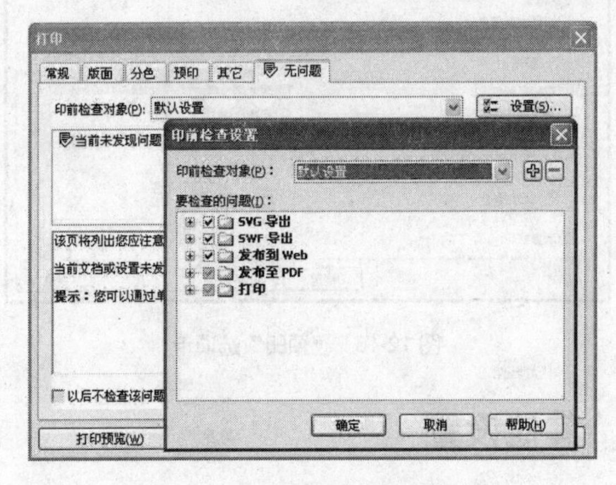

图 12-18 “印前检查设置”对话框

12.6 | 本章小结

在 CorelDRAW X4 中打印输出是个非常重要的工作，在打印文件时，一定要仔细检查各项参数。本章内容非常实用，建议读者参照步骤学习掌握后，在工作中多加练习。

在 CorelDRAW X4 应用程序中，同一绘图可以打印一份或多份副本。 可以指定要打印的对象以及绘图中要打印的部分。例如，可以打印选定的矢量对象、位图、文本或图层。打印绘图前，可以指定打印机属性，包括纸张大小和设备选项。

Chapter

13

CIS 企业形象标识设计

本章知识点

- 企业形象识别系统（CIS）
- 绘制基础部分——标识
- VIS 实用部分

CIS 设计是 20 世纪 60 年代由美国首先提出，20 世纪 70 年代在日本得以广泛推广和应用，它是现代企业走向整体化、形象化和系统管理的一种全新的概念。其定义是：将企业经营理念与精神文化，运用整体传达系统（特别是视觉传达系统），传达给企业内部与大众，并使其对企业产生一致的认同感或价值观，从而达到形成良好的企业形象和促进产品销售的设计系统。

本章将来学习 CIS 设计的相关知识，并通过 CorelDRAW X4 学习绘制 CIS 中的 VI 部分的实例来深入理解 CorelDRAW X4。

13.1 | 企业形象识别系统（CIS）

13.1.1 CIS 的含义

CIS 设计系统是以企业定位或企业经营理念为核心的，对包括企业内部管理、对外关系活动、广告宣传以及其他以视觉和音响为手段的宣传活动在内的各个方面，进行组织化、系统化、统一性的综合设计，力求使企业所有这方面以一种统一的形态显现于社会大众面前，产生出良好的企业形象。

CIS 作为企业形象一体化的设计系统，是一种建立和传达企业形象的完整和理想的方法。企业可通过 CIS 设计对其办公系统、生产系统、管理系统以及经营、包装、广告等系统形成规范化设计和规范化管理，由此来调动企业每个职员的积极性和参与企业的发展战略。通过一体化的符号形式来划分企业的责任和义务，使企业经营在各职能部门中能有效地运作，建立起企业与众不同的个性形象，使企业产品与其他同类产品区别开来，在同行中脱颖而出，迅速有效地帮助企业创造出品牌效应，占有市场。

13.1.2 CIS 包括的部分

CIS 系统是由理念识别（Mind Identity，MI）、行为识别（Behaviour Identity，BI）和视觉识别

(Visual Identity, VI) 三方面所构成。

1. 理念识别（MI）

它是确立企业独具特色的经营理念，是企业生产经营过程中设计、科研、生产、营销、服务、管理等经营理念的识别系统，是企业对当前和未来一个时期的经营目标、经营思想、营销方式和营销形态所做的总体规划和界定，主要包括：企业精神、企业价值观、企业信条、经营宗旨、经营方针、市场定位、产业构成、组织体制、社会责任和发展规划等。它属于企业文化的意识形态范畴。

2. 行为识别（BI）

它是企业实际经营理念与创造企业文化的准则，对企业运作方式所做的统一规划而形成的动态识别形态。它是以经营理念为基本出发点，对内是建立完善的组织制度、管理规范、职员教育、行为规范和福利制度；对外则是开拓市场调查、进行产品开发，通过社会公益文化活动、公共关系、营销活动等方式来传达企业理念，以获得社会公众对企业识别认同的形式。

3. 视觉识别（VI）

它是以企业标志、标准字体、标准色彩为核心展开的完整、系统的视觉传达体系，是将企业理念、文化特质、服务内容、企业规范等抽象语意转换为具体符号的概念，塑造出独特的企业形象。视觉识别系统分为基本要素系统和应用要素系统两方面。基本要素系统主要包括：企业名称、企业标志、标准字、标准色、象征图案、宣传口语、市场营销报告书等。应用要素主要包括：办公事务用品、生产设备、建筑环境、产品包装、广告媒体、交通工具、衣着制服、旗帜、招牌、标识牌、橱窗、陈列展示等。视觉识别（VI）在 CIS 系统中最具有传播力和感染力，最容易被社会大众所接受，具有主导的地位。

在 CIS 设计系统中，视觉识别设计（VI）是最外在、最直接、最具有传播力和感染力的部分。VI 设计是将企业标志的基本要素以强力方针及管理系统有效地展开，形成企业固有的视觉形象，是透过视觉符号的设计统一化来传达精神与经营理念，有效地推广企业及其产品的知名度和形象。因此，企业识别系统是以视觉识别系统为基础的，并将企业识别的基本精神充分地体现出来，使企业产品名牌化，同时对推进产品进入市场起着直接的作用。VI 设计从视觉上表现了企业的经营理念和精神文化，从而形成独特的企业形象，就其本身又具有形象的价值。

VI 设计各视觉要素的组合系统是因企业的规模、产品内容而有不同的组合形式，通常最基本的是企业名称的标准字与标志等要素组成一组一组的单元，以配合各种不同的应用项目，各种视觉设计要素在各应用项目上的组合关系一经确定，就应严格地固定下来，以期达到通过统一性、系统化来加强视觉祈求力的作用。

VI 设计的基本要素系统严格规定了标志图形标识、中英文字体形、标准色彩、企业象征图案及其组合形式，从根本上规范了企业的视觉基本要素，基本要素系统是企业形象的核心部分。企业基本要素系统包括：企业名称、企业标志、企业标准字、标准色彩、象征图案、组合应用和企业标语口号等。

13.1.3　CIS 的两大功能

CIS 对企业的具体功能可分为企业内部功能和企业外部功能。

1. CIS 的对内功能

CIS 的对内功能是指 CIS 在塑造企业形象中对企业内部经营管理的作用，主要表现在企业文化的建设，企业凝聚力的提高，技术、产品竞争力的增强以及企业多角化、集团化经营优势的取得上。

- CIS 有利于重建企业文化。
- CIS 有利于增强产品竞争力。
- CIS 有利于企业多角化、集团化、国际化经营。

2. CIS 的对外功能

CIS 在塑造企业形象中，对外功能主要表现在有利于提升企业形象，扩大企业知名度；有利于公众的认同以及有利于企业公共关系的运转等，为企业创造出一个良好的经营环境，使企业与政府、供应商、经销商、股东、金融机构、新闻界、消费者等企业相关的组织和个人都保持良好的关系。

13.2 | 绘制基础部分——标识

13.2.1　设计前期分析

打开“光盘\结果\ch13\标识.cdr”文件，可查看该标识的效果图，如图 13–1 所示。

图 13-1　标识

1. 设计定位

三锡重工属于重工业，所以标识在设计时应以稳重、大气为中心，凸现企业的特制为主。

2. 设计重点

在进行 VI 设计的过程中，运用到 CorelDRAW X4 软件中的挑选工具、椭圆工具和焊接等命令，综合起来，在该实例中有以下两个制作重点。

- 使用椭圆工具绘制标识外形。
- 使用焊接命令来修剪标识。

通过本实例的学习，将使读者学会如何运用 CorelDRAW X4 软件，来完成 VI 设计及立体效果图的绘制方法。

3. 设计制作

在本节所讲述的 VIS 设计过程中，首先应清楚该公司的性质、经验理念、发展理念等。设计出标识，然后再制作其他的实用部分的名片、信纸、胸卡和形象墙等。下面将向读者详细介绍此 VIS 设计的绘制过程。

13.2.2 绘制标识

使用各种绘图工具绘制标识的具体操作步骤如下。

01 双击 Windows 桌面上的 CorelDRAW X4 软件应用程序图标进入 CorelDRAW X4 绘图界面。

02 选择“文件”→“新建”命令（快捷键为 Ctrl+N）新建一个文档，并保存文档。

> **高手指点：**在 CorelDRAW X4 中新建文档的方式有 3 种：①打开软件单击“新建”按钮；②选择“文件”→“新建”命令；③单击“标准”工具栏中的“新建”按钮。

03 选择“视图”→“网格”命令，显示网格。

04 选择“椭圆工具”，绘制出一个椭圆，填充颜色为绿色（C：100，M：5，Y：100，K：0），如图 13–2 所示。

05 单击轮廓工具组中的“无轮廓”按钮，来去除轮廓线，如图 13–3 所示。

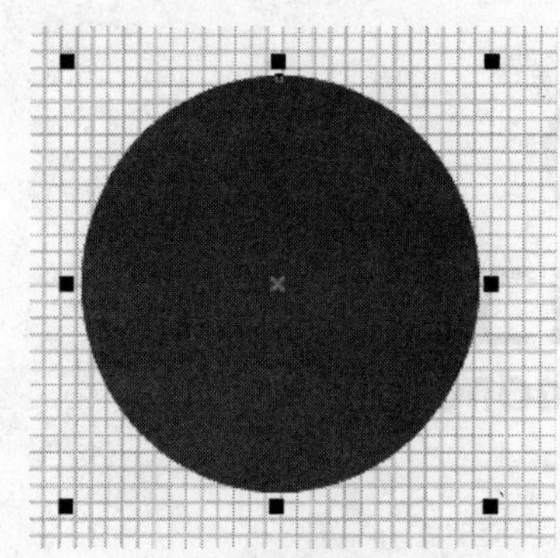

图 13-2 绘制椭圆并填充颜色

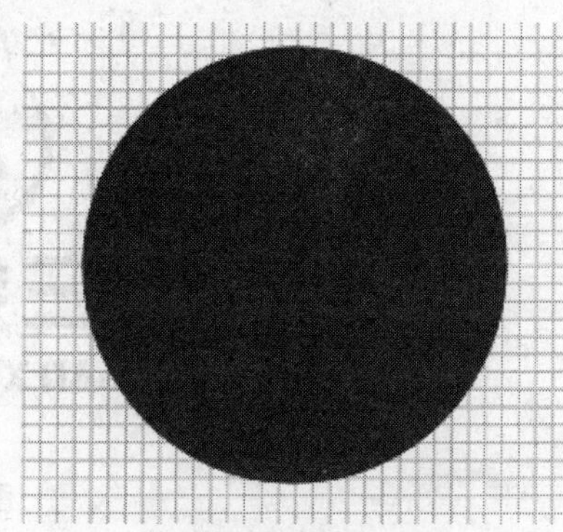

图 13-3 去除轮廓线

06 选择“挑选工具”，选择椭圆按住鼠标向下拖曳，在拖动到适当的位置时单击鼠标右键再放开得到一个复制的椭圆，并填充为白色，如图 13–4 所示。

07 框选两个椭圆，在属性栏单击“修剪”按钮将两个椭圆进行修剪，然后删除白色椭圆，效果如图 13–5 所示。

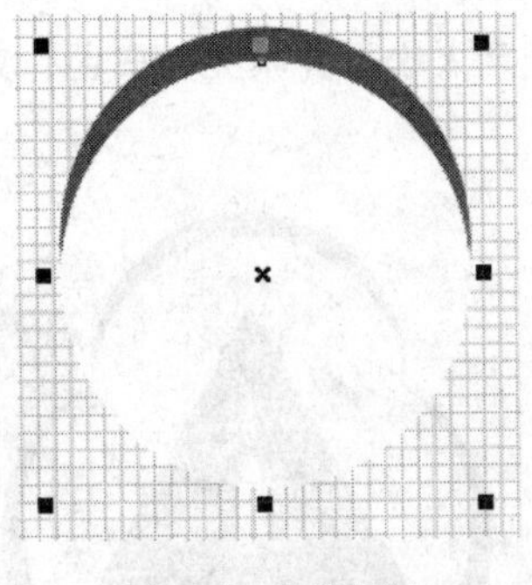

图 13-4 继续绘制

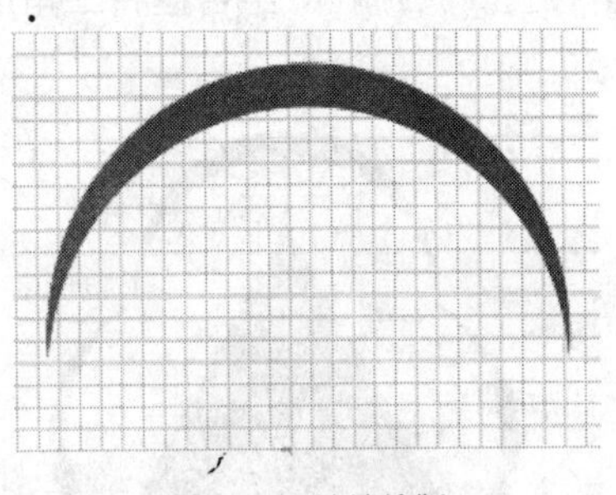

图 13-5 继续绘制

08 选择修剪好的图形，在垂直标尺上拖曳出一条垂直的辅助线放置在修剪好图形的中心点上，如图 13–6 所示。

09 将修剪好的图形复制一个，并调整适当的位置，如图 13–7 所示。

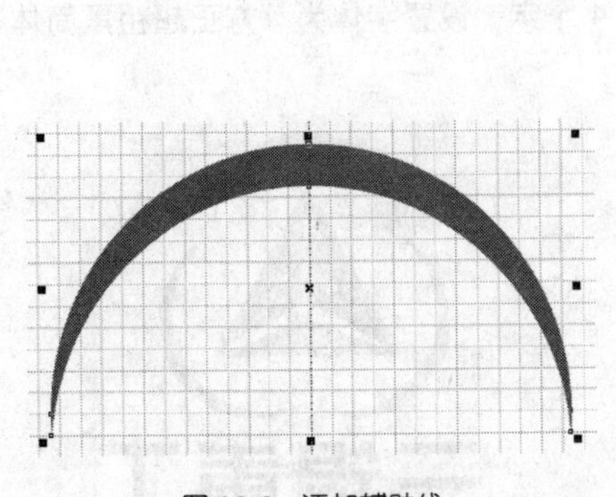

图 13-6 添加辅助线

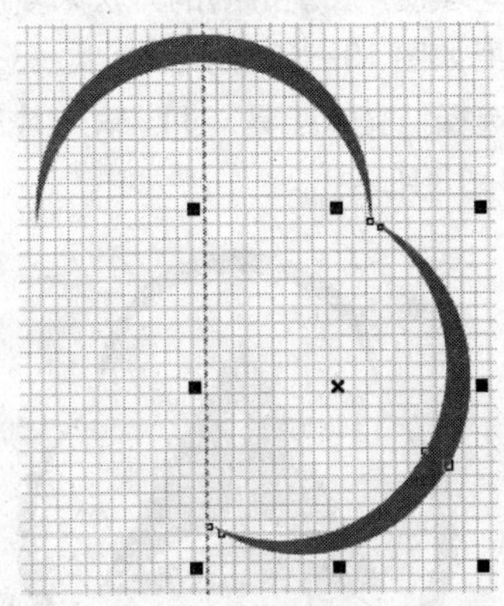

图 13-7 复制图形

10 按住 Ctrl 键将复制的图形向左进行拖曳到适当的位置单击鼠标右键再放开得到一个水平镜像复制修剪对象，如图 13–8 所示。

11 单击“多边形工具”，并在属性栏中设置边数为 3，按住 Ctrl＋Shift 组合键以辅助线为中心点绘制一个正三角形，效果如图 13–9 所示。

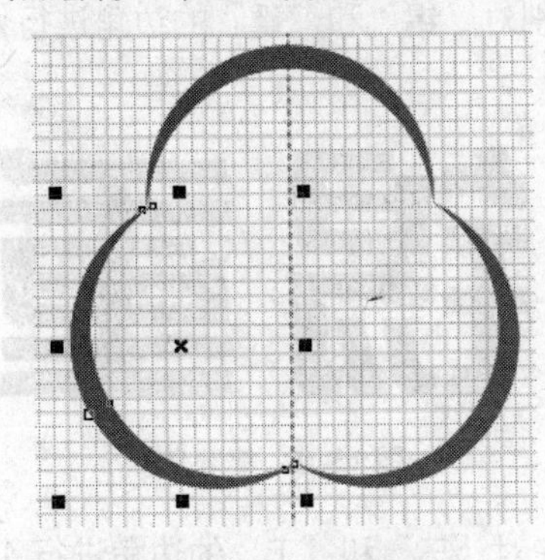

图 13-8 镜像复制图形

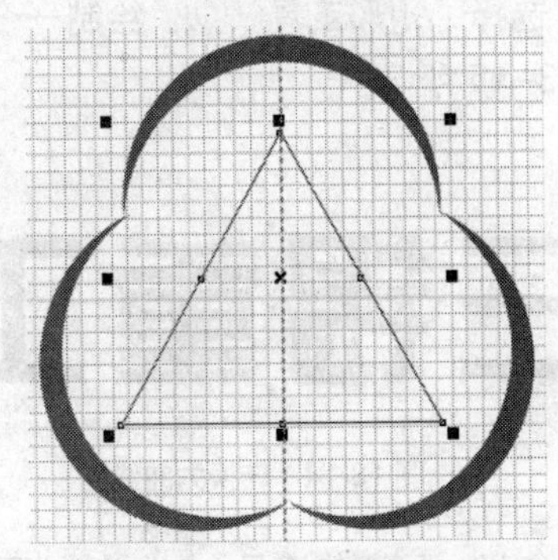

图 13-9 绘制三角形

12 将其填充颜色为绿色（C：100，M：5，Y：100，K：0），并去除轮廓线，如图 13–10 所示。

13 按住 Alt+Shift 组合键将三角形向内缩小到一定大小，并填充为白色，如图 13–11 所示。

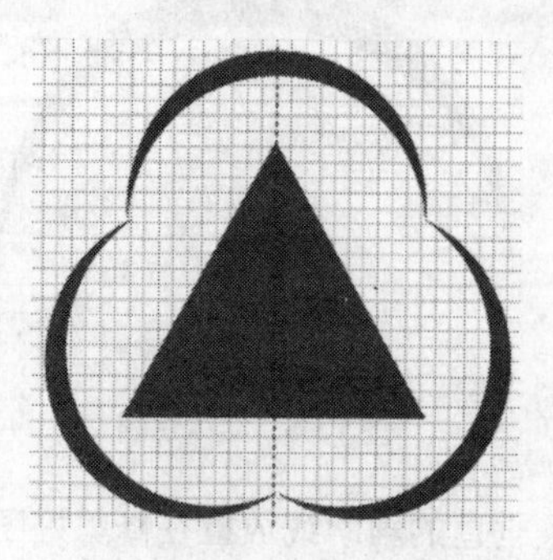

图 13-10　填充三角形

图 13-11　绘制小三角形

14 同理使用 09 和 11 的方法来复制调整另外的两个小三角形的位置，并和大三角形进行修剪，效果如图 13–12 所示。

15 选择“文本工具”字，输入“三锡重工”4 个字，设置字体为“方正超粗黑简体”，效果如图 13–13 所示。

图 13-12　复制调整小三角形

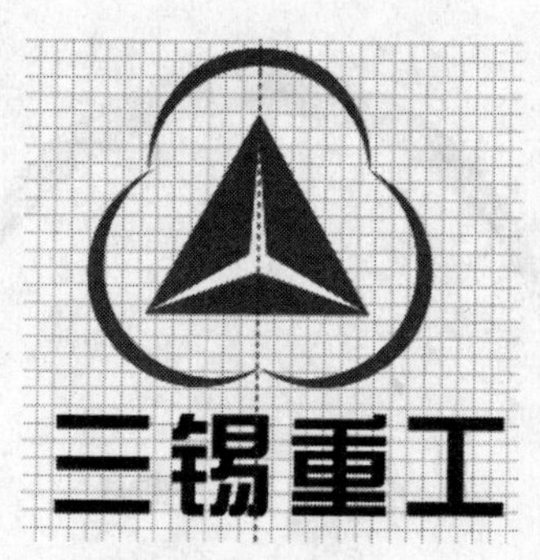

图 13-13　添加文字

16 选择字体，在字体上单击鼠标右键，在弹出的快捷菜单中，选择“转换为曲线命令”将字体转换为曲线，以便于局部调整，如图 13–14 所示。

17 选择“矩形工具”，绘制一个小矩形，分别对“锡”和“重”的边角进行修剪，效果如图 13–15 所示。

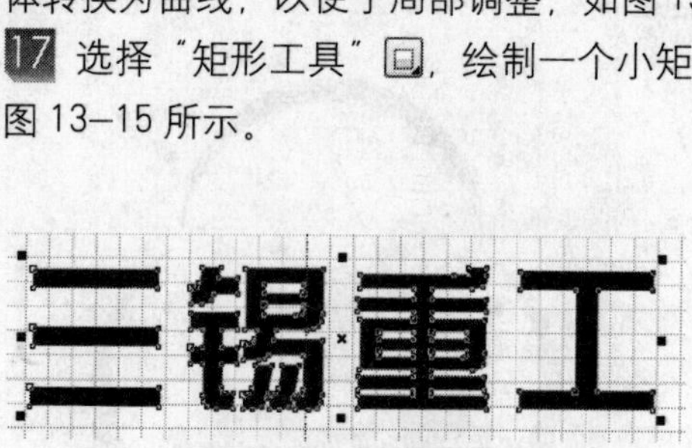

三锡重工

图 13-14　转换为曲线

图 13-15　修剪文字

18 选择“贝塞尔工具”，绘制不规则形状，来对“三”和“工”的边角进行 45° 的斜角修剪，效果如图 13–16 所示。

19 选择文字，将鼠标放置在定界框的中间点上，在鼠标变成⇕时，向下压字体，使整个形状比原来略扁些，效果如图 13–17 所示。

图 13-16 修剪文字 　　　　图 13-17 调整文字

20 使用文本工具，输入英文字母“San xi zhong gong”设置字体为 StopD，效果如图 13–18 所示。

21 输入其他文字进行整体组合，效果如图 13–19 所示。

图 13-18 添加英文字母

图 13-19 标识组合

13.3 | 绘制 CIS 实用部分

13.3.1 绘制名片

01 选择“文件”→“新建”命令（快捷键为 Ctrl+N）新建一个文档，保存文档并取名为“名片”。

02 选择工具箱中的“矩形工具”□在绘图区内绘制一个矩形，在属性栏中输入宽 90mm、高 55mm，填充颜色为白色，效果如图 13–20 所示。

【 **高手指点：** 名片尺寸 90mm、55mm 为常规尺寸，用户根据自己的需要也可以随意地调整。】

03 把前面已经做好的标识复制一个过来，全选标识群组，然后填充 3%的黑色，效果如图 13–21 所示。

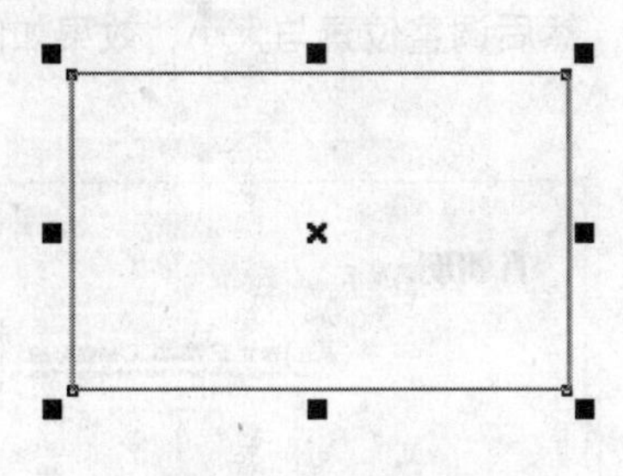

图 13-20 绘制矩形

图 13-21 复制标识并填充颜色

04 选择“矩形工具”□，绘制两个矩形装饰名片的下边缘，分别在属性栏中设置大小为宽 21mm、高 4mm 和宽 69mm、高 4mm，如图 13–22 所示。

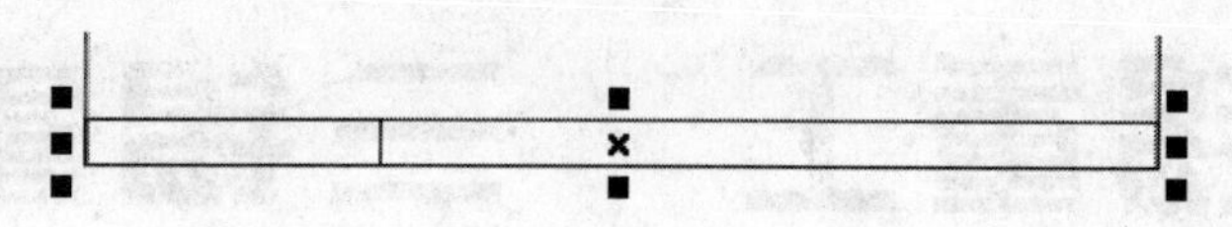

图 13-22　绘制名片下边缘

05 填充颜色分别为40%的黑色和深绿色（C：100，M：20，Y：100，K：0），并去掉边框，然后对两个矩形进行群组（快捷键为Ctrl+G），效果如图13–23所示。

图 13-23　填充名片下边缘

高手指点：用挑选工具选择图形时，按住 Shift 键可以加选或减选，也可以拖曳鼠标框选多个图形。

06 在工具箱中选择“挑选工具”，按住 Shift 键同时选中 3 个矩形，然后选择“排列”→“对齐与分布”→“对齐与分布”命令打开“对齐与分布”对话框，选中“下、中”两项，使所选图形下对齐，效果如图 13–24 所示。

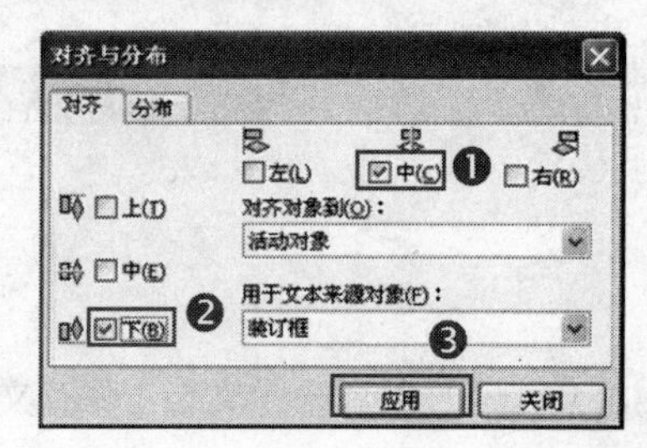

图 13-24　“对齐与分布”对话框

07 在工具箱中“文本工具”，输入汉字“肖朝明总经理”，将“肖朝明”设置为 16 号方正大宋，“总经理”设置为 10 号黑体，颜色为黑色，效果如图 13–25 所示。

高手指点：用文本工具输入文字时，在已有的路径上单击可以让输入的文本沿路径排列，用挑选工具拖曳文本开头的红色菱形可以改变文本的起始位置。

08 复制标识与企业全称组合粘贴到名片框架中，然后调整位置与大小，效果如图 13–26 所示。

图 13-25　添加文字

图 13-26　添加标识

高手指点：如果需要实现在 CorelDRAW X4 中跨文档复制，可以用鼠标把要复制的图形拖曳到要复制到的文档中，然后按下 Ctrl 键再松开鼠标左键即可完成复制。

09 选择“文本工具”字，在标识组合的下面输入“地址电话”等公司信息，字体设置为 5 号黑体，字体颜色设置为黑色，效果如图 13-27 所示。

10 选择“挑选工具”框选名片的整个内容，然后对整体进行群组。

11 选择“交互式阴影工具”拖曳添加上阴影，在属性栏中选择颜色为黑色，同时可以调整透明度为 28 和羽化值为 15。至此整个名片的设计制作就完成了，效果如图 13-28 所示。

图 13-27 添加文字

图 13-28 设计完成的名片

13.3.2 绘制胸牌

01 选择“文件”→“新建”命令（快捷键为 Ctrl+N）新建一个文档，保存文档并取名为“胸牌”。

02 选择“矩形工具”，在绘图区域绘制宽 70mm、高 30mm 的矩形，颜色填充为白色，然后对其 4 个角在属性栏中输入 35 度倒圆，效果如图 13-29 所示。

03 复制一个同样大小的矩形，然后使用“挑选工具”，按住 Shift 键拖曳控制点整体缩小，使其宽为 67.5mm、高为 28mm，效果如图 13-30 所示。

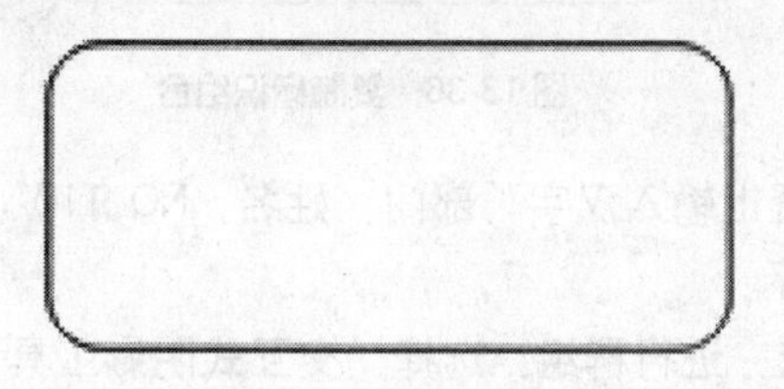
图 13-29 绘制圆角矩形

图 13-30 复制一个矩形并整体缩小

04 按 Shift 键同时选中两个矩形，选择“排列”→“对齐与分布”→“对齐与分布”命令，然后在打开的对话框中设置使其中心对齐，如图 13-31 所示。

05 使用“矩形工具”再绘制一个矩形，填充颜色为（K：10）的灰色，并去调边框，放在左边做衬底，如图 13-32 所示。

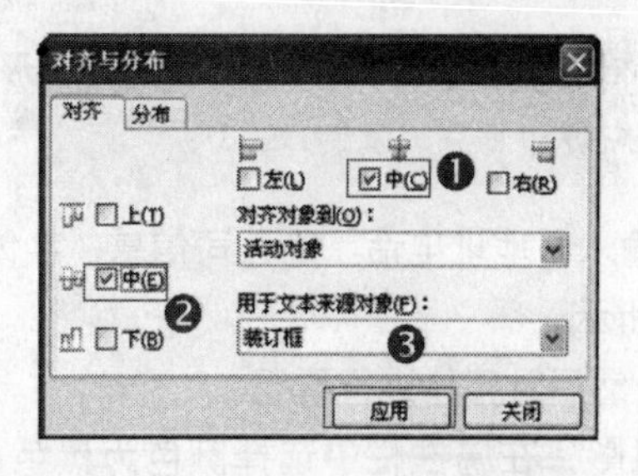

图 13-31 “对齐与分布”对话框

图 13-32 绘制灰色矩形

【高手指点：“对齐与分布”对话框的快捷键是 Alt+A+A+A。】

06 选中矩形，单击“效果”→“图框精确裁剪”→“放置在容器中”命令，待出现一个箭头时单击内侧矩形，这时灰色的矩形会进入所单击的矩形中，如图 13–33 所示。

07 右击灰色矩形，在弹出的快捷菜单中选择 编辑内容(E)，调整好矩形的位置后再右击矩形选择 结束编辑(F)，效果如图 13–34 所示。

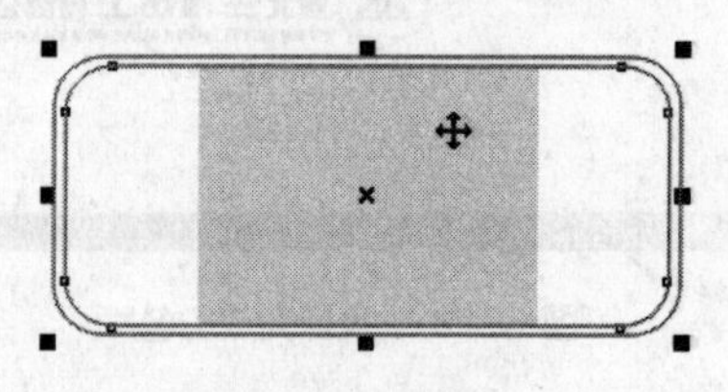

图 13-33 精确裁剪

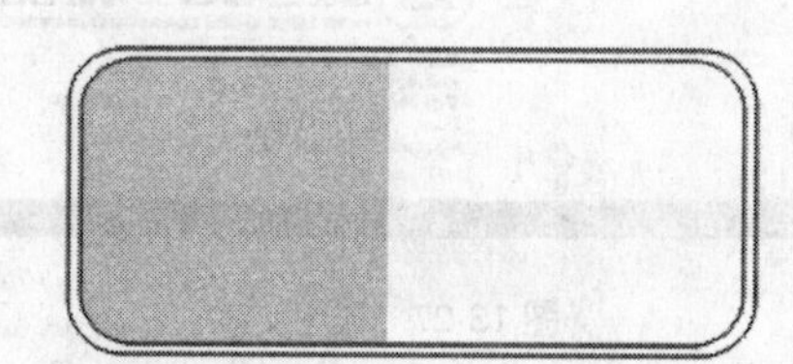

图 13-34 编辑裁剪框

08 复制前面已做好的灰色和深绿色的矩形，粘贴到胸牌的底端与其下边对齐（指内框），然后将复制的矩形也置入内侧矩形中，方法同上一步，效果如图 13–35 所示。

09 复制标识组合到胸牌上，适当地调整大小和位置，效果如图 13–36 所示。

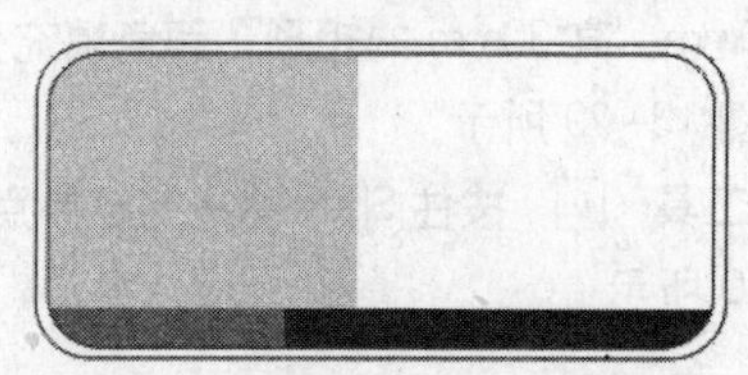

图 13-35 复制并修剪“装饰边”

图 13-36 复制标识组合

10 选择“文本工具”字，在右边的空白位置上输入汉字“部门、姓名、NO.110”，选择适当的字体并放置在合适的位置，如图 13–37 所示。

11 选择“挑选工具”对整个图形进行框选，进行群组，选择“交互式阴影工具”给胸牌添加阴影。至此整个胸牌的设计制作就完成了，最终效果如图 13–38 所示。

图 13-37 添加文字

图 13-38 完成制作的胸牌

13.3.3 绘制纸杯、打火机等

参照上述方法制作如下信封、纸杯等，最终效果如图13–39至图13–48所示。

图13-39 信封设计

图13-40 工作卡

图13-41 烟灰缸

图13-42 打火机

图13-43 钥匙链

图13-44 纸杯

图13-45 手提袋

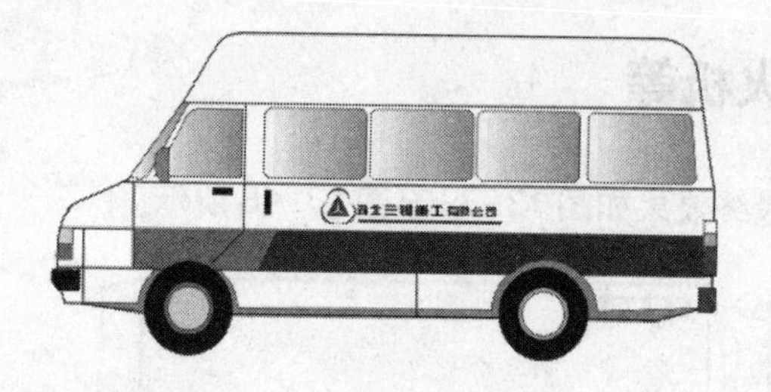

图 13-46　汽车

图 13-47　形象墙

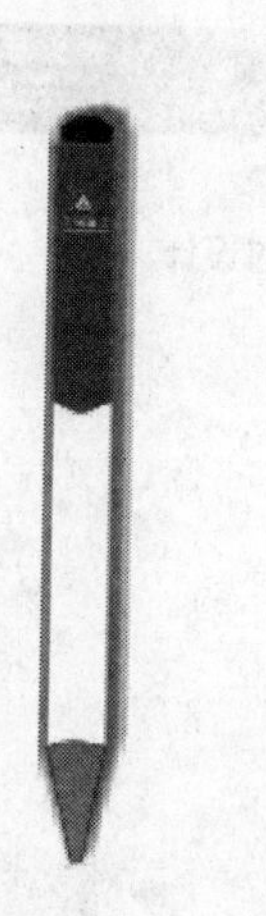

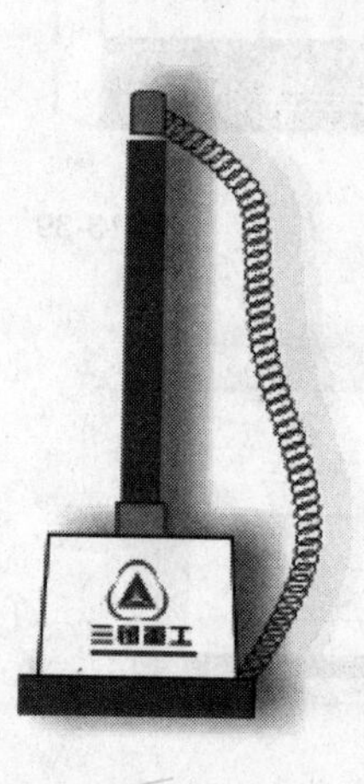

图 13-48　笔

13.4 | 本章小结

在企业识别系统的视觉设计要求中应用最广泛、出现频率最高者首推企业标识。标识不仅具有发动所有视觉设计要素的主导力量，而且也是统一所有视觉设计要素的核心。更重要的是标识在消费者的心目中是企业和品牌的同一物，集中地表现了企业的特征和品牌形象。因此用户在设计标识时必须体现标识的以下几个特点。

- 识别性
- 领导性
- 同一性
- 造型性
- 延展性
- 系统性
- 时代性

Chapter

14

书籍装帧设计

本章知识点

- 关于封面设计
- 杂志和书籍的封面设计
- 《食品包装设计 108 例》书籍封面设计

基本概念 （路径：光盘\MP3\什么是书籍装帧设计）

装帧设计是指对书籍整体效果的包装设计，它包括的内容很多，其中封面、扉页和插图设计是装帧设计的三大设计内容。

书籍的装帧是由许多平面组成的，因此，它是立体的，也是平面的。书籍外表由封面、封底和书脊 3 个面组成，也是书籍装帧设计中的重点。在进行装帧设计时，主要根据不同的内容主题和体裁风格来进行创意思考。

如图 14–1 所示是不同书籍内容的装帧设计。

图 14-1　书籍的装帧设计

14.1 | 关于封面设计

封面设计是装帧设计中最重要的一个设计要素，它在整个装帧设计中起到门面装饰的作用。封面设计是通过艺术表现的手法来反映书籍内容的，它包括文字、色彩和图像三方面的内容。在具体应用中，设计者应根据图书的内容主题、风格特色和读者对象，来把握封面设计的风格和侧重点，从而表现出书籍的丰富内涵，在为读者传递书籍所要表达的某种信息的同时，为读者带来一定程度的艺术享受。如图 14–2 所示是不同书籍内容的封面设计。

图 14-2　风格各异的装帧设计

在进行装帧设计时，如果不能很好地将文字、色彩和图像有机地结合，或者只是随意地将文字堆砌在画面上，再加上一些图像作为装饰，那么这种堆砌根本就不能说是设计，这是任何一个软件操作者都能做到的事情。真正的装帧设计，是在表达内容信息的同时加上艺术的加工，是信息与美感的统一。如图 14–3 所示是两种颇具装饰效果的书籍装帧设计。

图 14-3　颇具装饰效果的书籍装帧设计

书名的设计表现是封面设计中的一个重点。在文字的字体设计上，应考虑书籍内容和读者对象，比如，儿童读物通常选用比较活泼的字体，政治性读物则采用很稳重的字体或效果等。同样道理，在色彩应用上也是如此。书籍不像一般的商品，它是一种文化产品，因此好的装帧设计，不仅可以通过画面表达书籍信息，而且可以传达图书的主题思想。如图 14–4 所示是针对不同读者对象书籍的封面设计。

图 14-4　不同读者对象图书的书帧设计

从书籍的销售情况来看，好的封面设计在带给读者书籍信息的同时，也发挥着很好的推销作用。人们在购买书籍之前，首先接触的便是书籍的封面。根据专门的调查结果显示，读者对图书封面的印象和感觉，在影响其购买行为的因素中位居前列。那么，怎样将图书的主题理念和文化特色恰当地在设计中表现出来，这是在进行装帧设计前的思考重点。

14.2 | 杂志和书籍的封面设计

在书籍的销售过程中，优秀的书籍封面可以起到很好的促销作用，在进行书籍的封面设计时，需要考虑以下几个方面的因素。

(1) 封面的字体。在字体设计上，应根据书籍所包含的内容，采用适当的字体，比如，政治性读物，可采用比较方正和严肃的字体；而娱乐性的期刊，则采用个性、时尚或具代表性的字体，如图 14–5 所示。

图 14-5　不同书籍封面中的字体选择

(2) 封面的图片。在图片选择上，根据书籍内容的侧重点来定。

(3) 改进书籍的包装。可提高书籍的印刷质量或在书籍中附加有关内容的光盘，从而提高书籍的附加值，吸引更多的读者。在杂志方面，如果是对于形象策划比较老套的杂志，可尝试对杂志标识进行重新设计，使其在原来的基础上更具时代性，同时，也可以适当调整杂志的价格，给读者带来更大的实惠，从而提高销售量。

14.3 | 《食品包装设计 108 例》书籍封面设计

打开“光盘\结果\ch14\书籍装帧设计.cdr”文件，可查看该设计的效果图，如图 14–6 所示。

图 14-6　书籍的封面图像效果

1．设计定位

书籍《食品包装设计 108 例》在内容体系上属于工作类书籍，它主要讲的是制作食品包装设计。所以，此类书籍以学生和成年人的读者居多。

2．设计说明

书籍《食品包装设计 108 例》在整体风格创意上，以表现书籍的内容为主，使读者从封面设计上即可感受到整个书籍的主题，从而打动吸引读者去阅读里面的内容，此封面设计在整本书籍中起到指引图书内容的作用。

书名的字体是直接采用“方正大黑”字体，厚重，简单明了，契合书籍的主题。书帧的整体色调采用鲜艳明亮的色彩，增加食物包装的美感和诱惑力，既突出了内容上的主题，又渲染了气氛。

3．材料工艺

封面使用 220g 铜版纸材料，采用四色平版印刷，并在封面上覆亮膜，以增强封面的光感效果。内页采用 125g 铜版纸材料，同样的四色印刷，以更好地体现食物的效果。

4．设计重点

在进行书籍装帧设计时，最重要的是对书籍的定位，这就需要对书籍内容有一定的了解，这样才能设计出恰到好处的书帧来。本节所讲述的《食品包装设计 108 例》书帧设计，在制作上有以下重点。

- 在开始设计之前，应准确计算出书籍装帧的具体尺寸，这是一个作品是否被使用的关键。
- 在设计过程中，掌握对图像以及图像色彩的处理。

制作本章实例所需的软件技巧，读者在前几章的学习中，基本都已经学过了。从这点可以说明，在进行任何方面的设计，包括包装设计、广告设计以及造型设计时，软件只是作为一项辅助工具而应用，懂得了软件，并不等于就懂得了设计。设计是人们将思维与艺术相碰撞后形成创意，再将好的创意通过辅助工具的使用将它表现出来，从而形成商业化的东西。所以，读者在平时的工作和学习中，应多吸收好的设计理念，不断地积累，充实自身的艺术内涵，拓宽自身的思维模式，从而设计出好的作品来。

14.3.1 封面图形的绘制

打开"光盘\结果\ch14\书籍装帧设计.cdr"文件，可查看该设计的最终效果，如图 14-7 所示。

图 14-7 书籍的封面图像效果

01 选择"文件"→"新建"命令（快捷键为 Ctrl+N）新建一个文档，保存文档并取名为"书籍装帧设计"。

02 在属性栏中调整文档尺寸为 486mm×216mm 横式版面，如图 14-8 所示。

图 14-8 新建文件

03 选择"视图"→"辅助线设置"命令打开"选项"对话框。

04 在"选项"对话框中单击"水平"选项，分别在 3mm、213mm 处添加水平辅助线，如图 14-9 所示。

05 单击"垂直"选项，分别在 3mm、483mm 处添加垂直辅助线，如图 14-10 所示。

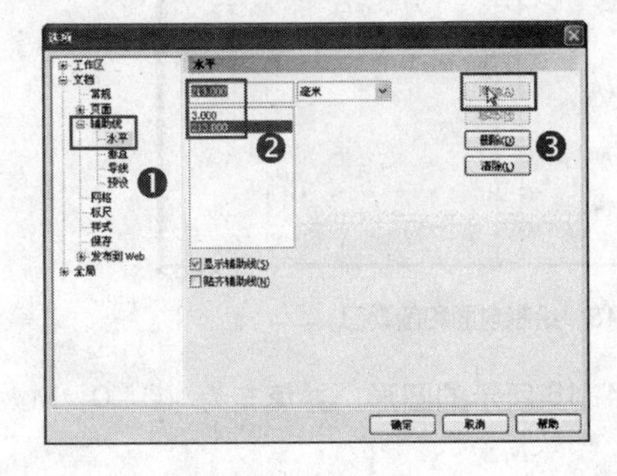

图 14-9 添加水平辅助线

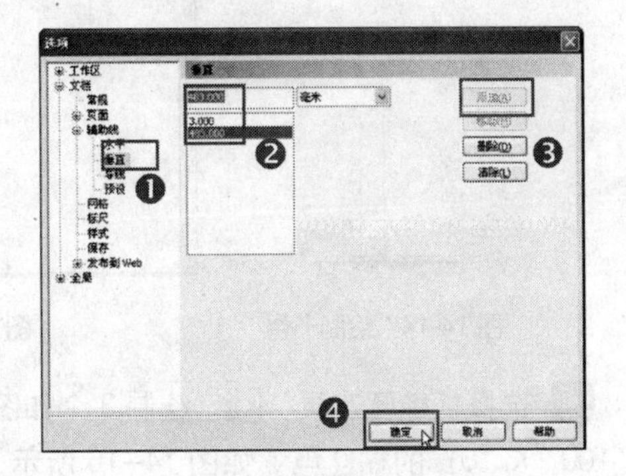

图 14-10 添加垂直辅助线

06 设置完成后，单击“确定”按钮，辅助线效果如图 14–11 所示。

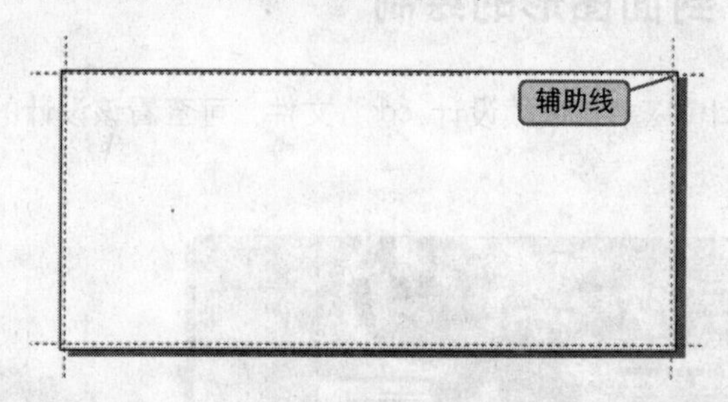

图 14-11 辅助线设置完成

07 选取工具箱中的“矩形工具”，绘制 74mm×216mm 的矩形作为后勒口，颜色填充为白色，如图 14–12 所示。

08 选择“排列”→“变换”→“大小”命令，打开“变换”泊坞窗，在对话框中设置“水平”值为 160mm，“垂直”值为 216mm。选中“不按比例”复选框，单击“应用到再制”按钮，再按 Ctrl 键进行反转即可，如图 14–13 所示。

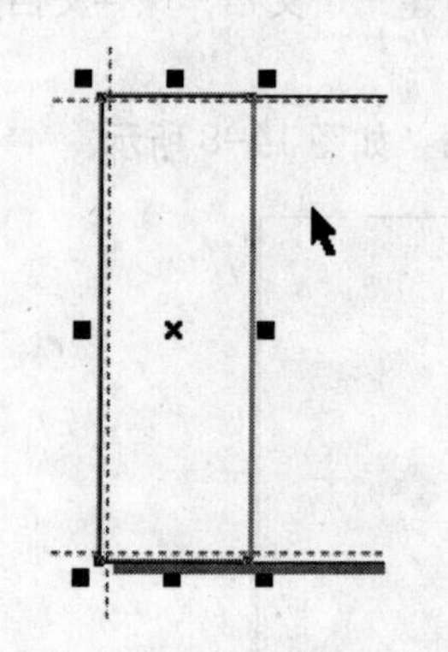

图 14-12 绘制后勒口并填充

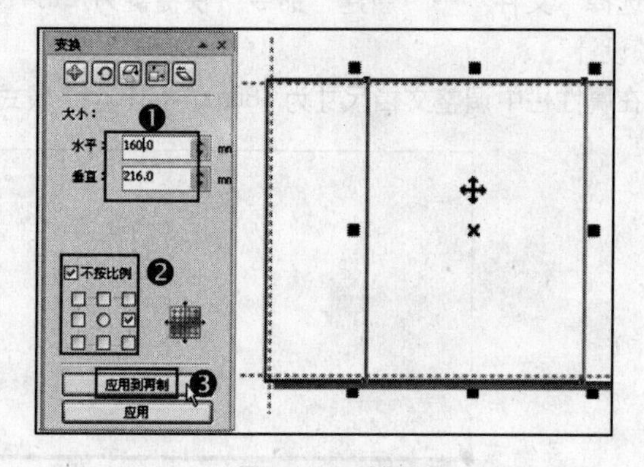

图 14-13 绘制封底

09 同理绘制书脊部分，设置“水平”值为 17mm，“垂直”值为 216mm。选中“不按比例”复选框，单击“应用到再制”按钮，再按 Ctrl 键进行反转即可，如图 14–14 所示。

10 同理绘制封面和前勒口，如图 14–15 所示。

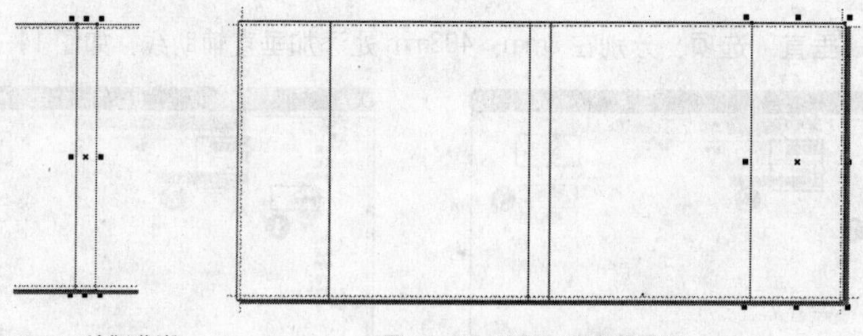

图 14-14 绘制书脊 图 14-15 绘制封面和前勒口

11 选择“椭圆工具”，绘制 3 个如图 14–16 所示的圆形，并填充为（C：0，M：80，Y：100，K：0）的橘红色，如图 14–16 所示。

12 框选 3 个圆形，在属性栏上单击“焊接”按钮进行焊接，如图 14–17 所示。

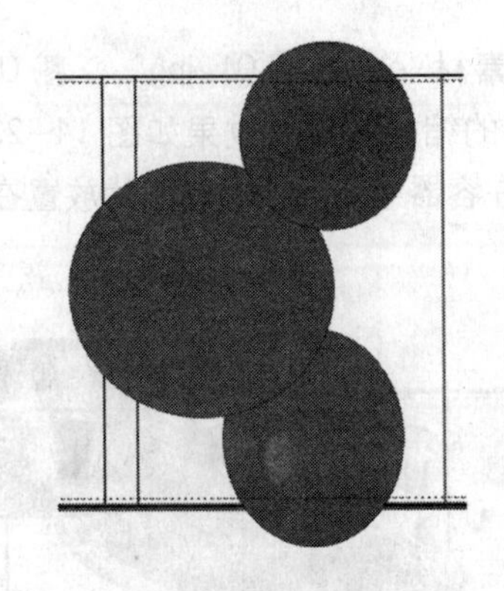

图 14-16 绘制圆形

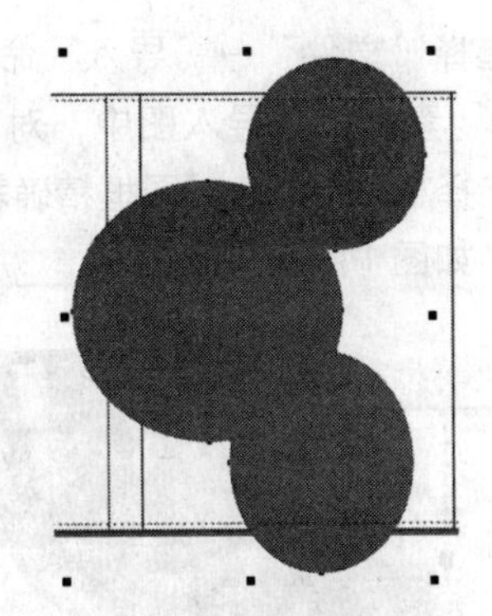

图 14-17 选中圆形并焊接

13 将焊接的圆形复制一个，并在调色板上单击☒按钮去除颜色，如图 14–18 所示。

14 在工具箱中，单击轮廓工具组中的"轮廓笔"工具，打开"轮廓笔"对话框，设置轮廓的宽度为 6mm，颜色为黄色（C：0，M：0，Y：100，K：0），如图 14–19 所示。

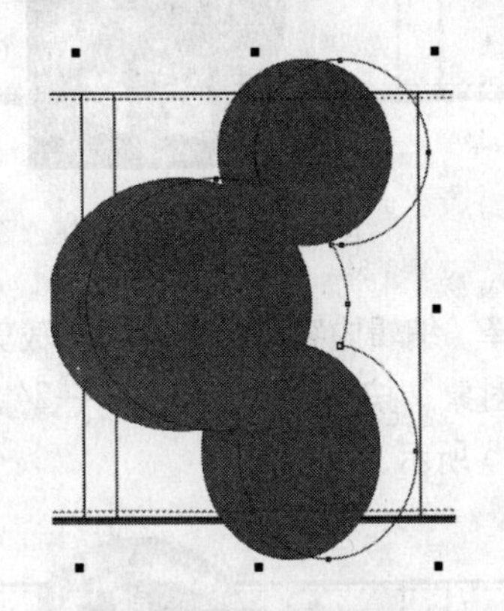

图 14-18 复制圆形

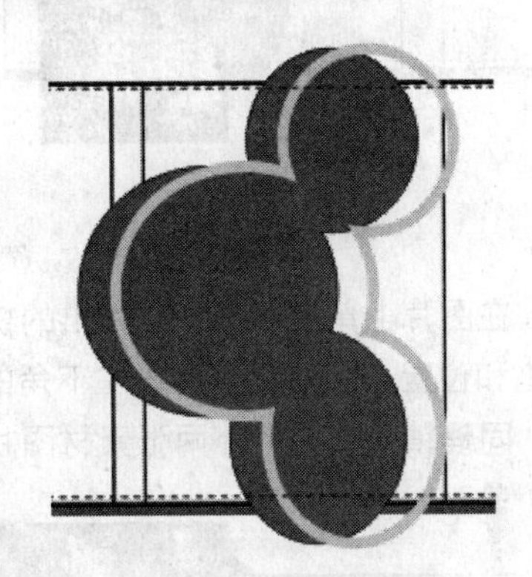

图 14-19 设置轮廓

15 选择"形状工具"，调整轮廓外形，如图 14–20 所示。

16 选择"椭圆工具"，绘制 3 个如图 14–21 所示的圆形，并设置为 0.4mm 的白色轮廓。

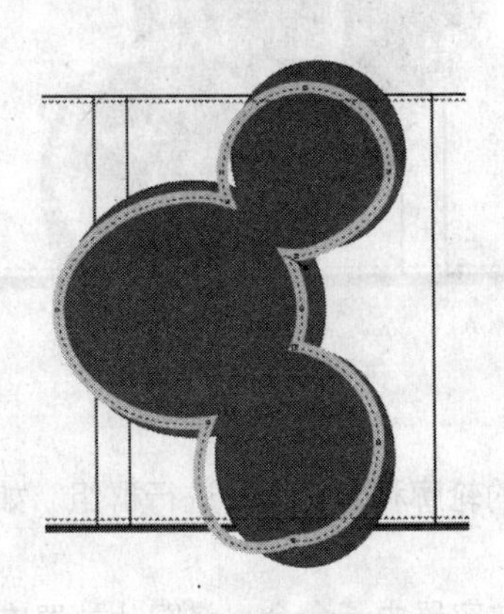

图 14-20 调整轮廓

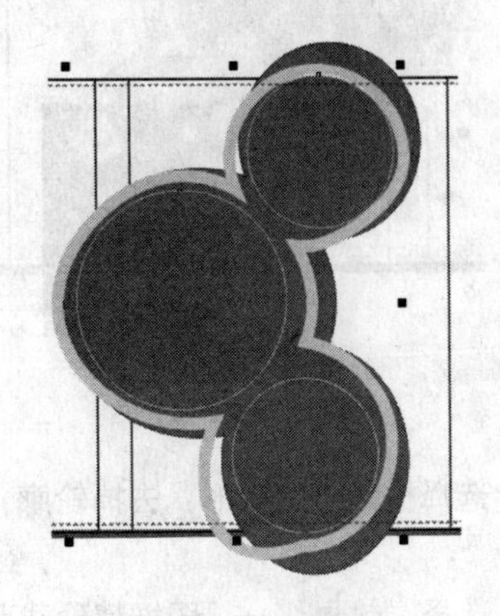

图 14-21 绘制圆形

17 选择“文件”→“导入”命令，将“光盘\素材\ch14\图 01.jpg”、“图 02.jpg”和“图 03.jpg”素材图片导入图中，对其大小进行适当的缩放调整，效果如图 14-22 所示。

18 选择“效果”→“图框精确裁剪”→“放置在容器中”命令，将图片放置在白色轮廓的圆形中，如图 14-23 所示。

图 14-22　导入图片

图 14-23　裁剪图片

19 在图片上单击右键，在弹出的快捷菜单中选择“编辑内容”命令，编辑裁剪框中的图片的大小和位置，编辑完毕单击左下角的“完成编辑对象”按钮即可，如图 14-24 所示。

20 同理精确裁减另外两张素材图片，如图 14-25 所示。

图 14-24　调整图片

图 14-25　裁剪图片

21 选择橘红色的圆形，去掉轮廓，再选择黄色的轮廓和 3 个圆形进行群组，如图 14-26 所示。

22 选择“效果”→“图框精确裁剪”→“放置在容器中”命令，将图片放置在封面的矩形中，如图 14-27 所示。

图 14-26　去除轮廓

图 14-27　裁剪图片

23 选择矩形工具绘制一个如图的矩形，设置左下角为 60 度，并填充为黑色，设置轮廓宽度为 3mm、颜色为（C：0，M：80，Y：100，K：0）的橘红色，如图 14−28 所示。

24 同理绘制另外两个矩形，填充为白色，轮廓设置同上，如图 14−29 所示。

图 14-28　绘制矩形并设置轮廓

图 14-29　绘制另外矩形并设置轮廓

25 选择两个白色的矩形，执行焊接命令，如图 14−30 所示。

26 按住 Shift 键选择绘制的 3 个矩形，执行"图框精确裁剪"命令，使其置入封面中，效果如图 14−31 所示。

图 14-30　焊接矩形

图 14-31　精确裁剪图形

27 选取“文本工具” 字 输入“食品包装设计 108 例”字样，字体样式选择“方正大黑简体”，大小为“24pt”，颜色为白色，如图 14–32 所示。

28 继续输入英文“food package”，“f”的颜色设置为（C：40，M：0，Y：100，K：0）的浅绿色，大小为 82pt，其他字体为黑色，大小为 45pt，如图 14–33 所示。

图 14-32 编辑文字

图 14-33 编辑英文

29 继续输入其他宣传文字、出版社名称和作者，设置字体颜色为黑色，大小为 10pt，字体为黑体和华文行楷，如图 14–34 所示。

30 将出版社名称、作者和书本名称复制一份到书籍部分，填充为黑色，在属性栏单击“将文本更改为垂直方向”按钮 将文字竖排，放置在书脊上，如图 14–35 所示。

图 14-34 编辑文字

图 14-35 绘制书脊

31 选择“文件”→“导入”命令，将“光盘\素材\ch14\图 04.jpg”、“图 05.jpg”、“图 06.jpg”和“图 07.jpg”素材图片导入图中，对其大小进行适当地缩放调整，效果如图 14–36 所示。

32 选择矩形工具绘制一个宽 160mm、高 30mm 的矩形，填充颜色为（C：0，M：80，Y：100，K：0）的橘红色，去掉轮廓如图 14–37 所示。

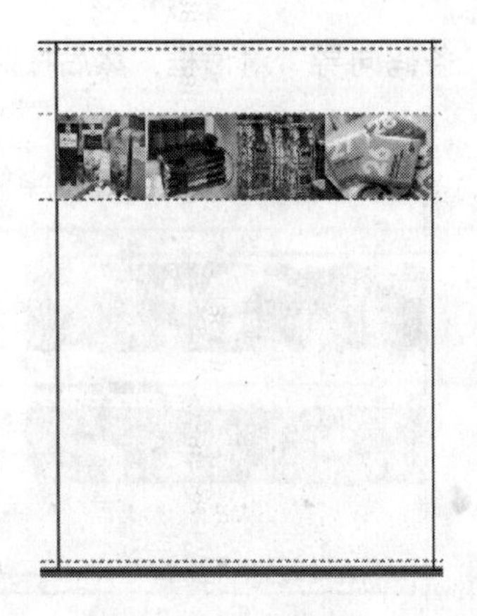

图 14-36 导入图片

图 14-37 绘制矩形

33 选择“贝塞尔工具”，绘制一条如图的直线，选择“轮廓笔工具”，打开轮廓笔对话框，设置颜色为（C：0，M：80，Y：100，K：0）的橘红色，宽度为 1.5mm，样式为虚线，如图 14—38 所示。

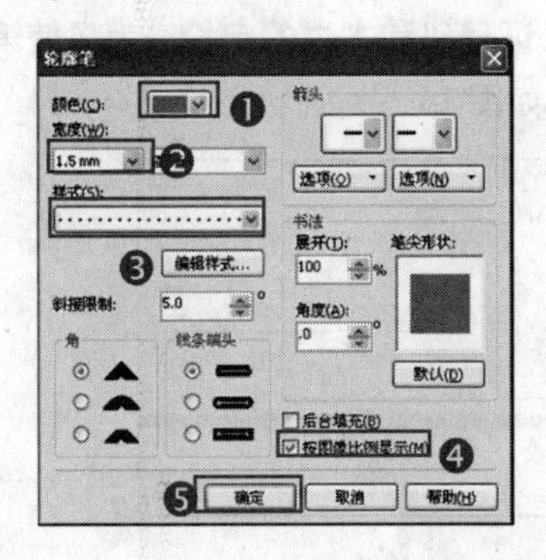

图 14-38 绘制直线

34 选取“文本工具”输入“商品包装是……”等字样，设置字体为“黑体”，文字颜色为黑色；大小为 12pt，对齐方式为水平对齐。

35 选择“文本”→“段落文本格式化”命令，打开“段落格式化”对话框，设置字距和行距，如图 14—39 所示。

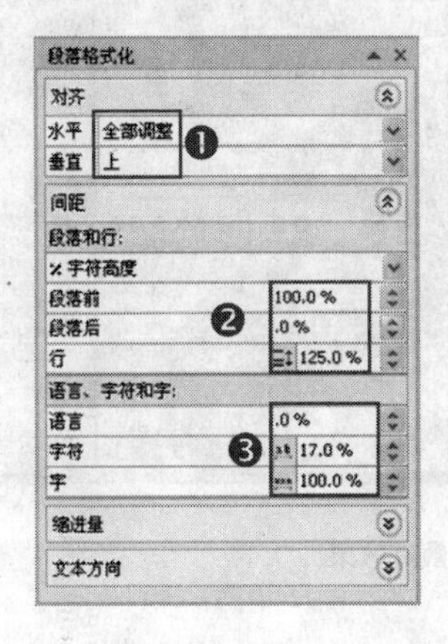
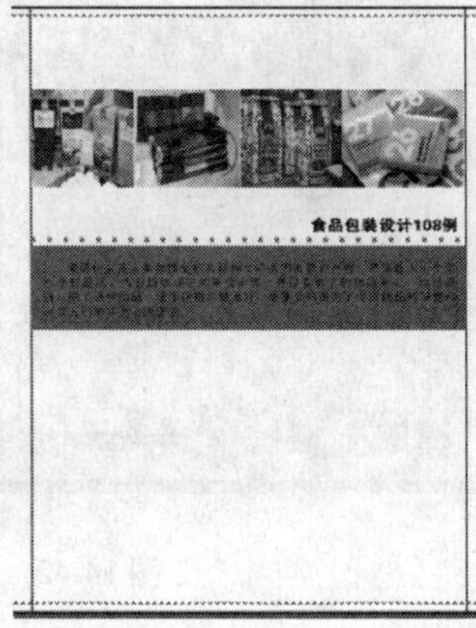

图 14-39 调整字距

36 选择“编辑”→“插入条形码”命令，打开“条码向导”对话框，然后按照行业标准的要求输入数字，效果如图 14-40 所示。

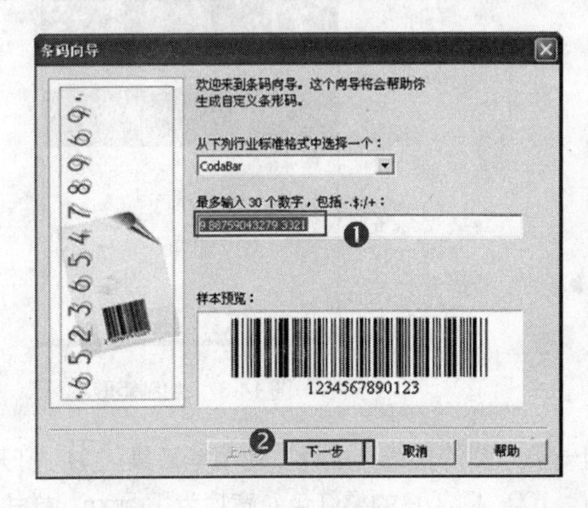

图 14-40　设置条形码

37 选择“文本工具”，输入“ISBN”行业认证号码和本书的定价。为了使读者便于识别，可以选取手绘工具在中间绘制一条等宽的直线，如图 14-41 所示。

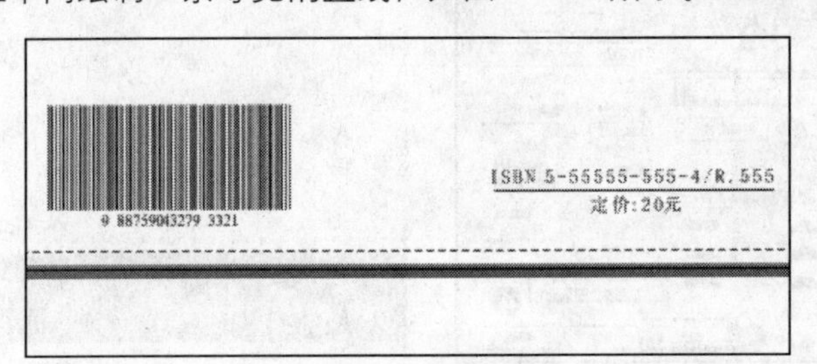

图 14-41　添加号码和定价

38 最后选择书脊、封底、封面和前后勒口的矩形，为其填充（C：0，M：25，Y：100，K：0）的橘黄色来统一画面，至此整个书籍装饰的平面展开图就设计完成了，最终效果如图 14-42 所示。

图 14-42　最终效果

14.3.2　设计制作书籍装帧的立体效果图

01 选择封面对其整体进行群组，复制粘贴到另外一个新的页面，如图 14–43 所示。

02 单击“自由变换工具”，然后在其属性栏中选择“自由扭曲工具”，调整好封面的透视，效果如图 14–44 所示。

图 14-43　复制图形

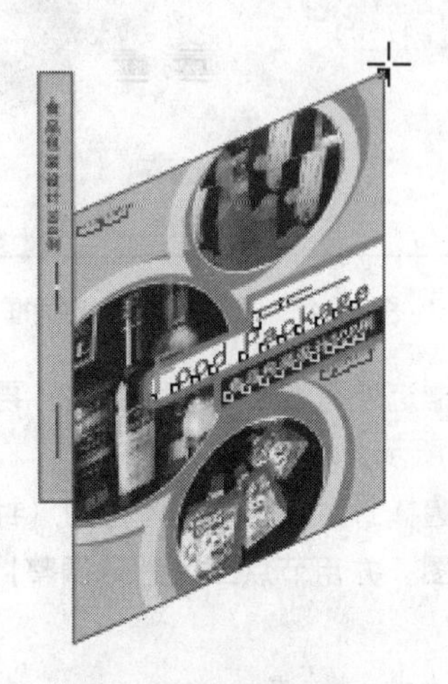

图 14-44　调整封面透视

03 同样调整书脊部分，使二者进行对齐拼贴，效果如图 14–45 所示。

04 绘制一个矩形，用鼠标将其调整为平行四边形，然后将其转换为曲线，再用形状工具调节透视效果，如图 14–46 所示。

图 14-45　调整书脊透视

图 14-46　调节透视效果

05 利用渐变填充工具进行渐变填充，在“渐变填充”对话框中，设置“从”为（K：40），“到”为白色，“角度”为 39°，“边界”为 10%，如图 14–47 所示，效果如图 14–48 所示。

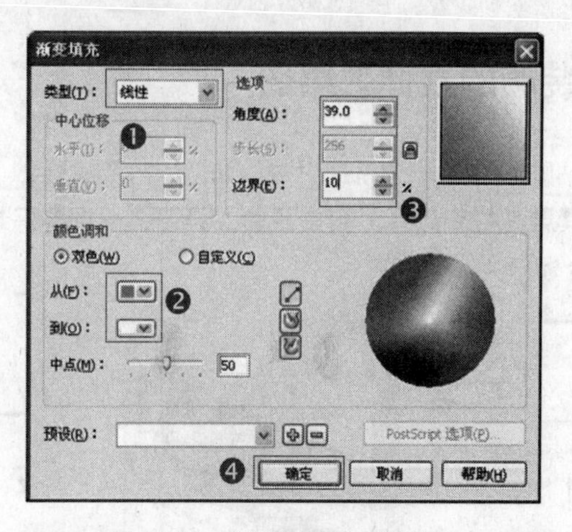

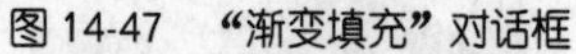

图 14-47　“渐变填充”对话框　　　　图 14-48　绘制顶部

06 框选所有图形，解除群组，再选择封面、书籍和顶部的 3 个矩形，去除轮廓，效果如图 14–49 所示。

07 选择封面将其转换为位图（封面上使用交互式透明工具会影响其投影效果，因此将其转换为位图，并用节点工具进行调整），如图 14–50 所示。

图 14-49　设置轮廓　　　　图 14-50　转换为位图

08 选取“交互式阴影工具”在图形上拖曳为其添加阴影，设置阴影的羽化值为 15，以使其立体化的效果更强，效果如图 14–51 所示。

09 选择“排列”→“打散阴影群组”命令拆分主体和投影，以调节彼此的位置使立体化的效果更加真实，如图 14–52 所示。

10 最后对整体进行群组，至此整个书籍装帧的设计就全部完成了。

图 14-51 添加阴影

图 14-52 设计完成

14.4 | 本章小结

在进行书籍封面设计的造型时，造型要符合读者对象的年龄和文化层次等特征。例如少年儿童读物，形象要具体、真实并且准确，构图要生动活泼，尤其要突出知识性和趣味性。而面向中青年或者老年读者的读物，形象可以由具象渐渐地转为抽象，宜采用象征性的手法，构图也可以由生动活泼的形式转向严肃、庄重的形式。

Chapter

15 插画设计

本章知识点

- 插画的形式
- 插画的表现形式
- 插画设计

在现代设计领域中，插画设计可以说是最具有表现意味的，它与绘画艺术有着亲近的血缘关系。插画艺术的许多表现技法都是借鉴了绘画艺术的表现技法。插画艺术与绘画艺术的联姻使得前者无论是在表现技法多样性的探求，或是在设计主题表现的深度和广度方面，都有着长足的进展，展示出更加独特的艺术魅力，从而更具表现力。

从某种意义上讲，绘画艺术成了基础学科，插画成了应用学科。纵观插画发展的历史，其应用范围在不断扩大。特别是在信息高速发展的今天，人们的日常生活中充满了各式各样的商业信息，插画设计已成为现实社会不可替代的艺术形式。

15.1 | 插画的形式

现代插画的形式多种多样，可由传播媒体分类，亦可由功能分类。以媒体分类，基本上分为两大部分，即印刷媒体与影视媒体。印刷媒体包括招贴广告插画、报纸插画、杂志书籍插画、产品包装插画、企业形象宣传品插画等。影视媒体包括电影、电视、计算机显示屏等。

招贴广告插画：也称为宣传画、海报，如图 15-1 所示。在广告还主要依赖于印刷媒体传递信息的时代，可以说它处于广告的主宰地位。但随着影视媒体的出现，其应用范围有所缩小。

图 15-1　招贴广告插画

报纸插画：报纸是信息传递最佳媒介之一。它最为大众化，具有成本低廉，发行量大，传播面广，速度快，制作周期短等特点，如图 15-2 所示。

The Seattle Times

BUSINESS

PERSONAL FINANCE

Firms opt to sit on stash of cash

Election tension

Hidden bank fees irk many customers

In this section >

Sunday Memo

EU& Investimentos

Negócio da China

Exportações para a China

Banco Santos chega a Xangai em maio

图 15-2 报纸插画

杂志书籍插画：包括封面、封底的设计和正文的插画，广泛应用于各类书籍。如文学书籍、少儿书籍、科技书籍等，如图 15-3 所示。这种插画正在逐渐减退，今后在电子书籍、电子报刊中仍将大量存在。

产品包装插画：产品包装使插画的应用更广泛。产品包装设计包含标志、图形、文字 3 个要素。它有双重使命：一是介绍产品，二是树立品牌形象。最为突出的特点在于它介于平面与立体设计之间。

图 15-3 杂志书籍插画

企业形象宣传品插画：它是企业的 VI 设计。它包含在企业形象设计的基础系统和应用系统的两大部分之中，如图 15-4 所示。

图 15-4　企业形象宣传品插画

影视媒体中的影视插画：指电影、电视中出现的插画，如图 15-5 所示。一般在广告片中出现得较多。影视插画也包括计算机屏幕。计算机屏幕如今成了商业插画的表现空间，众多的图形库动画、游戏节目、图形表格都成了商业插画的一员。

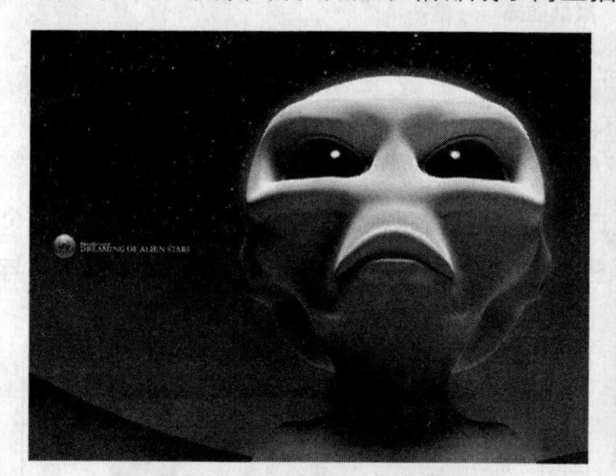

图 15-5　插画设计效果图

15.2 | 插画的表现形式

人物、自由形式、写实手法、黑白的、彩色的、运用材料的、照片的、电脑制作的，只要是能形成"图形"的，都可以运用到插画的制作中去。

15.3 | 插画设计

本实例要求制作一个海景插画，整体要求色彩清新亮丽，图片清晰，完成后的效果如图15-6所示。

图15-6 插画设计效果图

15.3.1 设计前期定位

1. 设计定位

这幅插画的主要目的是展现海滩的美丽风景，作为宣传用来招徕游客。因此在设计上以着力体现海滩风景为主。

2. 设计说明

在设计风格上，运用剪影的椰子树和古朴的小草屋以及矢量的夕阳海景图片结合手法，突出了主题。

在色彩运用上，以红色的渐变色来展现海上夕阳的浪漫感觉，突出该处特别的地域风貌。在字体上运用自然的白色来中和热烈的红色，给人温馨的感觉。

在整个设计中，充分考虑到色彩与图形的完美结合，相信在同类插画中，体现浓烈的地域风情效果是非常有吸引力的一种。

3. 设计重点

在进行此招贴的设计过程中，运用到CorelDRAW X4软件中的渐变填充和贝塞尔工具及添加轮廓等命令，综合起来，在该实例中有以下3个制作重点。

- 使用贝塞尔工具绘制云彩和波浪。
- 使用矩形工具绘制小草屋。
- 使用渐变填充来绘制天空和大海等。

通过本实例的学习，将使读者学会如何运用 CorelDRAW X4 软件来完成此类招贴设计的绘制方法。

4. 设计制作

在本节所讲述的插画设计过程中，首先应清楚该插画所表达的意图，认真地构思定位，然后再仔细绘制出效果图。下面将向读者详细介绍此插画效果的绘制过程。

15.3.2 绘制招贴

01 选择“文件”→“新建”命令来新建一个空白文档。在属性栏中“纸张类型”的下拉框中选择 A3。

02 选择“矩形工具”绘制两个矩形，在属性栏分别设置宽度为 28.2 cm，高度为 36.3 cm 和宽度为 28.2 cm，高度为 30 cm，如图 15–7 所示。

03 按住 Shift 键选择两个矩形，在属性栏单击“对齐和分布”按钮，打开“对齐与分布”对话框，选中垂直的“上”和水平“中”复选框，来对齐两个矩形，如图 15–8 所示。

04 选择“小矩形”，单击“渐变填充工具”，在打开的“渐变填充”对话框中进行如图 15–9 所示的设置。在“颜色调和”中选择“自定义”，位置 0 为（C：100）、位置 31 为（M：40，Y：100）、位置 47 为（M：60，Y：100）、位置 63 为（M：45，Y：100）、位置 81 为（M：100）和位置 100 为（C：20，M：80，K：20），设置完毕单击“确定”按钮，效果如图 15–10 所示。

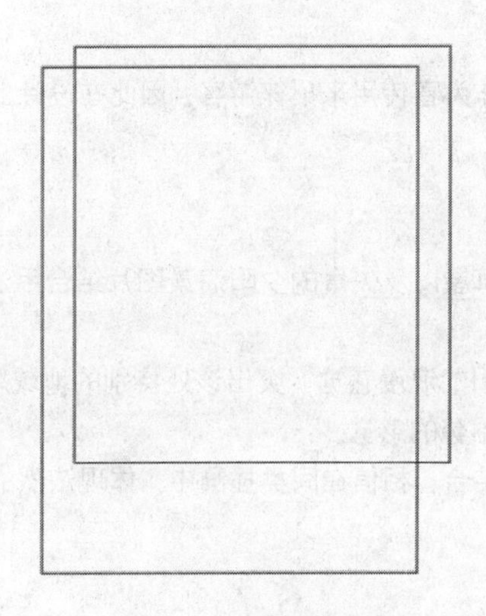

图 15-7　绘制两个矩形

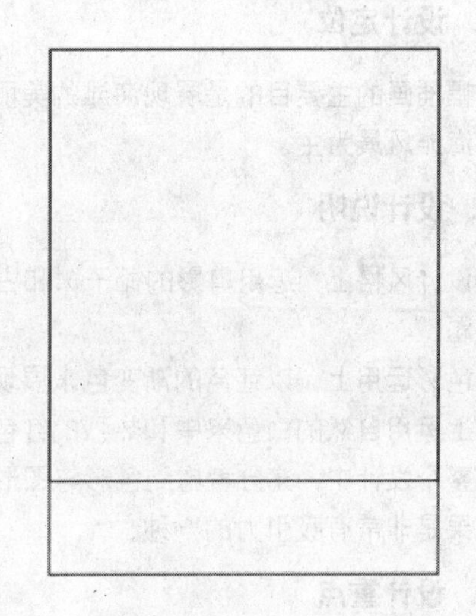

图 15-8　对齐矩形

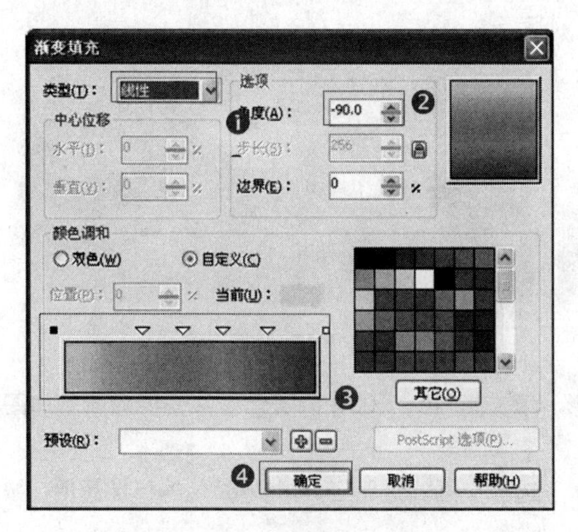

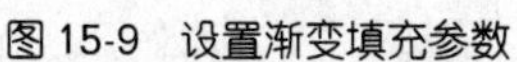
图 15-9　设置渐变填充参数

图 15-10　填充渐变

05 选择工具箱中轮廓工具组中"无轮廓工具"✕来去除轮廓，效果如图 15–11 所示。

06 选择"贝塞尔工具"，来绘制云彩的外形，如图 15–12 所示。

图 15-11　去除轮廓

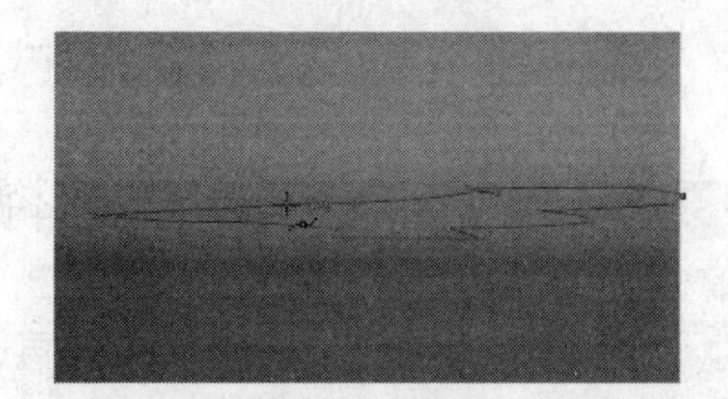

图 15-12　绘制云彩

07 选择"形状工具"来调整云彩的外形，使其圆润些，如图 15–13 所示。

08 利用均匀填充工具为云彩填充白色，去掉轮廓，效果如图 15–14 所示。

图 15-13　调整轮廓

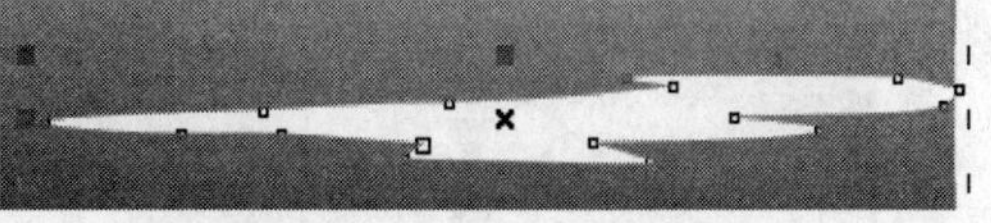

图 15-14　填充颜色并去除轮廓

09 选择"交互式透明工具"，在属性栏"透明类型"下拉框中选择"标准"，透明度为 76，效果如图 15–15 所示。

10 使用相同的方法来绘制其他地方的云彩效果，如图 15–16 所示。

图 15-15　调整透明度

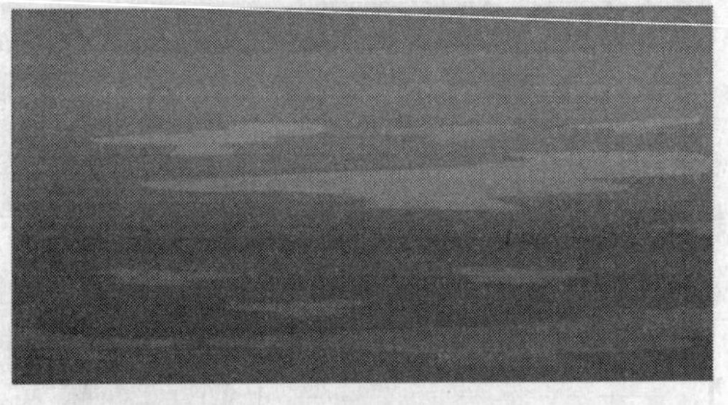

图 15-16　绘制云彩

11 选择“椭圆工具”，绘制一个圆形，填充为（C：100）的黄色，并去掉轮廓，如图15-17 所示。

12 将绘制的圆形复制一个并等比例放大，选择交互式透明工具进行 82%的标准透明，如图 15-18 所示。

图 15-17　绘制圆形

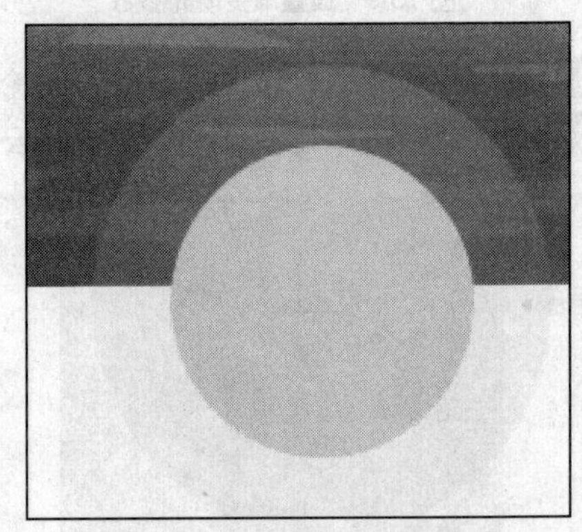

图 15-18　复制圆形并设置透明度

13 选择“交互式调和工具”对两个圆形进行调和，在属性栏设置“步长或调和形状之间的偏移量”为 2，效果如图 15-19 所示。

14 选择所有的云彩和绘制的圆形，再选择“效果”→“图框精确剪裁”→“放置在容器中”命令，将其放置在小的矩形中，如图 15-20 所示。

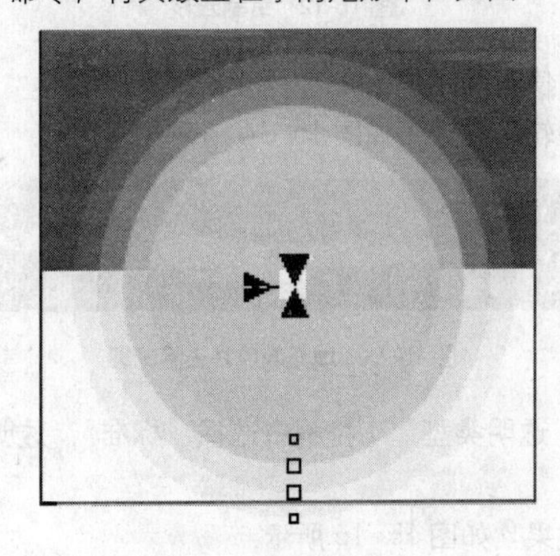

图 15-19　调和两个圆形

图 15-20　精确剪裁图片

15 在图片上单击右键，在弹出的快捷菜单中选择“编辑内容”命令，来编辑图片在矩形中的位置和大小，编辑完毕后，单击左下角的“完成编辑”按钮即可，效果如图 15–21 所示。

16 选择大的矩形，为其填充（C：60）的冰蓝色，并去掉边框，如图 15–22 所示。

图 15-21 调整裁剪框内图片

图 15-22 填充颜色

17 选择“贝塞尔工具”在矩形的下方绘制波浪效果，如图 15–23 所示。

18 选择“形状工具”来调整波浪的外形，使其圆润些，如图 15–24 所示。

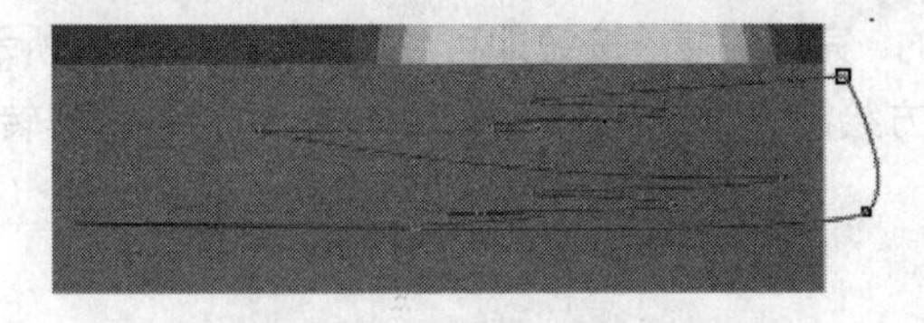

图 15-23 绘制波浪

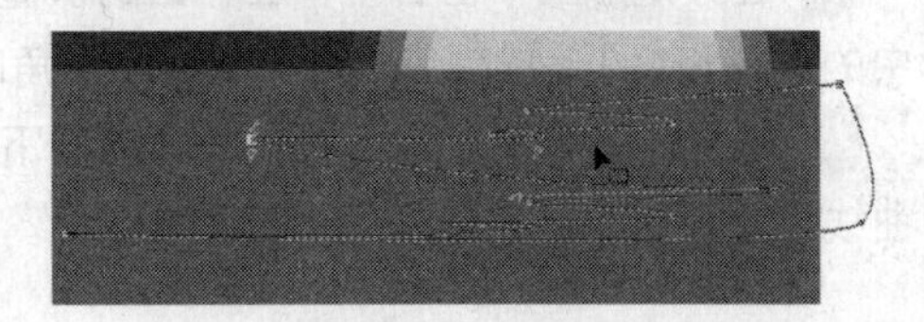

图 15-24 调整轮廓

19 选择“渐变填充工具”，在打开的渐变填充对话框中进行如图 15–25 所示的设置。在“颜色调和”中选择“自定义”，位置 0 为（C：40）、位置 25 为（C：20）、位置 54 为（C：10）、位置 100 为（C：40），设置完毕单击“确定”按钮，并去掉轮廓，效果如图 15–26 所示。

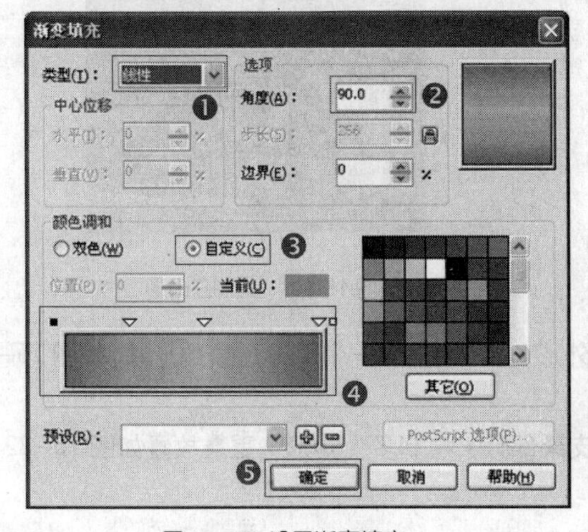

图 15-25 设置渐变填充

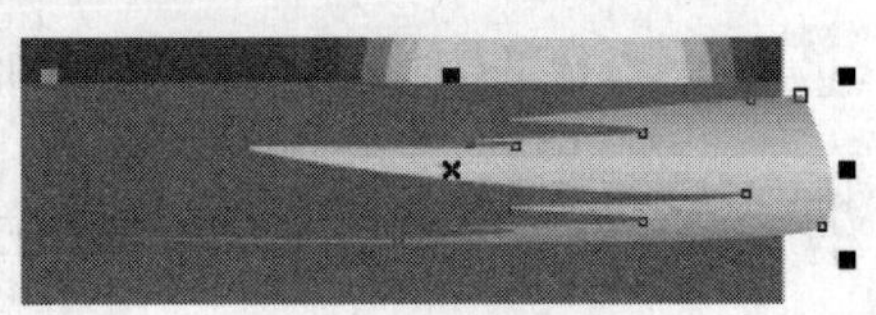

图 15-26 渐变填充

20 同理绘制其他的波浪效果，效果如图 15–27 所示。

21 选择所有波浪，再选择“效果”→“图框精确剪裁”→“放置在容器中”命令，将其放置在小的矩形中，如图 15–28 所示。

图 15-27　绘制波浪

图 15-28　精确剪裁图片

22 在大矩形上单击右键，在弹出的快捷菜单中选择“编辑内容“命令，来编辑图片在矩形中的位置和大小，编辑完毕后，单击左下角的”完成编辑“按钮即可，效果如图 15–29 所示。

23 选择“多边形工具”，在插画的下方绘制一个三角形，按 Ctrl＋Q 组合键将其转化为曲线，并填充为黑色，如图 15–30 所示。

图 15-29　编辑图片

图 15-30　绘制三角形

24 选择“形状工具”来调整三角形的外形，将其调整为一个草棚屋顶的形状，如图 15–31 所示。

25 选择“矩形工具”来绘制草棚的支架部分，绘制多个矩形，重叠放置如图 15–32 所示。

图 15-31 调整轮廓

图 15-32 绘制细节

26 继续使用矩形工具来绘制其他支架部分，如图 15–33 所示。

27 选择“贝塞尔工具”，绘制草棚下面的礁石部分，如图 15–34 所示。

图 15-33 绘制细节

图 15-34 绘制礁石

28 继续绘制泊在礁石旁边的小船，如图 15–35 所示。

29 框选草棚的支架、礁石和小船，再选择“效果”→“图框精确剪裁”→“放置在容器中”命令，将其放置在大的矩形中，如图 15–36 所示。

图 15-35 绘制小船

图 15-36 精确剪裁图片

30 在图片上单击右键，在弹出的快捷菜单中选择“编辑内容”命令，来编辑图片在矩形中的位置和大小，编辑完毕后，单击左下角的“完成编辑”按钮即可，效果如图 15–37 所示。

31 选择“文件”→“导入”命令，导入“光盘\素材\ch15\椰树.psd”素材图片，如图 15–38 所示。

图 15-37　编辑图片

图 15-38　导入图片

32 调整导入的素材图片，效果如图 15–39 所示。

33 选择文本工具，在画面中输入“Sea”字样，字体为“方正大黑简体”，大小为 96pt，颜色为白色。其他文字大小为 24pt，效果如图 15–40 所示。

图 15-39　调整图片

图 15-40　添加文字

34 至此，海报的整个设计就全部完成了。最后将其合并为群组（快捷键为 Ctrl+G）并保存文件（快捷键为 Ctrl+S）即可。

15.4 | 本章小结

现代插画的基本诉求功能就是将信息最简洁、明确、清晰地传递给观众，引起他们的兴趣，努力使他们信服传递的内容，并在审美的过程中欣然接受宣传的内容，诱导他们采取最终的行动。因此，设计时不能让插画的主题有产生歧义的可能，必须立足于鲜明、单纯、准确的基本原则。

Chapter

16 广告设计

本章知识点

- 广告设计术语
- 海报设计

广告设计是以加强销售为目的所做的设计，也就是奠基在广告学与设计上面，来替产品、品牌、活动等做广告。

广告的作用有以下几个方面。

- 扩大知名度。
- 创立品牌。
- 推销新产品。
- 扩大销售。
- 传递信息。
- 舆论宣传。

16.1 | 广告设计术语

广告设计术语是我们在日常工作中经常遇到的一些名词。掌握这些术语有助于同行之间的交流与沟通，规范行业的流程。

1. 设计

设计（design）指美术指导和平面设计师如何选择和配置一条广告的美术元素。设计师选择特定的美术元素并以其独特的方式对它们加以组合，以此定下设计的风格——即某个想法或形象的表现方式。在美术指导员的指导下，几位美工制作出广告概念的初步构图，然后再与文案配合，拿出自己的平面设计专长（包括摄影、排版和绘图），创作出最有效的广告或手册。

2. 布局图

MP3 **基本概念** （路径：光盘\MP3\什么是布局图）

布局图（layout）指一条广告所有组成部分的整体安排：图像、标题、副标题、正文、口号、印签、标志和签名等。

布局图有以下几个作用：首先，布局图有助于广告公司和客户预先制作并测评广告的最终形象和感觉，为客户（他们通常都不是艺术家）提供修正、更改、评判和认可的有形依据。其次，布局图有助于创意小组设计广告的心理成分——即非文字和符号元素；精明的广告主不仅希望广告给自己带来客源，还希望（如果可能的话）广告为自己的产品树立某种个性——形象，在消费者心目中建立品牌（或企业）资产；要做到这一点，广告的“模样”必须明确表现出某种形象或氛围，反映或加强产品的优点；因此在设计广告布局初稿时，创意小组必须对产品或企业的预期形象有很强的意识。最后，挑选出最佳设计之后，布局图便发挥蓝图的作用，显示各个广告元素所占的比例和位置；一旦制作部了解了某条广告的大小、图片数量、排字量以及颜色和插图等这些美术元素的运用，他们便可以判断出制作该广告的成本。

3. 小样

小样（thumbnail）是美工用来具体表现布局方式的大致效果图。小样通常很小（大约为 3 英寸×4 英寸），省略了细节，比较粗糙，是最基本的东西。直线或水波纹表示正文的位置，方框表示图形的位置，然后再对中选的小样做进一步的发展。

4. 大样

在大样中，美工画出实际大小的广告，提出候选标题和副标题的最终字样，安排插图和照片，用横线表示正文。广告公司可以向客户，尤其是在乎成本的客户提交大样，以征得他们的认可。

5. 末稿

到了末稿（comprehensive layout/comp）这一步，制作已经非常精细，几乎和成品一样。末稿一般都很详尽，有彩色照片、确定好的字体风格、大小和配合用的小图像，再加上一张光喷纸封套。现在，末稿的文案排版以及图像元素的搭配等都是由电脑来执行的，打印出来的广告如同 4 色清样一般。到了这一阶段，所有的图像元素都应当最后落实。

6. 样本

样本应体现手册、多页材料或售点陈列被拿在手上的样子和感觉。美工借助彩色记号笔和电脑清样，用手把样本放在硬纸上，然后按照尺寸进行剪裁和折叠。例如，手册的样本是逐页装订起来的，看起来同真的成品一模一样。

7. 版面组合

交给印刷厂复制的末稿，必须把字样和图形都放在准确的位置上。现在，大部分设计人员都采用电脑来完成这一部分工作，完全不需要拼版这道工序。但有些广告主仍保留着传统的版面组合方式，在一张空白版（又叫拼版，pasteup）上按照各自应处的位置标出黑色字体和美术元素，再用一张透明纸覆盖在上面，标出颜色的色调和位置。由于印刷厂在着手复制之前要用一部大型制版照相机对拼版进行照相，设定广告的基本色调、复制件和胶片，因此印刷厂常把拼版称为照相制版。

设计过程中的任何环节——直至油墨落到纸上之前——都有可能对广告的美术元素进行更改。当然这样一来，费用也会随着环节的进展而成倍地增长，越往后更改的代价就越高，甚至可能高达 10 倍。

8. 认可

文案人员和美术指导的作品始终面临着"认可"这个问题。广告公司越大，客户越大，这道手续就越复杂。一个新的广告概念首先要经过广告公司创意总监的认可，然后交由客户部审核，再交由客户方的产品经理和营销人员审核，他们往往会改动一两个字，有时甚至推翻整个的表现方式。双方的法律部可再对文案和美术元素进行严格的审查，以免发生问题，最后，企业的高层主管对选定的概念和正文进行审核。

在"认可"中面对的最大困难是：如何避免让决策人打破广告原有的风格。创意小组花费了大量的心血才找到有亲和力的广告风格，但一群不是文案、不是美工的人却有权全盘改动它。保持艺术上的纯洁相当困难，需要耐心、灵活、成熟以及明确有力地表达重要观点、解释美工选择的理由的能力。

16.2 | 海报设计

本实例要求制作一个 MP4 海报，整体要求色彩清新亮丽，图片清晰，完成后的效果如图 16-1 所示。

图 16-1　海报设计效果图

16.2.1　设计前期定位

1. 设计定位

MP4 是多功能的视频播放器，以学生和上班族喜爱居多，所以 MP4 海报的设计定位以大中学生为大众消费群体，也适合不同层次的消费群体，地址一般在电子市场或商场地带。

2. 设计说明

"MP4"海报设计风格上，运用矢量的插画美女和真实的产品图片以及鲜艳的颜色相结合手法，既突出了主题，又表现出其品牌固有的文化理念。

在色彩运用上，以墨绿色为主，突出该产品的"春季"的特点。字体上运用红色和绿色更好与产品的风格以及春天的风情相呼应。

在整个设计中，充分考虑到文字、色彩与图形的完美结合，相信在同类海报中，浓烈的体现季节性色彩效果是非常有吸引力的一种。

3. 材料工艺

此包装材料采用 175g 铜版纸不干胶印刷，方便即时粘贴。

4. 设计重点

在进行此招贴的设计过程中，运用到 CorelDRAW X4 软件中的渐变填充和贝塞尔工具及添加轮廓等命令，综合起来，在该实例中有以下 3 个制作重点。

- 使用贝塞尔工具绘制蝴蝶。
- 使用轮廓命令来制造文字效果。
- 使用线性填充来绘制按钮等细节。

通过本实例的学习，将使读者学习如何运用 CorelDRAW X4 软件，来完成此类招贴设计的绘制方法。

5. 设计制作

在本节所讲述的 MP4 海报的设计过程中，首先应清楚该海报所表达的意图，认真地构思定位，然后再仔细绘制出效果图。下面将向读者详细介绍此海报效果的绘制过程。

16.2.2 绘制招贴

01 选择“文件”→“新建”命令来新建一个空白文档。在属性栏中“纸张类型”的下拉框中选择 A4，如图 16–2 所示。

02 选择“矩形工具”绘制一个矩形，在属性栏设置宽度为 21cm，高度为 29.7cm。

03 选择“均匀填充工具”为其填充（C：93，M：51，Y：94，K：24）的墨绿色，如图 16–3 所示。

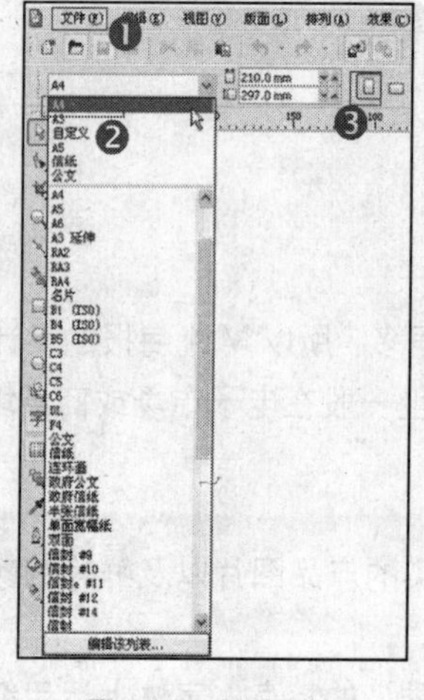

图 16-2 新建文件

图 16-3 填充颜色

04 选择“文件”→“打开”命令，打开“光盘\素材\ch16\人物.cdr”素材图片，使用挑选工具将其拖曳到海报文档中。

05 选择“效果”→“图框精确裁剪”→“放置在容器中”命令，将图片放置在墨绿色的矩形中，如图16–4所示。

06 在图片上单击右键，在弹出的快捷菜单中选择“编辑内容”命令，来编辑图片在矩形中的位置和大小，编辑完毕后，单击左下角的“完成编辑”按钮即可，效果如图16–5所示。

图16-4 调整素材

图16-5 编辑素材后的效果

07 选择“贝塞尔工具”在海报的右上角绘制一个简易蝴蝶，再用“形状工具”来调整节点，如图16–6所示。

08 选择绘制的较大的翅膀，为其填充（C：0，M：0，Y：100，K：0）的黄色，小翅膀为（C：20，M：0，Y：60，K：0）的浅绿色，如图16–7所示。

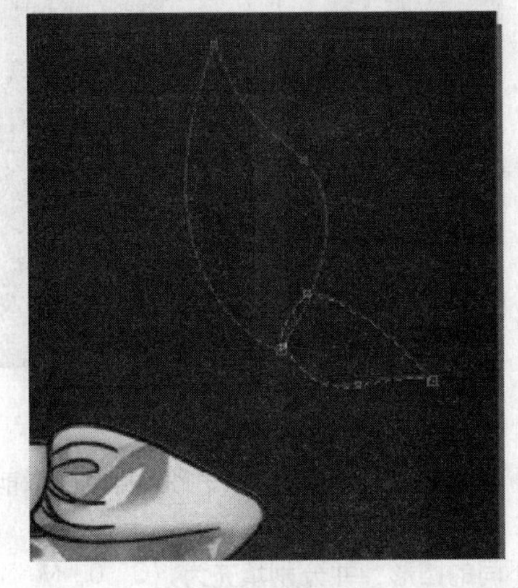

图16-6 绘制翅膀

图16-7 填充颜色

09 框选所绘制的两个翅膀，选择“轮廓笔工具” 为其添加 0.74mm 的白色边框，选中“按图像比例显示”复选框如图 16-8 所示，边框效果如图 16-9 所示。

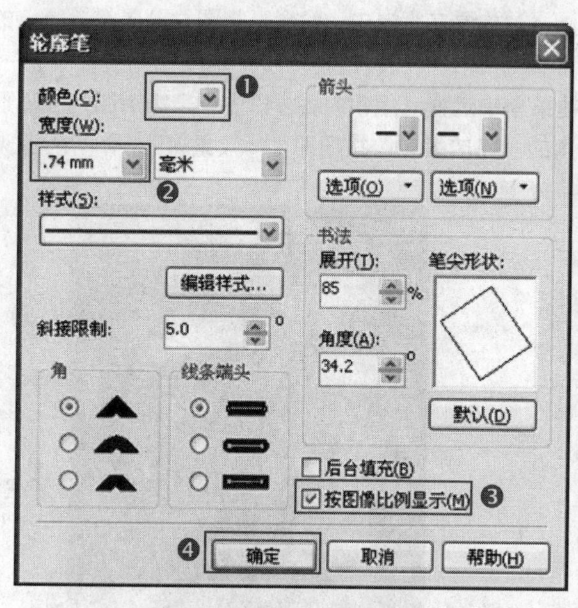

图 16-8　设置轮廓参数

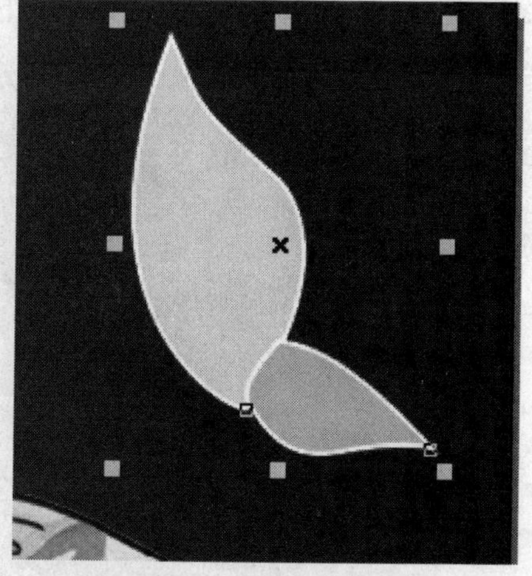

图 16-9　边框效果

10 继续使用“贝塞尔工具” 来绘制其他部分，设置轮廓为 0.27mm，颜色为（C：0，M：82，Y：96，K：0）的橘黄色，如图 16-10 所示。

11 选择“椭圆工具” 来绘制两个直径为 1.72mm 的圆形，设置轮廓为 0.7mm，颜色为（C：100，M：0，Y：0，K：0）的蓝色，效果如图 16-11 所示。

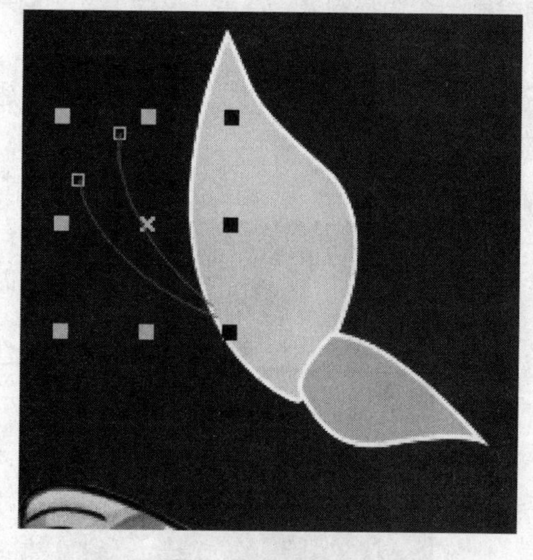

图 16-10　绘制细节

图 16-11　绘制效果

12 选择黄色的大翅膀，单击右键选择“顺序”→“到页面前面”命令将其排列在最前面，效果如图 16-12 所示。

13 使用椭圆工具绘制围绕在蝴蝶四周大小不同的圆形，并分别填充为（C：0，M：100

Y：0，K：0）的紫色、（C：0，M：0，Y：100，K：0）的黄色、（C：40，M：0，Y：100，K：0）的草绿色和（C：100，M：0，Y：100，K：0）的深绿色，如图 16–13 所示。

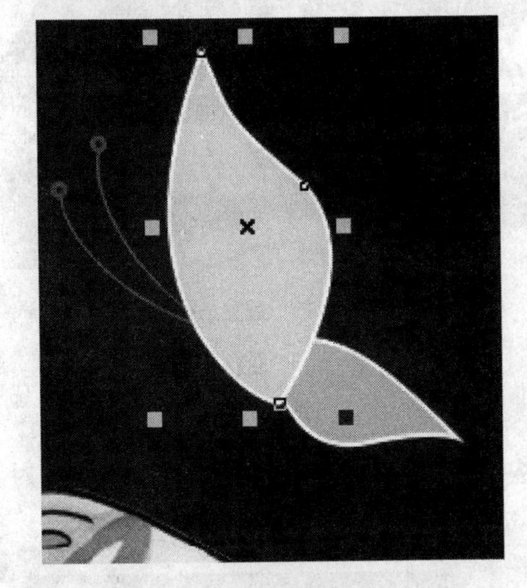

图 16-12　调整顺序

图 16-13　绘制圆形并填充颜色

14 选择轮廓笔工具，为其添加 0.44mm 白色边框，选中“按图像比例显示”复选框，如图 16–14 所示。

15 选择“文本工具”，在蝴蝶的左边输入“拥抱春天，亲吻时尚”字样，字体为“方正粗倩简体”，大小为 23pt，如图 16–15 所示。

图 16-14　添加轮廓

图 16-15　添加文字

16 在文字上双击，将鼠标放置在界定框中间的点，待鼠标变成⇄状时，向右拖曳使文字倾斜，并调整文字位置，如图 16–16 所示。

17 选择“轮廓笔工具”，为其添加 0.8mm 白色边框，选中“按图像比例显示”复选框，如图 16–17 所示。

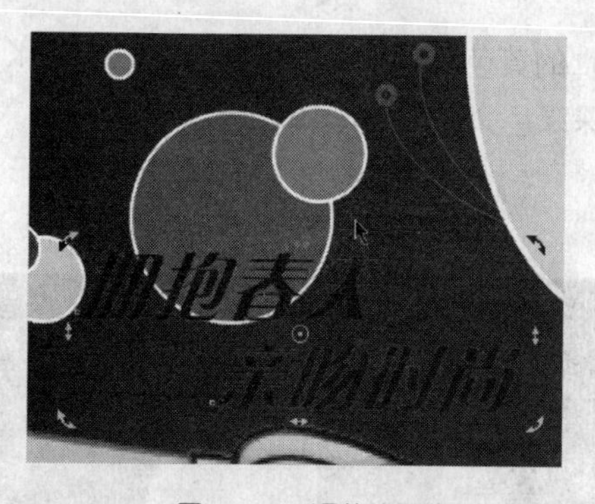

图 16-16　调整位置

图 16-17　设置边框

18 选择“排列”→“将轮廓转换为对象”命令，来分开文字和边框，并将文字排列在边框的上方，如图 16–18 所示。

19 框选文字和边框，单击“对齐和分布”按钮执行中间对齐命令将文字和边框对齐，如图 16–19 所示。

图 16-18　分离边框和文字

图 16-19　对齐文字和边框

20 选择文字，将“拥抱春天”填充为（C：93，M：51，Y：94，K：24）的墨绿色，“亲吻时尚”填充为（C：0，M：100，Y：100，K：0）的红色，如图 16–20 所示。

21 选择“文件”→“导入”命令，在“光盘\素材\ch16\MP4.psd”素材，将准备好的图案导入图中，对其大小进行适当的缩放调整，并调整好位置，如图 16–21 所示。

图 16-20　填充颜色

图 16-21　导入素材

22 选择“文本工具”字，在画面中输入“精致镜面，时尚外形……”等字样，字体为“黑体”，大小为13.5pt的白色字体，效果如图16-22所示。

23 选择节点工具在文字上单击，拖曳按钮来调整文字的字距，效果如图16-23所示。

图16-22 添加文字

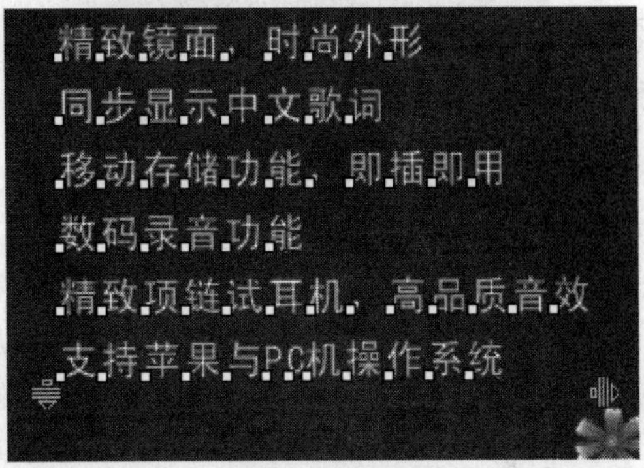

图16-23 调整字距

24 选择“椭圆工具”在文字前面绘制一个和文字大小相同的椭圆。

25 选择“渐变填充工具”，为其填充从（C：0，M：100，Y：100，K：0）的红色到白色的射线形渐变色，如图16-24所示，填充效果如图16-25所示。

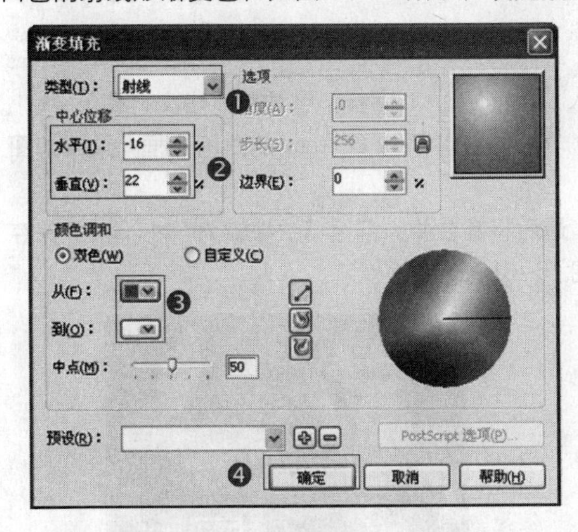

图16-24 设置渐变填充参数

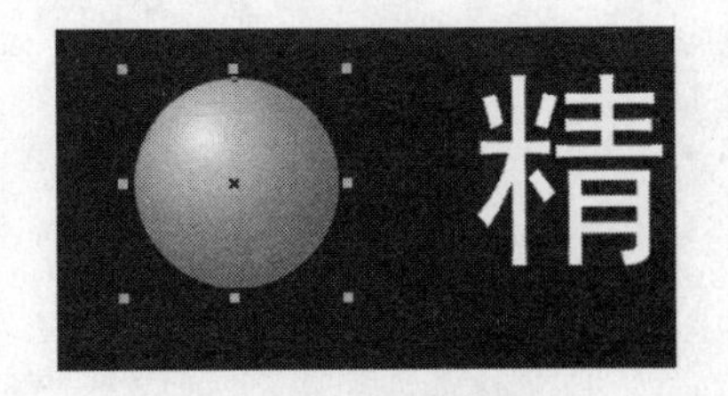

图16-25 填充效果

26 同理绘制另外五个圆形，分别填充从蓝色、黄色、绿色、紫色和30%灰色到白色的渐变，并使每个圆形分别和每排文字对齐，效果如图16-26所示。

27 选择“文件”→“打开”命令，打开“光盘\素材\ch16\花边.cdr”素材图片，使用挑选工具将其拖曳到海报文档中并调整位置和大小，效果如图16-27所示。

图 16-26　绘制圆形

图 16-27　导入素材

28 选择矩形工具在海报下方绘制一个宽度为 21cm，高度为 1.5cm 的矩形，并填充为（C：0，M：0，Y：100，K：0）的黄色，去掉边框如图 16–28 所示。

29 选择“交互式透明工具”，在属性栏“透明类型”下拉框中选择“标准”，透明度为 50，如图 16–29 所示。

图 16-28　绘制矩形

图 16-29　添加透明效果

30 选择“文本工具”字，在画面中输入“Love Music”字样，字体为“华文行楷”，大小为 50.3pt，颜色为（C：0，M：100，Y：100，K：0），并添加 0.5mm 的白色边框，效果如图 16–30 所示。

31 至此海报的整个设计就全部完成了。最后将其合并为群组（快捷键为 Ctrl+G）并保存文件（快捷键为 Ctrl+S）即可，最终效果如图 16–31 所示。

图 16-30　添加文字

图 16-31　绘制完成效果

16.3 | 本章小结

海报可以起到传达信息、鼓动宣传的作用，它是一种特殊的形式。它不同于版画和油画，因此用户在设计制作海报的时候要一目了然，简洁明快，使人在一瞬间、一定的距离之外就能够看清楚所要宣传的事物。为了达到这个目的，海报的构思要能够超越现实，构图要概括集中，形象要简练夸张；应以鲜明的色彩为手法，突出醒目地表达所要宣传的事物，表现物与物之间的内在联系，赋予画面更广泛的含义，并要使人们在有限的画面中能够联想到更广阔的生活空间，从而能感受到新的意义。

Chapter

17 工业产品设计

本章知识点

- 产品设计的设计思想
- 绘制 PSP 游戏机

随着现代科学技术的逐渐发展，产品设计已由过去的单纯结构性能设计发展到今天的功能、结构性能的设计，人的生理和心理因素、环境等综合性、系统性设计的时代。这是一种观念的更新，一种设计思想和设计方法的更新，无论是设计人员，还是管理人员，都必须适应这一新的需要，这是现代化发展的必然要求。

本章将来学习工业产品设计相关知识，并通过 CorelDRAW X4 学习绘制一个 PSP 游戏机的实例来深入学习如何使用 CorelDRAW X4 软件来制作工业产品设计。

- 产品设计对产品的作用
- 产品设计的基本设计思想
- 绘制 PSP 游戏机

17.1 | 产品设计的设计思想

作为设计师，如何将想要向用户表达的情感因素组织到设计中去，从而设计开发出目标用户的生理及心理需求的产品呢？

(1) 以用户为中心的设计思想作为主导。

为了让用户成功地使用产品，产品必须具有和用户同样的思维模式，也就是说设计师的思维模型需要和用户的思维模型一致。这样设计师才能通过产品来与用户交谈，用户才能真正体会到设计师想要通过产品向其传达的情感寓意。

(2) 思考造型、色彩、材质等产品构成要素对目标用户的心理影响。

平时要善于总结和归纳设计元素对用户心理影响的基本规律，设计时就可以做到得心应手。以下是一些综合产品造型、色彩、材质等要素对用户产生情感的大致归纳。

- 精致、高档的感觉：自然的零件之间的过渡、精细的表面处理和肌理、和谐的色彩搭配。
- 安全的感觉：浑然饱满的造型、精细的工艺、沉稳的色泽及合理的尺寸。
- 女性的感觉：柔和的曲线造型、细腻的表面处理、艳丽柔和的色彩。
- 男性的感觉：直线感造型、简洁的表面处理、冷色系色彩。
- 可爱柔和的感觉：柔和的曲线造型、晶莹/毛茸茸的质感、跳跃丰富的色彩。

- 轻盈的感觉：简洁的造型、细腻/光滑的质感、柔和的色彩。
- 厚重、坚实的感觉：直线感造型、较粗糙质地、冷色系色彩。
- 素朴的感觉：形体不做过多的变化，冷色系色彩。
- 华丽的感觉：丰富的形体变化、高级的材质、以较高纯度暖色系为主调、强烈的明度对比。

这里只是指出了形态、色彩、肌理等要素与产品情感的大致关系，设计师通过产品的造型、色彩、肌理等构成要素的合理组合，传达和激发使用者与自身以往的生活经验或行为，使产品与人的生理、心理等方面因素相适应，以求得人—环境—产品的协调和匹配，使生活的内在感情得到提升，获得亲切、舒适、轻松、 愉悦、尊严、平静、安全、自由、有活力等有意味的心理活动。

总之，产品的感性因素是个复杂的系统，可以相信，产品的情感寓意越多，产品的附加值就越大，也对设计师的素质提出了更高的要求，这种要求不仅是技术上的，也是思维上的，它无疑是对设计师素质的一种挑战。

17.1.1　产品的形态设计

形是营造主题的一个重要方面，主要通过产品的尺度、形状、比例及层次关系影响心理体验，让用户产生拥有感、成就感、亲切感，同时还应营造必要的环境氛围使人产生夸张、含蓄、趣味、愉悦、轻松、神秘等不同的心理情绪。例如，对称或矩形能显示空间严谨，有利于营造庄严、宁静、典雅、明快的气氛；圆和椭圆形能显示包容，有利于营造完满、活泼的气氛；用自由曲线创造动态造型，有利于营造热烈、自由、亲切的气氛，特别是自由曲线对人更有吸引力，它的自由度强，更自然也更具生活气息，创造出的空间富有节奏、韵律和美感。流畅的曲线既柔中带刚，又能做到有放有收、有张有弛，完全可以满足现代设计所追求的简洁和韵律感。曲线造型所产生的活泼效果使人更容易感受到生命的力量，激发观赏者产生共鸣。利用残缺、变异等造型手段便于营造时尚、前卫的主题。残缺属于不完整的美，残缺形态组合会产生神奇的效果，给人以极大的视觉冲击力和前卫艺术感，如图 17–1 所示。

图 17-1　造型别致的家具

通过产品形态体现一定的指示性特征，暗示人们该产品的使用方式、操作方式，如图 17–2 所示。通过造型形态相似性，如将裁纸刀的进退刀按钮设计为大拇指的负形并设计有凸筋，便于刀片的进退操作暗示它的使用方式。许多水果刀或切菜刀也设计为负形以指示手握的位置。

通过造型的因果联系，如旋钮的造型采用周边侧面凹凸纹槽的多少、粗细这种视觉形态，以传达出旋钮是精细的微调还是大旋量的粗调；容器利用开口的大小来暗示所盛放东西的贵重与否、用量多少和保存时间长短等。

图 17-2 实用开瓶器

通过产品形态特征还能表现出产品的象征性，主要体现在产品本身的档次、性质和趣味性等方面。通过形态语言体现出产品的技术特征、产品功能和内在品质，包括零件之间的过渡、表面肌理、色彩搭配等方面的关系处理，体现产品的优异品质、精湛工艺，如图 17–3 所示。通过形态语言把握好产品的档次象征，体现某一产品的等级和与众不同，往往通过产品标志、常用的局部典型造型或色彩手法、材料甚至价格等来体现，如标志"Braun"象征剃须刀无与伦比的档次，仅作为计时用的金表等象征物主的富有及地位。通过产品形态语言也能体现产品的安全象征，在电器类、机械类及手工工具类产品设计中具有重要意义，体现在使用者的生理和心理两个方面，著名品牌浑然饱满、整体形态、工艺精细、色泽沉稳都会给人以心理上的安全感，合理的尺寸、避免无意触动的按钮开关设计等会给人生理上的安全感。

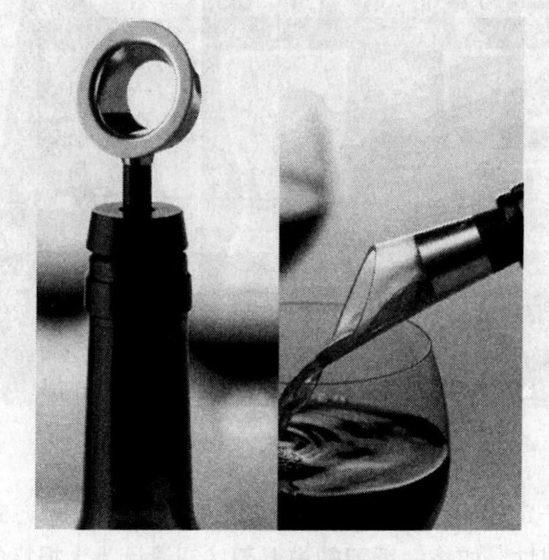

图 17-3 优异品质、精湛工艺

17.1.2　产品材质设计

人对材质的知觉心理过程是不可否认的，而质感本身又是一种艺术形式。如果产品的空间形态是感人的，那么利用良好的材质与色彩可以使产品设计以最简约的方式充满艺术性。材料的质感肌理是通过表面特征给人以视觉和触觉感受以及心理联想及象征意义，如图 17–4 所示。产品形态中的肌理因素能够暗示使用方式或起警示作用。人们早就发现手指尖上的指纹使把手的接触面变成了细线状的突起物，从而提高了手的敏感度并增加了把持物体的摩擦力，这使产品尤其是手工工具的把手获得有效的利用并作为手指用力和把持处的暗示。

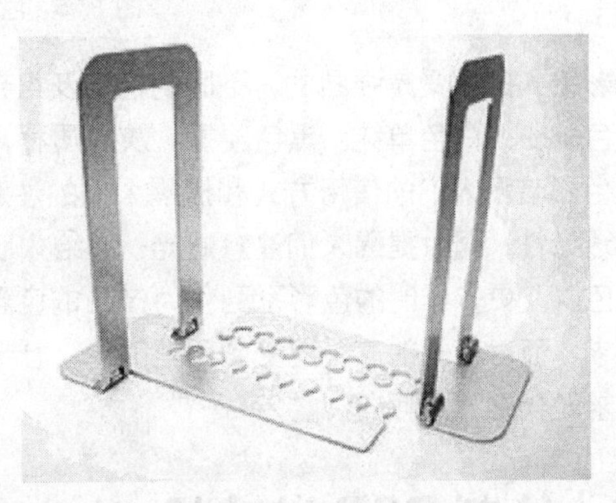

图 17-4　不同材料的对比

通过选择合适的造型材料来增加感性、浪漫成分，使产品与人的互动性更强。在选择材料时不仅用材料的强度、耐磨性等物理量来做评定，而且考虑材料与人的情感关系远近作为重要评价尺度。不同的质感肌理能给人不同的心理感受，如玻璃、钢材可以表达产品的科技气息，木材、竹材可以表达自然、古朴、人情意味等。材料质感和肌理的性能特征将直接影响到材料用于所制产品最终的视觉效果。工业设计师应当熟悉不同材料的性能特征，对材质、肌理与形态、结构等方面的关系进行深入的分析和研究，科学合理地加以选用，以符合产品设计的需要。

优良的产品形态设计，总是通过形、色、质三方面的相互交融而提升到意境层面的，以体现并折射出隐藏在物质形态表象后面的产品精神。这种精神通过用户的联想与想象而得以传递，在人和产品的互动过程中满足用户潜意识的渴望，实现产品的情感价值。

17.1.3　产品设计的色彩基础

产品的色彩外观，不仅具备审美性和装饰性，而且还具备符号意义和象征意义。作为视觉审美的核心，色彩深刻地影响着人们的视觉感受和情绪状态。人类对色彩的感觉最强烈、最直接，印象也最深刻，产品的色彩来自于色彩对人的视觉感受和生理刺激，以及由此而产生的丰富的经验联想和生理联想，从而产生复杂的心理反应。产品设计中的色彩，包括色相明度、纯度以及色彩对人的生理、心理的影响。色彩在室内空间意境的形成方面有很重要的作用，它服从于产品的主题，使产品更具生命力，如图 17–5 所示。

图 17-5　色彩外观

色彩给人的感受是强烈的，不同的色彩及组合会给人带来不同的感受：红色热烈、蓝色宁静、紫色神秘、白色单纯、黑色凝重、灰色质朴，表达出不同的情绪成为不同的象征。产品设计中的色彩暗示人们的使用方式和提醒人们的注意，如传统照相机大多以黑色为外壳表面，显示其不透光性，同时提醒人们注意避光，并给人以专业的精密严谨感，而现代数码相机则以银色、灰色以及更多鲜明的色彩系列作为产品的色彩呈现。色彩设计应依据产品表达的主题，体现其诉求。而对色彩的感受还受到所处时代、社会、文化、地区及生活方式、习俗的影响，反映着追求时代潮流的倾向。

17.2 | 绘制 PSP 游戏机

17.2.1　设计前期分析

打开“光盘\结果\ch17\游戏机 PSP.cdr”文件，可查看该产品设计的效果图，如图 17-6 所示。

图 17-6　PSP 游戏机效果图

1. 设计定位

PSP 游戏机属于青少年喜爱的数码产品，所以 PSP 游戏机的设计定位以青少年为大众消费群体，设计时尚、前卫和大方。

2. 设计重点

在进行此产品的设计过程中，运用到 CorelDRAW X4 软件中的挑选工具、矩形工具和渐变色填充和焊接等命令，综合起来，在该实例中有以下 3 个制作重点。

- 使用矩形工具绘制基本外形。
- 使用渐变填充来填充颜色和用透明工具绘制层次效果。
- 使用焊接命令，绘制屏幕上的各个小图标。

通过本实例的学习，将使读者学习如何运用 CorelDRAW X4 软件，来完成此类产品设计及立体效果图的绘制方法。

3. 设计制作

在本节所讲述的 PSP 游戏机产品的设计过程中，首先应清楚该产品的形态、尺寸和色彩等，设计出产品的平面图，然后再通过添加投影效果等绘制出该产品的立体效果图。下面将向读者详细介绍此产品设计的绘制过程。

17.2.2 绘制 PSP 游戏机平面图

使用各种绘图工具绘制游戏机 PSP 具体的操作步骤如下。

01 在 CorelDRAW X4 中按下快捷键 Ctrl+N 组合键，新建一个绘图页面，单击“贝塞尔工具”，绘制出游戏机的外形，填充颜色为（C：40，M：25，Y：5），并去除轮廓线，如图 17-7 所示。

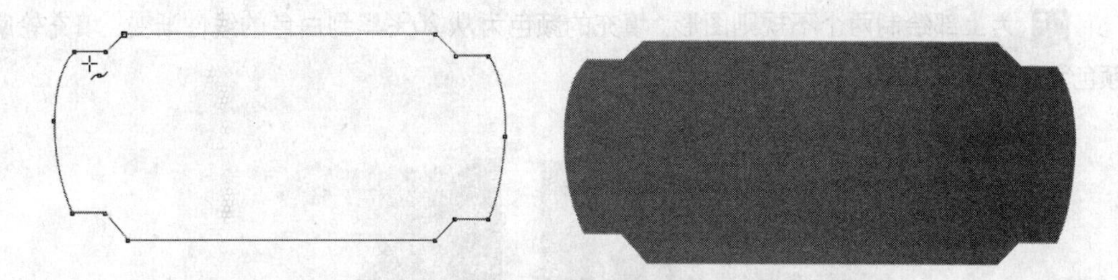

图 17-7 绘制游戏机的外形

02 单击“贝塞尔工具”，在游戏机的外形上绘制如图 17-8 所示的图形，填充颜色为 10%黑后去除轮廓线。

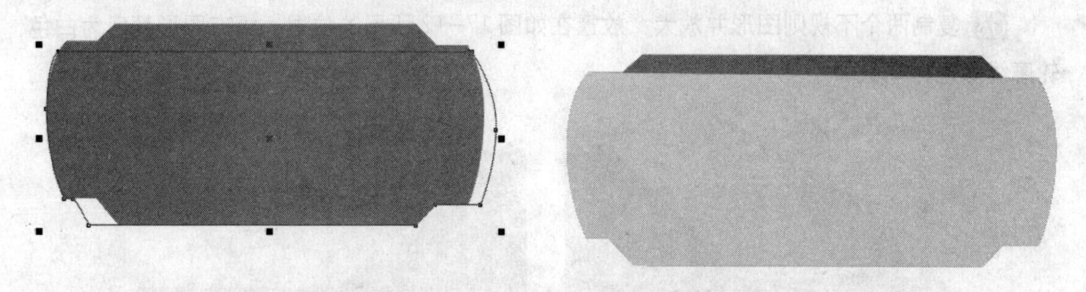

图 17-8 继续绘制

03 单击“贝塞尔工具”，在游戏机的外形上继续绘制，填充颜色为从黑到 70%黑的线性渐变，去除轮廓线，如图 17–9 所示。

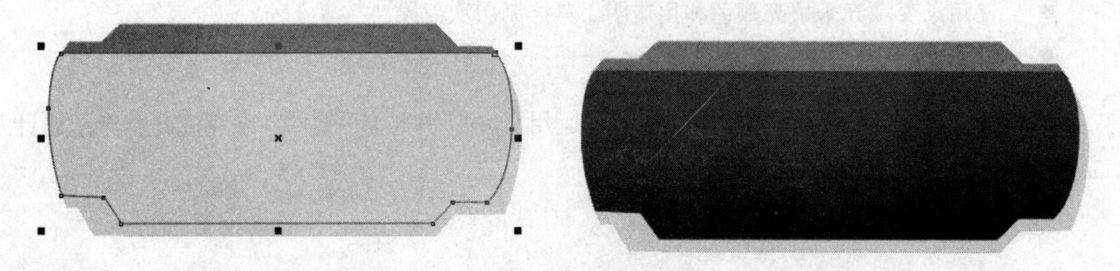

图 17-9　继续绘制

04 在游戏机的外轮廓的左右两边分别绘制两个不规则图形，如图 17–10 所示。

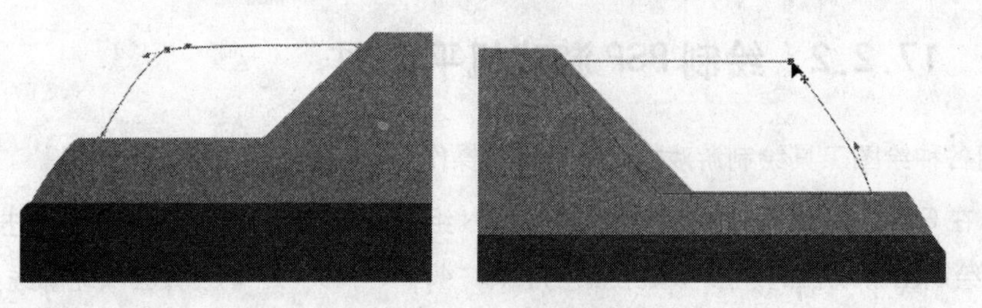

图 17-10　绘制不规则图形

05 为上部绘制两个不规则图形，填充的颜色为从 20%黑到白色的线性渐变，填充轮廓线颜色为 20%黑，如图 17–11 所示。

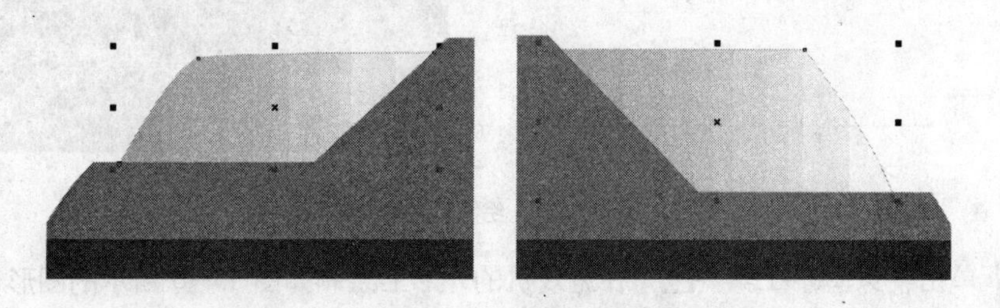

图 17-11　填充颜色

06 复制两个不规则图形并放大，放置在如图 17–12 所示的位置，填充图形颜色为白色，轮廓线颜色为 20%黑。

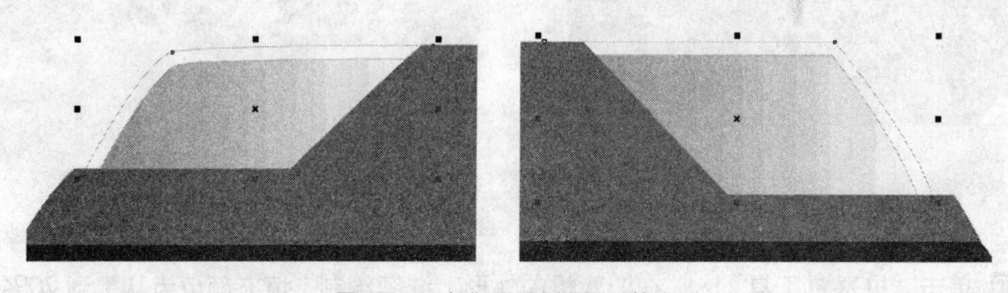

图 17-12　复制不规则图形并放大

07 单击“矩形工具”，绘制一个小矩形，填充颜色为（C：60，M：55，Y：25），去除轮廓线，如图 17–13 所示。

图 17-13　绘制一个小矩形

08 按住 Ctrl 键向右拖曳到适当的位置时单击鼠标右键来复制一个矩形，再多次按下快捷键 Ctrl+R 组合键重复向右复制得到如图 17–14 所示的图形。

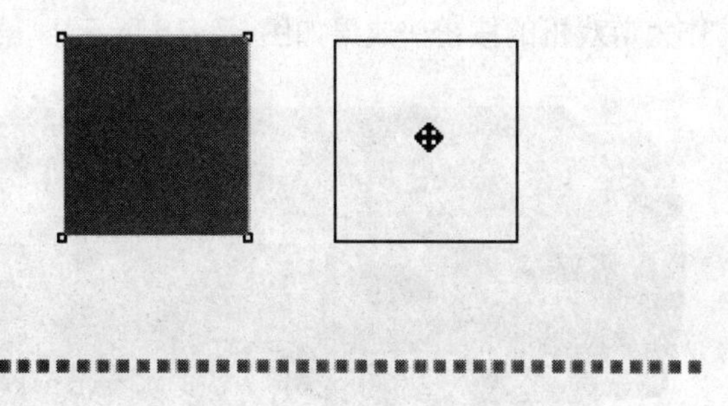

图 17-14　复制小矩形

09 选择所有的小矩形，按下快捷键 Ctrl+G 组合键群组后向下复制一组图形，放置在游戏机上，如图 17–15 所示。

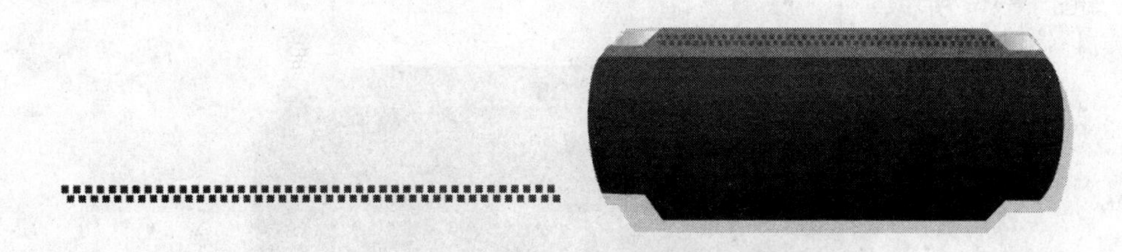

图 17-15　复制一组小矩形

10 单击“贝塞尔工具”，在游戏机的下方绘制一个不规则图形，填充颜色为从（C：87，M：71，Y：66，K：39）到黑色的线性渐变，效果如图 17–16 所示。

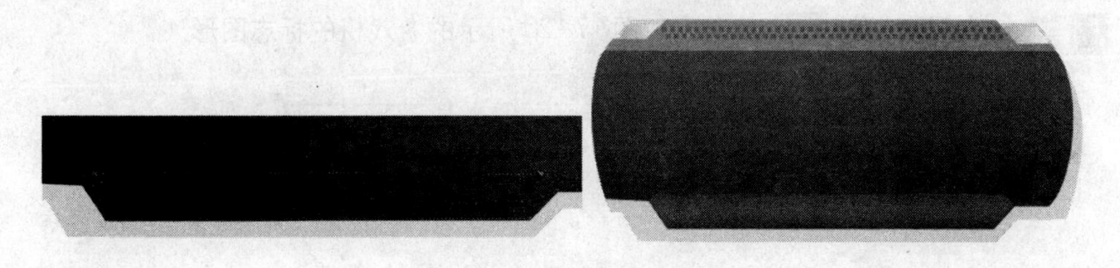

图 17-16　继续绘制不规则图形

11 单击“椭圆工具”，在不规则图形上绘制大小不一的椭圆形，如图 17–17 所示。

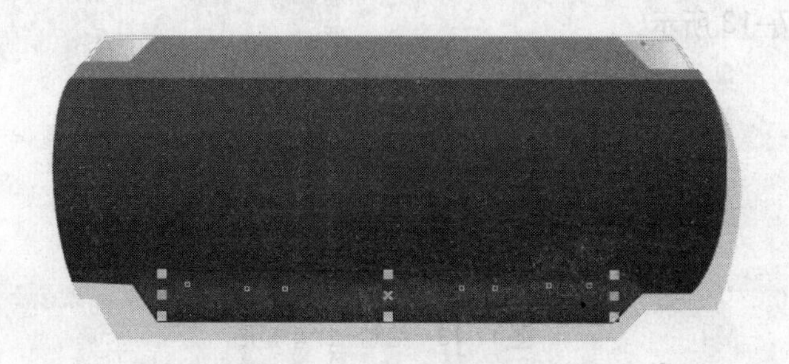

图 17-17 绘制游戏机的按钮

12 填充所有的椭圆形颜色均为从（C：88，M：80，Y：65，K：55）到 60%黑的射线渐变，去除轮廓线，作为游戏机的按钮，效果如图 17–18 所示。

图 17-18 游戏机的按钮

13 将每个椭圆均复制一个放置其下方略右的位置，并将其填充为黑色以作为按钮的厚度，如图 17–19 所示。

图 17-19 继续绘制游戏机的按钮

14 单击“矩形工具”，绘制出如图 17–20 所示的游戏机的标志图形。

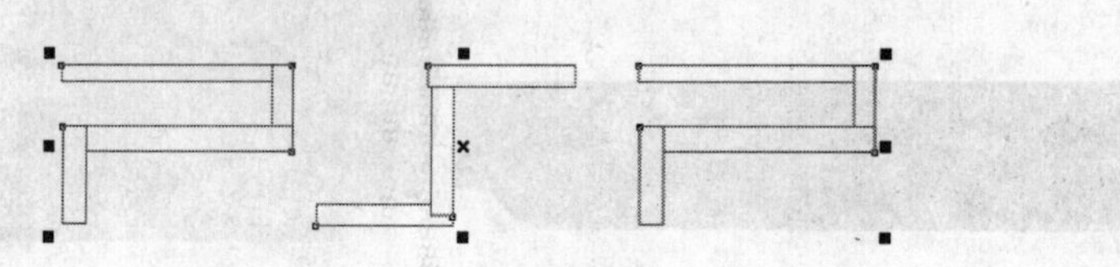

图 17-20 绘制标志图形

15 群组这些矩形，填充颜色为白色并去除轮廓线，然后放置到游戏机上，效果如图 17–21 所示。

图 17-21　放置标志图形

16 单击“矩形工具”，在游戏机的左右两边分别绘制两个小矩形，作为游戏机的提示灯，填充上面提示灯的颜色为绿色，下面提示灯的颜色为黄色，并去除轮廓线效果如图 17–22 所示。

图 17-22　绘制提示灯

17 单击“矩形工具”，在游戏机上绘制一个矩形，填充颜色为黑色，如图 17–23 所示。

图 17-23　绘制屏幕图形

18 选择黑色矩形，复制一个矩形后向里缩小，填充颜色为（C：100，M：100，Y：0，K：0），去除轮廓线，如图 17–24 所示。

图 17-24　继续绘制屏幕图形

19 再次复制一个矩形并向里缩小，填充颜色为（C：100）的天蓝色，去除轮廓线作为游戏机的屏幕，如图 17–25 所示。

图 17-25　继续绘制

20 单击"矩形工具"，在屏幕上的右上角绘制出电池图形，填充电池颜色为白色并去除轮廓线，如图 17–26 所示。

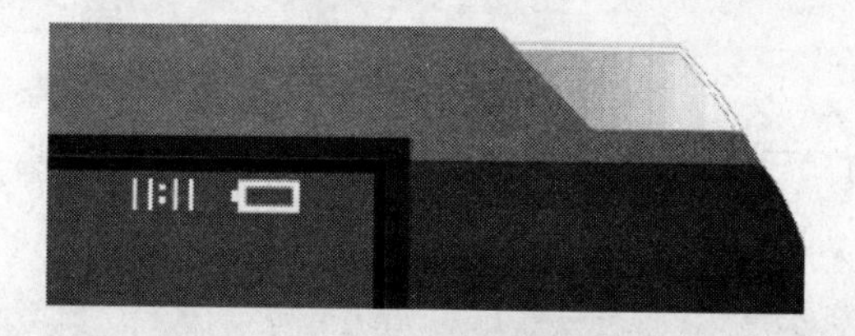

图 17-26　绘制电池图形

21 单击"矩形工具"，在蓝色的屏幕上方绘制一个长条矩形，填充颜色为冰蓝色，去除轮廓线，如图 17–27 所示。

图 17-27　绘制长条矩形

22 单击"贝塞尔工具" ，在屏幕上绘制如图 17–28 所示的图形，填充颜色为冰蓝，去除轮廓线。

图 17-28 继续绘制图形

23 单击"交互式透明工具" ，在属性栏上的"透明度类型"下拉列表中选择"射线"，在冰蓝色的图形上应用如图 17–29 所示的透明射线渐变效果。

图 17-29 添加交互式透明效果

24 单击"贝塞尔工具" ，在填充为冰蓝色的图形上绘制如图 17–30 所示的图形，填充颜色为青色并去除轮廓线。

图 17-30 继续绘制图形

25 单击"贝塞尔工具" ，在青色图形上绘制如图 17–31 所示的图形，填充颜色为冰蓝色，去除轮廓线。

图 17-31　继续绘制图形

26 单击"交互式透明工具"，对冰蓝色图形应用如图 17-32 所示的线性渐变透明效果。

图 17-32　交互式透明效果

27 单击"矩形工具"，绘制下图小图标，绘制大小不一的矩形，如图 17-33 所示。

28 选择左上方的两个矩形，单击属性栏上的"焊接"按钮进行焊接，效果如图 17-34 所示。

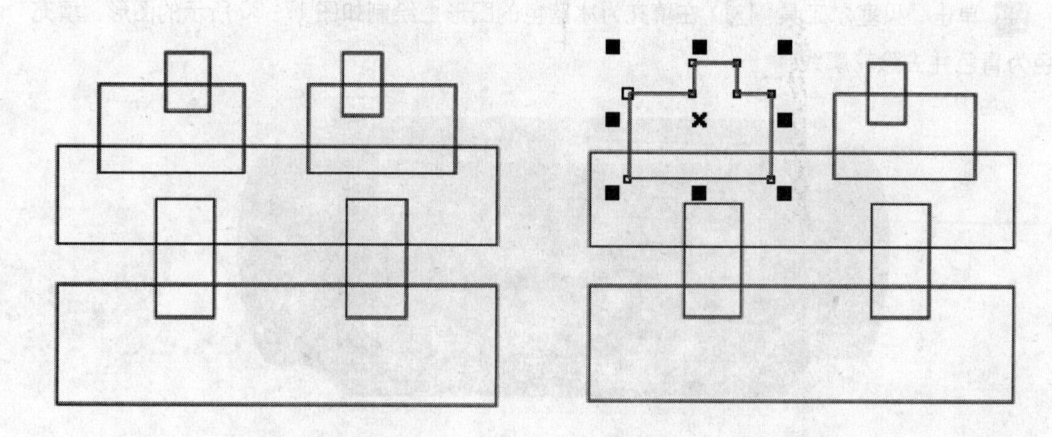

图 17-33　绘制矩形　　图 17-34　修剪矩形（1）

29 对其他矩形根据需要进行相关的焊接和简化，效果如图 17-35 所示。

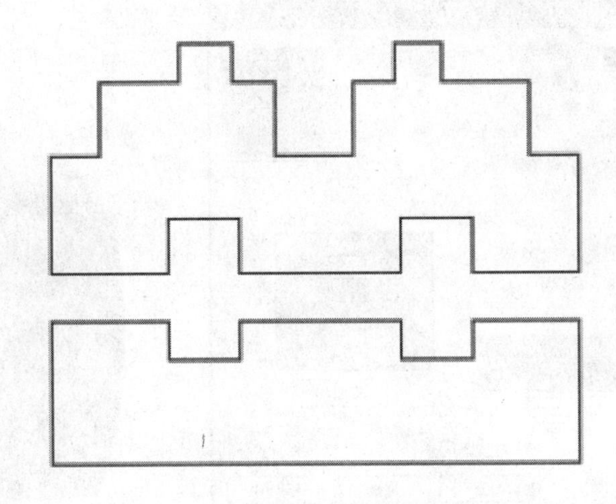

图 17-35　修剪矩形（2）

30 使用相同的办法来绘制其他的四个小图标，效果如图 17–36 所示。

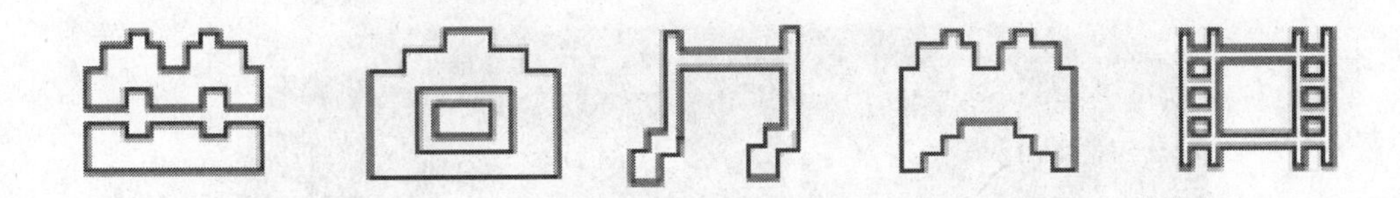

图 17-36　绘制图标

31 将绘制好的图标放置在屏幕上，填充图标颜色为白色，去除轮廓线，如图 17–37 所示。

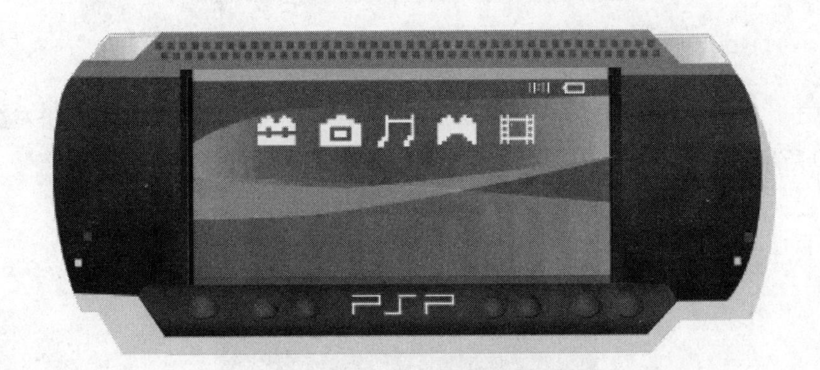

图 17-37　放置图标

32 单击“椭圆形工具”，绘制出两个圆形，设置渐变填充，如图 17–38 所示。

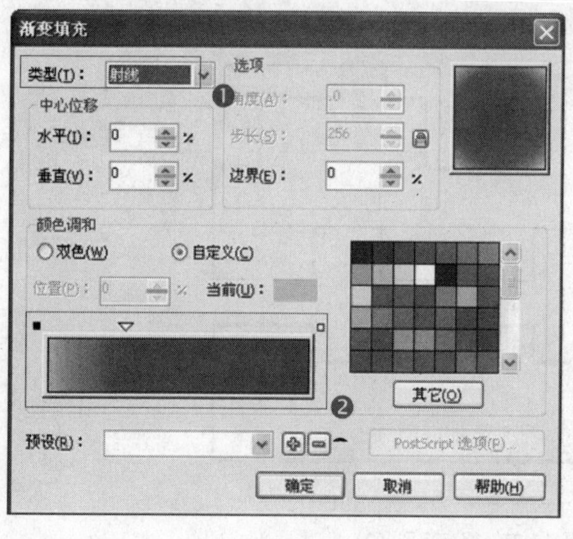

图 17-38　绘制两个圆形

33 将进行渐变填充后的两个圆形分别放置在游戏机的两侧，如图 17–39 所示。

图 17-39　将两个圆放入两侧

34 单击“贝塞尔工具”在左边的圆形上绘制四个按钮图形，作为游戏机左边的按钮，如图 17–40 所示。

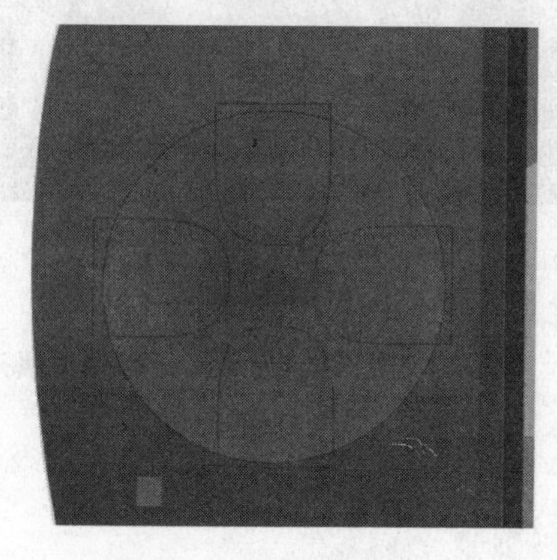

图 17-40　绘制左边的按钮

35 填充按钮颜色为从灰色到 30%黑的线性渐变，去除轮廓线，效果如图 17–41 所示。

图 17-41 绘制左边的按钮

36 单击“矩形工具”，采用绘制屏幕中心图标的方式绘制出左边按钮的图标，填充图标颜色为白色，去除轮廓线，如图 17–42 所示。

图 17-42 绘制左边按钮的图标

37 单击“椭圆工具”，在左边圆形上绘制 4 个小圆形作为游戏机右边的按钮，并选择“选择”→“编辑”→“复制属性自”命令来复制左边按钮的填充方式，去除轮廓线，效果如图 17–43 所示。

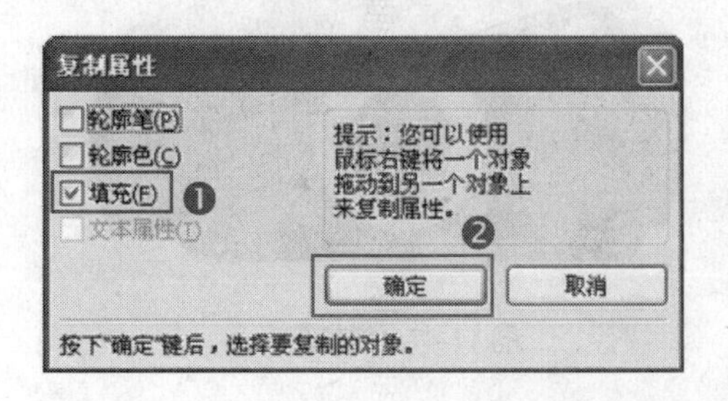

图 17-43 绘制游戏机右边的按钮

38 单击“矩形工具”，采用绘制屏幕中心图标的方式绘制出右边按钮的图标，去除轮廓线，效果如图 17–44 所示。

图 17-44　绘制右边按钮的图标

39 单击“椭圆工具”，在屏幕左下方绘制一个圆形，并选择“选择”→“编辑”→“复制属性自”命令来复制左边按钮的填充方式，效果如图 17–45 所示，完成游戏机正面外观的绘制。

图 17-45　完成正面绘制

17.2.3　绘制 PSP 游戏机背面图

01 新建一个页面，将上述绘制的正面复制一份，去掉不需要的部分。

02 选择椭圆工具绘制两个同心的大小圆形并填充为白色，如图 17–46 所示。

03 框选两个圆形，在属性栏单击“修剪”按钮，进行修剪，如图 17–47 所示。

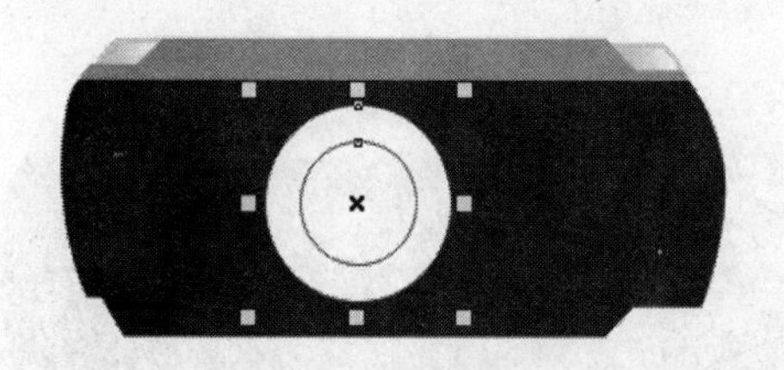

图 17-46　绘制圆形

图 17-47　修剪圆形

04 选择“渐变填充工具”，在打开的“渐变填充”对话框中设置如图 17–48 所示的参数。自定义中位置 0 处为白色、位置 24 处为 30%的黑、位置 52 处为白色、位置 84 处为 20%的黑和位置 100 处为白色。设置完毕单击“确定”按钮，效果如图 17–49 所示。

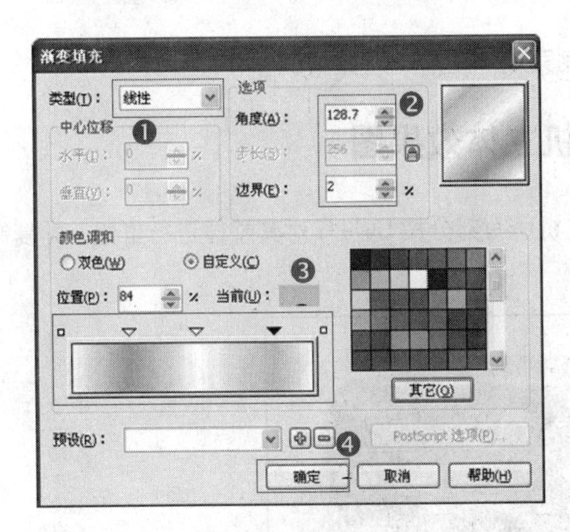

图 17-48 设置参数

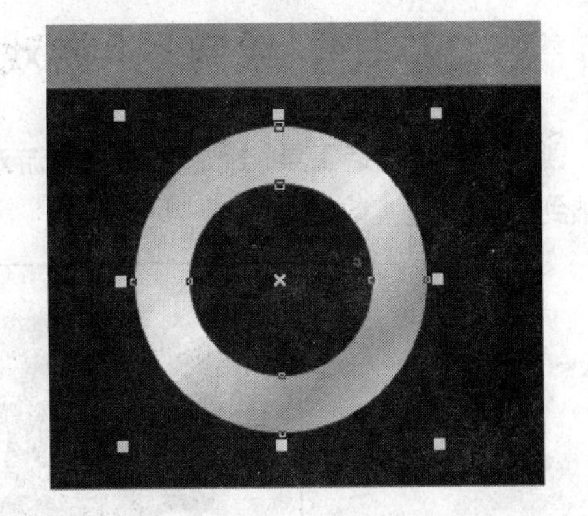

图 17-49 填充圆形

05 选择“轮廓笔”工具为其边框填充 40%的黑，效果如图 17–50 所示。

06 将正面的标志复制一份过来，并填充为（C：40，M：25，Y：5，K：0）的粉蓝色，如图 17–51 所示。

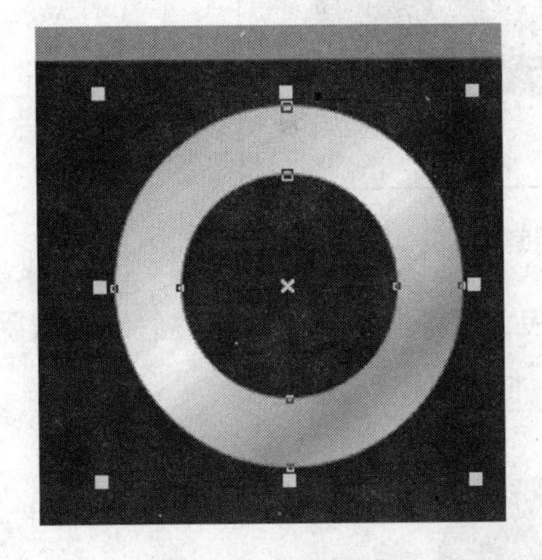

图 17-50 设置轮廓

图 17-51 添加标识

07 选择“文本工具”输入英文字母“UMD”设置其大小为 10pt，字体为黑体，颜色为 40%的黑色，如图 17–52 所示。

08 选择“贝塞尔工具”绘制两条直线，设置其宽度为 0.5mm，颜色为 40%的黑色，如图 17–53 所示。

图 17-52 添加文字

图 17-53 绘制细节

09 完成上面操作，游戏机 PSP 背面绘制完成，按 Ctrl+S 组合键保存即可。

17.2.4 绘制 PSP 游戏机立体效果图

01 单击"挑选工具"，框选 PSP 游戏机所有部分按 Ctrl+G 对其整体进行群组，并复制粘贴到另外一边，效果如图 17-54 所示。

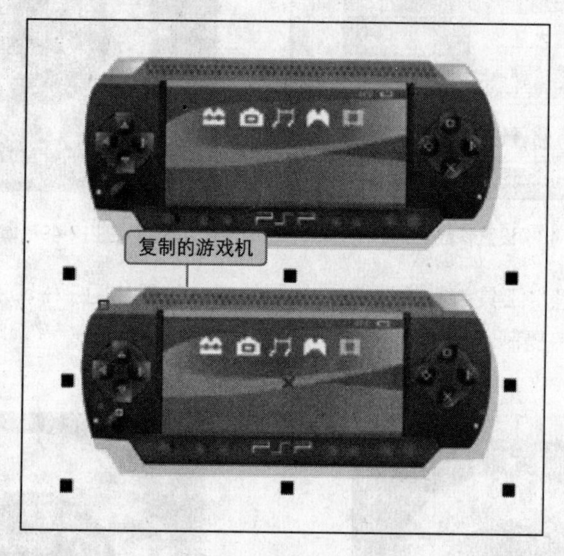

图 17-54 群组并复制游戏机

02 选取"交互式阴影工具"，在图形上拖曳为其添加阴影，在属性栏上设置阴影的羽化值为 30，以使其立体化的效果更强。效果如图 17-55 所示。

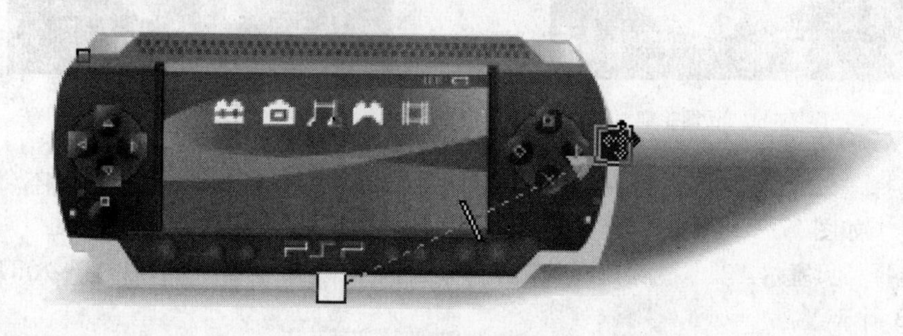

图 17-55 设计完成

03 选择"排列"→"打散阴影群组"命令拆分主体和投影，以调节彼此的位置使立体化的效果更加真实，如图 17-56 所示。最后整体群组，至此整个 PSP 游戏机的设计就全部完成了。

图 17-56 绘制完成的 PSP 游戏机立体效果

17.3 | 本章小结

本章主要学习使用贝塞尔工具、矩形工具、椭圆工具、交互式透明工具和渐变填充以及拆分阴影等命令来绘制一个 PSP 游戏机。在学习的过程中应熟练地掌握贝塞尔工具的使用方法，以正确地绘制出游戏机的外形轮廓，及渐变填充工具的灵活运用来绘制图标等小细节。

Chapter

18

商品包装设计

本章知识点

- 包装设计的流程与法则
- 食品类包装设计

本章将来学习商品包装的相关知识，并通过一个糖果包装实例来深入学习如何使用CorelDRAW X4软件来制作商品包装设计。

18.1 | 包装设计的流程与法则

现代包装的目的，除了包含对商品内容进行保护、方便运输、储存的基本目的外，还包括提高商品价值、刺激消费者的购买欲的新内容，并逐渐成为了在产品设计过程中就需要综合考虑的组成部分，尤其在商品竞争激烈和崇尚个性消费的今天，商品包装对产品销售起到的推进作用也日益明显，甚至出现了在产品设计的过程中侧重于包装表现的新观念，力求通过优秀的包装设计，更好地完成促进商品销售的目的。如图18-1所示，就是两款优秀的包装设计。

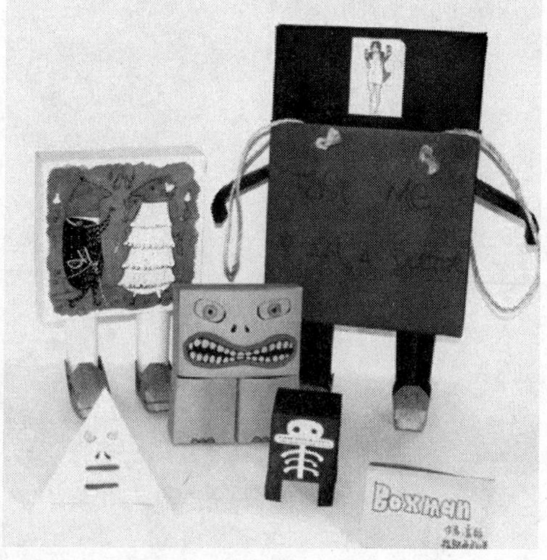

图18-1 造型独特的商品包装

18.1.1 包装设计的流程

现代商品的包装设计是企业整体营销策略的一个重要组成部分。设计师在进行包装设计前，应该充分了解产品的特点，考察该产品目前的市场状况，收集同类型产品的各种相关资料，了解商家的营销策略，再进一步进行设计工作。

1. 相关资料的收集和市场调查

(1) 了解商家对此包装在设计上期望的风格和效果。

(2) 收集同类商品在产品包装上注重的表现形式，从而进行剖析，掌握其包装设计的优缺点，为下一步进行设计工作做好准备。

(3) 对产品进行定位。调查该产品所针对的市场状况、消费者层次、消费心理以及销售价格等，从而对产品包装进行定位。

(4) 收集设计用的参考资料。

(5) 拟订包装设计计划以及安排工作进度表。

2. 视觉设计程序

根据第一步工作中所了解的相关内容，以及收集的资料和信息，可以对该包装设计有一个初步的认识和构想，接下来可进入产品包装的设计工作。

(1) 绘制草图，将设计的初步构想用铅笔等简易工具简单地绘制成草图。将图形、文字以及编排方式的表现形式和构成手法等进行多角度、多方面的尝试，直到筛选出最佳的设计方案为止。

(2) 确定草图方案。当设计师筛选出最佳方案后，交由客户，并与客户进行交流、分析，确定出统一的设计方案。

(3) 正稿的制作。设计方案确定后，即可将草稿制作成电脑正式稿，因为草稿是没有色彩的，所以在进行正稿的制作过程中，还需要考虑色彩的应用，达到色彩与图文的完美统一。

(4) 正稿的确定。制作完正稿，交由客户确认后，即可将设计稿最终定型。

18.1.2 图文设计与色彩运用法则

对包装设计来说，在视觉表现上除了保持简洁、新奇、实用的基本原则外，还必须考虑其他的一些因素，比如市场的竞争情况、陈列方式、大小，以及最现实的成本问题，这些都是左右包装视觉表现的重要因素。

因为包装涉及三维空间的问题，所以在包装设计中会存在一些局限，但在设计表现上仍不脱离文字、色彩以及图形等三大要素的表现重点，如图 18-2 所示。

图 18-2　包装上文字、图形与色彩的表现

1. 文字排版

包装上的文字包括牌号品名、商品型号、规格成分、使用方法、生产单位和拼音或外文等，这些是介绍商品、宣传商品不可缺少的重要部分。文字之间的编排与变化、字体的灵活使用，也能构成优秀的设计，发挥强大的宣传表现作用，不同商品包装中的文字排版效果，如图 18–3 所示。

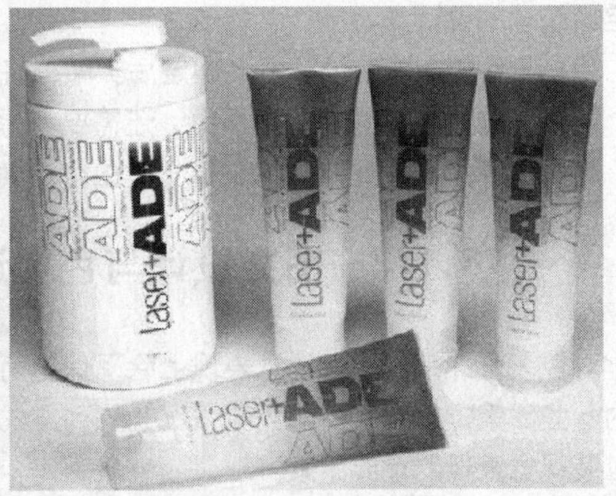

图 18-3　不同商品包装中的文字排版效果

在应用文字进行表现时，设计者要对各种字体的特点有足够的了解，才能针对商品的特性选择合适的字体。除了对现有的字体特色必须有深入的认识外，设计者也可依据商品的特性，创造出新形态的、突出商品个性的字体，以吸引消费者的注意力，达到促进销售的目的。

2. 图文排版

具象图形和抽象图形是包装设计中常见的图案表现方法，以快速、准确地将包装中的产品信息传递给消费者为目的。如果只通过文字、色彩来表现，很难足够全面、直观地表现产品信息，所以设计者常会以写实的、绘画的、感情的表现方法，将产品优点具体地说明。为了表现产品的真实感，具象图形的表现方式通常会以摄影或插画的方式来表现。

抽象图形的表现方式，则是给消费者一种冷静、理性的强烈视觉印象，并使商品本身在其包装中展现其独特的风格，如图 18-4 所示。在进行图形设计时，设计者应以商品本身的消费群诉求、商品本身的定位与特色来选择表现包装内容的代表图案。

图 18-4 商品包装中的图文排版

3. 色彩的选择与运用

色彩也是影响包装设计成功与否的关键要素之一，它可以直接刺激人们的视觉，使人们的情绪产生变化，并间接地影响人们的判断力。

色调是指画面的一个总的色彩倾向度，它是由画面中若干块占据主要面积的色彩所决定的。包装的色彩设计应以包装的内容物为出发点，充分考虑消费群体以及消费领域的不同，有针对性地确定色调。

色彩的明度是指色彩本身的明暗深浅程度；色彩的纯度又称为色彩的饱和度，是指色彩本身的鲜艳程度。色彩的明度和纯度可以给人以心理暗示和产生联想，比如，针对女性消费者的商品，大多采用亮丽的、高明度的色彩表现；而针对男性消费者的商品，则会适当降低色彩的明度和纯度，用来表现男性的庄重、沉稳、阳刚之气。

一个商品包装要能吸引到消费者的注意力，良好的视觉效果是必需的。而利用色彩的特性来塑造商品包装的视觉表现力，是包装设计中运用色彩时的重点，力求通过色彩的直观感觉，达到更好的表现产品的目的，如图 18-5 所示。

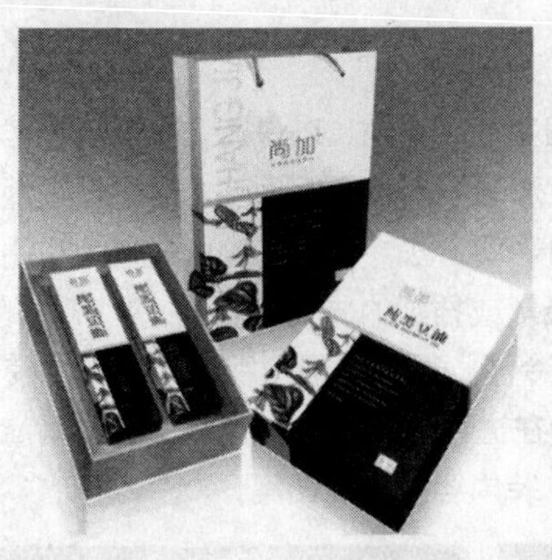

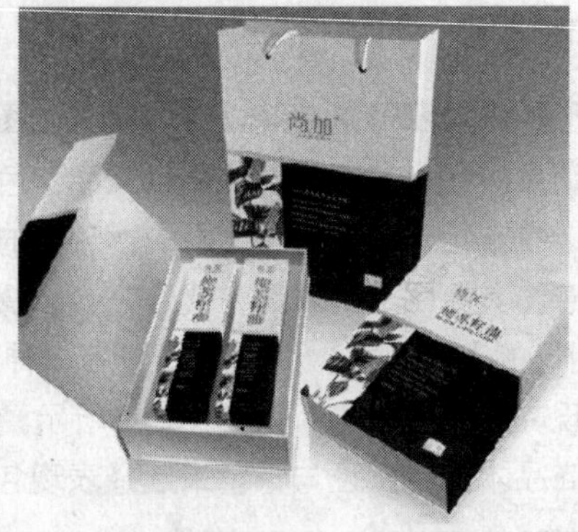

图 18-5　包装中的色彩应用

设计者首先要在色彩应用上掌握丰富的理论知识，了解色彩各种要素与特性。只有将色彩应用的各种知识融会贯通，才能为商品设计出最具视觉刺激的包装效果提供保证。

18.2 | 食品类包装设计

在众多的食品类包装中，由于塑料包装材料具有保质、保鲜、保风味以及延长货架寿命的作用，因此在进行食品包装选材上，多以塑料包装材料为主，如图 18–6 所示。下面，我们就利用 CorelDRAW X4 来设计一种塑料材质的食品包装。

图 18-6　食品类塑料包装

18.2.1　设计前期定位

1．设计定位

水果糖属于青少年喜爱的零食，所以，Delicious 超级水果糖的设计定位以青少年为大众消费群体，也适合不同层次的消费群体，其销售市场为超市、零售和批发市场。

2．设计说明

Delicious 超级水果糖在包装设计风格上运用夸张的英文字体和精美的实物图片相结合的手

法，既突出了主题，又表现出其品牌固有的文化理念。

在色彩运用上，以清新的淡绿色为部分底色，主体文字则应用黄色和墨绿色，突出该产品“炫”的特点，如同霓虹灯一般。绿色则突出该产品的绿色食物特征。红色和绿色是互补的颜色，因此在设计中，将部分底色填充为白色，并为绿色文字添加一个墨绿色边，既体现了文字，又起到丰富色调的作用。

在整个设计中，充分考虑到文字、色彩与图形的完美结合，相信在同类商品中，商品的包装外观效果是非常有吸引力的一种。

3. 材料工艺

此包装材料采用聚脂薄膜印刷，其印刷工艺通常是四色凹版印刷，所用油墨为耐水篓。

4. 设计重点

在进行此包装的设计过程中，运用 CorelDRAW X4 软件中的自由变换工具、交互式封套工具和精确裁剪等命令，综合起来，在该实例中有以下 3 个制作重点。

- 使用添加轮廓，来制作主题文字。
- 对图层进行复制并水平翻转，制作出对称的图像效果。
- 使用精确裁剪命令，来绘制底纹。

通过本实例的学习，将使读者学习如何运用 CorelDRAW X4 软件，来完成此类包装设计及立体效果图的绘制方法。

5. 设计制作

在本节所讲述的“Delicious”超级水果糖包装的设计过程中，首先应清楚该包装容器的规格，设计出包装袋的正反面平面展开图，最后再通过后期处理，绘制出该产品包装的立体效果图。下面将向读者详细介绍此包装效果的绘制过程。

打开“光盘\结果\ch18\糖果包装.cdr”文件，可查看该产品包装的平面图和立体图，如图 18-7 所示。

图 18-7　Delicious 水果糖包装

18.2.2 绘制正面展开图

01 在 CorelDRAW X4 中按下快捷键 Ctrl+N，新建一个绘图页面，保存文档并取名为“糖果包装”。

02 选择工具箱中的“矩形工具”，在绘图区内绘制一个矩形，在属性栏中输入宽 190mm、高 100mm，填充颜色为白色，效果如图 18–8 所示。

03 单击“填充工具”组中的“均匀填充对话框”按钮■，设置颜色为（C：34，M：0，Y：91，K：0）的绿色，如图 18–9 所示。

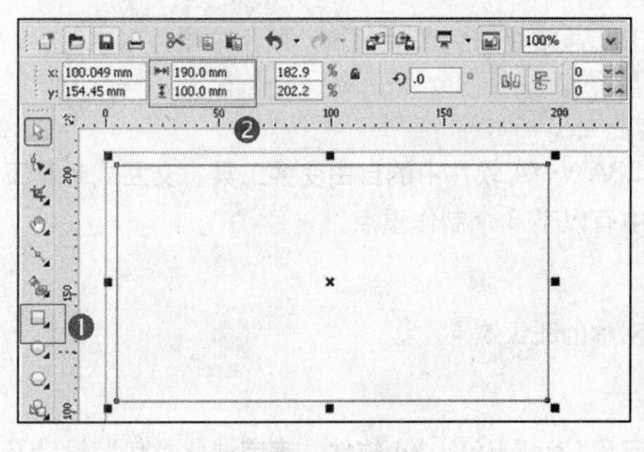

图 18-8 绘制矩形

图 18-9 填充颜色

04 选择“文件”→“打开”命令，打开“光盘\素材\ch18\图 01 .cdr”，并使用挑选工具将其拖曳到包装中，如图 18–10 所示。

05 为其填充（C：19，M：0，Y：79，K：0）的浅绿色，并复制多个放置到画面上不同位置，如图 18–11 所示。

图 18-10 添加素材

图 18-11 填充颜色并复制多个

06 按住 Shift 键选择所有的苹果素材，按 Ctrl+G 组合键进行群组。

07 选择“效果”→“图框精确裁剪”→“放置在容器中”命令，将其进行精确的裁剪，如图 18–12 所示。

08 选择绘制的图形，单击“轮廓工具”组中“无轮廓”按钮✕来去除图形的边框，如图 18–13 所示。

图 18-12 精确裁剪

图 18-13 去除轮廓

09 选择“文本工具”在图形中间输入文字信息，设置字体为 050—CAI978，设置字体大小为 95pt、颜色为（C：0，M：0，Y：100，K：0）的黄色，如图 18—14 所示。

10 选择“形状工具”，来调整文字之间的间距，使其紧密排列，如图 18—15 所示。

图 18-14 添加字体

图 18-15 调整间距

11 选择“贝塞尔工具”，绘制一条曲线，如图 18—16 所示。

12 选择文字和曲线，在选择“文本”→“使文本适合路径”命令将文字填入路径，效果如图 18—17 所示。

图 18-16 绘制曲线

图 18-17 填入路径

13 在文字上单击右键，在弹出的快捷菜单中选择“转换为曲线”命令，将文字转化为曲线。再选择曲线，按 Delete 键删除曲线，效果如图 18—18 所示。

14 单击“轮廓工具”组中“轮廓画笔对话框”按钮，打开“轮廓笔对话框”，设置宽度为 4mm、颜色为（C：89，M：37，Y：97，K：6）的墨绿色，如图 18—19 所示。

15 选择“排列”→“将轮廓转换为对象”命令将轮廓转换为对象，如图 18—20 所示。

16 在文字上单击右键，在弹出的快捷菜单中选择“顺序”→“向后一层”命令，将转换的轮廓排列到文字后面，并向下略调整，如图 18—21 所示。

图 18-18　删除曲线

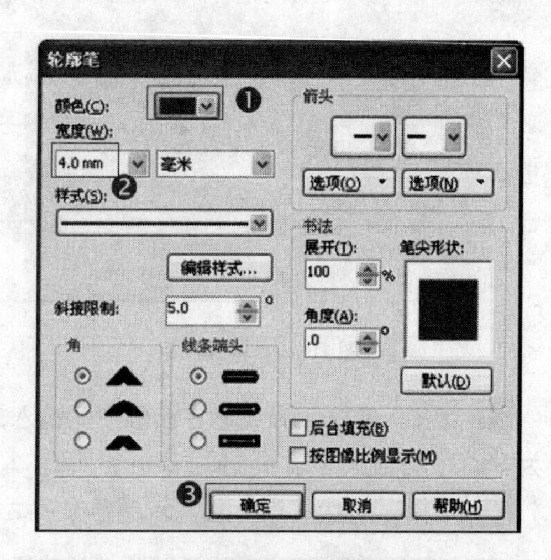

图 18-19　设置轮廓

图 18-20　转换轮廓

图 18-21　调整顺序

17 单击轮廓工具组中“轮廓画笔对话框”按钮，为其设置 1mm 的白色边框，效果如图 18–22 所示。

18 选择文本工具输入文字信息，设置字体为 Allegro BT，F 和 D 字体大小为 60pt，其他的字体为 40pt，颜色为（C：89，M：37，Y：97，K：6）的墨绿色，效果如图 18–23 所示。

图 18-22　添加边框

图 18-23　添加文字

19 双击新输入的文字，来调整文字的倾斜度，如图 18–24 所示。

20 单击轮廓工具组中“轮廓画笔对话框”按钮，为其设置 0.7mm 的白色边框，效果如图 18–25 所示。

图 18-24　调整倾斜度

图 18-25　添加边框

21 选择“贝塞尔工具”，在图形的左下角绘制一个三角形，填充（C：89，M：37，Y：97，K：6）的墨绿色，并去掉边框，如图 18–26 所示。

图 18-26 绘制三角形

22 选择“效果”→“图框精确裁剪”→“放置在容器中”命令，将其进行精确的裁剪，如图 18–27 所示。

图 18-27 精确裁剪

23 在界定框中单击右键，在弹出的快捷菜单中选择“编辑内容”命令，在裁剪框编辑所绘三角形的位置，并复制一个放置在右上角，调整完毕后，单击左下角的“完成编辑对象”按钮完成编辑，效果如图 18–28 所示。

24 选择“椭圆工具”，绘制一个如图的圆形，填充（C：35，M：0，Y：94，K：0）的绿色，如图 18–29 所示。

图 18-28 精确裁剪

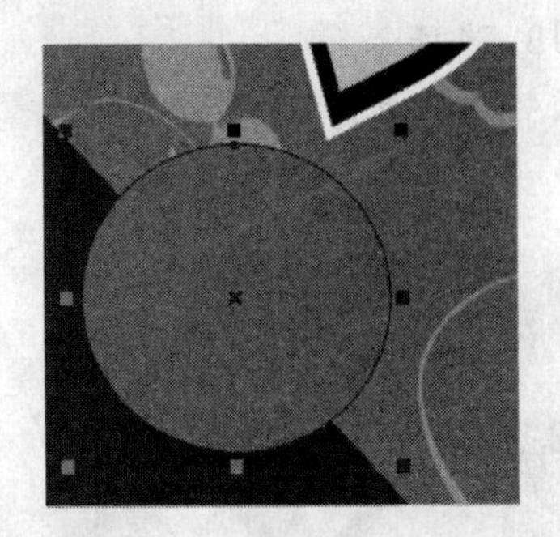

图 18-29 绘制圆形

25 单击轮廓工具组中“轮廓画笔对话框”按钮，将其设置 1mm，填充颜色为（C：89，M：37，Y：97，K：6）的墨绿色边框，效果如图 18–30 所示。

26 选择文本工具输入文字信息，设置字体为“方正粗黑简体”，字号为 53pt、颜色为白色，效果如图 18–31 所示。

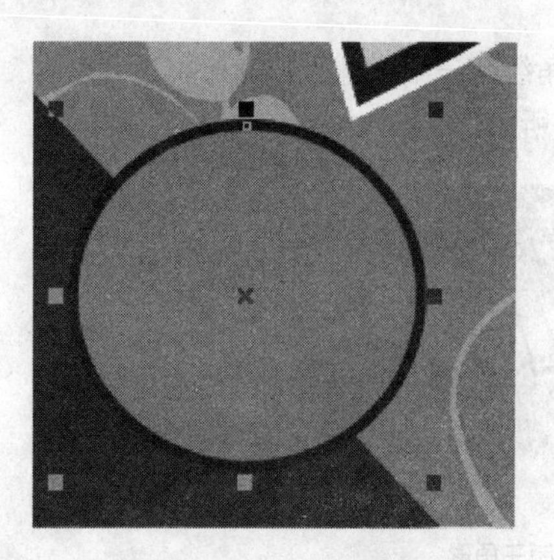

图 18-30　添加边框

图 18-31　添加文字

27 重复14、15和16来为文字添加 1.4mm 边框，效果如图 18–32 所示。

28 继续输入其他文字信息，字体为"方正粗宋简体"，字号为 11pt、颜色为白色，如图 18–33 所示。

图 18-32　添加边框

图 18-33　添加文字

29 使用挑选工具框选上述绘制的圆及文字，按 Ctrl+G 组合键进行群组，并旋转方向，效果如图 18–34 所示。

30 输入其他文字信息，字体为"方正粗黑简体"，字号为 17pt、颜色为白色，如图 18–35 所示。

图 18-34　旋转图形

图 18-35　添加文字

31 旋转文字角度，再重复14、15和16为文字添加1mm的边框，效果如图18–36所示。

32 继续输入文字信息，设置字体为“方正粗宋简体”，字号为9pt、颜色为白色，并选择方向，如图18–37所示。

图18-36 为文字加边框

图18-37 添加文字

33 选择“文件”→“导入”命令，导入“光盘\素材\ch18\图02.psd”文件，并使用挑选工具将其拖曳到包装中调整大小和位置，如图18–38所示。

34 打开导入“光盘\素材\ch18\图03.cdr”文件，将文本拖曳到图形中，并调整位置和大小，如图18–39所示。

图18-38 导入素材

图18-39 添加文字

35 将制作好的糖果包装按Ctrl+S组合键保存。

18.2.3 绘制平面展开图

01 单击页面下方的按钮来新建一个空白页面。

02 选择工具箱中的“矩形工具”，在绘图区内绘制一个矩形，在属性栏中输入宽190mm、高100mm，效果如图18–40所示。

03 选择“排列”→“变换”→“大小”命令，打开“变换”对话框，在对话框中设置“水平”值为100mm，“垂直”值为30mm。选中“不按比例”复选框，单击“应用到再制”按钮，按Ctrl键进行反转即可，如图18–41所示。

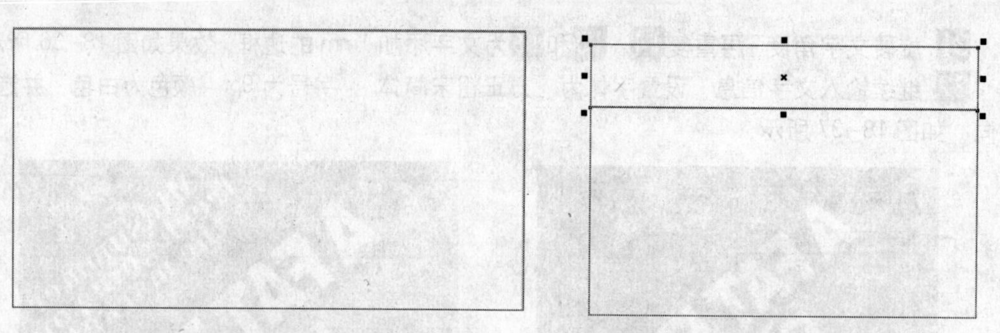

图 18-40　绘制矩形　　　　图 18-41　设置后的效果

04 同理，绘制反面的矩形和厚度，效果如图 18–42 所示。

05 同理，继续绘制侧封，效果如图 18–43 所示。

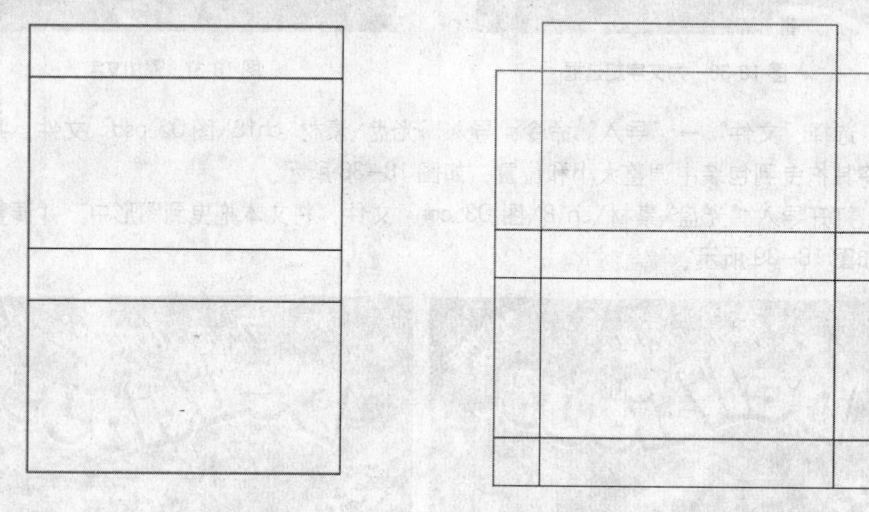

图 18-42　绘制反面　　　　图 18-43　绘制侧封

06 选择侧封，将其转换为曲线，并使用形状工具调整节点来绘制封口，效果如图 18–44 所示。

07 同理来调整其他的封口，效果如图 18–45 所示。

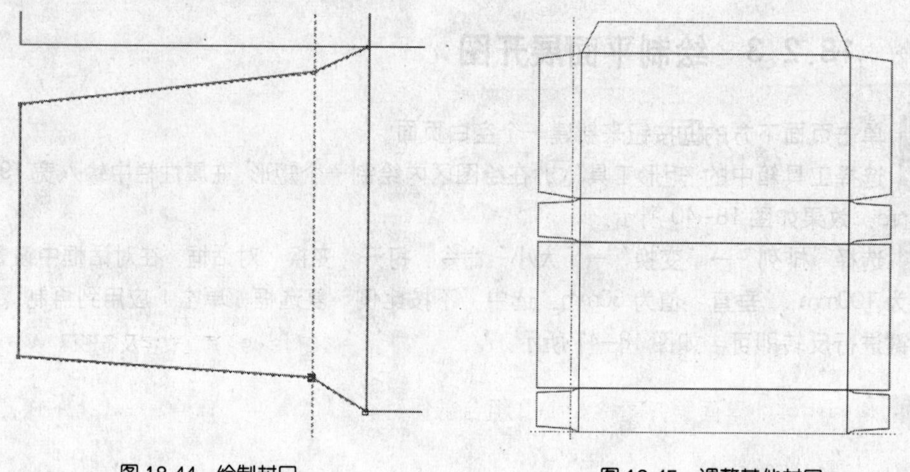

图 18-44　绘制封口　　　　图 18-45　调整其他封口

08 将上述做好的包装复制粘贴到宽 190mm、高 100mm 的矩形中，对其进行覆盖，效果如图 18-46 所示。

09 按住 Shift 键选择所有侧封口面，将其填充为（C：34，M：0，Y：91，K：0）的绿色，如图 18-47 所示。

图 18-46 复制包装正面

图 18-47 填充封口

10 将包装正面的标识部分复制两份，调整适当的大小放置在侧封上，效果如图 18-48 所示。

11 打开导入"光盘\素材\ch18\图 04.cdr"文件，将文本和条形码等拖曳到图形中，并调整位置和大小，如图 18-49 所示。

图 18-48 复制标识

图 18-49 添加文字及条形码

12 将制作好的平面展开图按 Ctrl+S 组合键保存。

18.2.4 绘制立体效果图

01 新建一个页面，将绘制好的平面展开图的正面和侧封复制到新的页面，如图 18—50 所示。

图 18-50 复制图形

02 将复制的三个面分别进行群组。

03 选择"自由变换工具"，在属性栏中选择"自由扭曲"按钮进行垂直扭曲，调整为如图 18—51 所示的透视效果。

图 18-51 调整透视

04 用同样的方法来调整侧面的透视效果，并进行对齐拼贴，如图 18—52 所示。

图 18-52 调整侧面透视效果

05 选择"交互式封套工具"来调整顶面的透视效果，如图 18—53 所示。

图 18-53 调整顶面透视效果

06 解散所有群组，再选择三个矩形去除其边框效果，如图 18—54 所示。

07 框选所有的图形进行群组，再选择"交互式阴影工具"，为包装添加立体效果，如图 18—55 所示。

图 18-54 去除边框

图 18-55 添加阴影

08 在属性栏设置阴影的不透明度为 30、阴影羽化值为 15，如图 18-56 所示。

09 在阴影上单击右键，在弹出的快捷菜单中选择“拆分阴影群组”命令，来拆分阴影各主题，再调整阴影的位置，如图 18-57 所示。

图 18-56　调整阴影的透明度

图 18-57　调整阴影位置

10 完成所有操作后，对图像进行保存。

18.3 | 本章小结

本章学习了商品包装设计的概念、分类、功能以及包装设计的流程与法则等相关专业知识，并且针对塑料包装设计制作了一个糖果包装的实例效果。通过本章的学习读者可以逐渐走上商品包装设计师之路。